电力电子技术（第4版）

主　编　龚素文　李图平
副主编　周红雨　黄问贵　张怡典

北京理工大学出版社
BEIJING INSTITUTE OF TECHNOLOGY PRESS

内容简介

本书力求反映电力电子器件、电路、应用方面的新技术，注重实用电路及其应用的介绍。全书共7个单元，分别是整流电路、有源逆变电路、直流斩波电路、交流调压电路、无源逆变电路、变频电路、电力电子技术应用，在文字叙述和配备图例方面力求通俗易懂，深入浅出。每单元末附有习题和思考题。

本书可作为高等职业院校相关专业的教学用书，也可供从事电力电子技术的工程技术人员参考。

图书在版编目（CIP）数据

电力电子技术／龚素文，李图平主编．—4版．—北京：北京理工大学出版社，2021.10

ISBN 978-7-5763-0509-8

Ⅰ.①电… Ⅱ.①龚… ②李… Ⅲ.①电力电子技术-高等职业教育-教材 Ⅳ.①TM1

中国版本图书馆CIP数据核字（2021）第209652号

出版发行／北京理工大学出版社有限责任公司
社　　址／北京市海淀区中关村南大街5号
邮　　编／100081
电　　话／（010）68914775（总编室）
（010）82562903（教材售后服务热线）
（010）68944723（其他图书服务热线）
网　　址／http：//www.bitpress.com.cn
经　　销／全国各地新华书店
印　　刷／唐山富达印务有限公司
开　　本／787毫米×1092毫米 1/16
印　　张／16.5
字　　数／376千字
版　　次／2021年10月第4版　2021年10月第1次印刷
定　　价／70.00元

责任编辑／王艳丽
文案编辑／王艳丽
责任校对／周瑞红
责任印制／施胜娟

前言

电力电子技术是高职专科自动化专业、供配电技术专业及机电类相关专业的一门重要专业基础课。通过本课程学习，学生掌握电力变换的相关知识、具备应用和维护电力电子器件及装置的基本能力。

本教材的编写原则及内容如下：

1. 立足于培养应用型技术人才，以能力培养为目标，本着理论适度、够用的原则，力求反映电力电子技术器件、电路、应用方面的新技术，注重实用电路及其应用的介绍。

2. 以“校企合作、工学结合”为基本理念，与企业专家共同研究进行教材开发，将企业真实的工作过程引入教材。以实际产品为载体，设计七个教学单元，将电力电子技术基本理论及安装调试技能从简到难嵌入其中，重构了教材内容。以项目导向、任务驱动为理念进行教材编写。

3. 以真实产品为载体，本着从简单到复杂的原则，将电力电子器件和应用实例分别融入各教学单元中。教学内容向新技术和应用型倾斜，以全控器件为主导。注重前沿知识，加强 PWM 控制等教学，注重结合工程实际，介绍实用性的电力电子装置，包括开关电源、变频器等。

4. 保证实验实训内容的典型性和适用性，对验证性实验实训内容进行筛选、补充、综合，从简到难分层次设置实验实训。

5. 内容对接中高级电工国家职业标准中的晶闸管调速器、调功器、三相晶闸管控制系统等焊接及故障排除技能以及单相、三相晶闸管变流技术和中高频电源电路基本原理等知识。教材中也编入了器件识别、检测等实践性教学内容。

6. 通过数字平台和二维码等网络技术，建立纸质教材和数字资源的有机联系，能够高质量地支撑高校开展信息化教学。

本书由龚素文、李图平任主编，并编写了课程导入、单元 4、单元 7。周红雨、黄问贵、张怡典任副主编。周红雨编写了单元 2 和单元 3；黄问贵编写了单元 5 和单元 6，并对本书中的实训课题进行设计和实际安装验证；张怡典编写了单元 1。全书由龚素文统稿。

由于编者水平有限，书中难免存在疏漏、不妥之处，恳请读者提出宝贵意见。

编　者

目录

课程导入

1. 电力电子技术概述

以电力为对象的电子技术称为电力电子技术，它是一门利用各种电力电子器件，对电能进行电压、电流、频率和波形等方面的控制和变换的学科。

电力电子技术包括电力电子器件、电路和控制 3 个部分，是横跨电力、电子和控制三大电气工程技术之间的交叉学科，是目前最活跃、发展最快的一门新兴学科。正是依据这一特征，我国电力电子学会设计了图 0-1 所示的会标。

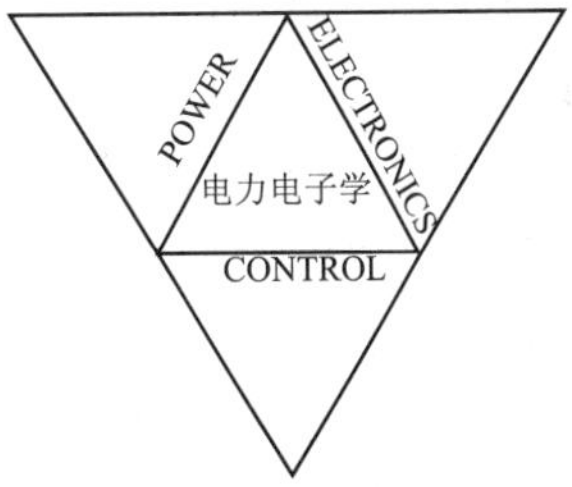

图 0-1　电力电子学会会标

半导体电子技术发展至今已形成两大技术领域，即以集成电路为核心的微电子技术和以功率半导体器件（亦称电力电子器件）为核心的电力电子技术。前者主要用于信息处理，向小功率方向发展；后者主要用于对电力的处理，向大功率多功能方向发展。

2. 电能变换的基本类型

电力电子电路的根本任务是实现电能变换和控制。电能变换的基本形式有 4 种，包括 AC/DC 变换、DC/AC 变换、DC/DC 变换、AC/AC 变换，在某些变流装置中，可能同时包含两种以上变换。

（1）AC/DC 变换。将交流电能转换为固定或可调的直流电能的电路即为 AC/DC 变换，也叫整流电路。由电力二极管可组成不可控整流电路；用晶闸管或其他全控型器件可组成可控整流电路。以往使用最方便的整流电路为晶闸管相控整流电路，其特点是控制简单、运行可靠、适宜大功率应用。存在的问题有网侧功率因数低、谐波严重。由全控型器件组成的 PWM 整流电路因具有高功率因数等优点，近年来得到发展与推广，应用前景十分广阔。

（2）DC/AC 变换。将直流电能转换为频率固定或可调的交流电能的电路，常称为逆变电路。逆变电路不但能使直流变成可调的交流，而且可输出连续可调的工作频率。完成逆变的电力电子装置称为逆变器。将逆变器的交流侧接到交流电网上，把直流电逆变成同频率的交流电返送到电网中去，称为有源逆变。它主要用于直流电机的可逆调速、绕线转子异步电动机的串级调速、高压直流输电和太阳能发电等方面。将逆变器的交流侧直接接到负载上，把直流电逆变成某一频率或可调频率的交流电供给负载，则称为无源逆变。主要在感应加热、不间断电源（UPS）等方面应用十分广泛，是构成电力电子技术的重要内容。

（3）DC/DC 变换。将一种直流电能转换成另一种固定电压或可调电压的直流电的电路即为 DC/DC 变换，也称为斩波电路。斩波电路大都采用 PWM 控制技术。它广泛应用于计算机电源、各类仪器仪表、直流电机调速及金属焊接等。

（4）AC/AC 变换。将固定大小和频率的交流电能转化为大小和频率可调的交流电能的电路，即为 AC/AC 变换或交流变换电路。交流变换电路可分为交流调压电路和变频电路。交流调压电路在维持电能频率不变的情况下改变输出电压幅值。它广泛应用于电炉温度控制、灯光调节、异步电动机的软启动和调速等场合。变频电路是将电网固定大小和频率的交流电变换成不同大小和频率的交流电。其中的交-交变频电路主要用于大功率低速交流电动机调速系统；交-直-交变频电路是由不控整流结合无源逆变构成，主要用于交流电机变频调速等方面。

在实际使用时可将一种或几种功能电路进行组合，上述 4 种电路的变换功能统称为变流，因此电力电子技术通常也称为变流技术。也可形象、通俗地讲，变流技术是将电网的交流电，所谓的“粗电”，通过电力电子电路进行处理变换，精炼到使电能在稳定、波形、频率、数值、抗干扰性能等方面符合各种用电设备需要的“精电”过程。据其他国家 20 世纪 90 年代的统计资料表明，在当时就已经超过 60%的电能是经过电力电子技术处理变换后才使用的。

3. 电力电子技术的发展

（1）电力电子器件的发展。由于电力电子器件具有体积小、重量轻、容量大、损耗小、寿命长、维护方便、控制性能好以及可采用集成电路制造工艺等优点，用它组成的装置具有可靠性高、节能、性能好等优点。近半个世纪来，各种电力电子新器件不断涌现，应用范围已从传统的工业、交通、电力等部门，扩大到信息通信、家用电器以至宇宙开发等领域。实际上，电力电子技术的发展已不局限于高电压大电流的工业范畴，当你开车、乘电梯、使用计算机、打开空调、用微波炉、使用冰箱、打电话、看电视听音乐时，都在与电力电子技术打交道，电力电子技术已发展成为一种无所不在的技术。

电力电子器件的发展可分为两个阶段。

① 传统电力电子器件。主要是功率整流管与晶闸管（曾称可控硅），属于不控与半控器件。自 1957 年生产第一只晶闸管以来，现已由普通晶闸管衍生出快速晶闸管、逆导晶闸管、双向晶闸管、不对称晶闸管等多种晶闸管，器件的电压、电流等技术参数均有很大提高，单只普通晶闸管的容量已达 8 000 V、6 000 A。此类器件通过门极只能控制开通而不能控制关断，另外它立足于分立元件结构，工作频率难以提高，因而大大限制了其应用范围。但是晶闸管器件价格相对低廉，在大电流、高电压的发展空间依然较大，目前以晶闸管为核心的设备仍然在许多场合使用，晶闸管及其相关知识目前仍是初学者的基础。

② 现代电力电子器件。20 世纪 80 年代以来，将微电子技术与电力电子技术相结合，研制出新一代高频、全控型器件称为现代电力电子器件。主要有功率晶体管（GTR）、可关断晶闸管（GTO）、功率场效应管（MOSFET）、绝缘栅双极晶体管（IGBT）、MOS 门极晶闸管（MCT）等。最有发展前途的是 IGBT 与 MOS 门极晶闸管，两者均为场控复合器件，工作频率可达 20 kHz。目前 IGBT 器件已取代 GTR，而 MCT 将可能取代晶闸管与 GTO，MOSFET 在低压高频变流领域仍有发展潜力。

器件是电力电子技术的基础，也是电力电子技术发展的动力，电力电子技术的每一次飞跃都以新器件的出现为契机。电力电子器件的发展方向主要表现在以下 6 个方面。

① 大容量化。应用微电子工艺，使单个器件的电压、电流容量进一步提高，以满足高

压大电流的需要。

② 高频化。采用新材料、新工艺，在一定的开关损耗下尽量提高器件的开关速度，使装置运行在更高频率。频率提高不仅可提高系统的性能、改善波形，而且大大减少装置的体积与重量，因此高频器件的技术性能指标用“容量×工作频率”来衡量。

③ 易驱动。由电流驱动发展为电压驱动，大力发展 MOS 结构的复合器件，如 IGBT、MCT。由于控制驱动功率小，因此可研制专用集成驱动模块，甚至把驱动与器件制作在一块芯片上，以便更适合中、小功率控制。

④ 降低导通压降。研制出比肖特基二极管正向压降还低的器件以提高变流效率、节省电能，特别适用于便携式低压电器。

⑤ 模块化。采用制造新工艺，如塑封化、表面贴装化和桥式化，将几个器件封装在一起以缩小体积与减少连线。如几个 IGBT 器件与续流管以及保护、检测器件、驱动等组成桥式模块，称智能器件（Intelligent Power Module，IPM）。

⑥ 功率集成化。充分应用集成电路工艺，将驱动、保护、检测、控制、自诊断等功能与电力电子器件集成于一块芯片，发展成为功率集成电路（Power Integrated Circuit，PIC），实现集成电路功率化、功率器件集成化，使功率与信息集成在一起，成为机电一体化的接口，并逐步向智能化（Smart PIC）方向发展。

（2）变流电路与控制的发展。传统电力电子技术以整流为主导，以移相触发（相控）、PID 模拟控制方式为主。20 世纪 80 年代高频全控器件的出现，使逆变、斩波电路的应用日益广泛。由于逆变、斩波电路中都需要直流电源，因此整流电路仍占重要地位。在逆变、斩波电路中，以斩控形式的脉宽调制（PWM）技术大量应用，使交流装置的功率因数提高、谐波减少、动态响应加快。特别是以微处理器实现的数字控制替代了模拟控制，并应用于静止旋转坐标变换的矢量控制，使电力电子技术日臻完善。

4. 电力电子技术的应用

电力电子技术广泛应用于工业、交通、IT、通信、国防以及民用电器、新能源发电等领域。它的应用领域几乎涉及国民经济的各个工业部门。具体应用主要有直流可调电源、电镀、电解、加热、照明控制与节能照明、不间断电源（UPS）与开关电源、充电、电磁合闸、电机励磁、电焊接、电网无功与谐波补偿、高压直流输电、光电池与燃料电池变换、固态断路器、感应加热、电机直流调速与变频交流调速、电力牵引（地铁机车、矿山机车、城市电车、电瓶车、电动汽车）、汽车电气、计算机及通信电源以及各类家电与便携式电器等。全球 600 亿美元的电力电子产品市场已经形成，支撑着 5 700 亿美元的电器电子硬件产品。电能系统的电子化，将运用在电能系统发电和用电两端，电能 100%通过电力电子变换器处理过。

（1）交-直流电源。包括：计算机高效绿色电源；电解、电镀等应用领域中的低电压大电流可控直流电源；各类高性能的不间断供电电源；各类恒频、恒压通用逆变电源。广泛应用于航天、航空、船舶、车辆、军事装备等特殊应用领域中作为独立的交流通用电源；各类低压直流开关电源。广泛应用于：通信、计算机等领域，给电子设备、仪器的电子电路供电；蓄电池充电电源；中频或高频感应加热电源；大功率脉冲电源、激光电源；燃料电池或太阳能光-电能转换系统输出的恒压直流或恒频、恒压交流电源；抽水储能发电站、超导磁体储能、磁悬浮运载工具等高压特大容量的电力电子变换电源。

（2）电气传动与控制。电动机调速是电力电子在电动机控制中的重要应用。直流电动机变速传动控制是利用整流器或斩波器获得可变的直流电源，对直流电动机电枢或励磁绕组供电，实现控制电动机转速和转矩，达到直流电动机的变速传动控制。交流电动机变速传动控制则是利用逆变器或交-交直流变频器对交流电动机供电，通过改变逆变器或交-直流变频器的频率、电压和电流，实现经济、有效地控制交流电动机的转速和转矩，来达到交流电动机的变速传动。

电力电子技术的迅猛发展促使电动机控制技术有了突破性的提高，不仅能给电机提供好的调速性能，还能大大节约能源。以下4种类型的电动机传动与电力电子技术密切相关。

① 工艺调速传动。这类传动要求机器按一定的工艺要求实施运动控制，以保证最终产品的质量、产量和劳动生产率。

② 节能调速传动。在各行各业中，风机、水泵等用交流电动机来拖动的负载，其用电量占我国工业用电量的50%以上。如果我国所拥有的风机、水泵全面采用变频调速后，就可节约电能30%以上，每年节电达到数百亿千瓦时。

③ 牵引调速传动。如电动汽车及各种电瓶车、地铁及机车牵引；各类起重机及矿井提升机、电梯、船舶推进系统等，既可提高运输效率、显著节能，又可减少污染、保护环境。

④ 精密调速和特种调速。数控机床的主轴传动和伺服传动是现代机床的不可分割部分，雷达火炮的同步联动等军事应用都要求电动机有足够的调速范围（如1∶10 000以上）和控制精度。

（3）电力系统。在电力系统中，电压是衡量电能质量的一个重要指标。随着电力电子技术的发展，电力电子设备已开始进入电力系统并为解决电能质量控制提供了技术手段。

① 新型直流输电技术。新一代的直流输电是指进一步改善性能、大幅度简化设备、减少换流站占地、降低造价的技术。直流输电性能创新的典型例子是轻型直流输电系统（Light HVDC），它采用GTO、IGBT等可关断的器件组成换流器。省去了换流变压器，整个换流站可以搬迁，使中等容量的直流输电在较短的输送距离内也能与交流输电竞争。

② 电力电子补偿控制器。利用现代电力电子技术，在电力系统中引入大功率半导体高频开关型电力电子补偿控制器，可以对电力系统的谐波、无功功率、潮流、电压瞬变、节电电压的大小和相位以及电力系统的瞬时功率平衡等进行快速、有效地调节和控制。

将开关型电力电子变换器电流源、电压源，适当地接入电力系统就可构成谐波电流补偿器、谐波电压补偿器、无功功率补偿器、电网节电电压控制器、电能存取控制器、瞬变电压抑制器。电力补偿器、调节器和控制器可以改变电网等效负载的感抗、容抗和电阻；可以补偿谐波电流和谐波电压，抑制和补偿瞬态电压变化；可以调控电网负载的基波电压的大小和相位；可以改变输电线路的有功功率和无功功率，并对电力系统的功率平衡进行快速、灵活、有效地调节和控制。

引入了大功率半导体开关型电力变换器、补偿器、控制器以后，原有电力系统的结构将发生重大变化。发电、输配电和电力应用都将获得更好的技术经济效益、更高的安全可靠性、更灵活有效的控制特性和更优良的供电质量。随着现代电力电子技术的不断发展和电子技术在电力系统领域中的广泛应用，传统的电力系统将成为一个运行更安全可靠、经济，控制更灵活的柔性电力系统，传统的电力技术将发生革命性的变革。

电力电子技术应用的新型领域及未来的发展方向表现在以下几个方面。

① 环境保护。现代社会对环境造成了严重的污染，温室气体的排放引起了国际社会的普遍关注。一个人的身体一天排出的二氧化碳约为 1 kg，实际上，现代社会大量的能源消耗是温室气体排放的主要原因，这使得全球人均对环境排放的二氧化碳量是人身体排放二氧化碳量的 10 倍。而发达国家的长期工业化过程又是造成温室气体问题的重要因素。例如，美国人均排放二氧化碳量是人身体排放二氧化碳量的 56 倍；日本人均排放二氧化碳量是人身体排放二氧化碳量的 25 倍。改革开放以来，我国的能源消费量急剧上升，二氧化碳排放量也有较大增加。国际能源署（IEA）发布报告称，受能源需求激增和极端天气等因素影响，2018 年全球二氧化碳排放量创历史新高，达到 330×10^{8} t。根据研究机构推算，2018 年中国二氧化碳排放总量达 100×10^{8} t，同比增长 2.3%。

1997 年在日本京都召开的“联合国气候变化框架公约”会议上，通过了著名的《京都议定书 COP3》，即温室气体排放限制议定书。通过国际社会的努力，2005 年京都议定书正式生效。京都议定书将对中国经济和世界经济的发展产生深远的影响。扩大再生能源的应用比例和大力采用节能技术是实现京都议定书目标的十分关键和有效的措施。2015 年在巴黎气候变化大会上通过的气候变化协定——《巴黎协定》，为 2020 年后全球应对气候变化行动作出安排。主要目标是将 21 世纪全球平均气温上升幅度控制在 2 ℃以内，并将全球气温上升控制在前工业化时期水平之上 1.5 ℃以内。日本提出在 2020—2030 年间，将燃料电池系统的价格降至目前的约 1/10；到 2020 年将太阳能发电量提高到目前的 10 倍，2030 年时提高到 40 倍。这些新能源发电都需要电力电子技术，这将形成电力电子技术的巨大市场。

② 电动汽车。根据美国国家电力科学研究院的报告，纯电动汽车与汽油汽车的一次能源利用率之比为 1∶0.6。因此，发展电动汽车不仅可以提高能源的利用率，同时还可减少温室气体和有害气体的排放。电动汽车的关键技术是电池技术和电力电子技术。

电动汽车产业将带动电机驱动逆变器、能量管理双向 DC/DC 变换器、辅助电源、充电器等电力电子产品的需求。中国新能源汽车产业经过近 20 年的发展，产销规模突破 100 万辆、跃居全球第一。2018 年全球新能源乘用车共销售 200.1 万辆，其中中国市场占 105.3 万辆，超过其余国家总和。

③ IT 产业。由于 IT 技术的应用，办公设备的电力消耗剧增，汽车、家电的电能消耗也将显著增加，而工业用电变化不大。因此，开发为 IT 设备供电的高效率电源前景良好。

Intel、Compaq 公司先后提出了下一代 PC 分布式供电方案（DPS）。Intel、Compaq 公司方案的基本结构相同，均由 PFC、DC/DC、分散式安排的 DC/DC 模块组成。这种结构提高了供电的质量和效率，克服了目前 PC 电源对电网的谐波和电磁兼容问题，同时也适应 VLSI 芯片的低电压大电流的需要。根据集成电路制造技术的发展趋势，在未来芯片集成的晶体管数目将更多，而供电直流电压将降到 0.5～0.8 V，功耗为 80～140 W，电流峰值达 150 A，$di/dt=1\,000$ A/μs，这将对供电电源提出严峻的挑战。

随着智能手机的普及、5G 技术的推出，手机的功能急速增加，如播放器、PDA、照相等，电能消耗也在增加，故而手机电能的管理控制芯片的研究开发有良好的前景。

5. 本课程的性质、要求和学习方法

（1）本课程性质和任务。在各种电气控制设备中，能够实现弱电控制强电的是电力电子装置。如果说，计算机是现代化生产设备的大脑，电动机和各种电磁执行元件是手足，那么电力电子装置就是支配手足动作的肌肉和神经。电力电子技术作为电气类的专业基础课，也是一种应用技术课程，其综合性强、应用涉及面广、与工程实践联系密切。

本课程的目的和任务是使学生通过学习后，获得电力电子技术必要的基础理论、基本分析方法以及基本技能，为学习后续课程以及从事与电气类专业有关的技术工作和科学研究打下一定的基础。

（2）本课程的基本要求。

① 了解电力电子技术的应用范围及发展动向。

② 熟悉功率二极管、晶闸管、功率晶体管、IGBT 等电力电子器件的结构、工作原理、开关特性和电气参数，能正确选择和使用各种功率开关器件。了解各种开关器件的控制和保护，以及各种电路的特点、性能指标和使用场合。

③ 熟练掌握单相和三相整流电路的基本原理、波形分析和各种负载类型对电路工作的影响，并能进行简单设计计算。熟练掌握 DC/AC 逆变电路、DC/DC 直流斩波器变换电路、AC/AC 交流变换电路的工作原理、波形分析和参数计算。

④ 掌握脉宽调制技术的工作原理和控制特性，了解软开关技术的基本原理与控制方式。

⑤ 掌握基本变流装置的调试方法；掌握实用电力电子产品的制作、调试、故障分析及处理方法。

（3）学习方法。学习本课程时，要注意物理概念与基本分析方法的学习，理论要结合实际，尽量做到器件、电路、应用三者相结合。在学习方法上要特别注意电路的波形与相位分析，抓住电力电子器件在电路中导通与截止的变化过程，从波形分析中进一步理解电路的工作情况，同时还要注意培养读图与分析能力，掌握器件计算、测量、调整及故障分析等方面的实践能力。

本课程涉及高等数学、电工基础、电子技术、电机拖动等相关知识，学习时需要复习相关课程并综合运用所学知识。

单元1

整 流 电 路

学习目标：

(1) 掌握功率二极管、晶闸管、单结晶体管的图形及文字符号、使用选型；能检测二极管及晶闸管。

(2) 掌握整流电路的工作原理。

(3) 掌握触发电路工作原理。

(4) 掌握晶闸管的保护措施。

(5) 了解可控整流电路的换相压降。

(6) 具有调光灯电路制作与检修能力。

教学载体：调光灯。

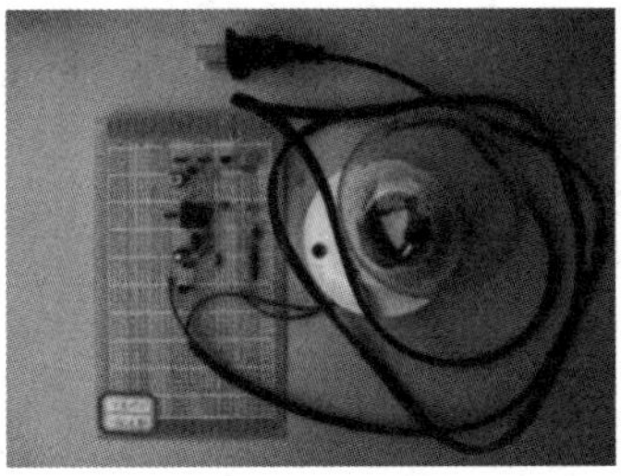

1.1 功率二极管

功率二极管（又称电力二极管）在20世纪50年代获得应用。因其结构简单、功能实用，一直沿用到现在。功率二极管在许多电力电子电路中都有着广泛的应用。功率二极管可以在交流-直流变换电路中作为整流元件，也可以在电感元件上根据电能需要适当释放的电路中作为续流元件，还可以在逆变电路中进行反向充电和能量传输，在各类变流器中作为隔离、钳位、保护和高频整流器件。应用时，应根据不同场合的不同要求，选择不同类型的功率二极管。功率二极管是不可控器件，该器件开通和关断不能按需要控制。下面介绍功率二极管的结构及参数。

1.1.1 功率二极管的结构

功率二极管的基本结构和原理与电子电路中的二极管一样，都是具有一个 PN 结的二端器件，所不同的是功率二极管的 PN 结面积较大。

功率二极管的外形、结构和电气符号如图 1-1 所示。从外部结构看，功率二极管可分成管芯和散热器两部分。这是因为管子工作时要通过大电流，而 PN 结有一定的正向电阻，因此管芯会因损耗而发热。为了冷却管芯，必须装配散热器。一般 200 A 以下的功率二极管采用螺栓式，200 A 以上则采用平板式。

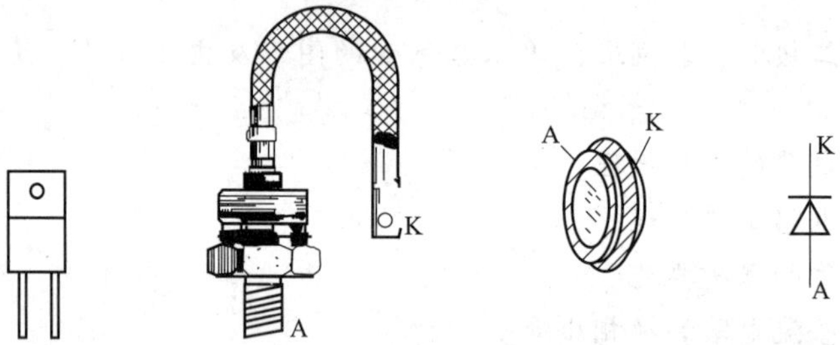

图 1-1　功率二极管的外形、结构及电气符号

1.1.2 功率二极管的特性与参数

1. 功率二极管的伏安特性

功率二极管的伏安特性曲线如图 1-2 所示。当外加电压大于阈值电压 U_{TO}时，正向电流开始迅速增加，二极管开始导通。正向导通时其管压降仅 1 V 左右，且不随电流的大小而变化。当功率二极管承受反向电压时，只有很小的反向漏电流 I_{RR} 流过，器件反向截止。但当反向电压增大到 U_B时，PN 结内产生雪崩击穿，反向电流急剧增大，可导致二极管击穿损坏。

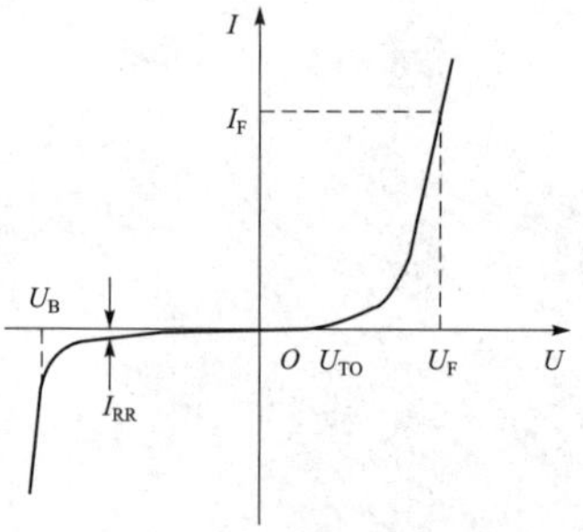

图 1-2　功率二极管的伏安特性曲线

2. 功率二极管的开关特性

功率二极管工作状态转换时的特性称为开关特性。

（1）关断特性。关断特性是指功率二极管由正向偏置的通态转换为反向偏置的断态的特性，关断过程中电压、电流的波形如图 1-3（a）所示。当原来处于正向导通的功率二极管外加电压在 t_f时刻突然从正向变为反向时，正向电流 i_f开始下降，到 t_0时刻二极管电流降为零，此时 PN 结两侧存有大量的少子，器件并没有恢复反向阻断能力，直到 t_1时刻 PN 结内储存的少子被抽尽时，反向电流达到最大值 I_{RM}。在 t_1时刻后二极管开始恢复反向阻断，反向恢复电流迅速减小。外电路中电感产生的高感应电动势使器件承受很高的反向电压 U_{RM}。当电流降到基本为零的 t_2时刻（反向电流降为 $10\%I_{RM}$），二极管两端的反向电压才降到外加反向电压 U_R，功率二极管完全恢复反向阻断能力。

功率二极管的反向恢复时间 $t_{rr}=t_2-t_0$，t_{rr}是开关管的重要参数。

（2）开通特性。开通特性是指功率二极管由零偏置转换为正向偏置的通态特性。开通过程的电压、电流波形如图 1-3（b）所示。开通过程中二极管两端也会出现峰值电压 U_{FP}（几伏至几十伏）。经过一段时间才接近稳态值（约 2 V）。上述时间被称为正向恢复时间 t_{fr}。通常正向恢复时间 t_{fr} 比反向恢复时间 t_{rr}短。

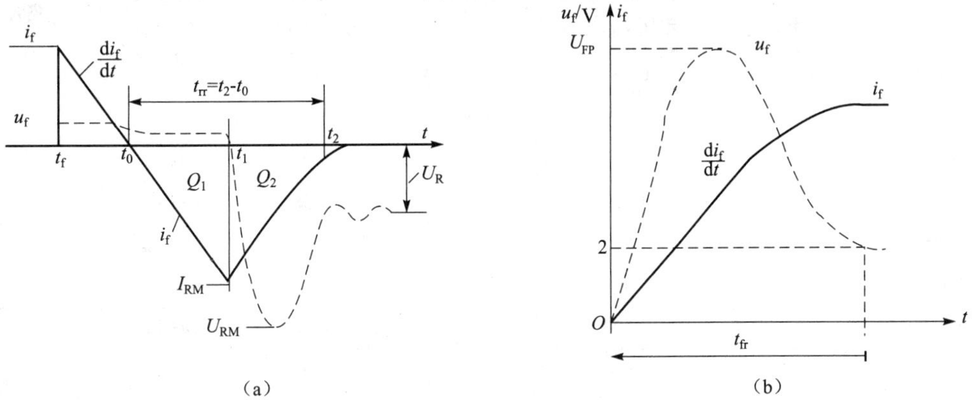

图 1-3 功率二极管的开关特性

（a）关断特性；（b）开通特性

3. 功率二极管的主要参数

（1）正向平均电流 $I_{F(AV)}$（额定电流）。它指在规定的管壳温度和散热条件下，二极管长期运行所允许通过的最大工频正弦半波电流平均值。在该电流下管子的正向压降造成管子有损耗，结温升高不超过最高允许结温。该值是按电流的发热效应定义的，因此，在计算时按有效值相等条件来选取二极管的电流定额，并留有 1.5~2 倍的裕量。计算的公式为

$$I_{F(AV)}=(1.5\sim2)\frac{I_F}{1.57} \tag{1-1}$$

式中，I_F为流过管子的额定电流有效值。

（2）反向重复峰值电压 U_{RRM}（额定电压）。它指管子反向所能施加的最高峰值电压。通常是反向击穿电压的 2/3。计算时按二极管可能承受的最高反向峰值电压的 2~3 倍来选取二极管的定额，即

$$U_{RRM}=(2\sim3)U_{RM} \tag{1-2}$$

取相应标准系列值。

（3）正向通态压降 U_F。它指二极管在指定温度下，流过某一指定的稳态正向电流时对应的正向压降。有时参数表中也给出在指定温度下流过某一瞬态正向大电流时器件的最大瞬时正向压降。

（4）反向恢复时间 t_{rr}。从二极管正向电流过零到反向电流下降到其峰值 10%时的时间间隔。它与反向电流上升率、结温、开关前的最大正向电流等因素有关。

（5）最高允许结温 T_{JM}。它指在 PN 结不损坏的前提下所能承受的最高温度。通常为 125~175 ℃。

（6）正向浪涌电流 I_{FSM}。它由电路异常情况引起的，并使结温超过额定结温的不重复

性最大正向过载电流。

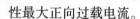

在选择管子时这些参数都要慎重考虑。

国产 ZP 系列的部分功率二极管主要性能参数见表 1-1。

表 1-1　部分功率二极管主要性能参数

型　号	额定正向平均电流 I_F/A	反向重复峰值电压 U_{RRM}/V	反向电流 I_R	正向平均电压 U_F/V	反向恢复时间 t_{rr}	备注
ZP1~4 000	1~4 000	50~5 000	1~40 mA	0.4~1		
ZK3~2 000	3~2 000	100~4 000	1~40 mA	0.4~1	<10 μs	
10DF4	1	400		1.2	<100 ns	
31DF2	3	200		0.98	<35 ns	
30BF80	3	800		1.7	<100 ns	
50WF40F	5.5	400		1.1	<40 ns	
10CTF30	10	300		1.25	<45 ns	
25JPF40	25	400		1.25	<60 ns	
HFA90NH40	90	400		1.3	<140 ns	模块结构
HFA180MD60D	180	600		1.5	<140 ns	模块结构
HFA75MC40C	75	400		1.3	<100 ns	模块结构
HFA280NJ60C	280	600		1.6	<140 ns	模块结构
MR876 快恢复功率二极管	50	600	50 μA	1.4	<400 ns	
MUR10020CT 超快恢复功率二极管	50	200	25 μA	1.1	<50 ns	
MBR30045CT 肖特基功率二极管	150（单支）	45	0.8 mA	0.78	≈0	

1.1.3　功率二极管的类型与使用

1. 功率二极管的类型

功率二极管在电路中有整流、续流、隔离、保护等作用。由于功率二极管正向压降、反向耐压、反向漏电流等性能不相同，特别是反向恢复特性不同，所以应根据不同场合的不同要求选择不同类型的功率二极管。当然，从根本上讲，性能上的不同都是由半导体物理结构和工艺上的差别造成的。下面按照性能介绍几种常用的功率二极管。

（1）普通二极管（General Purpose Diode，GPD）。普通二极管又称整流二极管（Rectify Diode），多用于开关频率不高（1 kHz 以下）的整流电路中。其反向恢复时间较长，一般在 5 ms以上。正向电流定额和反向电压定额可以达到很高，分别可达数千安和数千伏以上。

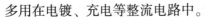

多用在电镀、充电等整流电路中。

(2) 快恢复二极管 (Fast Recovery Diode, FRD)。恢复过程很短，特别是反向恢复过程很短 (5 ms 以下)，也简称快速二极管。工艺上多采用掺金措施，有的采用 PN 结型结构，若采用外延型 PIN 结构的快恢复外延二极管 (Fast Recovery Epitaxial Diode, FRED)，其反向恢复时间更短 (可低于 50 ns)，正向压降也很低 (0.9 V 左右)，但其反向耐压多在 400 V以下。从性能上可分为快速恢复和超快速恢复两个等级。前者反向恢复时间为数百纳秒或更长，后者则在 100 ns 以下，甚至达到 20~30 ns。主要用在逆变、斩波电路中。

(3) 肖特基二极管 (Schottky Barrier Diode, SBD)。以金属和半导体接触形成的势垒为基础的二极管称为肖特基势垒二极管，简称为肖特基二极管。20 世纪 80 年代以来，由于工艺的发展，使得它在电力电子电路中广泛应用。

肖特基二极管的优点是：反向恢复时间很短 (10~40 ns)；正向恢复过程中也不会有明显的电压过冲；在反向耐压较低的情况下其正向压降也很小，明显低于快恢复二极管；其开关损耗和正向导通损耗都比快恢复二极管还要小，效率高。

肖特基二极管的缺点是：当反向耐压提高时其正向压降也会高得不能满足要求，因此，多用于 200 V 以下；反向漏电流较大且对温度敏感，因此，反向稳态损耗不能忽略，而且必须更严格地限制其工作温度。

2. 功率二极管的使用

(1) 必须保证规定的冷却条件，如强迫风冷或水冷。如果不能满足规定的冷却条件，必须降低容量使用。如规定风冷元件使用在自冷时，只允许用到额定电流的 1/3 左右。

(2) 平板型元件的散热器一般不应自行拆装。

(3) 严禁用兆欧表检查元件的绝缘情况。如需检查整机的耐压时，应将元件短接。

1.2 晶 闸 管

晶闸管是一种既具有开关作用又具有整流作用的大功率半导体器件。由于它具有体积小、重量轻、效率高、动作迅速、维护简单、操作方便和寿命长等特点，因而在生产实际中获得了广泛的应用。

1.2.1 晶闸管的结构

晶闸管全称为晶体闸流管，也称可控硅，简称 SCR，是用 N 型单晶硅片按一定的工艺要求，分别进行扩散及烧结处理后，形成 PNPN 4 层结构的一种半导体器件，其外形、内部结构、电气图形符号及模块外形如图 1-4 所示。晶闸管有 3 个引出电极，分别称为阳极 A、阴极 K 和门极 G (也称控制极)。

常用的晶闸管有螺栓式和平板式两种封装形式。晶闸管属于大功率的半导体器件，导通工作时自身发热量大，必须采用相应的散热措施；否则将由于晶闸管温升过高而损坏。一般均安装铝制散热器来达到降温的目的。根据散热方式分为自冷、强迫风冷及水冷和热管散热等几种类型。螺栓式晶闸管的散热器直接安装在阳极螺旋上，平板式晶闸管则由互相绝缘的两个散热器将其夹固在中间，两面散热，其效果比螺栓式晶闸管要好，一般容量在 200 A 以上的晶闸管都采用平板式结构。

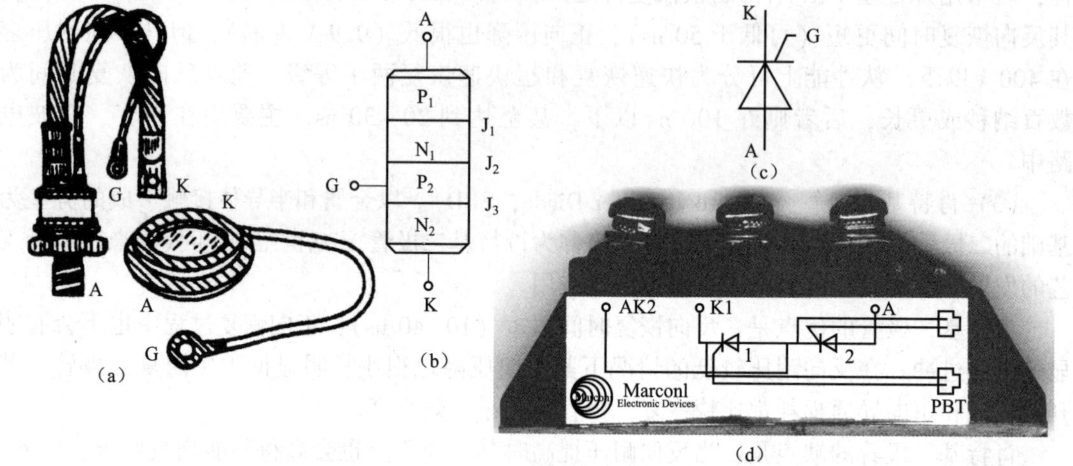

图 1-4 晶闸管的外形、内部结构、电气图形符号和模块外形

（a）晶闸管外形；（b）内部结构；（c）电气图形符号；（d）模块外形

1.2.2 晶闸管的工作原理

晶闸管导通实验电路如图 1-5 所示。在该电路中，由电源 E_a、白炽灯、晶闸管的阳极和阴极组成晶闸管的主电路；由电源 E_g、开关 S、晶闸管的门极和阴极组成控制电路，也称为触发电路。

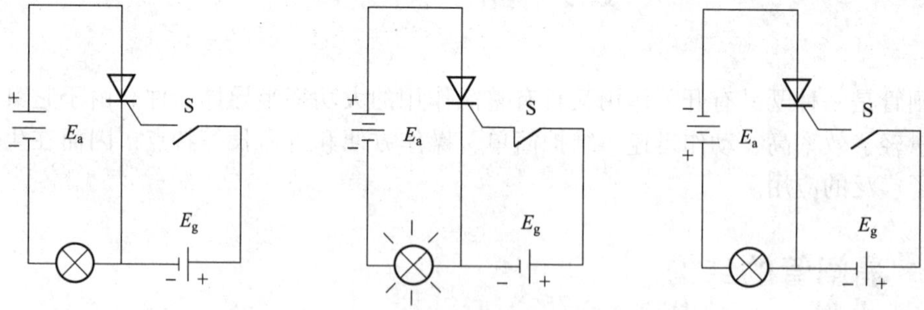

图 1-5 晶闸管导通实验电路

当晶闸管的阳极 A 接电源 E_a 的正端，阴极 K 经白炽灯接电源的负端时，晶闸管承受正向电压。当控制电路中的开关 S 断开时，白炽灯不亮，说明晶闸管不导通。

当晶闸管的阳极和阴极承受正向电压，控制电路中开关 S 闭合，使控制极也加正向电压（控制极相对阴极）时，白炽灯亮，说明晶闸管导通。

当晶闸管导通时，将控制极上的电压去掉（即将开关 S 断开），白炽灯依然亮，说明一旦晶闸管导通，控制极就失去了控制作用。

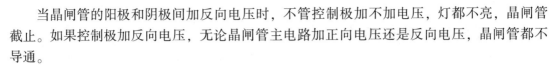

当晶闸管的阳极和阴极间加反向电压时，不管控制极加不加电压，灯都不亮，晶闸管截止。如果控制极加反向电压，无论晶闸管主电路加正向电压还是反向电压，晶闸管都不导通。

通过上述实验可知，晶闸管导通必须同时具备两个条件。

（1）晶闸管主电路加正向电压。

（2）晶闸管控制电路加合适的正向电压。

1.2.3 晶闸管的伏安特性

晶闸管阳极与阴极间的电压 U_A 和阳极电流 I_A 的关系称为晶闸管伏安特性，正确使用晶闸管必须要了解其伏安特性。图 1-6 所示为晶闸管伏安特性曲线，包括正向特性（第一象限）和反向特性（第三象限）两部分。

晶闸管的正向特性又有阻断状态和导通状态之分。在正向阻断状态时，晶闸管的伏安特性是一组随门极电流 I_G 的增加而不同的曲线簇。当 $I_G=0$ 时，逐渐增大阳极电压 U_A，只有很小的正向漏电流，晶闸管正向阻断；随着阳极电压的增加，当达到正向转折电压 U_{BO} 时，漏电流突然剧增，晶闸管由正向阻断状态突变为正向导通状态。这种在 $I_G=0$ 时，依靠增大阳极电压而强迫晶闸管导通的方式称为“硬开通”。多次“硬开通”会使晶闸管损坏，因此，通常不允许这样做。

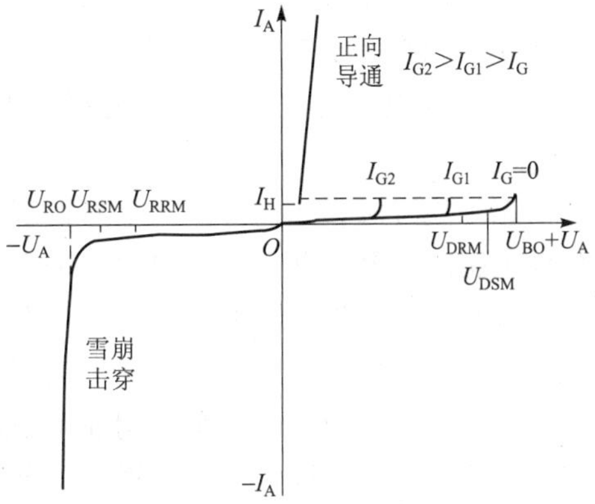

图 1-6 晶闸管伏安特性曲线

随着门极电流 I_G 的增大，晶闸管的正向转折电压 U_{BO} 迅速下降，当 I_G 足够大时，晶闸管的正向转折电压很小，可以看成与一般二极管一样，只要加上正向阳极电压，管子就导通了。晶闸管正向导通的伏安特性与二极管的正向特性相似，即当流过较大的阳极电流时，晶闸管的压降很小。

晶闸管正向导通后，要使晶闸管恢复阻断，只有逐步减小阳极电流 I_A，使 I_A 下降到小于维持电流 I_H（维持晶闸管导通的最小电流），则晶闸管又由正向导通状态变为正向阻断状态。图 1-6 中各物理量的含义如下：

U_{DRM}、U_{RRM}——正、反向断态重复峰值电压；

U_{DSM}、U_{RSM}——正、反向断态不重复峰值电压；

U_{BO}——正向转折电压；

U_{RO}——反向击穿电压。

晶闸管的反向特性与一般二极管的反向特性相似。在正常情况下，当承受反向阳极电压时，晶闸管总是处于阻断状态，只有很小的反向漏电流流过。当反向电压增加到一定值时，反向漏电流增加较快，再继续增大，反向阳极电压会导致晶闸管反向击穿，造成晶闸管永久性损坏，这时对应的电压为反向击穿电压 U_{RO}。

1.2.4 晶闸管的简单测试

晶闸管的简单测试是指从外观判断或用普通的万用表去鉴别其3个电极以及简单判断晶闸管质量的好坏情况。

螺栓式晶闸管的3个电极，在外形上有明显的区别，即螺栓为阳极A，粗辫子导线为阴极K，细辫子导线为门极G。

平板式晶闸管的3个电极，除门极导线外，阳极和阴极很难从外形区分。

前面已介绍，晶闸管可看成具有PNPN 4层及J_1、J_2、J_3这3个PN结的器件，无论阳极电压极性如何，上述3个PN结均有处于反向偏置的情况存在，所以当用万用表$R\times10$的电阻挡去测定阳极和阴极间的电阻时，不管万用表正、负表笔是接在阳极还是阴极，其表头显示的电阻都较大，一般为几百千欧。但是门极与阴极之间，不管正、负表笔怎么接，此时表头显示的电阻值要小得多，一般为几十到几百欧，这样就很容易将晶闸管的阳极和阴极区别开来。在用万用表对晶闸管进行测试时，不得采用高电阻挡，因为高电阻挡的表内电池为电压较高的叠层干电池，将会击穿晶闸管内门极与阴极间的PN结，即J_3结。

根据上述方法，同样可以简单判断晶闸管质量的好坏。当用万用表电阻挡去测量阳极与阴极电阻时，若出现电阻无穷大，一般表示电极已经开路；若出现电阻值较小，则说明晶闸管特性太软，阻断状态时的正反向漏电流过大，质量变坏，若测量电阻极小，则说明晶闸管内部出现结间短路，很可能已经被击穿损坏。此外，还需测量门极与阴极间的电阻值，若电阻值为无穷大，必然是门极已经开路，若电阻接近零值，说明J_3结已经损坏。具体测试方法如图1-7所示。

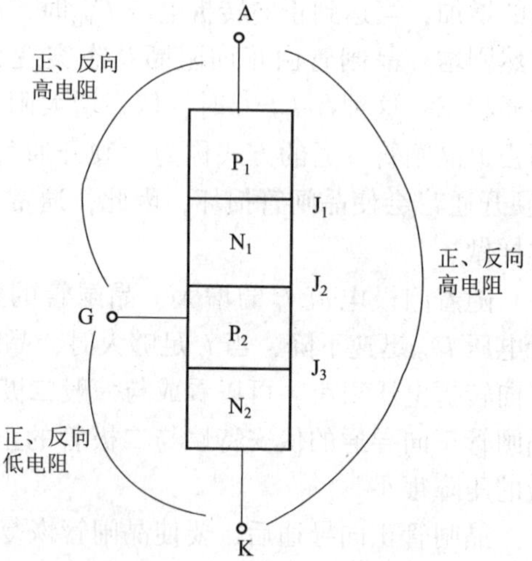

图1-7 晶闸管的现场简易测试

上述方法仅对生产现场中如何鉴别晶闸管的电极以及简单判断其质量状况时采用，这是一种简易的也是较粗略的方法。要准确掌握晶闸管的特性，诸如其正反向重复峰值电压、触发电流及触发电压、维持电流及其他动态参数等，还需依靠专门的测试装置才行。

晶闸管简单测试

晶闸管触发及维持情况检测

1.2.5 晶闸管的主要参数

为了正确选择和使用晶闸管，需要了解和掌握晶闸管的一些主要参数及其意义。在厂家生产的晶闸管元件的合格证上，还常给出某些参数的实测值，如通态峰值电压、门极触发电压、门极触发电流和维持电流等。

1. 晶闸管的电压参数

（1）正向断态不重复峰值电压 U_{DSM}。晶闸管在门极开路时，施加于晶闸管的正向阳极电压上升到正向伏安特性曲线急剧弯曲处所对应的电压值。它是一个不能重复且每次持续时间不大于 10 ms 的断态最大脉冲电压。U_{DSM}值小于正向转折电压 U_{BO}，其差值大小由晶闸管制造厂自定。

（2）正向断态重复峰值电压 U_{DRM}。晶闸管在门极开路及额定结温下，允许每秒 50 次，每次持续时间不大于 10 ms，重复施加于晶闸管上的正向断态最大脉冲电压 $U_{DRM}=80\%U_{DSM}$。

（3）反向不重复峰值电压 U_{RSM}。晶闸管门极开路，晶闸管承受反向电压时，对应于反向伏安特性曲线急剧弯曲处的反向峰值电压值。它是一个不能重复施加且持续时间不大于 10 ms 的反向最大脉冲电压。

（4）反向重复峰值电压 U_{RRM}。晶闸管门极开路及额定结温下，允许每秒 50 次，每次持续时间不大于 10 ms，重复施加于晶闸管上的反向最大脉冲电压 $U_{RRM}=80\%U_{RSM}$。表 1-2 列出了晶闸管正、反向重复峰值电压的等级。

表 1-2 晶闸管正、反向重复峰值电压等级

级别	正、反向重复电压的峰值/V	级别	正、反向重复电压的峰值/V	级别	正、反向重复电压的峰值/V
1	100	8	800	20	2 000
2	200	9	900	22	2 200
3	300	10	1 000	24	2 400
4	400	12	1 200	26	2 600
5	500	14	1 400	28	2 800
6	600	16	1 600	30	3 000
7	700	18	1 800		

（5）额定电压。将断态重复峰值电压 U_{DRM}和反向重复峰值电压 U_{RRM}中较小的那个值取整后作为该晶闸管的额定电压值。

在使用时，考虑瞬时过电压等因素的影响，选择晶闸管的额定电压值要留有安全裕量。一般取电路正常工作时晶闸管所承受工作电压峰值的 2~3 倍。

（6）通态平均电压 $U_{T(AV)}$。通过正弦半波的额定通态平均电流和额定结温时，晶闸管阳极与阴极间电压降的平均值，通称管压降。

2. 晶闸管的电流参数

（1）通态平均电流 $I_{T(AV)}$。在环境温度为+40 ℃和规定的冷却条件下，晶闸管在导通角

不小于170°的电阻性负载电路中，在额定结温时，所允许通过的工频正弦半波电流的平均值。将该电流按晶闸管标准电流系列取整数值，称为该晶闸管的通态平均电流，定义为该元件的额定电流。

晶闸管的额定电流用通态平均电流来标定，是因为整流电路输出端的负载常需用平均电流。但是，决定晶闸管允许电流大小的是管芯的结温；而结温的高低是由允许发热的条件决定的，造成晶闸管发热的原因是损耗，其中包括晶闸管的通态损耗、断态时正反向漏电流引起的损耗以及晶闸管元件的开关损耗，此外还有门极损耗等。为了减小损耗，希望元件的通态平均电压和漏电流要小些。一般门极的损耗较小，而元件的开关损耗随工作频率的增加而加大。影响晶闸管发热的条件主要有散热器尺寸及元件与散热器的接触状况、采用的冷却方式（自冷却、强迫通风冷却、液体冷却）及环境温度等。晶闸管发热和冷却的条件不同，其允许通过的通态平均电流值也不一样。

各种有直流分量（成分）的电流波形都有一个电流平均值（一个周期内电流波形面积的平均），也就是直流电流表的读数值；也都有一个有效值（均方根值）。现定义电流波形的有效值与平均值之比称为该波形的波形系数，用 K_f 表示。如整流电路直流输出负载电流 i_d 的波形系数为

$$K_f=\frac{I}{I_d}$$

式中，I 为负载电流有效值；I_d 为负载电流平均值。

流过晶闸管电流的波形系数为

$$K_{fT}=\frac{I_T}{I_{dT}}$$

式中，I_T 为晶闸管电流有效值；I_{dT} 为晶闸管电流平均值。

根据规定条件，流过晶闸管的为工频正弦半波电流波形。设电流峰值为 I_m，则通态平均电流为

$$I_{Tav}=\frac{1}{2\pi}\int_0^{\pi} I_m \sin \omega t \mathrm{d}(\omega t)=\frac{I_m}{2\pi}(-\cos \omega t)\Big|_0^{\pi}=\frac{I_m}{\pi}$$

该电流波形的有效值

$$I_T=\sqrt{\frac{1}{2\pi}\int_0^{\pi}(I_m \sin(\omega t))^2 \mathrm{d}(\omega t)}=I_m\sqrt{\frac{1}{2\pi}\int_0^{\pi}\left(\frac{1}{2}-\frac{\cos(2\omega t)}{2}\right)\mathrm{d}(\omega t)}=\frac{I_m}{2}$$

正弦半波电流波形系数 K_f 应有

$$K_f=\frac{I_T}{I_{Tav}}=\frac{I_m/2}{I_m/\pi}=1.57$$

由上式知，如果额定电流为 100 A 的晶闸管，其允许通过的电流有效值为 $1.57\times100=157$（A）。

在实际电路中，流过晶闸管的波形可能是任意的非正弦波形，如何去计算和选择晶闸管的额定电流值，应根据电流有效值相等即发热相同的原则，将非正弦半波电流的有效值 I_T 或平均值 I_d 折合成等效的正弦半波电流平均值去选择晶闸管额定值，即

$$\begin{cases} I_T=K_f I_d=1.57 I_{Tav} \\ I_{Tav}=\dfrac{K_f I_d}{1.57}=\dfrac{I_T}{1.57} \end{cases} \tag{1-3}$$

式中，K_f为非正弦波形的波形系数。由于晶闸管元件的热容量小、过载能力低，在实际选用时一般取 1.5~2 倍的安全裕量，故

$$I_{Tav}=(1.5\sim2)\frac{K_f I_d}{1.57} \tag{1-4}$$

根据式（1-4）在给定晶闸管的额定电流值后可计算流过该晶闸管任意波形允许的电流平均值，即

$$I_d=\frac{1.57 I_{Tav}}{(1.5\sim2)\ K_f} \tag{1-5}$$

（2）维持电流 I_H。晶闸管被触发导通以后，在室温和门极开路的条件下，减小阳极电流，使晶闸管维持通态所必需的最小阳极电流。

（3）掣住电流 I_L。晶闸管一经触发导通就去掉触发信号，能使晶闸管保持导通所需要的最小阳极电流。一般晶闸管的掣住电流 I_L为其维持电流 I_H的几倍。如果晶闸管从断态转换为通态，其阳极电流还未上升到掣住电流值就去掉触发脉冲，晶闸管将重新恢复阻断状态，故要求晶闸管的触发脉冲有一定宽度。

（4）断态重复平均电流 I_{DR}和反向重复平均电流 I_{RR}。在额定结温和门极开路时，对应于断态重复峰值电压和反向重复峰值电压下的平均漏电流。

（5）浪涌电流 I_{TSM}。在规定条件下，工频正弦半周期内所允许的最大过载峰值电流。

由于元件体积不大、热容量较小，所以能承受的浪涌过载能力是有限的。在设计晶闸管电路时，考虑到电路中电流产生的波动，这是必须要注意的问题。通常电路虽然有过流保护装置，但由于保护不可避免地存在延时，因此，仍然会使晶闸管在短暂时间内通过一个比额定值大得多的浪涌电流，显然这个浪涌电流值不应大于元件的允许值。

对于持续时间比半个周期更短的浪涌电流，通常采用 I^2t 来表示允许通过浪涌电流的能力。其中，电流 I 是浪涌电流有效值，t 为浪涌持续时间。因为 PN 结热容量很小，短时间内没有必要考虑热量从结面传到其他部位。I^2t 与由此引起的结温成正比，所以若结温的允许值已定，I^2t 的额定值也就定下来了。产品样本往往要对 I^2t 值予以介绍。

3. 动态参数

（1）断态电压临界上升率 du/dt。指在额定结温和门极开路条件下，使晶闸管保持断态所能承受的最大电压上升率。在晶闸管断态时，如果施加于晶闸管两端的电压上升率超过规定值，即使此时阳极电压幅值并未超过断态正向转折电压，也会由于 du/dt 过大而导致晶闸管的误导通。这是因为晶闸管在正向阻断状态下，处于反向偏置 J_2结的空间电荷区相当于一个电容器，电压的变化会产生位移电流；如果所加正向电压的 du/dt 较高，便会有过大的充电电流流过结面，这个电流通过 J_3结时，起到类似触发电流的作用，从而导致晶闸管的误导通。因此，在使用中必须对 du/dt 有一定的限制，du/dt 的单位为 V/μs。

在实际电路中常采取在晶闸管两端并联 RC 阻容吸收回路的方法，利用电容器两端电压不能突变的特性来限制电压上升率。

（2）通态电流临界上升率 di/dt。指在规定条件下，晶闸管用门极触发信号开通时，晶闸管能够承受而不会导致损坏的通态电流最大上升率。在使用中，应使实际电路中出现的电流上升率 di/dt 小于晶闸管允许的电流上升率。di/dt 的单位为 A/μs。

晶闸管在触发导通过程中，开始只在靠近门极附近的小区域内导通，然后以大致 0.03~

0.1 mm/μs 的速度向整个结面扩展，逐渐发展到全部结面导通。如果电流上升率过大，则过大的电流将集中在靠近门极附近的小区域内，致使晶闸管因局部过热而损坏。因此，必须对 di/dt 的数值加以限制。为了提高晶闸管承受 di/dt 的能力，可以采用快速上升的强触发脉冲，加大门极电流，使起始导通区增加；还可在阳极电路串联一个不大的电感。

（3）开通时间 t_{ON}。在室温和规定的门极触发信号作用下，使晶闸管从断态变成通态时，从门极触发脉冲前沿的10%到阳极电压下降至10%的时间间隔，称为门极控制开通时间，如图1-8所示。

开通时间 t_{ON} 由延迟时间 t_d 和上升时间 t_r 组成。

门极的开通时间就是载流子积累和电流上升所需要的时间。晶闸管的开通时间不一致，会使串联的晶闸管在开通时不能均压，并联时不能均流。增加门极电流的幅值和前沿陡度即采用强脉冲触发，可以减少开通时间，并使 t_{ON} 的离散性显著减少，有利于晶闸管的均压和均流。此外，门极控制开通时间还和元件结温等因素有关。

（4）关断时间 t_{OFF}。从通态电流降至零瞬间起，到晶闸管开始能承受规定的断态电压瞬间止的时间间隔。关断时间包括反向恢复时间 t_{rr} 和门极恢复时间 t_{gr} 两部分，如图1-9所示。

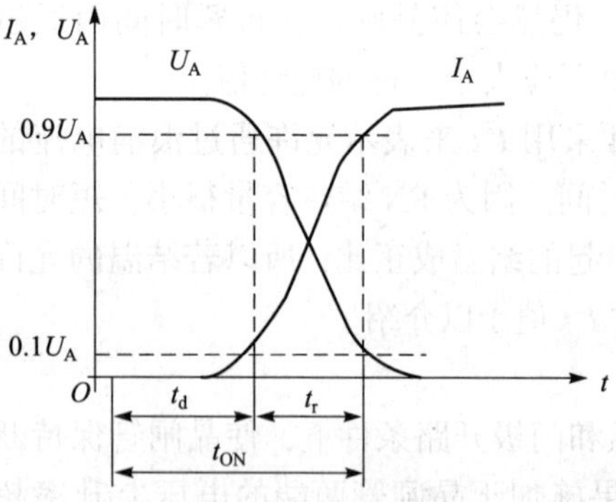

图1-8　门极控制开通时间

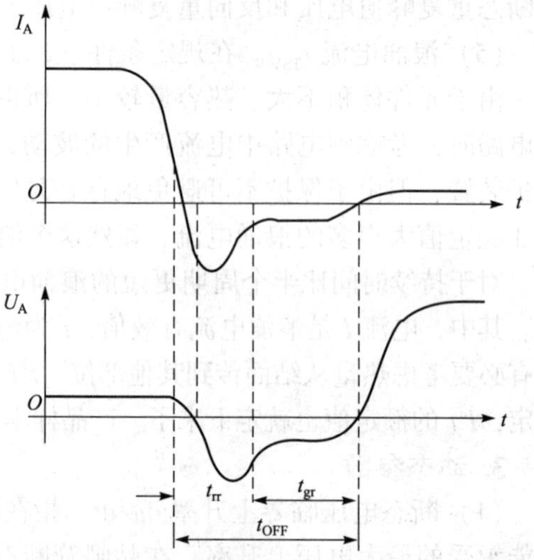

图1-9　晶闸管电路换向关断时间

晶闸管的阳极电流降到零以后，J_1、J_3 结附近积累的载流子，在反向电压作用下产生反向电流并随载流子的复合下降至零，J_1 和 J_3 结开始恢复阻断能力，这段时间即为反向恢复时间 t_{rr}。此后，随着 J_2 结两侧载流子复合完毕并建立起新的阻挡层，晶闸管完全关断而恢复了阻断能力，这段时间即为门极恢复时间 t_{gr}。

晶闸管的关断时间与结温、关断时施加的反向电压等因素有关。结温越高，关断时间也越长。例如，晶闸管在120 ℃时的关断时间为25 ℃时的2~3倍，反向电压增大，关断时间下降。在实际电路中，必须使晶闸管承受反向电压的时间大于它的关断时间，并考虑一定安全裕量。

1.2.6　晶闸管的型号

按照原机械工业部标准《国产可控硅（晶闸管）的型号命名》（JB 1144—75）的规定，KP 型普通晶闸管的型号及其含义如下：

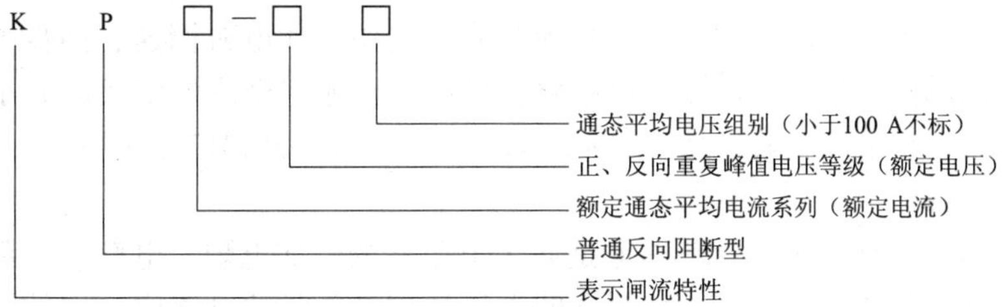

例如，KP200—15G 的型号，具体表示为额定电流 200 A，额定电压为 1 500 V，通态平均电压为 1 V 的普通型晶闸管。

旧型号采用 3CT□/□，如 3CT200/1 000 则表示额定电流为 200 A、额定电压为 1 000 V 的普通型晶闸管。

KP 型晶闸管元件主要参数值如表 1-3 所示。

表 1-3　KP 型晶闸管元件主要参数值

参数 / 单位 / 系列	通态平均电流	断态重复峰值电压、反向重复峰值电压	断态不重复平均电流、反向不重复平均电流	额定结温	门极触发电流	门极触发电压	断态电压临界上升率	通态电流临界上升率	浪涌电流
	$I_{T(AV)}$	U_{DRM}、U_{RRM}	$I_{DS(AV)}$ $I_{RS(AV)}$	T_{IM}	I_{GT}	U_{GT}	du/dt	di/dt	I_{TSM}
	A	V	mA	℃	mA	V	V/μs	A/μs	A
KP1	1	100～3 000	≤1	100	3～30	≤2.5			20
KP5	5	100～3 000	≤1	100	5～70	≤3.5			90
KP10	10	100～3 000	≤1	100	5～100	≤3.5			190
KP20	20	100～3 000	≤1	100	5～100	≤3.5			380
KP30	30	100～3 000	≤2	100	8～150	≤3.5			560
KP50	50	100～3 000	≤2	100	8～150	≤3.5			940
KP100	100	100～3 000	≤4	115	10～250	≤4	25～1 000	25～500	1 880
KP200	200	100～3 000	≤4	115	10～250	≤4			3 770
KP300	300	100～3 000	≤8	115	20～300	≤5			5 650
KP400	400	100～3 000	≤8	115	20～300	≤5			7 540
KP500	500	100～3 000	≤8	115	20～300	≤5			9 420
KP600	600	100～3 000	≤9	115	30～350	≤5			11 160
KP800	800	100～3 000	≤9	115	30～350	≤5			14 920
KP1000	1 000	100～3 000	≤10	115	40～400	≤5			18 600

1.3　单相可控整流电路

1.3.1　单相半波可控整流电路

在日常生产与生活中需要大量电压可调的直流电源，如电机调速、同步电机励磁、电焊、电镀等。用晶闸管组成的相控整流电路，可以方便地把交流电变换成大小可调的直流电，具有体积小、重量轻、效率高及控制灵敏等优点，因此获得广泛应用。

1. 电阻性负载

在生产实际中，有一些负载基本上是属于电阻性的，如电炉、电解、电镀、电焊及白炽灯等。电阻性负载的特点是：负载两端的电压和流过负载的电流成一定的比例关系，且两者的波形相似；负载电压和电流均允许突变。

图 1-10（a）所示为单相半波相控整流电路，整流变压器二次电压、电流有效值下标用 2 表示，电路输出电压、电流平均值下标均用 d 表示。交流正弦电压波形的横坐标为电角度 ωt，正弦变化一周为 2πrad 或 360°电角度，也可用时间表示，50 Hz 的交流电一个周期为 20 ms。

以一个周期来分析晶闸管的工作情况。交流电压u_2通过负载电阻R_d施加到晶闸管的阳极和阴极两端，在u_2正半周时，施加给晶闸管的阳极电压为正，满足了晶闸管导通的第一个条件。此时若不给晶闸管加触发电压，图 1-10（b）所示的$\omega t=\alpha$时刻以前的区域内，则晶闸管 VT 不能导通，负载上电压为零，而电源电压就全部落在晶闸管两端。在$\omega t=\alpha$时，给晶闸管门极加上触发电压u_g，则晶闸管满足其导通的第二个条件，因此晶闸管会立即导通，负载电阻上就有电流通过。此时如果忽略晶闸管的导通压降，则负载上的电压瞬时值

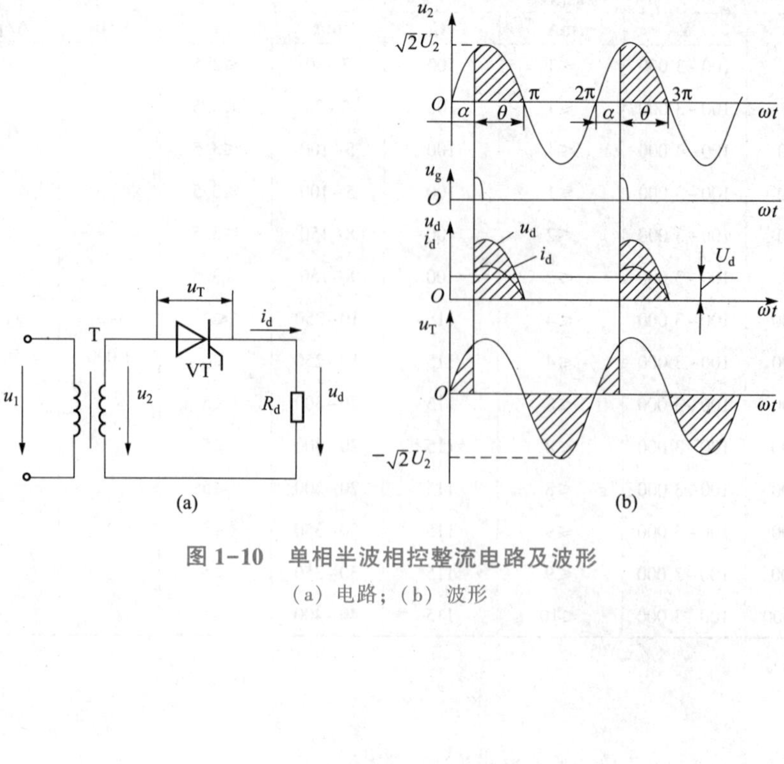

图 1-10　单相半波相控整流电路及波形

（a）电路；（b）波形

u_d就等于电源电压的瞬时值u_2，即负载电阻两端的电压波形u_d就是变压器二次侧电压u_2的波形。此后晶闸管会一直导通至电源电压过零点。需要说明的一点是，由于晶闸管一旦导通后其门极便失去控制作用，所以在ωt_1时加的门极触发电压只需是一触发脉冲。

当$\omega t=\pi$时，u_2（u_d）降为零，由于电阻性负载的电压和电流波形一致，所以流过晶闸管的电流即负载电流也会下降到零，从而使晶闸管关断。此时负载上的电压和电流都将消失，电路无输出。在整个电源电压u_2的负半周，即$\pi \sim 2\pi$，晶闸管都将承受反向电压而不能导通，负载两端的电压u_d为零。直到u_2的下一周期重复上述过程。

在单相相控整流电路中，定义晶闸管从承受正向电压起到触发导通之间的电角度α称为控制角（或移相角），晶闸管在一个周期内导通的电角度称为导通角，用θ表示。对于图 1-10所示的电路，若控制角为α，则晶闸管的导通角为

$$\theta=\pi-\alpha$$

根据波形图 1-10（b），可求出整流输出电压平均值为

$$U_d=\frac{1}{2\pi}\int_{\alpha}^{\pi}\sqrt{2}U_2\sin(\omega t)\mathrm{d}(\omega t)=\frac{\sqrt{2}}{\pi}U_2\frac{1+\cos\alpha}{2}=0.45U_2\frac{1+\cos\alpha}{2} \tag{1-6}$$

式（1-6）表明，只要改变控制角α（即改变触发时刻），就可以改变整流输出电压的平均值，达到相控整流的目的。这种通过控制触发脉冲的相位来控制直流输出电压大小的方式称为相位控制方式，简称相控方式。

当$\alpha=\pi$时，$U_d=0$；当$\alpha=0°$时，$U_d=0.45U_2$为最大值。定义整流输出电压u_d的平均值从最大值变化到零时，控制角α的变化范围为移相范围。显然，单相半波相控整流电路带电阻性负载时移相范围为π。

根据有效值的定义，整流输出电压的有效值为

$$U=\sqrt{\frac{1}{2\pi}\int_{\alpha}^{\pi}(\sqrt{2}U_2\sin(\omega t))^2\mathrm{d}(\omega t)}=U_2\sqrt{\frac{\sin 2\alpha}{4\pi}+\frac{\pi-\alpha}{2\pi}} \tag{1-7}$$

那么，整流输出电流的平均值I_d和有效值I分别为

$$I=\frac{U}{R}$$

$$I_d=\frac{U_d}{R}$$

电流的波形系数K_f

$$K_f=\frac{I}{I_d}=\frac{\sqrt{\frac{\sin(2\alpha)}{4\pi}+\frac{\pi-\alpha}{2\pi}}}{\frac{\sqrt{2}}{\pi}\frac{1+\cos\alpha}{2}}=\frac{\sqrt{\pi\sin(2\alpha)+2\pi(\pi-\alpha)}}{\sqrt{2}(1+\cos\alpha)} \tag{1-8}$$

当$\alpha=0°$时，代入式（1-8），可得$K_f=1.57$。

另外，对于整流电路而言，通常还要考虑功率因数$\cos\phi$和对电源容量S的要求。忽略元件损耗，变压器二次侧所供给的有功功率是$P=I^2R_d=UI$（注意此时不是U_dI_d），变压器二次侧的视在功率为$S=U_2I_2$。因此，电路的功率因数为

$$\cos\phi=\frac{P}{S}=\frac{UI}{U_2I_2}=\frac{UI}{U_2I}=\sqrt{\frac{\pi-\alpha}{2\pi}+\frac{\sin(2\alpha)}{4\pi}} \tag{1-9}$$

当 $\alpha=0°$ 时，$\cos\phi$ 最大为 0.707，可见单相半波可控整流电路，尽管带电阻负载，但由于谐波的存在，功率因数很低，变压器的利用率也差。α 越大，$\cos\phi$ 越小。

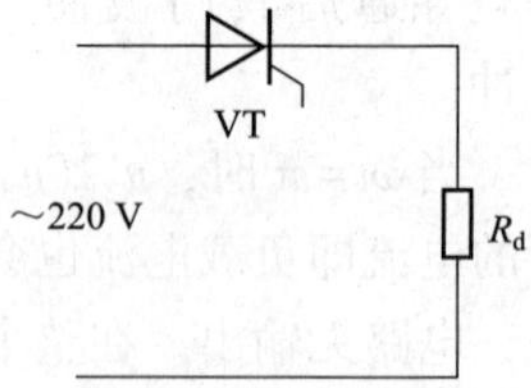

图 1-11 例 1-1 电路

例 1-1 有一单相半波相控整流电路，负载电阻 $R_d=10\ \Omega$，直接接到交流 220 V 电源上，如图 1-11 所示。在控制角 $\alpha=60°$ 时，求输出电压平均值 U_d、输出电流平均值 I_d 和有效值 I，并选择晶闸管元件（考虑 2 倍裕量）。

解：根据单相半波相控整流电路的计算公式可得以下数值。

输出平均电压为

$$U_d=0.45U_2\frac{1+\cos\alpha}{2}=\frac{0.45\times220\times(1+\cos60°)}{2}=74.3\ (\text{V})$$

输出有效电压为

$$U=U_2\sqrt{\frac{\sin(2\alpha)}{4\pi}+\frac{\pi-\alpha}{2\pi}}=220\times\sqrt{\frac{\sin(2\times60°)}{4\pi}+\frac{\pi-60°}{2\pi}}=139.5\ (\text{V})$$

输出平均电流为

$$I_d=U_d/R_d=74.3/10=7.43\ (\text{A})$$

输出有效电流为

$$I=U/R_d=139.5/10=13.95\ (\text{A})$$

晶闸管承受的最大正、反向电压为

$$U_{TM}=\sqrt{2}\ U_2=\sqrt{2}\times220=311\ (\text{V})$$

考虑到取 2 倍裕量，则晶闸管正、反向重复峰值电压 $U_{DRM}\geqslant2\times311=622$ V，故选700 V的晶闸管。

晶闸管的额定电流为 $I_{T(AV)}$（正弦半波电流平均值），它的额定电流有效值为 $I_T=1.57\ I_{T(AV)}$。选择晶闸管电流的原则是：它的额定电流有效值不得小于实际流过晶闸管的最大电流有效值（还要考虑 2 倍裕量），即

$$1.57\ I_{T(AV)}\geqslant2I$$

$$I_{T(AV)}\geqslant\frac{2I}{1.57}=\frac{2\times13.95}{1.57}=17.3\ (\text{A})$$

取 20 A，故晶闸管的型号选为 KP20-7。

2. 电感性负载及续流二极管

电机的励磁线圈、滑差电动机电磁离合器的励磁线圈以及输出电路中串接平波电抗器的负载等都属于电感性负载。电感性负载不同于电阻性负载，为了便于分析，通常将其等效为电阻与电感串联，如图 1-12（a）所示。

在 $0\leqslant\omega t<\omega t_1$ 区间，u_2 处虽然为正，但晶闸管无触发脉冲不导通，负载上的电压 u_d、电流 i_d 均为零。晶闸管承受着电源电压 u_2，其波形如图 1-12（b）所示。

当 $\omega t=\omega t_1=\alpha$ 时，晶闸管被触发导通，电源电压 u_2 突然加在负载上，由于电感性负载电流不能突变，电路需经一段过渡过程，此时电路电压瞬时值方程为

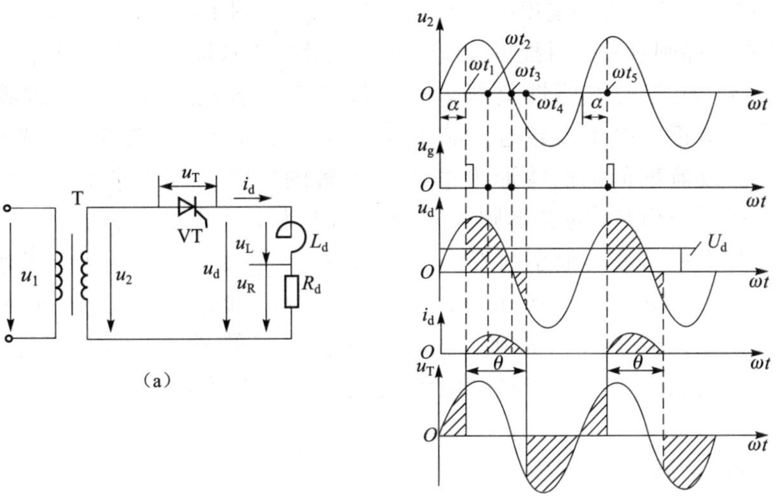

（a）

（b）

图 1-12　单相半波电感性负载电路波形

（a）电路；（b）波形

$$u_2 = L_d \frac{\mathrm{d}i_d}{\mathrm{d}t} + i_d R_d = u_L + u_R$$

在$\omega t_1 < \omega t \leqslant \omega t_2$区间，晶闸管被触发导通后，由于$L_d$作用，电流$i_d$只能从零逐渐增大。到$\omega t_2$时，$i_d$已上升到最大值，$\mathrm{d}i_d/\mathrm{d}t = 0$。这期间电源$u_2$不仅要向负载$R_d$供给有功功率，而且还要向电感线圈$L_d$供给磁场能量的无功功率。

在$\omega t_2 < \omega t \leqslant \omega t_3$区间，由于$u_2$继续在减小，$i_d$也逐渐减小，在电感线圈$L_d$作用下，$i_d$的减小总是要滞后于$u_2$的减小。这期间$L_d$两端产生的电动势$e_L$反向，如图 1-12（b）所示。负载$R_d$所消耗的能量，除由电源电压$u_2$供给外，还有一部分是由电感线圈$L_d$所释放的能量供给。

在$\omega t_3 < \omega t < \omega t_4$区间，$u_2$过零开始变负，对晶闸管是反向电压，但是另一方面由于i_d的减小，在L_d两端所产生的电动势e_L极性对晶闸管是正向电压，故只要e_L略大于u_2，晶闸管仍然承受着正向电压而继续导通，直到i_d减小到零才被关断，如图 1-12（b）所示。在这区间L_d不断释放出磁场能量，除部分继续向负载R_d提供消耗能量外，其余就回馈给交流电网u_2。

当$\omega t = \omega t_4$时，$i_d = 0$，即L_d的磁场能量已释放完毕，晶闸管被关断。从ωt_5开始重复上述过程。

由波形图 1-12（b）可见，由于电感的存在，使负载电压u_d波形出现部分负值，导致负载上直流电压平均值U_d减小。电感越大，u_d波形的负值部分占的比例越大，使U_d减少越多。当电感L_d足够大时（一般指$X_L \geqslant 10\ R_d$时）负载上得到的电压u_d波形的正负面积接近相等，直流电压平均值U_d几乎为零。因此，单相半波可控整流电路用于大电感负载时，不管如何调节控制角α，U_d值总是很小，平均电流$I_d = U_d/R_d$也很小，没有实用价值。

为了使u_2过零变负时能及时关断晶闸管，使u_d波形不出现负值，又能给电感线圈L_d提供续流的旁路，可以在整流电路输出端并联二极管 VD，如图 1-13（a）所示。由于该二极管是为电感性负载在晶闸管关断时提供续流回路，故此二极管称为续流二极管。

在接有续流二极管的电感性负载单相半波可控整流电路中，当u_2过零变负时，此时续流二极管承受正向电压而导通，晶闸管因承受反向电压而关断，i_d就通过续流二极管而继续流动。续流期间的u_d波形为续流二极管的压降，可忽略不计。所以，u_d波形与电阻性负载相同。但是i_d的波形则大不相同，因为对大电感而言，流过负载的电流i_d不但连续而且基本上是波动很小的直线，电感越大，i_d波形越接近于一条水平线，其平均电流为$I_d=U_d/R_d$，如图 1-13（b）所示。I_d电流由晶闸管和续流二极管分担，在晶闸管导通期间，从晶闸管流过；晶闸管关断，续流二极管导通，就从续流二极管流过。可见流过晶闸管电流i_{VT}与续流二极管电流i_{VD}的波形均为方波，方波电流的平均值和有效值如下。

流过晶闸管的电流平均值为

$$I_{dT}=\frac{\pi-\alpha}{2\pi}I_d=\frac{\theta_T}{2\pi}I_d \tag{1-10}$$

流过续流二极管的电流平均值为

$$I_{dD}=\frac{\pi+\alpha}{2\pi}I_d=\frac{\theta_D}{2\pi}I_d \tag{1-11}$$

流过晶闸管与续流二极管的电流有效值分别为

$$I_T=\sqrt{\frac{\pi-\alpha}{2\pi}}I_d=\sqrt{\frac{\theta_T}{2\pi}}I_d \tag{1-12}$$

$$I_D=\sqrt{\frac{\pi+\alpha}{2\pi}}I_d=\sqrt{\frac{\theta_D}{2\pi}}I_d \tag{1-13}$$

晶闸管和续流二极管承受的最大正、反向电压均为$\sqrt{2}U_2$，移相范围与电阻负载相同，为 π（180°）。

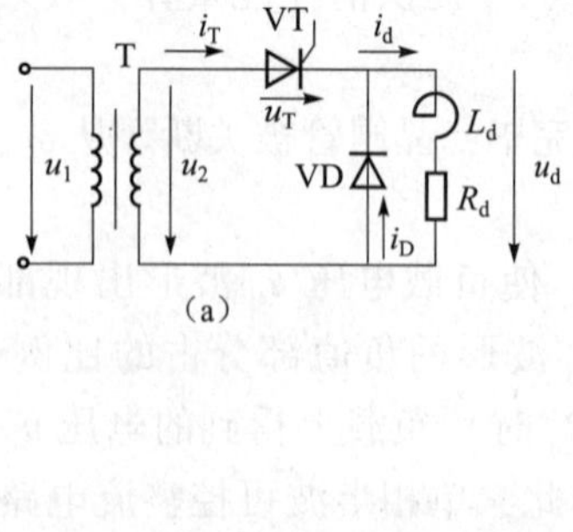

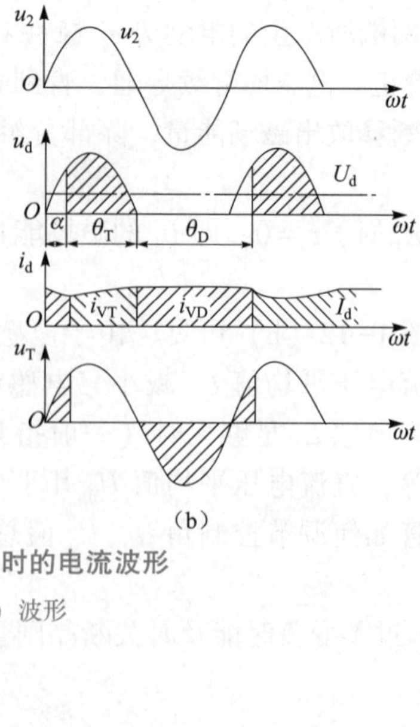

图 1-13　当 $\omega L_d \geqslant R_d$时的电流波形

（a）电路；（b）波形

在这里，需要注意的一点是，对于电感性负载，由于晶闸管导通时其阳极电流上升变慢（与电阻性负载相比），整流电路对触发电路的脉冲宽度要有一定的要求，即要保证晶闸管阳极电流上升到擎住电流值后，脉冲才可以消失；否则晶闸管将无法进入导通状态。

例 1-2　图 1-14 所示为中、小型发电机采用的单相半波自激稳压可控整流电路。当发电机满负载运行时，相电压为 220 V，要求的励磁电压为 40 V。已知励磁线圈的电阻为2 Ω，电感量为 0.1 H。试求：晶闸管及续流二极管的电流平均值和有效值各是多少？晶闸管与续流二极管可能承受的最大电压各是多少？选择晶闸管与续流二极管的型号。

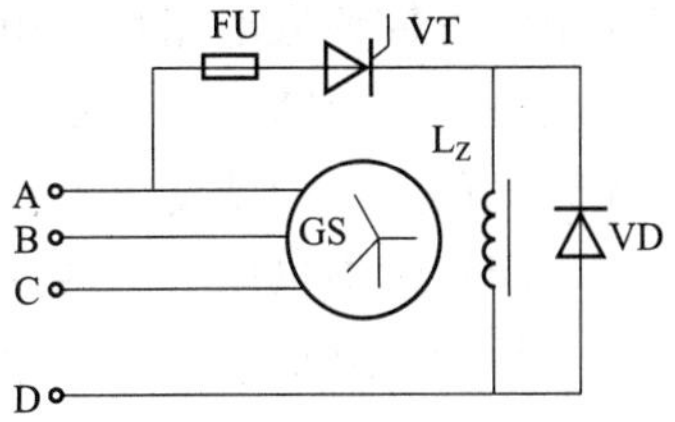

图 1-14　同步发电机单相半波自励电路

解：先求控制角α。

因为
$$U_d = 0.45U_2\frac{1+\cos\alpha}{2}$$

$$\cos\alpha = \frac{2}{0.45}\times\frac{40}{220}-1=-0.192$$

所以
$$\alpha\approx 101°$$

则
$$\theta_T=\pi-\alpha=180°-101°=79°$$

$$\theta_D=\pi+\alpha=180°+101°=281°$$

由于 $\omega L_d=2\pi fL_d=2\times 3.14\times 50\times 0.1=31.4\Omega \gg R_d=2\ \Omega$，所以为大电感负载，各电量分别计算如下：

$$I_d=U_d/R_d=40/2=20\ (A)$$

$$I_{dT}=\frac{180°-\alpha}{360°}\cdot I_d=\frac{180°-101°}{360°}\times 20=4.4\ (A)$$

$$I_T=\sqrt{\frac{180°-\alpha}{360°}}\cdot I_d=\sqrt{\frac{180°-101°}{360°}}\times 20=9.4\ (A)$$

$$I_{dD}=\frac{180°+\alpha}{360°}\cdot I_d=\frac{180°+101°}{360°}\times 20=15.6\ (A)$$

$$I_D=\sqrt{\frac{180°+\alpha}{360°}}\cdot I_d=\sqrt{\frac{180°+101°}{360°}}\times 20=17.6\ (A)$$

$$U_{TM}=\sqrt{2}U_2=1.42\times 220=312\ (V)$$

$$U_{DM}=\sqrt{2}U_2=1.42\times 220=312\ (V)$$

根据以上计算选择晶闸管及续流二极管型号为

$$U_{Tn}=(2\sim 3)U_{TM}=(2\sim 3)\times 312=624\sim 936\ (V)$$　取 700 V

$$I_{T(AV)}=(1.5\sim 2)\frac{I_T}{1.57}=(1.5\sim 2)\frac{9.4}{1.57}=9\sim 12\ (A)$$　取 10 A

故选择晶闸管型号为 KP20-7。

$$U_{Dn}=(2\sim 3)U_{DM}=(2\sim 3)\times 312=624\sim 936\ (V)$$　取 700 V

$$I_{D(AV)}=(1.5\sim2)\frac{I_D}{1.57}=(1.5\sim2)\times\frac{17.6}{1.57}=16.8\sim22\ (A)$$ 取20 A

故续流二极管应选IP20-7。

单相半波可控整流电路具有电路简单、调整方便等优点，但由于它是半波整流，故输出的直流电压、电流脉动大，变压器利用率低且二次侧通过含直流分量的电流，使变压器存在直流磁化现象。为使变压器铁芯不饱和，就需要增大铁芯面积，这样就增大了设备的容量。在生产实际中只用于一些对输出波形要求不高的小容量场合。在中小容量、负载要求较高的晶闸管的可控整流装置中，较常用的是单相桥式全控整流电路。

1.3.2 单相桥式全控整流电路

1. 电阻性负载

图1-15所示为单相桥式全控整流电路，电路由4只晶闸管VT_1、VT_4和VT_2、VT_3两对桥臂及负载电阻R_d组成。变压器二次电压u_2接在桥臂的中点a、b端。

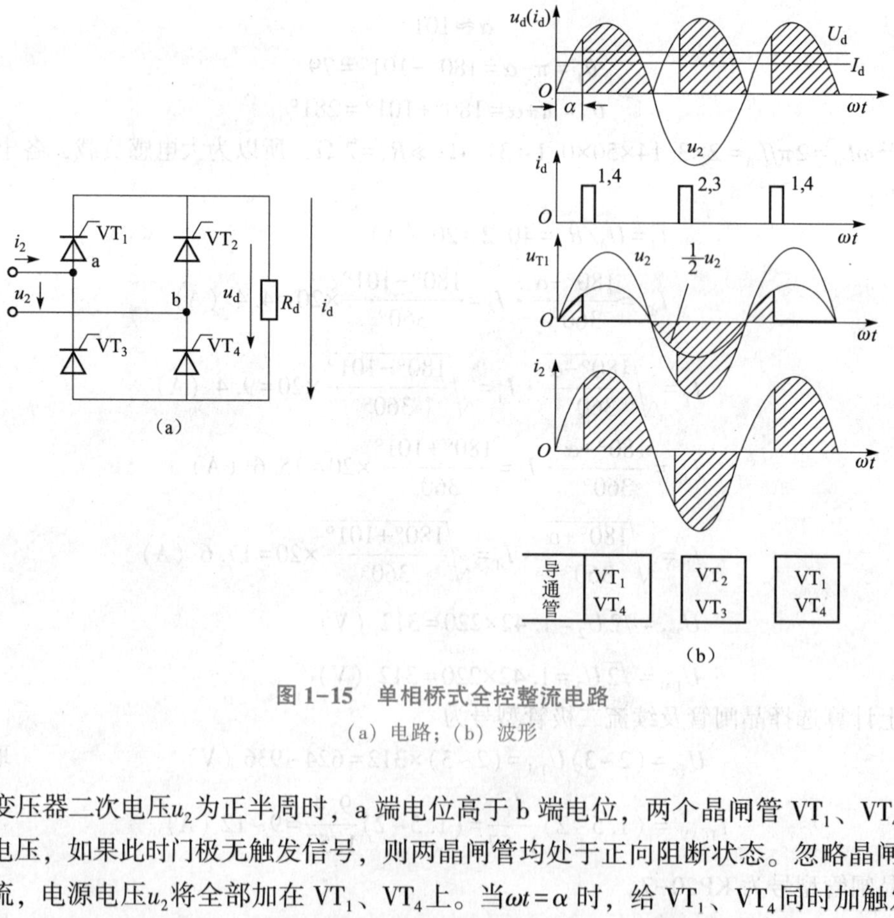

图1-15　单相桥式全控整流电路

（a）电路；（b）波形

当变压器二次电压u_2为正半周时，a端电位高于b端电位，两个晶闸管VT_1、VT_4同时承受正向电压，如果此时门极无触发信号，则两晶闸管均处于正向阻断状态。忽略晶闸管的正向漏电流，电源电压u_2将全部加在VT_1、VT_4上。当$\omega t=\alpha$时，给VT_1、VT_4同时加触发脉冲，两只晶闸管立即被触发导通，电源电压u_2将通过VT_1、VT_4加在负载电阻R_d上，负载电流i_d从电源a端经VT_1、负载电阻R_d、VT_4回到电源的b端。在u_2正半周期，VT_2、VT_3均承受反向电压而处于阻断状态。由于设晶闸管导通时管压降为零，则负载R_d两端的整流电压u_d与电源电压u_2正半周的波形相同。当电源电压u_2降到零时，电流i_d也降为零，VT_1和VT_4关断。

在u_2的负半周，b端电位高于a端电位，VT_2、VT_3承受正向电压，当$\omega t=\pi+\alpha$时，同时给VT_2、VT_3加触发脉冲使其导通，电流从b端经VT_2、负载电阻R_d和VT_3回到电源a端，在负载R_d两端获得与u_2正半周相同波形的整流电压和电流，这期间VT_1和VT_3均承受反向电压而处于阻断状态。当u_2过零重新变正时，VT_2、VT_3关断，u_d、i_d又降为零。此后VT_1、VT_4又承受正向电压，并在相应时刻$\omega t=2\pi+\alpha$被触发导通。如此循环工作，输出整流电压u_d、电流i_d及晶闸管两端电压u_T的波形如图1-15（b）所示。

由以上电路工作原理可知，在交流电源电压u_2的正、负半周里，VT_1、VT_4和VT_2、VT_3两组晶闸管轮流被触发导通，将交流电转变成脉动的直流电。改变α角的大小，负载电压u_d、负载电流i_d的波形及整流输出直流电压平均值均相应改变。晶闸管VT_1两端承受的电压u_{T1}的波形如图1-15（b）所示，晶闸管在导通段管压降$u_{T1}\approx 0$（即$\omega t=\alpha\sim\pi$期间），故其波形是与横轴重合的直线段，晶闸管承受的最高反向电压为$-\sqrt{2}U_2$。假定两晶闸管漏电阻相等，当晶闸管都处在未被触发导通期间，每个元件承受的电压等于$\sqrt{2}u_2/2$，如图1-15（b）中u_{T1}波形的$0\sim\alpha$区间所示。

整流输出直流电压U_d由式（1-14）积分，即

$$U_d=\frac{1}{\pi}\int_{\alpha}^{\pi}\sqrt{2}U_2\sin(\omega t)\mathrm{d}(\omega t)=0.9U_2\frac{1+\cos\alpha}{2} \tag{1-14}$$

当$\alpha=0°$时，$U_d=0.9U_2$；$\alpha=180°$时，$U_d=0$，所以晶闸管触发脉冲的移相范围为$0°\sim180°$。整流输出直流电流（负载电流）I_d为

$$I_d=\frac{U_d}{R_d}=0.9\cdot\frac{U_2}{R_d}\cdot\frac{1+\cos\alpha}{2} \tag{1-15}$$

负载电流有效值I与交流输入（变压器二次侧）电流I_2相同，为

$$I=I_2=\sqrt{\frac{1}{\pi}\int_{\alpha}^{\pi}\left(\frac{\sqrt{2}U_2\sin(\omega t)}{R_d}\right)^2\mathrm{d}(\omega t)}=\frac{U_2}{R_d}\sqrt{\frac{1}{2\pi}\sin(2\alpha)+\frac{\pi-\alpha}{\pi}} \tag{1-16}$$

晶闸管电流平均值$I_{dT}=\frac{1}{2}I_d$，有效值$I_T=\frac{1}{\sqrt{2}}I_2=\frac{1}{\sqrt{2}}I$，电路功率因数为

$$\cos\phi=\frac{P}{S}=\frac{UI}{U_2I_2}=\frac{U}{U_2}=\sqrt{\frac{1}{2\pi}\sin(2\alpha)+\frac{\pi-\alpha}{\pi}} \tag{1-17}$$

当$\alpha=0°$时，$\cos\phi=1$，i_2波形没有畸变为完整的正弦交流。

2. 电感性负载

图1-16（a）所示为单相桥式全控整流电路带电感性负载时的电路。假设电感很大，输出电流连续，且电路已处于稳态。

在电源u_2正半周时，在相当于α角的时刻给VT_1和VT_4同时加触发脉冲，则VT_1和VT_4会导通，输出电压$u_d=u_2$。至电源u_2过零变负时，由于电感产生的自感电动势会使VT_1和VT_4继续导通，而输出电压仍为$u_d=u_2$，所以出现了负电压的输出。此时，晶闸管VT_2和VT_3虽然已承受正向电压，但还没有触发脉冲，所以不会导通。直到在负半周相当于α角的时刻，给VT_2和VT_3同时加触发脉冲，则因VT_2的阳极电位比VT_1高，VT_3的阴极电位比VT_4

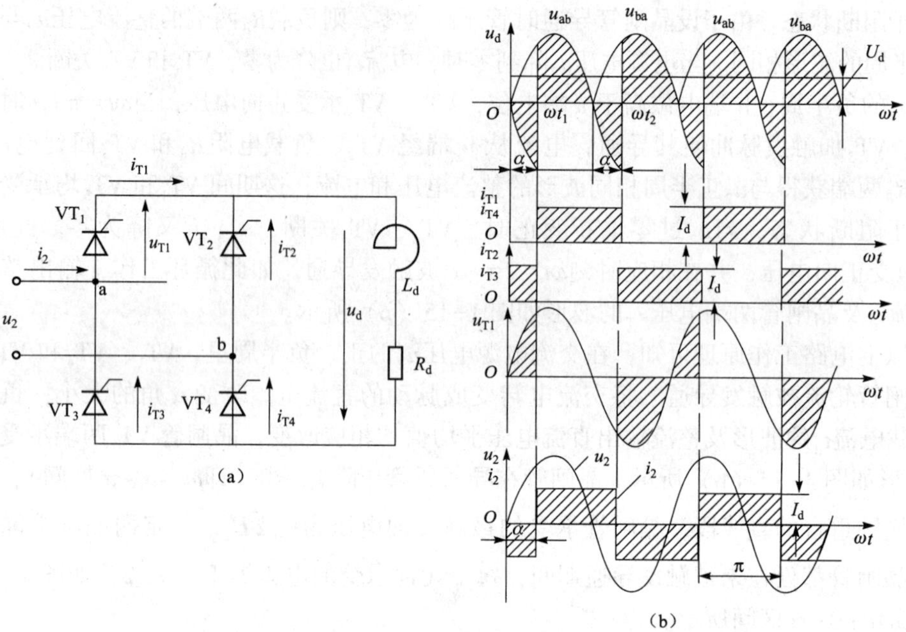

图 1-16 大电感负载的单相桥式全控整流电路及波形

（a）电路；（b）不接续流二极管时的波形

的低，故 VT_2和 VT_3被触发导通，分别替换了 VT_1和 VT_4，而 VT_1和 VT_4将由于 VT_2和 VT_3的导通承受反压而关断，负载电流也改为经过 VT_2和 VT_3了。

由图 1-16（b）所示的输出负载电压u_d、负载电流i_d的波形可以看出，与电阻性负载相比，u_d的波形出现了负半波部分。i_d的波形则是连续的近似一条直线，这是由于电感中的电流不能突变，电感起到了平波的作用，电感越大则电流波形越平稳。而流过每一只晶闸管的电流则近似为方波。变压器二次侧电流 i_2波形为正、负对称的方波。由流过晶闸管的电流 i_T波形及负载电流 i_d的波形可以看出，两组管子轮流导通，且电流连续，故每只晶闸管的导通时间较电阻性负载时延长了，导通角 $\theta=\pi$，与 α 无关。根据上述波形，可以得出计算直流输出电压平均值 U_d的关系式为

$$U_d=\frac{1}{\pi}\int_{\pi}^{\pi+\alpha}\sqrt{2}U_2\sin(\omega t)\mathrm{d}(\omega t)=\frac{2\sqrt{2}}{\pi}U_2\cos\alpha=0.9U_2\cos\alpha \tag{1-18}$$

当 $\alpha=0°$时，输出 U 最大，$U=0.9\ U_2$，至 $\alpha=90°$时，输出 U 最小，等于零。因此，α 的移相范围是 0°~90°。

直流输出电流的平均值 I_d为

$$I_d=\frac{U_d}{R_d}=0.9\cdot\frac{U_2}{R_d}\cos\alpha \tag{1-19}$$

流过晶闸管的电流平均值和有效值分别为

$$I_{dT}=\frac{1}{2}I_d$$

$$I_T=\frac{1}{\sqrt{2}}I_d$$

流过变压器二次侧绕组的电流有效值为

$$I_2=I_d$$

晶闸管可能承受的正、反向峰值电压为

$$U_{TM}=\sqrt{2}U_2$$

为了扩大移相范围，且去掉输出电压的负值，提高 U 的值，可以在负载两端并联续流二极管，如图 1-17 所示。接了续流二极管后，α 的移相范围可以扩大到 0°~180°。下面通过一个例题来说明桥式全控电路接了续流二极管后的数量关系。

例 1-3 单相桥式全控整流电路带大电感负载，$U_2=220\ \text{V}$，$R_d=4\ \Omega$，计算当 $\alpha=60°$时，输出电压、电流的平均值以及流过晶闸管的电流平均值和有效值。若负载两端并接续流二极管，如图 1-17 所示，则输出电压、电流的平均值又是多少？流过晶闸管和续流二极管的电流平均值和有效值又是多少？并画出这两种情况下的电压、电流波形。

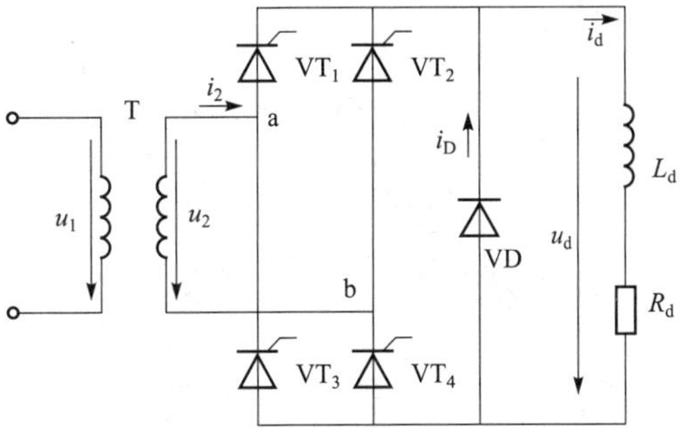

图 1-17 单相桥式全控整流电路带大电感负载接续流二极管

解：(1) 不接续流二极管时的电压、电流波形如图 1-18（a）所示，由于是大电感负载，有

$$U_d=0.9U_2\cos\alpha=0.9\times220\times\cos 60°=99\ (\text{V})$$

$$I_d=\frac{U_d}{R_d}=\frac{99}{4}=24.75\ (\text{A})$$

因负载电流是由两组晶闸管轮流导通提供的，流过晶闸管的电流平均值和有效值为

$$I_{dT}=\frac{1}{2}I_d=\frac{1}{2}\times24.75=12.38\ (\text{A})$$

$$I_T=\frac{1}{\sqrt{2}}I_d=\frac{1}{\sqrt{2}}\times24.75=17.5\ (\text{A})$$

(2) 接续流二极管后的电压、电流波形如图 1-18（b）所示，由于此时没有负电压输出，电压波形和电路带电阻性负载时一样，所以输出电压平均值的计算可利用式(1-14)求得，即

$$U_d=0.9U_2\frac{1+\cos\alpha}{2}=0.9\times220\times\frac{1+\cos 60°}{2}=148.5\ (\text{V})$$

输出电流的平均值为

$$I_d=\frac{U_d}{R_d}=\frac{148.5}{4}=37.13\ (\text{A})$$

负载电流是由两组晶闸管以及续流二极管共同提供的，根据图 1-18（b）所示的波形可知，每只晶闸管的导通角均为 $\theta_T=\pi-\alpha$，续流二极管 VD 的导通角为$\theta_D=2\alpha$，所以流过晶闸管和续流二极管的电流平均值和有效值分别为

$$I_{dT}=\frac{\pi-\alpha}{2\pi}I_d=\frac{180°-60°}{360°}\times37.13=12.38\ (\text{A})$$

$$I_T=\sqrt{\frac{\pi-\alpha}{2\pi}}I_d=\sqrt{\frac{180°-60°}{360°}}\times37.13=21.44\ (A)$$

$$I_{dD}=\frac{2\alpha}{2\pi}I_d=\frac{\alpha}{\pi}I_d=\frac{60°}{180°}\times37.13=12.38\ (A)$$

$$I_D=\sqrt{\frac{\alpha}{\pi}}I_d=\sqrt{\frac{60°}{180°}}\times37.13=21.44\ (A)$$

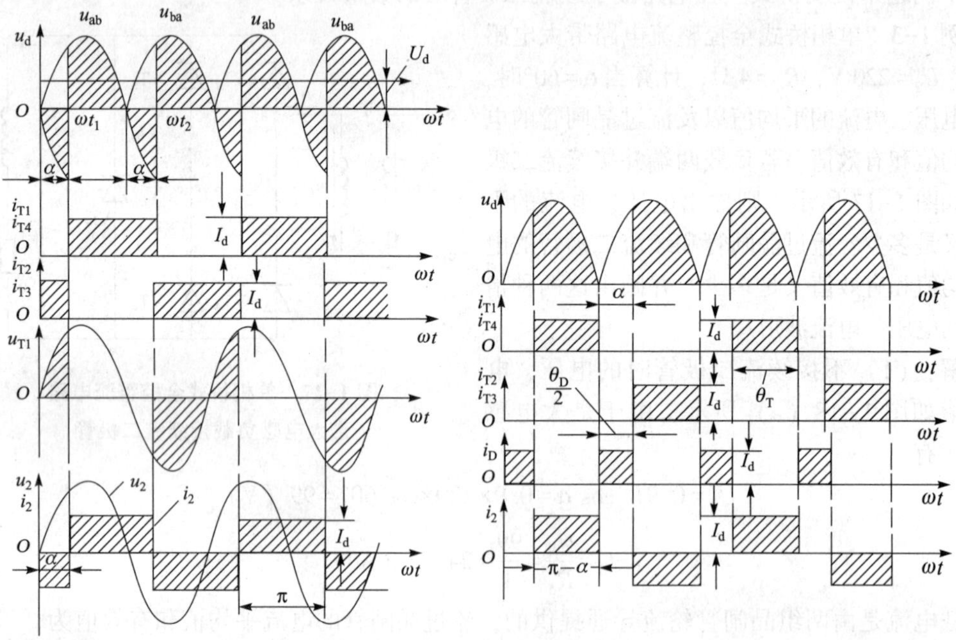

图 1-18 例 1-3 波形

（a）不接续流二极管时；（b）接续流二极管时

3. 反电动势负载

被充电的蓄电池、正在运行的直流电动机的电枢（忽略电枢电感）等这类负载本身是一个直流电源，对于可控整流电路来说，它们是反电动势负载，其等效电路用电动势E和负载回路电阻R_0（电枢电阻）表示，负载电动势的极性如图 1-19 所示。

当忽略主回路中的电感时，只有在整流输出电压大于反电动势时才有电流输出，因而晶闸管导电的时间缩短了。如果要求相同的负载平均电流，就必须有较大的整流电流的峰值，所以电流的有效值要比平均值大得多。从波形上看，晶闸管导通时，整流输出电压和电源电压相同；当晶闸管关断时，整流输出电压和反电动势相等。因此，即使控制角相同，此时的整流输出电压也比电阻性负载时大。

如果变压器二次电压的峰值为$\sqrt{2}U_2$，反电动势E的大小也已确定，则晶闸管停止导通时的导电角δ即可确定，即

$$\delta=\arcsin\frac{E}{\sqrt{2}U_2}$$

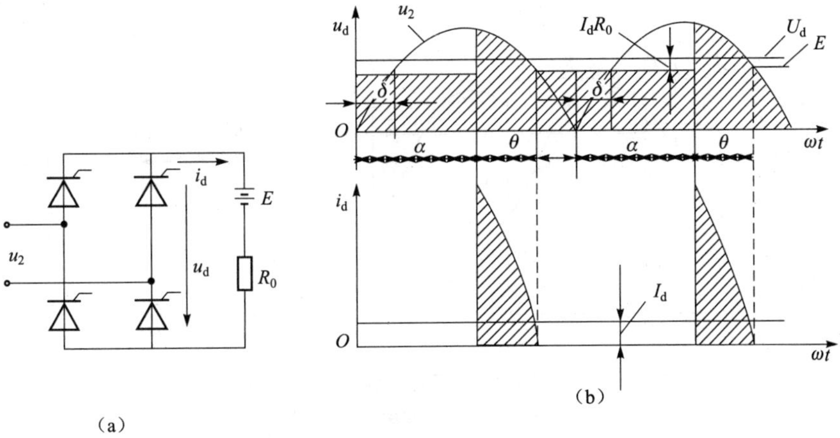

图 1-19　单相桥式全控反电动势负载电路

（a）电路；（b）波形

根据图 1-19 所示即可求出整流输出电压的平均值为

$$U_d = E + \frac{1}{\pi}\int_{\alpha}^{\pi-\delta}(\sqrt{2}U_2\sin(\omega t) - E)\mathrm{d}(\omega t)$$

电流的平均值和有效值可用下式表示，即

$$I_d = \frac{1}{\pi}\int_{\alpha}^{\pi-\delta}\frac{\sqrt{2}U_2\sin(\omega t) - E}{R}\mathrm{d}(\omega t)$$

$$I = \sqrt{\frac{1}{\pi}\int_{\pi}^{\pi-\delta}\left(\frac{\sqrt{2}U_2\sin(\omega t) - E}{R}\right)\mathrm{d}(\omega t)}$$

当 $\alpha<\delta$ 时，为了使晶闸管可靠导通，要求触发脉冲有足够的宽度，保证 $\omega t=\delta$ 时脉冲仍存在，可使晶闸管被触发。

如果负载是直流电动机，由于电流断续，其机械特性将变软。从图 1-19 中也可看出，导通角 θ 越小，则电流波形的底部越窄。电流平均值与电流的波形面积成正比，所以，为了增加平均电流，需要较多地降低反电动势。因此，当电流断续时，随着电流平均值的增大，转速的降落越大，则机械特性越软，相当于整流电源的内阻增大。较大的峰值电流在电动机换向时容易产生火花。电流的有效值大，要求电源的容量也大。为了克服这些缺点，一般在主回路中串联平波电抗器，用来减少电流的脉动和延长晶闸管导通的时间。加入电感后，当 $u_2<E$ 或 u_2 值变负时，晶闸管仍可导通。只要电感量足够大，就能使电流连续，晶闸管导通角增大到 180°时，整流电压的波形和负载电流的波形与电感性负载电流连续时的波形相同，U_d 的计算公式也相同。

电动机负载串一个平波电抗器，即负载为 R、L、E 时的工作情况请自行分析。图 1-20 所示为单相桥式全控整流电路反电动势负载串平波电抗器后的临界连续电压、电流波形。

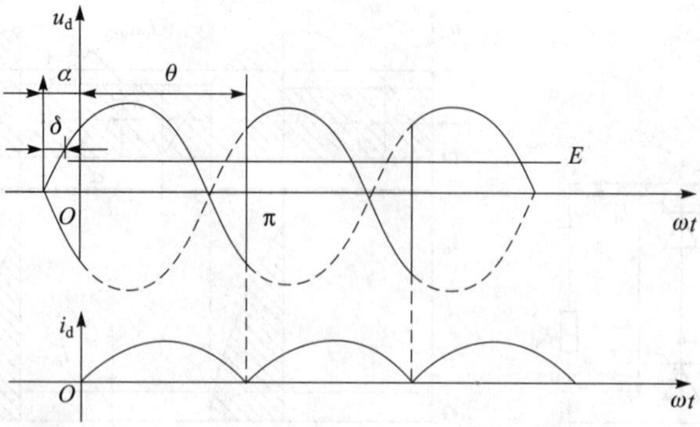

图 1-20　单相桥式全控整流电路反电动势负载串平波电抗器后的临界连续电压、电流波形

1.3.3　单相桥式半控可控整流电路

在阻性负载下，单相桥式半控电路和单相全控电路的 u_d、i_d、i_2 等波形相同，因而一些计算公式也相同。

在感性负载下，在 u_2 正半周内，VD_2 导通，VT_1 通过 L_d、R_d、VD_2 承受电源正电压，$u_{T1}=u_2$。当 $\omega t=\alpha$ 时触发 VT_1，VT_1 导通后，电流从 u_2 正端流出，经 VT_1、L_d、R_d、VD_2 回到 u_2 负端。当 $\omega t<\alpha$ 时，因 VD_2 导通，VT_1 阻断，所以 $u_{T2}=0$；当 $\omega t\geqslant\alpha$ 时，VT_1 导通，则 $u_{T2}=-u_2$，此时 VD_1 始终通过 VD_2 承受电源的反向电压，即 $u_{D1}=-u_2$。

当 u_2 过零变负时，因负载电感的存在，VT_1 并不关断，VD_1 开始导通，同时 VD_2 阻断，负载电流在 VT_1、L_d、R_d、VD_1 回路中继续流通。此时电流不再经过变压器绕组，而由 VT_1 和 VD_1 起续流作用，若忽略元件的管压降，则 $u_d=0$，不会像全控桥电路那样出现负值电压。续流期内，$u_{T1}=u_{D1}=0$，$u_{T2}=-u_2$，$u_{D2}=u_2$。如果电感足够大，则续流过程一直可维持到晶闸管 VT_2 触发导通为止。当下一个触发脉冲到来时，VT_2 被触发导通，$u_{T2}=0$，电流从 VT_1 转换到 VT_2 上。电流从 u_2 负端流出，经 VT_2、L_d、R_d、VD_1 回到 u_2 正端。此时 $u_{T1}=-u_2$，VD_2 仍通过导通的 VD_1 承受电源负电压，$u_{D1}=-u_2$，因此 u_d 仍和电阻负载下单相全控电路的相同。

在感性负载下，当电感量很大时，这种不加续流管的半控电路会出现失控现象。当切断电源使输出为零时，一般采取移去触发脉冲或把控制角 α 调到 180°两种方法。但对于这种电路，会出现负载上仍有一定的输出电压，原来导通的晶闸管关不断的“失控”现象，如图 1-21（b）所示。

为了避免发生失控现象，可与负载并联一个续流二极管 VD_5，如图 1-22 所示，使负载电流经 VD_5 续流，而不再经 VT_1 和 VD_3，VT_1 可正常关断。为了使续流二极管工作可靠，其接线要粗而短，连接要牢，接触电阻要小，不宜串接熔断器。

接续流二极管后，电压、电流波形如图 1-22 所示。控制角为 α，则晶闸管导通角 $\theta_T=180°-\alpha$，续流二极管导通角 $\theta_{VD_5}=2\alpha$。不难看出，输出电压平均值计算公式为 $U_d=0.9\,U_2(1+\cos\alpha)/2$。续流二极管承受的最大反压为 $\sqrt{2}U_2$。

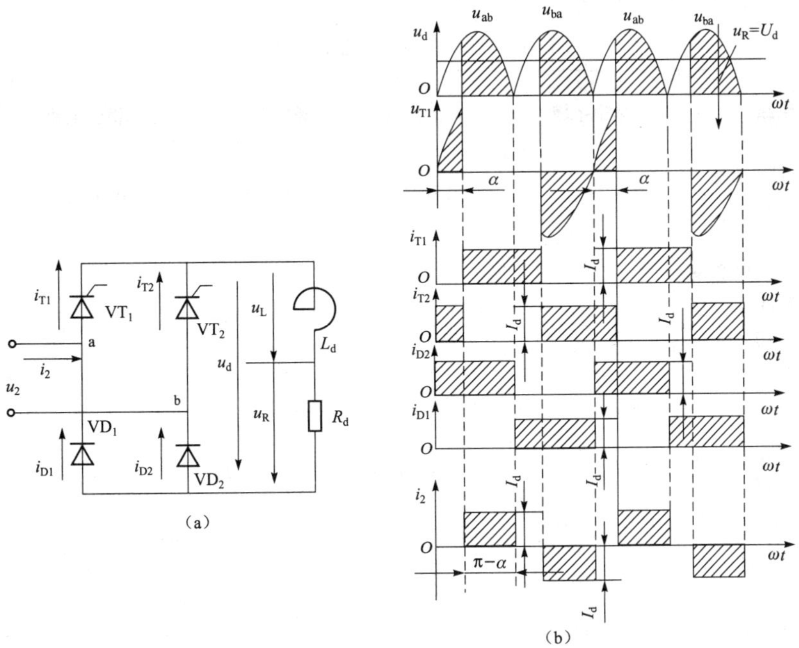

图 1-21　单相桥式半控整流电路大电感负载电路及波形

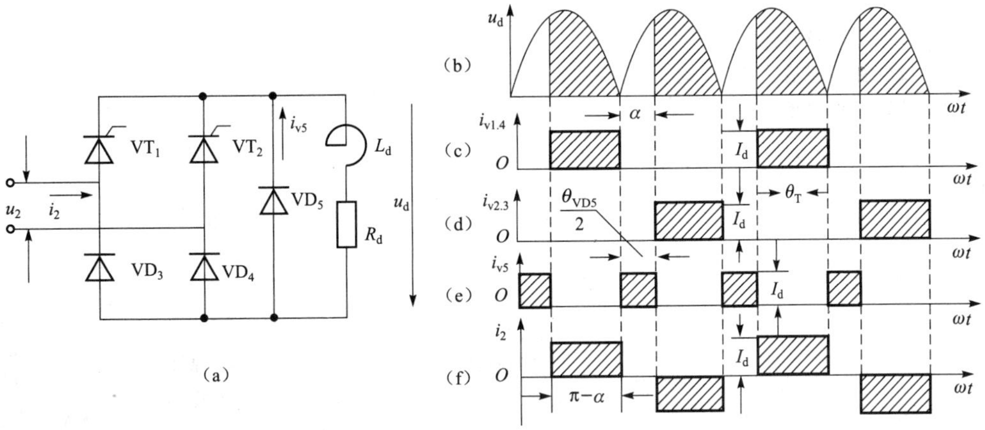

图 1-22　单相桥式半控大电感负载接续流二极管时电路及波形

（a）电路；（b）波形

例 1-4　有一大电感负载采用单相半控桥有续流二极管的整流电路，负载电阻 $R_d=4\ \Omega$，电源电压 $U_2=220$ V，晶闸管控制角 $\alpha=60°$，求流过晶闸管、二极管的电流平均值及有效值。

解： 求整流输出平均电压，即

$$U_d=0.9\,U_2(1+\cos\alpha)/2=0.9\times220\times(1+0.5)/2=148.5\ (\text{V})$$

负载电流平均值为

$$I_d=U_d/R_d=148.5/4=37.13\ (\text{A})$$

常用单相可控整流电路参数如表1-4所示。

表1-4　常用单相可控整流电路参数

整流主电路		单相半波	单相全波	单相半控桥	单相全控桥	晶闸管在负载侧单相桥
控制角$\alpha=0°$时，直流输出电压平均值U_{d0}		$0.45\,U_2$	$0.9\,U_2$	$0.9\,U_2$	$0.9\,U_2$	$0.9\,U_2$
控制角$\alpha\neq0°$时空载直流输出电压平均值	电阻负载或电感负载有续流二极管的情况	$\frac{1+\cos\alpha}{2}\cdot U_{d0}$	$\frac{1+\cos\alpha}{2}\cdot U_{d0}$	$\frac{1+\cos\alpha}{2}\cdot U_{d0}$	$\frac{1+\cos\alpha}{2}\cdot U_{d0}$	$\frac{1+\cos\alpha}{2}\cdot U_{d0}$
	电阻加无限大电感的情况	—	$U_{d0}\cos\alpha$	$\frac{1+\cos\alpha}{2}\cdot U_{d0}$	$U_{d0}\cos\alpha$	—
$\alpha=0°$时的脉动电压	最低脉动频率	f	$2f$	$2f$	$2f$	$2f$
	脉动系数	1.57	0.666	0.666	0.666	0.666
元件承受的最大正、反向电压		$\sqrt{2}U_2$	$2\sqrt{2}U_2$	$\sqrt{2}U_2$	$\sqrt{2}U_2$	$\sqrt{2}U_2$（正向）
移相范围	纯电阻负载或电感负载有续流二极管的情况	$0\sim\pi$	$0\sim\pi$	$0\sim\pi$	$0\sim\pi$	$0\sim\pi$
	电阻+无限大电感的情况	—	$0\sim\frac{\pi}{2}$	$0\sim\pi$	$0\sim\frac{\pi}{2}$	—
最大导通角		π	π	π	π	2π
特点与适用场合		一个晶闸管，最简单，用于波形要求不高的小电流负载	两个晶闸管，较简单，用于波形要求稍高的低压小电流场合	两个晶闸管，各项指标较好，用于不要求逆变的小功率场合	4个晶闸管，各项指标好，用于要求较高或要求逆变的小功率场合	一个晶闸管，适用于要求不高的小功率负载，但电感负载时需加续流二极管

1.4　晶闸管简单触发电路

对于相控电路这种使用晶闸管的场合，在晶闸管阳极加上正向电压后，还必须在门极与阴极之间加上触发电压，晶闸管才能从阻断转变为导通，习惯称为触发控制，提供这个触发电压的电路称为晶闸管的触发电路。它决定每个晶闸管的触发导通时刻，是晶闸管装置中不可缺少的重要组成部分。晶闸管相控整流电路，通过控制触发角 α 的大小即可控制触发脉冲起始相位来控制输出电压大小，为保证相控电路的正常工作，很重要的一点是应保证按触发角 α 的大小在正确的时刻向电路中的晶闸管施加有效的触发脉冲。正确设计、选择与使用触发电路，可以充分发挥晶闸管及其装置的潜力，保证安全、可靠地运行。

1.4.1　对触发电路的要求

晶闸管的型号很多，其应用电路种类也很多，不同的晶闸管型号、不同的晶闸管应用电路，对触发信号都会有不同的具体要求。但是，归纳起来，晶闸管触发主要有移相触发、过零触发和脉冲列调制触发等。不管是哪种触发电路，对它产生的触发脉冲都有以下要求。

（1）触发信号可为直流、交流或脉冲电压。由于晶闸管触发导通后，门极触发信号即失去控制作用，为了减小门极的损耗，一般不采用直流或交流信号触发晶闸管，而广泛采用脉冲触发信号。常见触发脉冲信号波形如图1-23所示。

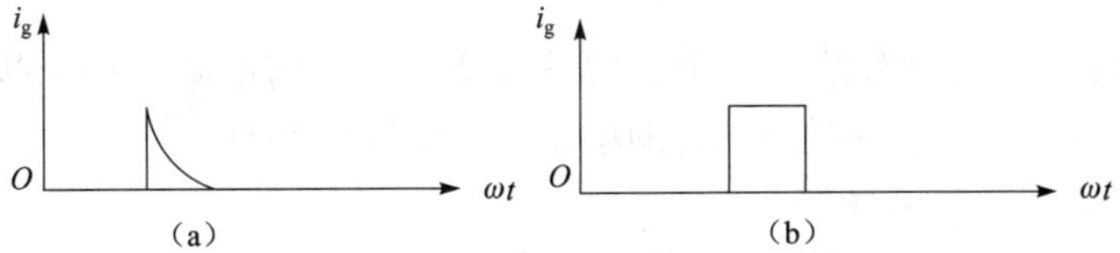

图1-23　常见触发脉冲信号波形

（a）尖脉冲；（b）矩形脉冲

（2）触发信号应有足够的功率（触发电压和触发电流）。触发信号功率大小是晶闸管元件能否可靠触发的一个关键指标。由于晶闸管元件门极参数的分散性很大，且随温度的变化也大，为使所有合格的元件均能可靠触发，可参考元件出厂的试验数据或产品目录来设计触发电路的输出电压、电流值，并留有一定的裕量。

（3）触发脉冲应有一定的宽度，脉冲的前沿尽可能陡，以使元件在触发导通后，阳极电流能迅速上升超过掣住电流而维持导通。普通晶闸管的导通时间约为6 μs，故触发脉冲的宽度至少应在6 μs以上。对于电感性负载，由于电感会抑制电流上升，触发脉冲的宽度应更大些，通常为0.5~1 ms。此外，某些具体的电路对触发脉冲的宽度会有一定的要求。

为了快速而可靠地触发大功率晶闸管，常在触发脉冲的前沿叠加上一个强触发脉冲，强触发的电流波形如图1-24所示。i_g强触发电流的幅值 I_{gm} 可达最大触发电流的5倍，前沿 t_1 为几微秒。

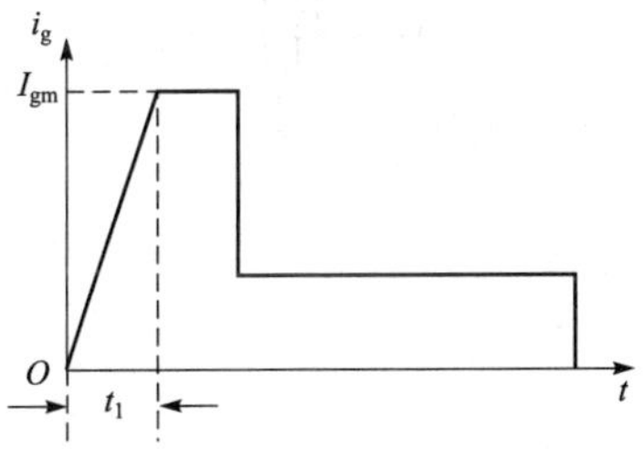

图1-24　强触发电流波形

（4）触发脉冲必须与晶闸管的阳极电压同步，脉冲移相范围必须满足电路要求。在前面分析相控整流电路时，为保证控制的规律性，要求晶闸管在每个阳极电压周期都在相同控制角 α 触发导通，这就要求触发脉冲的频率必须与阳极电压一致，且触发脉冲的前沿与阳极电压应保持固定的相位关系，这称为触发脉冲与阳极电压同步。同时，不同的电路或者相同的电路在不同负载、不同用途时，要求的α变化范围（移相范围）不同，亦即触发脉冲前沿与阳极电压的相位变化范围不同，所用触发电路的脉冲移相范围必须能满足实际的需要。

(5) 触发脉冲输出隔离和抗干扰。在变流装置中，触发电路通常是低电压部分，而主电路是高电压部分，为了防止高电压窜入低压触发电路，造成触发电路损坏，必须将触发电路与主电路进行隔离。一般采用光耦合器的光隔离或脉冲变压器的电磁隔离方法。

触发电路正确、可靠的工作对晶闸管变流装置的安全运行极为重要。若有干扰侵入触发电路，触发电路就会失去正常工作能力，使变流装置工作失常，甚至造成损坏，因此，必须采取保护措施。引起触发电路误动作的主要原因之一，是附近的继电器或接触器引起的干扰。常用的抗干扰措施为脉冲变压器采用静电屏蔽、串联二极管和并联电容等。

1.4.2 单结晶体管触发电路

单结晶体管触发电路具有结构简单、调试方便、脉冲前沿陡、抗干扰能力强等优点，广泛应用于50 A以下中、小容量晶闸管的单相可控整流装置中。

1. 单结晶体管的结构与特性

(1) 单结晶体管的结构。单结晶体管的结构、等效电路及符号如图1-25所示。单结晶体管又称双基极管，它有3个电极，但结构上只有1个PN结。它是在一块高电阻率的N型硅片上用镀金陶瓷片制作两个接触电阻很小的极，称为第一基极（b_1）和第二基极（b_2），在硅片靠近b_2极掺入P型杂质，形成PN结，并引出一个铝质极，称为发射极e。

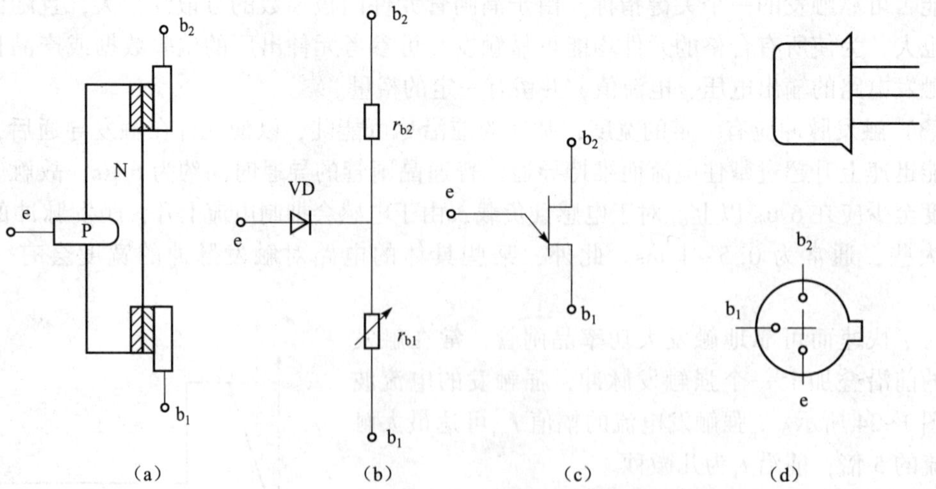

图1-25 单结晶体管

(a) 结构示意图；(b) 等效电路；(c) 图形符号；(d) 外形管脚排列

（2）特性与单结晶体管振荡电路。将管子接成图 1-26 所示的试验电路，S_1 断开时基极电压 U_{bb} 由 R_{b1}、R_{b2} 分压，管子内部 A 点电压为

$$U_A=\frac{R_{b1}}{R_{b2}+R_{b1}}U_{bb}=\eta U_{bb}$$

式中，η 为单结晶体管分压比，由管子内部结构决定，其值通常在 0.3~0.9 之间。

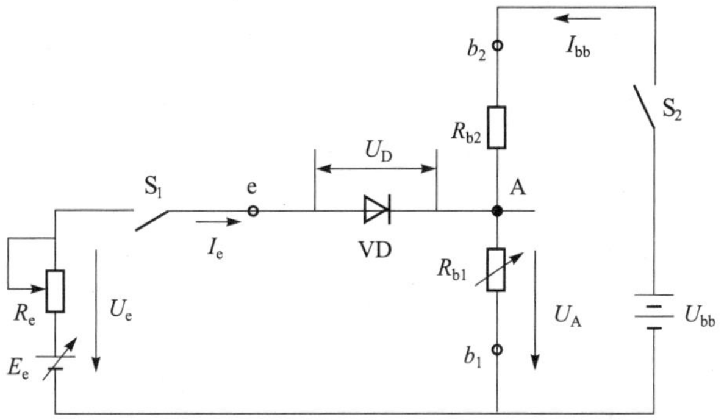

图 1-26　单结晶体管试验电路

当 S_1 合上，U_e 电压逐渐增大，当 $U_e>U_A+U_D$（$=U_A+0.7$ V）时，I_e 流入发射极，由于发射极 P 区的空穴不断注入 N 区，使 N 区 R_{b1} 段中的载流子增加 R_{b1} 阻值减小，导致 U_A 值下降，使 I_e 进一步增大。I_e 增大使 R_{b1} 进一步减小，因此在元件内部形成强烈正反馈，使单结晶体管瞬时导通。当 R_{b1} 值的下降超过 I_e 的增大时，从元件 eb_1 端观察，U_e 随 I_e 增加而减小，即动态电阻 $\Delta R_{eb1}=\frac{\Delta U_e}{I_e}$ 为负值。这就是单结晶体管所特有的负阻特性。当 U_e 增大到 U_P（$=U_A+U_D$），称峰点电压时管子进入负阻状态，当 I_e 再继续增大，注入 N 区的空穴来不及复合，剩余空穴使 R_{b1} 值增大，管子由负阻进入正阻饱和状态。U_V 称谷点电压是维持管子导通的最小发射电压，一旦 $U_e<U_V$ 时，管子将重新截止。

当 I_e 再继续增大，空穴注入 N 区增大到一定程度时，部分空穴来不及与基区电子复合而出现空穴剩余，使空穴继续注入遇到阻力，相当于 R_{b1} 变大。因此，在谷点 V 之后，元件又恢复正阻特性，U_e 随 I_e 的增大而缓慢增大，工作由负阻区进入饱和区。显然，U_V 是维持管子导通时的最小发射极电压，一旦出现 $U_e<U_V$ 时，管子将重新截止。

在触发电路里，通常选用分压比 η 较大、比谷点电压 U_V 小一些以及比 I_V 大的管子，这样可使输出脉冲幅值大，调节电阻范围宽。单结晶体管参数见表 1-5。

利用万用表可以很方便地判别单结晶体管的极性和好坏。根据 PN 结原理，选用 $R\times 1$ kΩ 电阻挡进行测量。单结晶体管 e 和 b_1 极或 e 和 b_2 极之间的正向电阻小于反向电阻，一般 $r_{b1}>r_{b2}$，而 b_2 和 b_1 极之间的正、反向电阻相等，为 3~10 kΩ。只要发射极判别对了，即使 b_2 和 b_1 接反了，也不会烧坏管子，只是没有脉冲输出或输出的脉冲幅度很小，这时只需把 b_2 和 b_1 调换即可。

表 1-5 单结晶体管参数表

参数名称		分压比 η	基极电阻 $R_{bb}/k\Omega$	峰点电流 $I_P/\mu A$	谷点电流 I_V/mA	谷点电压 U_V/V	饱和电压 U_{es}/V	最大反压 U_{bbmax}/V	耗散功率 P_{max}/mW
测试条件		$U_{bb}=20$ V	$U_{bb}=20$ V $I_e=0$	$U_{bb}=0$ V	$U_{bb}=0$ V	$U_{bb}=0$ V	$U_{bb}=0$ V $I_e=I_{emax}$		
BT33	A	0.45~0.9	2~4.5			<3.5	<4	≥30	
	B							≥60	
	C	0.3~0.9	>4.5~12			<4	<4.5	≥30	300
	D							≥60	
BT35	A	0.45~0.9	2~4.5	<4	>1.5	<3.5	<4	≥30	
	B					>3.5		≥60	
	C	0.3~0.9	>4.5~12			>4	<4.5	≥30	500
	D							≥60	

2. 单结晶体管自激振荡电路

利用单结晶体管的负阻特性及 RC 电路的充、放电特性，可组成单结晶体管自激振荡电路，产生频率可变的脉冲，电路如图 1-27（a）所示。

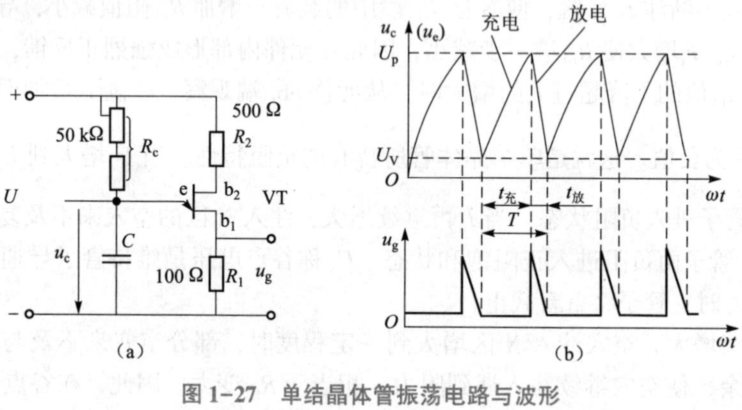

图 1-27 单结晶体管振荡电路与波形

（a）电路；（b）波形

设初始时电容 C 两端电压为零。当加上直流电压 U 后，经电阻 R_c 对电容 C 充电，发射极电压 u_e 为电容的端电压 u_c，其值按指数曲线逐渐上升。在 $u_c<U_p$ 时，单结晶体管处于截止状态；当 u_c 达到单结晶体管的峰点电压 U_p 时，单结晶体管进入负阻区，并迅速饱和导通，电容经 e、b_1 向电阻 R_1 放电，在 R_1 上输出一个脉冲电压。随着电容放电，到 $u_c=U_V$ 甚至更小时，管子从导通又转为截止，R_1 上的脉冲电压结束，电容 C 又开始充电。充电到 U_p 时，单结晶体管又导通。如此重复下去，形成振荡，在 R_1 上便得到一系列的脉冲电压 u_g。由于放电回路电阻远小于充电回路电阻，故 u_c 为锯齿波，而 R_1 上输出的是前沿很陡的尖脉冲，如图 1-27（b）所示。

忽略电容 C 的放电时间，电路的振荡频率近似为

$$f=\frac{1}{T}=\frac{1}{R_c C\ln\frac{1}{1-\eta}}$$

调节 R_c，即可调节振荡频率；而 R_1 输出脉冲电压比 u_g 的宽度则取决于电容电路的放电时间常数。

R_2 是温度补偿电阻，其作用是维持振荡频率不随温度而变。例如，当温度升高时，一方面，由于管子 PN 结具有负温度系数会使 U_D 减小；另一方面，由于 n_{bb} 具有正温度系数，使 n_{bb} 增大，R_2 上的压降略有减小，则加在管子 b_1、b_2 上的电压略有增加，从而使得 U_A 略有增加，以此来补偿因 U_D 减小对峰点电压 $U_p=U_A+U_D$ 的影响，使 U_P 基本不随温度而变。

3. 简单单结晶体管触发电路

图 1-28 所示为一个单结晶体管触发电路。触发电路工作原理如下。

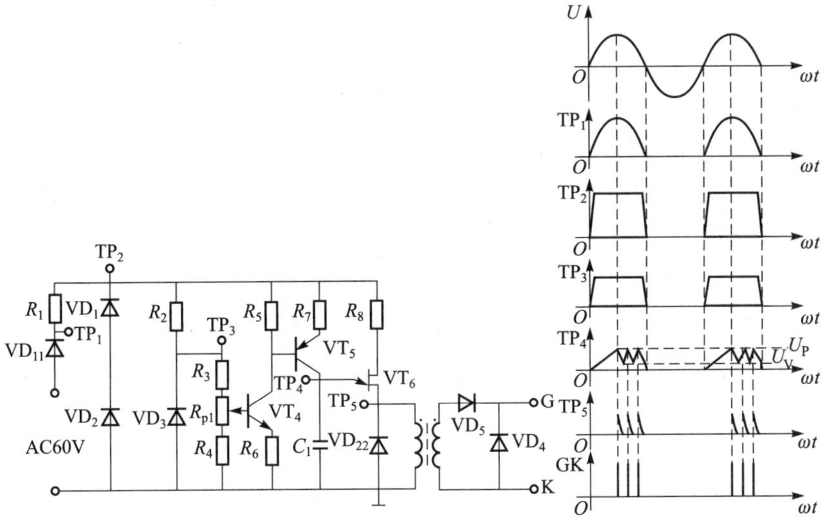

（a）　　（b）

图 1-28　单结晶体管触发电路工作原理

（a）电路；（b）单结晶体管触发电路各点的电压波形（α=90°）

单结晶体管触发电路介绍　　单结晶体管触发电路各测试点的波形

由同步变压器副边输出 60 V 的交流同步电压，经 VD_{11} 半波整流，再由稳压管 VD_1、VD_2 进行削波，从而得到梯形波电压，其过零点与电源电压的过零点同步，梯形波通过 VT_5 及等效可变电阻 R_7 向电容 C_1 充电，当充电电压达到单结晶体管的峰值电压 U_P 时，单结晶体管 VT_6 导通，电容通过脉冲变压器原边放电，脉冲变压器副边输出脉冲。同时由于放电时间常数很小，C_1 两端的电压很快下降到单结晶体管的谷点电压 U_V，使 VT_6 关断，C_1 再次充电，周而复始，在电容 C_1 两端呈现锯齿波形，在脉冲变压器副边输出尖脉冲。在一个梯形波周期内，VT_6 可能导通、关断多次，但只有输出的第一个触发脉冲对晶闸管的触发时刻起作用。充电时间

常数由电容 C_1 和等效电阻等决定，调节 R_{P1} 改变 C_1 的充电时间，控制第一个尖脉冲的出现时刻，实现脉冲的移相控制。单结晶体管触发电路的各点波形如图 1-28（b）所示。

4. 单结晶体管移相触发电路

图 1-29 所示为一实用的单结晶体管移相触发电路。

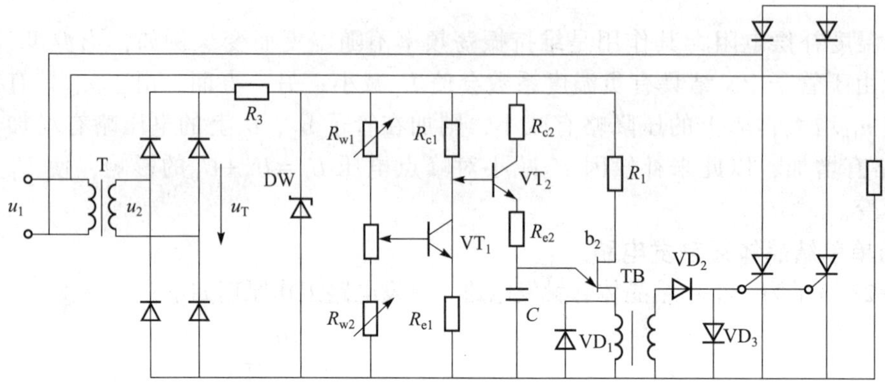

图 1-29 实用单结晶体管移相触发电路

当 $u_1=0$ 时，VT_1 和 VT_2 均截止，VT_2 的集电极和发射极之间等效电阻 R_{T2} 趋于无穷大，故充电时间常数也趋于无穷大，即电容电压充电到 U_P 所需的时间趋于无穷大，因此无脉冲输出，单结晶体管截止。

当增大 u_1 时，VT_1 的基极电位升高，使 VT_1 和 VT_2 的基极电流和集电极电流增大，VT_2 的等效电阻 R_{T2} 随 VT_2 集电极电流的增大而减小，从而使充电时间常数减小。故第一个脉冲出现的时刻前移，控制角 α 减小；反之，若减小 u_1，则控制角 α 增大，从而达到移相的目的。

图 1-29 所示的实用电路中，通过一个脉冲变压器 TB 及 VD_2、VD_3 相连，是为防止单结晶体管截止时的漏电流 I_{bo} 流过 R_1 时所产生的电压有可能导致晶闸管误触发。另外，TB 还能将低电压直流控制的触发电路与电压较高的交流主电路隔离开来，以减小相互影响和干扰。

电路中的 VD_1 一方面起到限幅（限制负电压）的作用；另一方面给 TB 的原边线圈提供放电通路。而 VD_2 和 VD_3 用于防止负载脉冲进入晶闸管门极，并起限幅作用。

单结晶体管触发电路结构简单、易于调试，但产生的脉冲较窄，输出功率小，移相范围一般小于 150°，因此只适用于小功率的单相晶闸管电路。

1.5 三相可控整流电路

1.5.1 三相半波整流电路

1. 三相半波不可控整流电路

图 1-30（a）所示为利用二极管作整流元件的不可控整流电路，变压器一次侧接成三角形，二次侧接成星形，二次侧接一个公共零点“O”，它与负载一端相连，所以三相半波

电路又称三相零式电路。图 1-30（b）画出相电压 u_A、u_B、u_C 对零点的电压波形，它们相位各差 120°，图中，$U_{2\phi}$ 为整流变压器二次侧相电压有效值。图 1-30（c）画出了二次侧线电压 u_{AB}、u_{AC} 的波形。

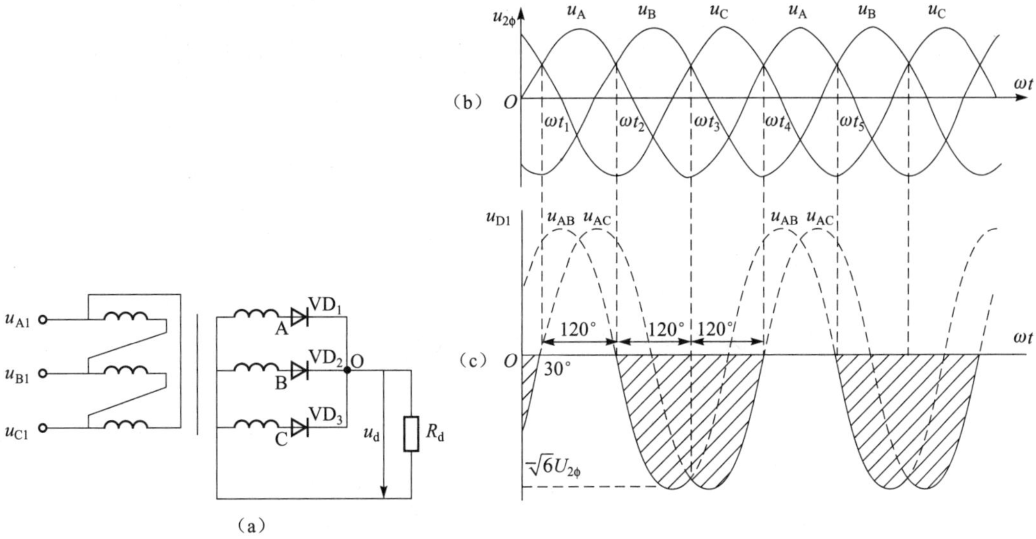

图 1-30　电阻负载三相半波不可控整流电路

（a）不可控整流电路；（b）相电压波形；（c）线电压波形

二极管在阳极电位高于阴极电位时导通，相反情况下阻断。因此，只有在相电压的瞬时值为正时，整流二极管才可能导通。由于二极管的阴极连在一起作为输出，所以在 3 只二极管中，只有正电压最高的一相所接的二极管才能导通，其余两只必然受到反压而被阻断。

在$\omega t = 30° \sim 150°$区间，A 相的正电压u_A最高，与 A 相相连的 VD_1 导通。VD_1 导通后，忽略 VD_1 管压降，则 O 点电位即为 u_A。这时 u_A 电位最高，接在 B 相的 VD_2 和接在 C 相的 VD_3 二极管的阳极电位都低于阴极，因而承受反向电压被阻断，输出电压 $u_D = u_A$。

在$\omega t = 150° \sim 270°$区间，B 相电位 u_b 最高，则 VD_2 导通。由于 VD_2 导通，O 点电位即为 u_B，VD_1、VD_3 承受反压而阻断，VD_1 承受电压为线电压 u_{AB}，VD_3 承受电压为线电压 u_{CB}，输出电压 $u_D = u_B$。

同理，在 270° ~ 390° 区间，VD_1 端电压为 u_{AC}，VD_2 端电压为 u_{BC}。整流输出电压 u_D 在图 1-30（b）中用实线画出，二极管 VD_1 端电压 u_{D1} 如图 1-30（c）所示。

由此可见，整流二极管承受的最大反向电压为电源线电压峰值。如电源相电压 $U_{2\phi}$ = 220 V，则整流二极管承受的最大反向电压至少应不小于 $\sqrt{6}U_{2\phi} = 539$ V。

由以上分析可知，一个周期中 3 个二极管轮流导通，每个导通时间为 120°，整流输出电压波形为三相电源电压的 3 个完整的波头。二极管换相发生在三相相电压的交点 ωt_1、ωt_2、ωt_3 处，把这些点称为自然换相点（也称自然换流点）。

2. 三相半波相控整流电路

将整流管换成晶闸管即为三相半波相控整流，图 1-31 所示为三相半波相控整流电路及波形。由于三相整流在自然换流点之前晶闸管承受反压，因此，自然换流点是晶闸管控制角 α 的起算点（$\alpha=0$）。由于自然换流点距相电压波形原点为30°，所以触发脉冲距对应相电压的原点为 $30°+\alpha$。

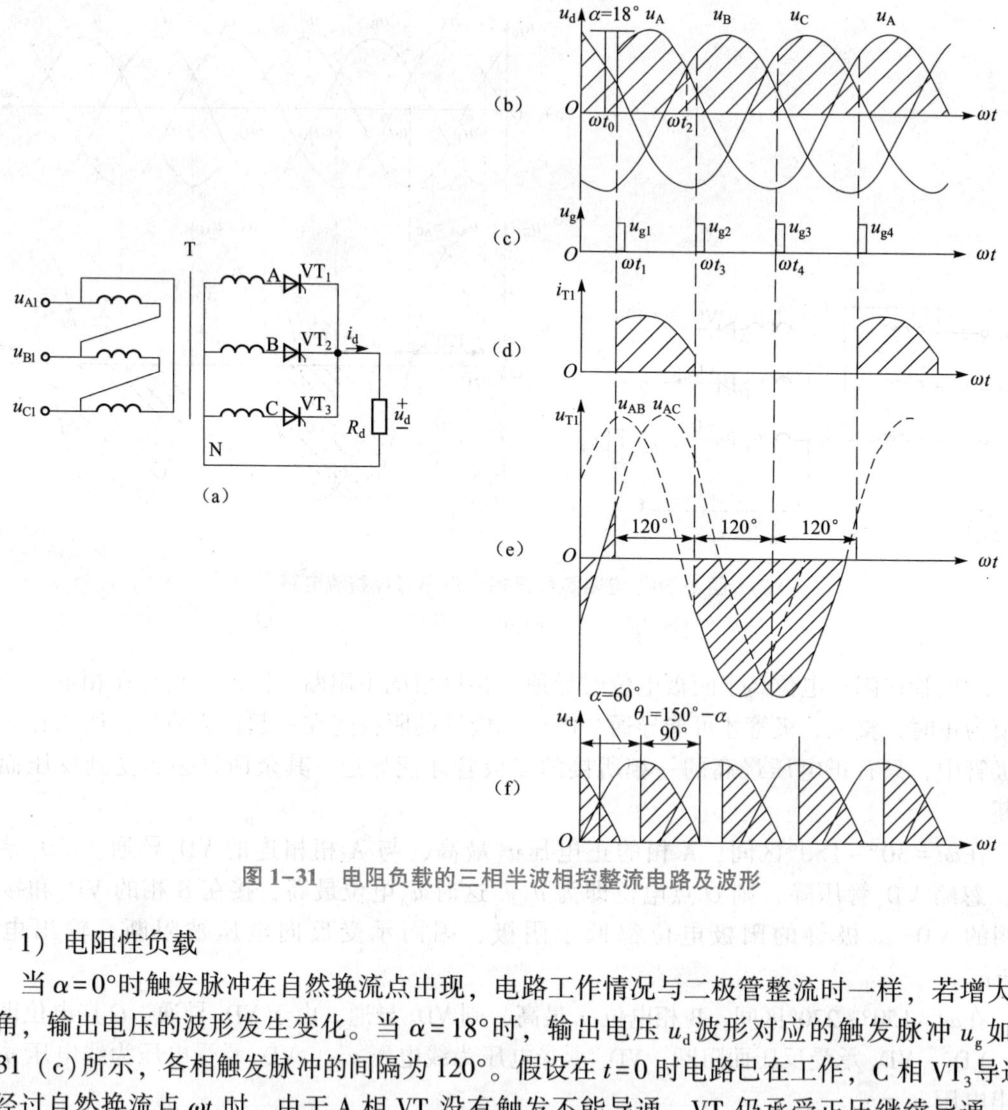

图1-31　电阻负载的三相半波相控整流电路及波形

1）电阻性负载

当 $\alpha=0°$ 时触发脉冲在自然换流点出现，电路工作情况与二极管整流时一样，若增大控制角，输出电压的波形发生变化。当 $\alpha=18°$ 时，输出电压 u_d 波形对应的触发脉冲 u_g 如图1-31（c）所示，各相触发脉冲的间隔为120°。假设在 $t=0$ 时电路已在工作，C相 VT_3 导通，当经过自然换流点 ωt_0 时，由于A相 VT_1 没有触发不能导通，VT_3 仍承受正压继续导通。直到 ωt_1（$\alpha=18°$）时，VT_1 被触发导通，才使 VT_3 承受反压而关断，负载电流从C相换到A相。以后各相如此依次轮流导通，任何时候总有一个晶闸管处于导通状态，所以输出电流 i_d 保持连续。

逐步增大控制角 α，整流输出电压将逐渐减小。当 $\alpha=30°$ 时，u_d、i_d 波形临界连续。继续增大 α，当 $\alpha>30°$ 时，输出电压和电流波形将不再连续。图1-31（f）所示是 $\alpha=60°$ 时的输出电压波形。若控制角 α 继续增大，整流输出电压继续减小，当 $\alpha=150°$ 时，整流输出电压就减小到零。

综上所述，可以看出以下几点。

（1）当 $\alpha=0°$ 时，整流输出电压平均值 U_d 最大。增大 α 时，U_d 减小，当 $\alpha=150°$ 时，

$U_d=0$。所以，带电阻性负载的三相半波可控整流电路的 α 移相范围为 0°~150°。

（2）当 $\alpha\leqslant30°$ 时，负载电流连续，各相晶闸管每周期轮流导电 120°，即导通角 $\theta_T=120°$。输出电压平均值U_d为

$$U_d=\frac{1}{2\pi/3}\int_{\alpha+\frac{\pi}{6}}^{\frac{5}{6}\pi+\alpha}\sqrt{2}U_{2\phi}\sin(\omega t)\mathrm{d}(\omega t)$$
$$=1.17U_{2\phi}\cos\alpha(0°<\alpha\leqslant30°) \tag{1-20}$$

式中，$U_{2\phi}$为整流变压器二次侧相电压有效值。

当 $\alpha>30°$ 时，负载电流断续，$\theta=150°-\alpha$，输出电压平均值U_d为

$$U_d=\frac{1}{2\pi/3}\int_{\frac{\pi}{6}+\alpha}^{\pi}\sqrt{2}U_{2\phi}\sin(\omega t)\mathrm{d}(\omega t)$$
$$=1.17U_{2\phi}\frac{1+\cos(30°+\alpha)}{\sqrt{3}}(30°\leqslant\alpha\leqslant150°) \tag{1-21}$$

（3）负载电流的平均值为

$$I_d=\frac{U_d}{R_d}$$

流过每个晶闸管的平均电流为

$$I_{dT}=\frac{1}{3}I_d$$

通过每个晶闸管的电流有效值为

当$\theta\leqslant\alpha\leqslant30°$时
$$I_T=\frac{U_{2\phi}}{R_d}\sqrt{\frac{1}{2\pi}\left(\frac{2\pi}{3}+\frac{\sqrt{3}}{2}\cos(2\alpha)\right)} \tag{1-22}$$

当 $30°<\alpha\leqslant150°$ 时
$$I_T=\frac{U_{2\phi}}{R_d}\sqrt{\frac{1}{2\pi}\left(\frac{5\pi}{6}-\alpha+\frac{\sqrt{3}}{4}\cos(2\alpha)+\frac{1}{4}\sin(2\alpha)\right)} \tag{1-23}$$

（4）晶闸管承受的最大反向电压为电源线电压峰值，即$\sqrt{6}U_{2\phi}$；最大正向电压为电源相电压，即$\sqrt{2}U_{2\phi}$。

2）大电感负载

$\alpha\leqslant30°$时，整流输出电压波形与电阻负载时波形完全相同。

$\alpha>30°$时，如图 1-32 中$\alpha=60°$时所示的输出波形。当电源电压过零时，由于负载电感 L 阻碍电流下降，且 L 足够大，它产生的自感电势使晶闸管在电源电压过零变负时仍承受正向电压，所以导通相的晶闸管继续导通，直到下一相晶闸管被触发导通才发生换流，使原导通相晶闸管关断。所以，每相晶闸管均可导通 120°，输出电压波形连续，且出现负面积。如果继续增大控制角，则负面积也会增大。当 $\alpha=90°$时，整流输出电压波形中的正、负面积相等，U_d的平均值变为零，因此，感性负载时 α 的移相范围为 0°~90°。

晶闸管所承受的最大正、反向电压均为线电压的峰值$\sqrt{6}U_2$。

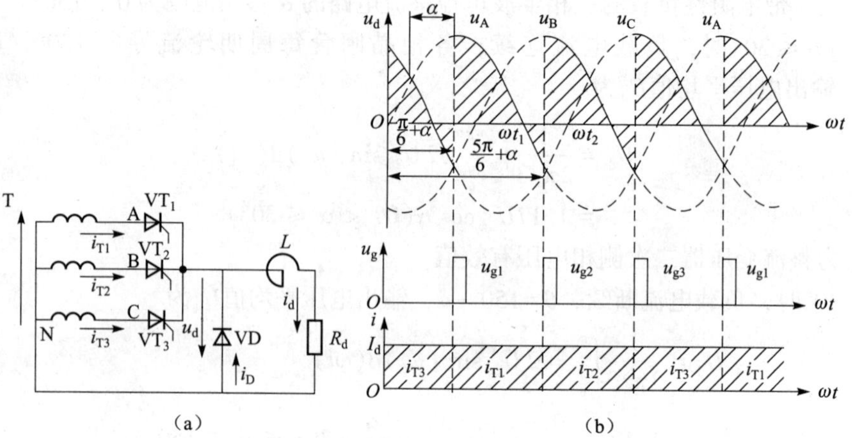

图 1-32　大电感负载时三相半波相控整流电路及波形

（a）电路；（b）波形

由于电流始终是连续的，晶闸管的导通角始终为 120°，因此整流输出电压的平均值为

$$U_{\mathrm{d}}=\frac{1}{2\pi/3}\int_{\frac{\pi}{6}+\alpha}^{\frac{5\pi}{6}+\alpha}\sqrt{2}U_{2\phi}\sin(\omega t)\,\mathrm{d}(\omega t)=1.17U_{2\phi}\cos\alpha$$

负载电流的平均值为

$$I_{\mathrm{d}}=\frac{U_{\mathrm{d}}}{R}=\frac{1.17U_{2\phi}}{R}\cos\alpha$$

流过晶闸管的电流平均值和有效值分别为

$$I_{\mathrm{dT}}=\frac{1}{3}I_{\mathrm{d}}$$

$$I_{\mathrm{T}}=\frac{1}{\sqrt{3}}I_{\mathrm{d}}$$

3. 共阳极接法三相半波相控整流电路

图 1-33 所示为共阳极接法三相半波相控整流电路及波形，3 个晶闸管阳极与负载连接，由于晶闸管导通方向反了，只能在交流相电压负半周导通，自然换流点即 α 角起算点为电压负半周相邻两相波形的交点（图 1-33 中 2、4、6），同一相共阴与共阳连接晶闸管的 α 起算点相差 180°。管子换相导通的次序是：供给触发脉冲后阴极电位更低的管子导通，使原先导通的管子受反压而关断。大电感负载时 $U_{\mathrm{d}}=-1.17U_{2\phi}\cos\alpha$。

在某些整流装置中，考虑能共用一块大散热器与安装方便采用共阳接法，缺点是要求 3 只管子的触发电路的输出端彼此绝缘。

三相半波可控整流电路只用 3 只晶闸管，接线和控制都很简单，但整流变压器二次侧绕组一个周期中仅半个周期通电一次，输出电压的脉动频率为 150Hz，脉动较大，绕组利用率低，且单方向的电流也会造成铁芯的直流磁化，引起损耗的增大。所以，三相半波可控整流电路一般用在中、小容量的设备上。

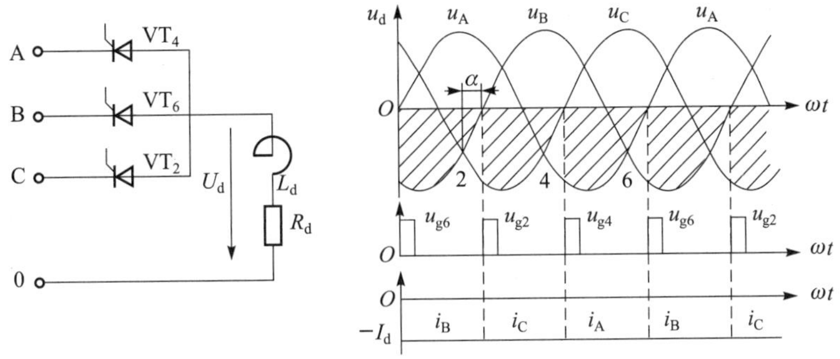

图 1-33　共阳极三相半波相控整流电路及波形

1.5.2　三相桥式全控整流电路

在工业生产上广泛应用的是三相桥式全控整流电路，此电路相当于一组共阴极的三相半波和一组共阳极的三相半波可控整流电路串联起来构成的。习惯上将晶闸管按照其导通顺序编号，共阴极的一组为 VT_1、VT_3和 VT_5，共阳极的一组为 VT_2、VT_4和 VT_6。其电路如图 1-34（a)所示。

图 1-34（b）所示为带大电感负载的三相全控桥式整流电路在 $\alpha=0°$时的电流、电压波形。由三相半波电路的分析可知，共阴极组的自然换流点（$\alpha=0°$）在ωt_1、ωt_3、ωt_5时刻，分别触发 VT_1、VT_3、VT_5晶闸管，同理可知共阳极组的自然换流点（$\alpha=0°$）在ωt_2、ωt_4、ωt_6时刻，分别触发 VT_2、VT_4、VT_6晶闸管。为了分析方便，把交流电源的一个周期由 6 个自然换流点划分为 6 段，并假设在$t=0$ 时电路已在工作，即 VT_5、VT_6同时导通，电流已经形成，如表 1-6 所示。

在$\omega t_1 \sim \omega t_2$期间，A 相电压为正最大值，在$\omega t_1$时刻触发 VT_1，则 VT_1导通，VT_5因承受反压而关断。此时变成 VT_1 和 VT_6同时导通，电流从 A 相流出，经 VT_1、负载、VT_6流回 B 相，负载上得到 A、B 线电压u_{AB}。在$\omega t_2 \sim \omega t_3$期间，C 相电压变为最负，A 相电压仍保持最正，在ωt_2时刻触发 VT_2，则 VT_2导通，VT_6关断。此时 VT_1和 VT_2同时导通，负载上得到 A、C 线电压u_{AC}。在$\omega t_3 \sim \omega t_4$期间，B 相电压变为最正，C 相保持最负，$\omega t_3$时刻触发 VT_3，VT_3导通，VT_1关断。此时 VT_2和 VT_3同时导通，负载上得到 B、C 线电压u_{BC}。依此类推，在$\omega t_4 \sim \omega t_5$期间，$VT_3$ 和 VT_4导通，负载上得到u_{BA}。在$\omega t_5 \sim \omega t_6$期间，$VT_4$和 VT_5导通，负载上得到u_{CA}。在$\omega t_6 \sim \omega t_7$期间，$VT_5$和 VT_6导通，负载上得到u_{CB}。从ωt_7时刻起又重复上述过程。在同一个周期内负载上得到图 1-34（b）所示的整流输出电压波形，它是线电压波形正半部分的包络线，其基波频率为 300 Hz，脉动较小。

需要特别说明的是，三相桥式全控整流电路要保证任何时候都有两只晶闸管导通，这样才能形成向负载供电的回路，并且是共阴极和共阳极组各一个，不能为同一组的晶闸管。所以，在此电路合闸启动过程中或电流断续时，为保证电路能正常工作，就需要保证同时触发应导通的两只晶闸管，即要同时保证两只晶闸管都有触发脉冲。一般可以采用两种方式：一种方式是采用单宽脉冲触发，即脉冲宽度大于 60°、小于 120°，一般取 80°~100°，

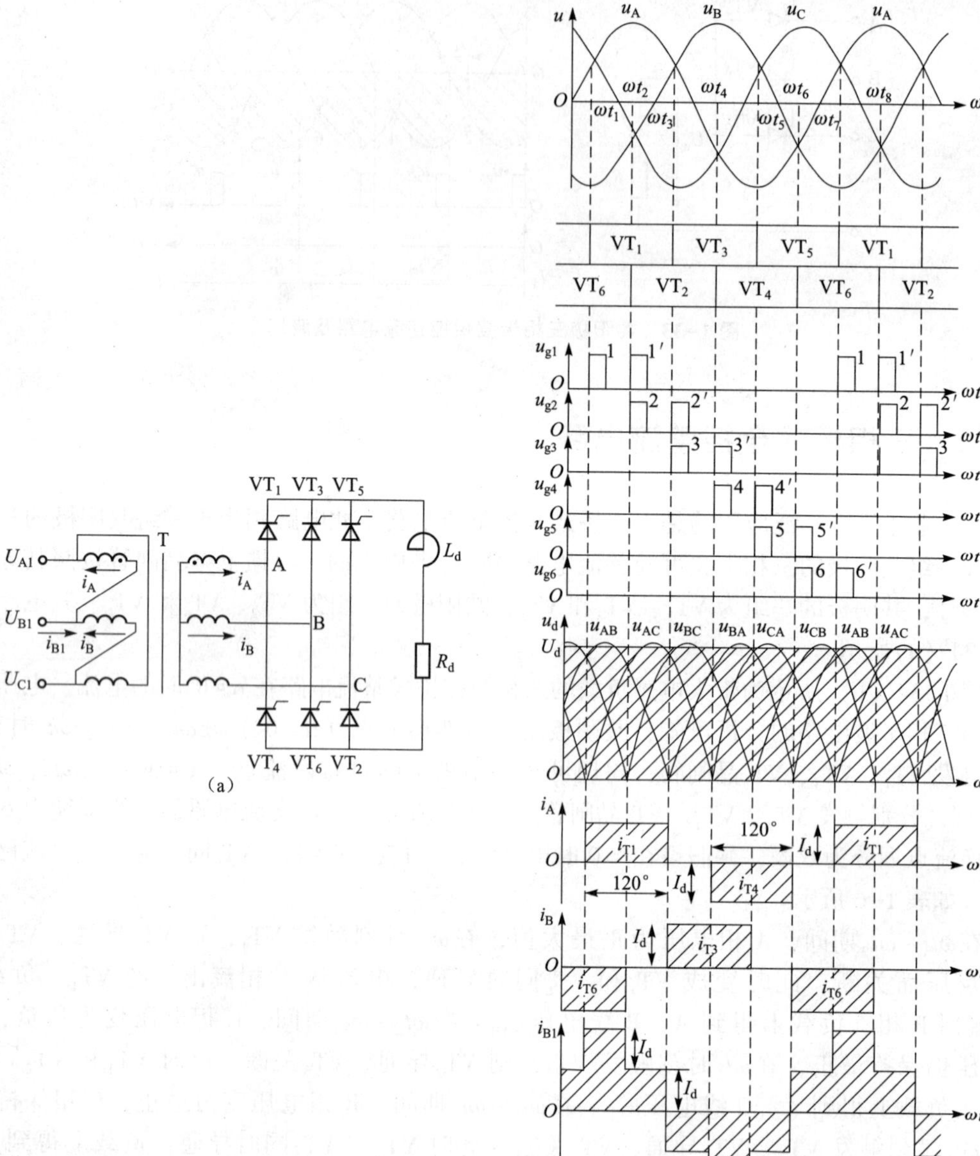

图 1-34　三相桥式全控整流电路

（a）电路；（b）波形（$\alpha=0°$）

表 1-6　三相桥式全控整流电路阻性负载 $\alpha=0°$ 时的情况

阶　段	Ⅰ	Ⅱ	Ⅲ	Ⅳ	Ⅴ	Ⅵ
共阴极组导通的晶闸管编号	VT_1	VT_1	VT_3	VT_3	VT_5	VT_5
共阳极组导通的晶闸管编号	VT_6	VT_2	VT_2	VT_4	VT_4	VT_6
整流输出电压	U_{AB}	U_{AC}	U_{BC}	U_{BA}	U_{CA}	U_{CB}

这样可以保证在第二个脉冲 u_{g2}来的时候，前一个脉冲 u_{g1}还没有消失，这样两只晶闸管 VT_1和 VT_2会同时有脉冲；另一种脉冲形式是采用双窄脉冲，即要求本相的触发电路在送出本相的触发脉冲时，给前一相补发一个辅助脉冲，两个脉冲相位相差 60°，脉宽一般是 20°~30°。如图 1-34中，在给晶闸管 VT_3送出脉冲 u_{g3}的同时，又给晶闸管 VT_2补发了一个辅助脉冲 u'_{g2}。虽然双窄脉冲的电路比较复杂，但其要求的触发电路的输出功率小，可以减小脉冲变压器的体积。而单宽脉冲触发方式虽然可以少一半脉冲输出，但为了不使脉冲变压器饱和，其铁芯体积要做得大一些，绕组的匝数也要多，因而漏电感增大，导致输出的脉冲前沿不陡，这样对于多个晶闸管串联时是不利的。虽然可以利用增加去磁绕组的办法来改善这一情况，但这样又会使装置复杂化。所以，两种触发方式中常选用的是双窄脉冲触发方式。

当 $\alpha>0°$时，输出电压波形发生变化，图 1-35（a）和图 1-35（b）分别是 $\alpha=60°$、90°时所示的波形。由图中可见，当 $\alpha\leq60°$ 时，u_d波形均为正值；当 $60°<\alpha<90°$时，由于电感的作用，u_d波形出现负值，但正面积大于负面积，平均电压 U_d仍为正值；当 $\alpha=90°$时，正、负面积基本相等，$U_d\approx0$。

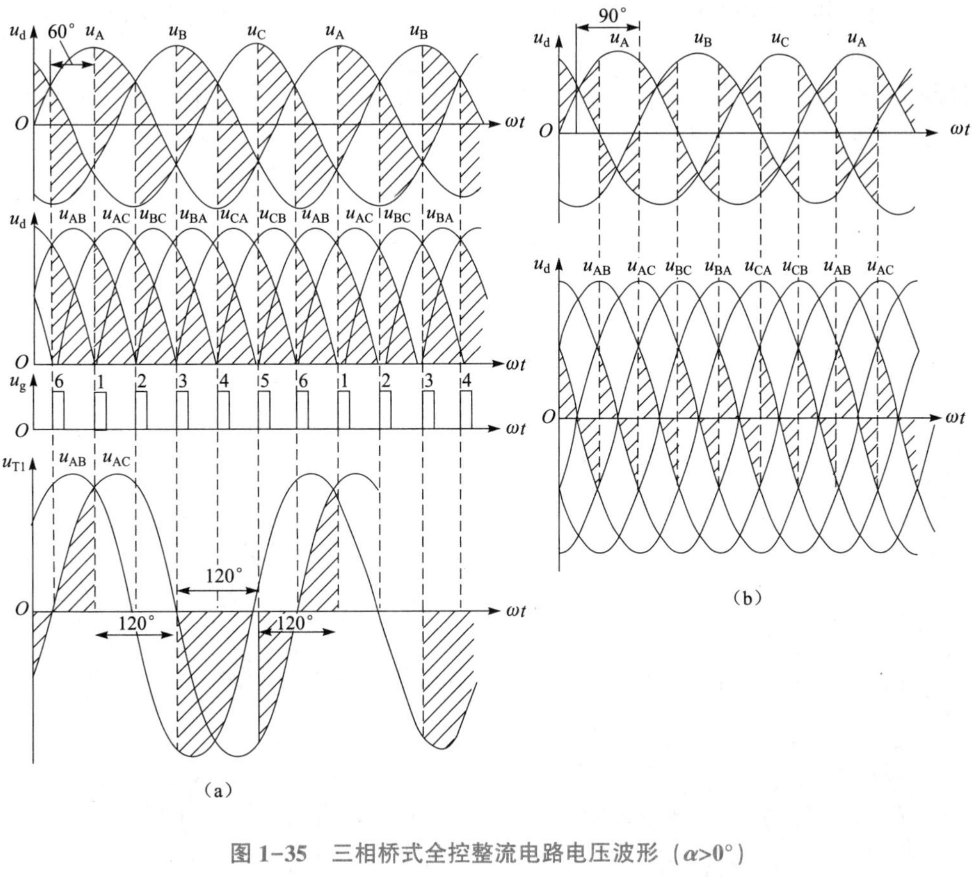

图 1-35　三相桥式全控整流电路电压波形（$\alpha>0°$）

（a）$\alpha=60°$；（b）$\alpha=90°$

通过上面的分析可知，整流输出电压的平均值为

$$U_d=\frac{1}{\pi/3}\int_{\frac{\pi}{3}+\alpha}^{\frac{2\pi}{3}+\alpha}\sqrt{6}U_{2\phi}\sin(\omega t)\,\mathrm{d}(\omega t)$$

$$= \frac{3\sqrt{6}}{\pi} U_{2\phi} \cos \alpha$$

$$= 2.34 U_{2\phi} \cos \alpha \quad (0° \leqslant \alpha \leqslant 90°) \tag{1-24}$$

由式（1-24）可知，当 $\alpha=0$ 时，U_d 为最大值；当 $\alpha=90°$ 时，U_d 为最小值。因此，三相全控桥式整流电路带大电感负载时的移相范围为 0°~90°。

1.5.3 三相桥式半控整流电路

三相桥式半控整流电路比三相全控桥更简单、经济，而带电阻性负载时性能并不比全控桥差。所以，多用在中等容量或不要求可逆拖动的电力装置中。电路如图 1-36（a）所示。它是把全控桥中共阳极组的 3 个晶闸管换成整流二极管，因此它具有可控和不可控两者的特性。其显著特点是共阴极组元件必须触发才能换流；共阳极组元件总是在自然换流点换流。一周期中仍然换流 6 次，3 次为自然换流，其余 3 次为触发换流，这是与全控桥根本的区别。改变共阴极组晶闸管的控制角 α，仍可获得 0~2.34 $U_{2\phi}$ 的直流可调电压。

1. 电阻性负载

控制角 $\alpha=0°$时，电路工作情况基本与三相全控桥 $\alpha=0°$时一样，输出电压 u_d 波形完全一样。输出直流平均电压最大为 2.34 $U_{2\phi}$。

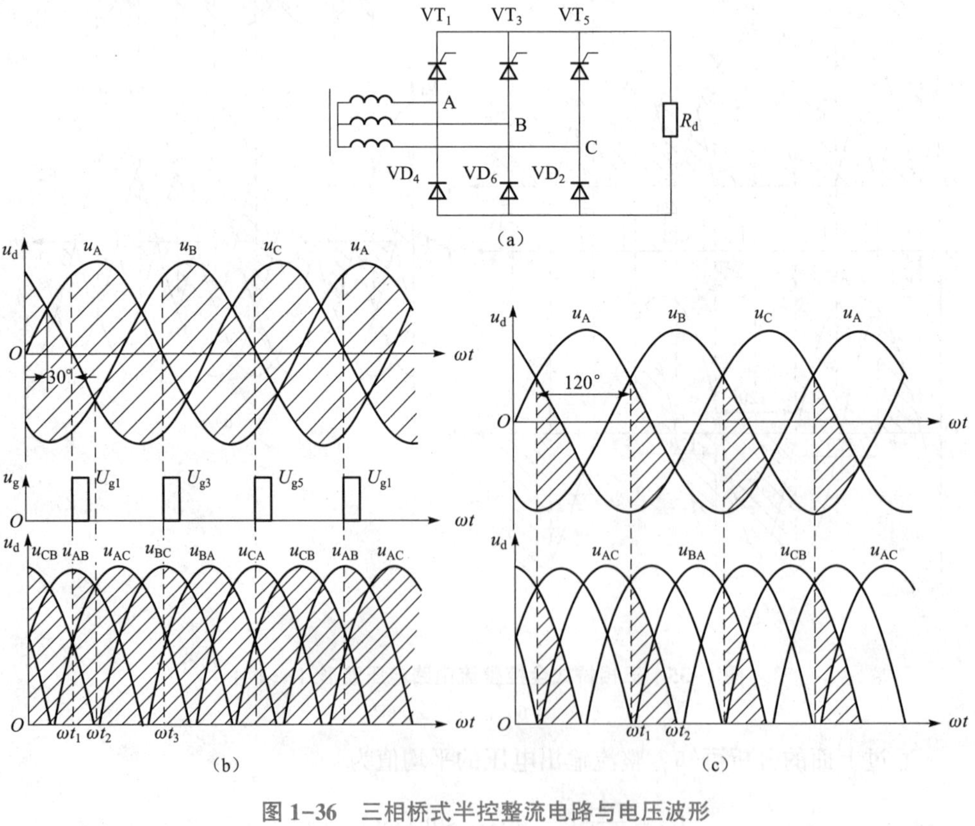

图 1-36 三相桥式半控整流电路与电压波形

当 $\alpha\leqslant60°$时：图 1-36（b）所示为 $\alpha=30°$时的波形。ωt_1时刻触发 VT_1导通。此时 B 相电位最低，二极管 VD_6导通，电流路径为 $u_A\to VT_1\to R_d\to VD_6\to u_B$，输出电压$u_d=u_{AB}$。$\omega t_2$时刻共阳极组的 VD_2 与 VD_6 自然换流，VD_2 导通，VD_6 关断，电流路径为 $u_A\to VT_1\to R_d\to VD_2\to u_C$，输出电压 $u_d=u_{AC}$。ωt_3 时刻，虽然 B 相电位开始高于 A 相，但由于 u_{g3}还未到来，故 VT_3 不能导通，使 VT_1 承受反压关断，电流路径转为 $u_B\to VT_3\to R_d\to VD_2\to u_C$，输出电压 $u_d=u_{BC}$。依此类推，负载 R_d 上得到 3 个波头完整和 3 个缺角的脉动波形。当$\alpha=60°$时，u_d 波形只剩下 3 个波头，波形则连续。由图 1-36（b），通过积分运算可得 U_d 的计算公式为

$$U_d=\frac{1}{2\pi/3}\left[\int_{\frac{\pi}{3}+\alpha}^{\frac{2\pi}{3}}\sqrt{6}U_{2\phi}\sin(\omega t)\mathrm{d}(\omega t)+\int_{\frac{2\pi}{3}}^{\pi+\alpha}\sqrt{6}U_{2\phi}\sin\left(\omega t-\frac{\pi}{3}\right)\mathrm{d}(\omega t)\right]$$
$$=1.17U_{2\phi}(1+\cos\alpha)\quad(0°\leqslant\alpha\leqslant60°)\tag{1-25}$$

当 $60°<\alpha\leqslant180°$时，如 $\alpha=120°$，波形如图 1-36（c）所示。ωt_1时刻触发 VT_1导通，同上述原因，此时二极管 VD_2导通，电流路径为 $u_A\to VT_1\to R_d\to VD_2\to u_C$，输出电压 $u_d=u_{AC}$。因为 VT_1和 VD_2在线电压 u_{AC}作用下，所以到ωt_2时刻，u_A 虽然降到零，而 VT_1和VD_2也不会关断，一直维持导通到ωt_2时刻 $u_{AC}=0$ 为止。在$\omega t_3\sim\omega t_4$期间，虽受 u_{BA}正向电压作用，但因无触发脉冲而不能导通，波形出现断续。到ωt_4时，VT_3被触发导通，输出电压为 u_{BA}，当 u_{BA}降到零时关断。平均电压为

$$U_d=\frac{1}{2\pi/3}\int_{\alpha}^{\pi}\sqrt{6}U_{2\phi}\sin(\omega t)\mathrm{d}(\omega t)=1.17U_{2\phi}(1+\cos\alpha)(60°\leqslant\alpha\leqslant180°)\tag{1-26}$$

可见，三相半控桥电阻性负载时在移相范围 0°～180°，输出电压平均值与计算公式一样。

2. 大电感负载

三相半控桥与单相半控桥一样，因桥路内二极管有自然续流问题，所以在电感负载时 u_d波形和 U_d计算公式与电阻性负载时一样。

同理，在大电感负载时，若在负载端不接续流二极管，当突然丢失触发脉冲或把控制角调到 180°以外时，也会发生某个导通的晶闸管关不断，而共阳极组的 3 个二极管轮流导通的失控现象，这种现象是不允许的。因此，在大电感负载时，要在负载端并接续流二极管。

并接续流二极管后，只有当 $\alpha>60°$时，续流二极管才起续流作用。流过晶闸管、整流二极管和续流二极管电压波形请自行分析。为使电路能起到续流效果，要选用正向压降小的续流二极管，整流桥输出端与续流二极管之间的连线应短而粗，最好选择维持电流较大的晶闸管。

1.6　可控整流电路的换相压降

前面讨论整流电路的电压计算时，都忽略了变压器漏抗，认为换流时要关断管子的电流从 I_d 突然降到零，而刚开通管子的电流从零瞬间上升到 I_d，输出负载电流的波形为一条水平线。但实际上变压器存在漏电抗，必然影响晶闸管的换流过程。如将每相电感

折算到变压器的二次侧，用一个电感 L_B 表示，则由于此电感的影响，电流变化不再突变，换流不能瞬间完成。不考虑变压器漏抗时，输出电流波形连续且近似为一条直线。下面以三相半波可控整流电路带大电感负载的换流过程来说明变压器漏抗对整流电路的影响。

1.6.1 换相期间的输出电压

在换相时，由于漏抗的存在而阻碍电流变化，因此，电流不能突变，而要有一个变化的过程。如图 1-37 所示，ωt_1 时刻触发 VT_2 导通，电流从 A 相换流到 B 相，由于 A 相电流不能从 I_d 瞬时下降为零，B 相电流也不能瞬时上升到 I_d 值，使电流换相需要一段时间，直到 ωt_2 时刻完成换相，这个过程称为换相过程。换相过程对应的时间以电角度计算，称为换相重叠角（换相角、换流角），用 γ 表示，即 $\omega t_1 \sim \omega t_2$ 期间对应的电角度。在此过程中，两个相邻相的晶闸管同时导通，相当于 A、B 两相同时导通，两相线间短路，$u_B - u_A$ 为短路电压。在两相回路中产生一假想的短路电流 i_k，如图 1-37 中虚线所示（实际上晶闸管都是单向导电的，相当于在原有电流上叠加一个 i_k）。A 相电流 $i_A = I_d - i_k$ 随着 i_k 的增大而逐渐减小，而 $i_b = i_k$ 将逐渐增大。当 i_B 增大到 I_d，也就是 i_A 下降为零时，VT_1 关断，VT_2 管电流达到稳定值，完成了 A 到 B 相之间的换流。

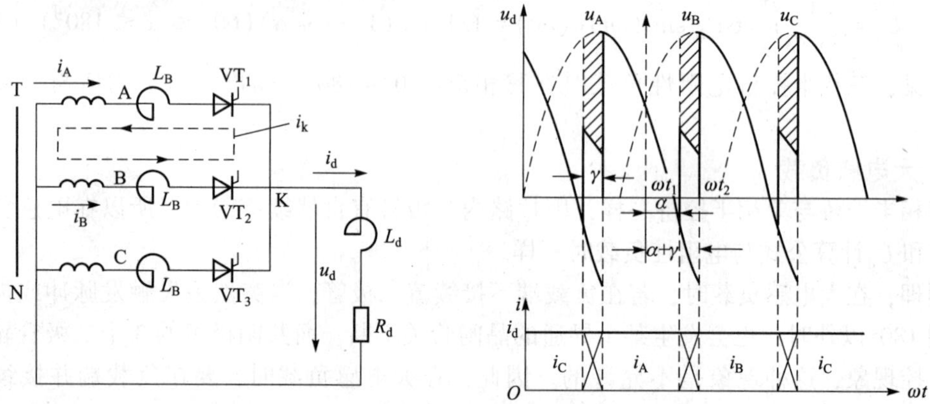

（a）　　　　　　　　　　（b）

图 1-37　考虑变压器漏抗的可控整流电路及其电压、电流波形

（a）电路原理；（b）输出波形

换流期间，短路电压由两个漏抗电动势所平衡，即

$$u_B - u_A = 2L_B \frac{di_k}{dt} \tag{1-27}$$

负载上整流输出电压为

$$u_d = u_B - L_B \frac{di_k}{dt} = u_B - \frac{1}{2}(u_B - u_A) = \frac{1}{2}(u_A + u_B) \tag{1-28}$$

式（1-28）说明，在换流期间，直流输出电压的波形既不是 u_B 也不是 u_A，而是换流的两相电压的平均值，如图 1-37 所示。与不考虑漏抗即 $\gamma = 0$ 相比，输出电压波形减少了一

块阴影面积，使输出平均电压U_d值减小。这块减少的面积是由负载电流I_d换相引起的，因此这块面积的平均值也就是I_d引起的压降，相当于L在某电阻上产生一个压降，称换相压降，其大小为图 1-37 中 3 块阴影面积在一周期内的平均值。由式（1-28）可见，换相期间降低的电压值为$u_B-u_d=L_B$（di_k/dt），所以一块阴影面积为

$$\Delta U_d=\frac{3}{2\pi}\int_{\alpha}^{\alpha+\gamma}(u_B-u_d)d(\omega t)=\frac{3}{2\pi}\int_{\alpha}^{\alpha+\gamma}L_B\frac{di_k}{dt}d(\omega t)$$

$$=\frac{3}{2\pi}\int_{0}^{I_d}\omega L_B di_k=\frac{3}{2\pi}X_B I_d \tag{1-29}$$

式中，$X_B=\omega L_B$是交流侧电感L_B折算到二次侧的漏抗。

对于 X_B的计算，因为它主要是变压器每相绕组折算到二次侧的漏抗，所以可以根据变压器铭牌参数计算，有

$$X_B=\frac{U_2}{I_2}\cdot\frac{U_k\%}{100}$$

式中，U_2为变压器二次绕组额定相电压；I_2为变压器二次侧绕组相电流（星形连接）；$U_k\%$为变压器短路电压比，一般为 5，整流变压器的$U_k\%$较一般的变压器大些，最大为 12。

如果整流电路为 m 相整流，则换相压降为

$$\Delta U_d=\frac{m}{2\pi}\int_{\alpha}^{\alpha+\gamma}(u_B-u_d)d(\omega t)=\frac{m}{2\pi}X_B I_d$$

式中，m 为一个周期换相次数，单相半波电路 $m=2$，三相半波电路 $m=3$，三相桥式电路 $m=6$。对于单相桥式电路，因X_B在一周期的两次换流中起作用，其电流从I_d到$-I_d$，所以$m=4$。

换相压降可看作在整流电路直流侧增加了一阻值为（mX_B）/（2π）的等效电阻后负载电流I_d在它上面产生的压降，它与欧姆电阻的区别在于其不消耗有功功率。

重叠角 γ 的大小可通过对式（1-30）进行数学运算求得，即

$$\cos\alpha-\cos(\alpha+\gamma)=\frac{X_B I_d}{\sqrt{2}U_2\sin\dfrac{\pi}{m}} \tag{1-30}$$

式（1-30）是一个普通公式，对于不同的整流电路只需改变 m 值。通过分别代入不同的 m 值即可得出。

1.6.2　可控整流电路的外特性

可控整流电路对直流负载来说，是一个有内阻的可变直流电源。考虑换相压降 ΔU_d，整流变压器电阻 R_T（为变压器次级绕组每相电阻与初级绕组折算到次级的每相电阻之和）及晶闸管压降 ΔU（取 1 V）后，直流输出电压为

$$U_d=U_{d0}\cos\alpha-n\Delta U-I_d\left[R_T+\frac{mX_B}{2\pi}\right]$$

$$=U_{d0}\cos\alpha-n\Delta U-I_d R_i \tag{1-31}$$

式中，U_{d0}为$\alpha=0°$时整流电路输出电压，即空载电压；R_i为整流电路内阻，$R_i=R_T+mX_B/2\pi$；ΔU为一个晶闸管正向导通压降。三相半波时电流流经一个整流元件$n=1$，三相桥式时$n=2$。外特性曲线如图1-38所示。

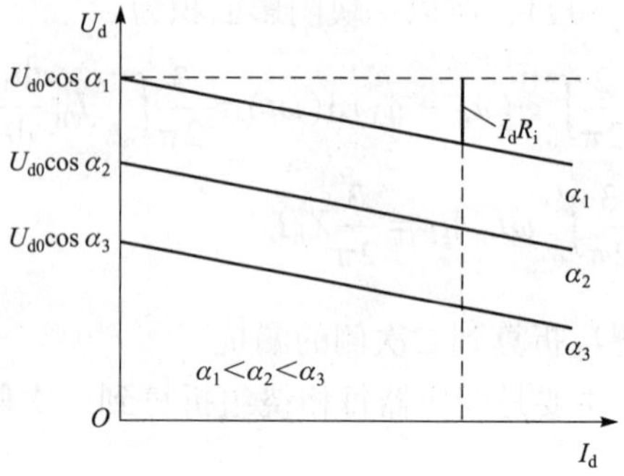

图1-38 考虑变压器漏抗时的可控整流电路特性

1.7 晶闸管的保护

晶闸管器件有很多优点，但由于击穿电压比较接近工作电压，热容量又小，因此承受过电压、过电流能力差，短时间的过电压、过电流都可能造成元件损坏。为了使晶闸管元件能正常工作而不损坏，除合理选择元件外，还必须针对过电压、过电流发生的原因采取适当的保护措施。

1.7.1 过电压保护

1. 晶闸管的关断过电压及其保护

晶闸管电流从一个管子换流到另一个管子后，刚刚导通的晶闸管因承受正向阳极电压，电流逐渐增大。原来导通的晶闸管要关断，流过的电流相应减小。当减小到零时，因其内部还残存着载流子，管子还未恢复阻断能力，在反向电压的作用下，将产生较大的反向电流，使载流子迅速消失，即反向电流迅速减小到接近零时，原导通的晶闸管关断，这时di/dt很大，即使电感很小，在变压器漏电抗上也产生很大的感应电动势，其值可达到工作电压峰值的5~6倍，通过已导通的晶闸管加在已恢复阻断的管子两端，可能会使管子反向击穿，这种由于晶闸管换相关断时所产生的过电压叫关断过电压，如图1-39所示。

关断过电压保护最常用的方法是，在晶闸管两端并接RC吸收电路，如图1-40所示。利用电容的充电作用，可降低晶闸管反向电流减小的速度，使过电压数值下降。电阻可以减弱或消除晶闸管阻断时产生的过电压。R、L、C与交流电源刚好组成的串联振荡电路，可限制晶闸管开通时的电流上升率。因晶闸管承受正向电压时，电容C被充电，极性如图1-40所示。当管子被触发导通时，电容C要通过晶闸管放电，如果没有R限流，此放电电流会很大，容易造成元件损坏。RC吸收电路参数可按表1-7所示的经验数据选取。电容的耐压一般选晶闸管额定电压的1.1~1.5倍。

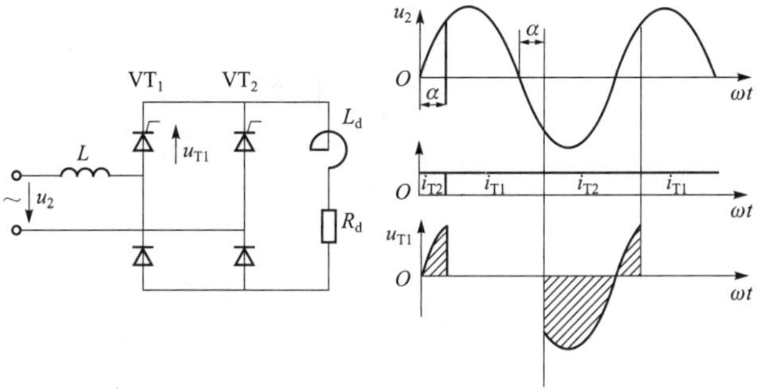

图 1-39 晶闸管关断过电压波形

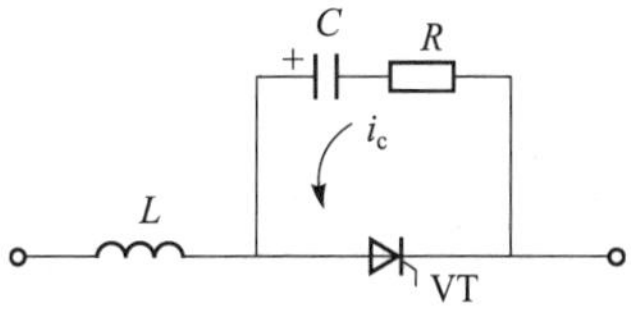

图 1-40 用阻容器吸收电路抑制关断过电压

表 1-7 晶闸管阻容电路经验数据

晶闸管额定电流 $I_{VT(AV)}$/A	1 000	500	200	100	50	20	10
电容 $C/\mu F$	2	1	0. 5	0. 25	0. 2	0. 15	0. 1
电阻 R/Ω	2	5	10	20	40	80	100

2. 晶闸管交流侧过电压及其保护

交流侧过电压分交流侧操作过电压和交流侧浪涌过电压。

（1）交流侧操作过电压保护。接通和断开交流侧电源时，使电感元件积聚的能量骤然释放所引起的过电压叫操作过电压。操作过电压通常有以下几种情况。

① 整流变压器一次、二次绕组之间存在分布电容，当在一次侧电压峰值时合闸，将会使二次侧产生瞬间过电压。可在变压器二次侧并联适当的电容或在变压器星形和地之间加一电容器，也可采用变压器加屏蔽层，这在设计、制造变压器时就应考虑。

② 与整流装置相连接的其他负载切断时，由于电流突然断开，会在变压器漏电感中产生感应电动势，造成过电压；当变压器空载，电源电压过零时，一次拉闸造成二次绕组中感应出很高的瞬时过电压。这两种情况产生的过电压都是瞬时的尖峰电压，常用阻容吸收电路或整流式阻容保护。

阻容吸收电路的几种接线方式如图 1-41 所示。在变压器二次侧并联电阻和电容，可以把铁芯释放的磁场能量储存起来。由于电容两端的电压不能突变，所以可以有效地抑制过电压。串联电阻的目的是为了在能量转化过程中消耗一部分能量，并且抑制回路的振荡。

对于大容量的变流装置，可采取图 1-41（d）所示整流式阻容吸收电路。虽然多了一个三相整流桥，但因只用一个电容，故可以减小体积。

（2）交流侧浪涌过电压保护。由于雷击或从电网侵入的高电压干扰而造成晶闸管过电压，称浪涌过电压。浪涌过电压虽然具有偶然性，但它可能比操作过电压高得多，能量也特别大。因此，无法用阻容吸收电路来抑制，只能采用类似稳压管稳压原理的压敏电阻或硒堆元件来保护。

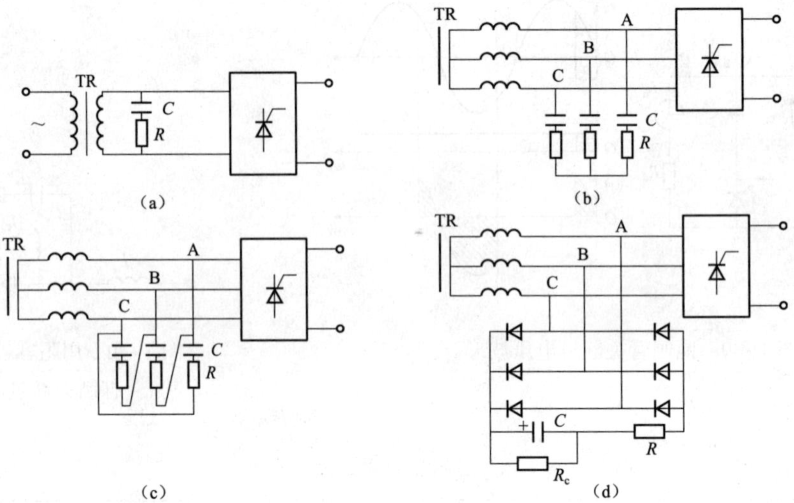

图 1-41　交流侧阻容吸收电路的几种接法

（a）单相连接；（b）三相Y连接；（c）三相 D 连接；（d）三相整流连接

金属氧化物压敏电阻是目前大量采用的一种新型的非线性过电压保护元件。金属氧化物压敏电阻是由氧化锌、氧化铋等烧结制成的非线性电阻元件，具有正、反向相同的、很陡的伏安特性，如图 1-42 所示。正常工作时，漏电流仅是微安级，故损耗小；当浪涌电压来到时，反应较快，可通过数千安培的放电电流，因此，抑制过电压的能力强。它体积小、价格便宜，是一种较理想的保护元件，保护接线方式如图 1-43 所示。

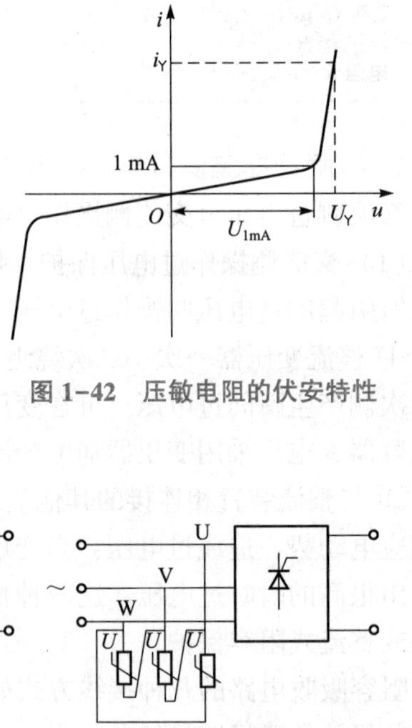

图 1-42　压敏电阻的伏安特性

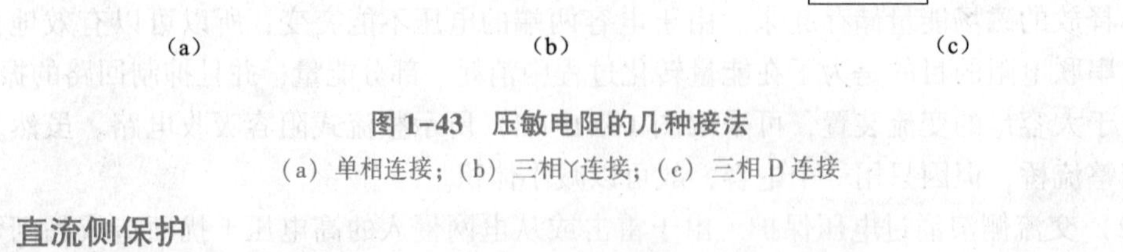

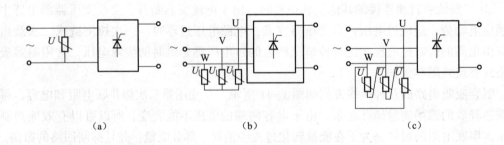

图 1-43　压敏电阻的几种接法

（a）单相连接；（b）三相Y连接；（c）三相 D 连接

3. 直流侧保护

变流装置输出接有感性负载（平波电抗器、直流电机绕组等），当电路闭合时不会产生过电压，但当桥臂上整流元件进行过电流保护的快速熔断器熔断时（图 1-44），储存在负载中的磁场能量突然释放，就会在直流输出端 A、B 间产生过电压。另外，当变流装置过载，直流快速开关或熔断器切断过载电流时（图 1-45），整流变压器储能的突然释放也会产生过电压。尽管变压器次级侧已采取保护措施，但变压器过载时储能比空载时储能大，过电压还会通过导通的整流元件反映到直流侧来，带来了直流侧过电压的保护问题。

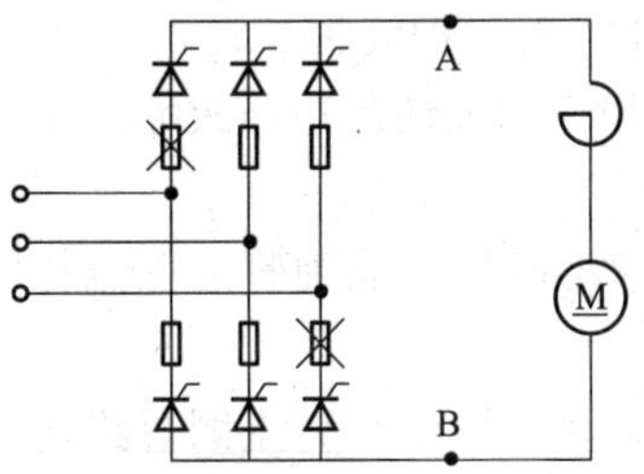

图 1-44　快速熔断器熔断时引起过电压

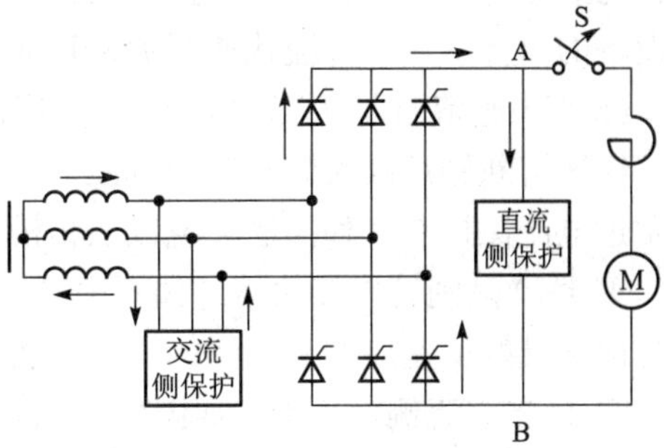

图 1-45　直流开关 S 跳闸引起过电压

如果快速开关或快速熔断器选配恰当，则拉弧时的电压不会超过 2 倍正常电压，直流侧可不设过电压保护；否则，应在直流侧设置与交流侧相同的保护措施，如前所述的阻容、压敏电阻等，其参数选择原则也相同。

1.7.2　过电流保护

发生过电流的原因有多种。在整流装置内部的原因有晶闸管损坏、触发电路和控制系统故障等。外部原因主要有负载过载，晶闸管装置直流侧短路。交流电源电压过高或过低、电源缺相、可逆系统中产生环流和逆变失败等。由于晶闸管的电流过载能力低，必须采取必要的过电流保护措施，保证晶闸管装置可靠、安全地运行，如图 1-46 所示。

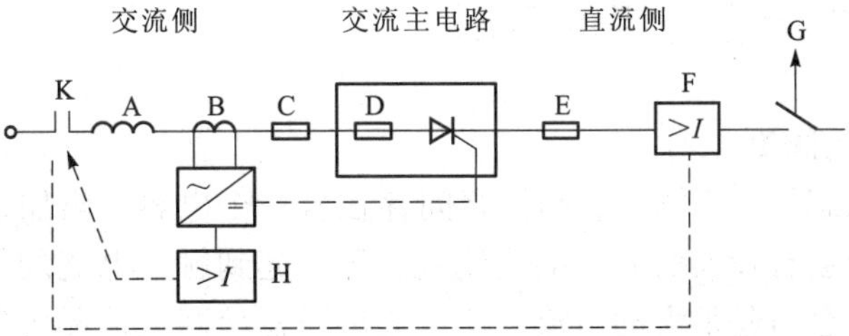

图 1-46　晶闸管装置可能采用的过电流保护措施

A—交流进线电抗器；B—电流检测和过流继电器；C，D，E—快速熔断器；

F，H—过流继电器；G—直流快速开关

（1）在交流进线中串联电抗器（图中 A）或采用漏抗较大的变压器，这是限制短路电流、保护晶闸管的有效办法；但在正常运行时产生压降。

（2）在交流侧设置电流检测装置（图中 B），把过电流信号送至触发器，使触发脉冲瞬时停止输出或使触发脉冲后移，从而使晶闸管阻断。整流装置输出电压为零，就抑制了过电流。

（3）过电流继电器（瞬时）常和控制极断开装置装在同一组件，其信号取自交流互感器。其特点是动作快，经1~2 ms就可以使断路器跳闸。因此，在换流失败时，有可能使断路器先动作，而快速熔断器不熔断。

（4）直流断路器，又称直流快速开关（图中G）。多个晶闸管并联使用的大容量整流装置，在故障过电流时，要求快速开关先于快熔动作，尽量避免快速熔断器熔断，目的是减少设备的运行费用。直流快速开关是目前较好的直流侧过流保护装置。

（5）快速熔断器（简称快熔），是最简单有效的过电流保护元件。在产生短路过电流时，快速熔断器熔断时间小于20 ms，能保证在晶闸管损坏之前切断短路故障。用快速熔断器做过电流保护有3种接法，现以三相桥为例介绍如下。

① 桥臂晶闸管串接快熔，如图中D所示，流过快速熔断器和晶闸管的电流相同，对晶闸管保护最好，是应用最广泛的一种接法。

② 接在交流侧输入端，如图中C所示，这种接法对元件短路和直流侧短路均能起到保护作用，但由于在正常工作时流过快熔的电流有效值大于流过晶闸管的电流有效值，故应选用额定电流较大的快熔，这样有故障过电流时对晶闸管的保护就差了。

③ 接在直流侧的快熔，如图中E所示，仅对负载短路和过载起保护作用。

在一般的系统中，常采用过流信号控制触发脉冲以抑制过电流，再配合采用快熔保护。由于快熔价格较高，更换也不方便，通常把它作为过流保护的最后一道保护。在正常情况下，总是先让其他过电流保护措施动作，尽量避免直接烧断快熔。

选择与晶闸管串联的快速熔断器的方式如下。

① 快速熔断器的额定电压应大于线路中正常工作电压有效值。

② 快速熔断器熔体的额定电流（有效值）I_{KR}应小于被保护的晶闸管热击穿所允许的有效值，即应小于所选用的晶闸管通态平均电流I_F的1.57倍。同时又应大于正常运行时在晶闸管中通过的有效电流$I_{T(RMS)}$。根据以上原则可列出关系式为

$$1.57\,I_F \geqslant I_{KR} \geqslant I_{T(RMS)}$$

1.7.3 电压与电流上升率的限制

1. 电压上升率的限制

晶闸管在阻断状态下，它的阳、阴极之间存在着一个电容。当加在晶闸管上的正向电压上升率较大时，便会有较大的充电电流流过门极，起到触发电流的作用，使晶闸管误导通。晶闸管误导通常会引起很大的电流，使快速熔断器熔断或使晶闸管损坏。因此，对晶闸管的正向电压上升率$\mathrm{d}u/\mathrm{d}t$应有一定的限制。

2. 电流上升率的限制

晶闸管在导通瞬间，电流集中在门极附近，随着时间的推移，导通区才逐渐扩大，直到全部结面导通为止。在此过程中，电流上升率$\mathrm{d}i/\mathrm{d}t$太大，则可能引起门极附近过热，造成晶闸管损坏。因此，电流上升率应限制在通态电流临界上升率以内。

限制电流上升率同限制电压上升率的方法相同，有以下几种。

（1）串接进线电感。

（2）采用整流式阻容保护。

(3) 增大阻容保护中电阻值可以减小电流上升率，但会降低阻容保护对晶闸管过电压保护的效果。

此外，还可以在每个晶闸管支路中串入一个很小的电感器，来抑制晶闸管导通时的正向电流上升率。

1.8　晶闸管相控触发电路

前面所介绍的单结晶体管触发电路输出脉冲较窄，且输出功率也小，不能满足电感性负载、反电势负载及大功率晶闸管的要求。在要求较高、功率较大的晶闸管变流器中，常采用由晶体管组成的触发电路。它是利用晶体管的开关特性，由同步移相、脉冲形成、放大输出等环节组成。常见的晶体管触发电路按其同步信号的不同，可分为正弦波同步式和锯齿波式两种基波类型。正弦波同步式指同步电压为正弦波；锯齿波同步式指同步电压为锯齿波。现介绍正弦波同步触发电路与锯齿波同步触发电路。

1.8.1　正弦波同步触发电路

常用的正弦波同步移相触发电路如图 1-47 所示。正弦波同步移相触发电路由同步移相、脉冲形成与放大等环节组成。

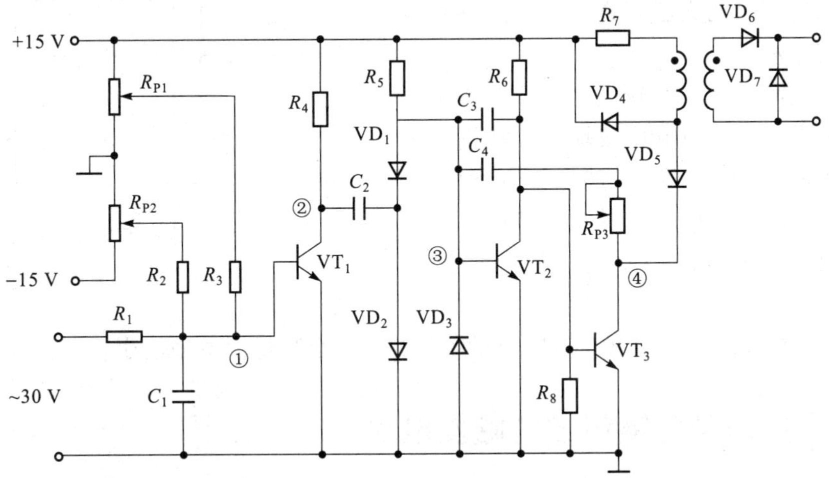

图 1-47　常用的正弦波同步移相触发电路

1. 同步移相

晶体管 VT_1左边部分为同步移相环节，在 VT_1的基极并联输入了同步信号电压U_s（约 30 V，由同步变压器提供）、偏移电压 U_b（R_{P2}）及控制电压 U_c（R_{P1}）。U_b 的大小，决定 U_c=0 V时的触发脉冲的初始相位；调节 U_c可改变触发电路的控制角 α（VT_1的导通时刻）。

2. 脉冲形成

脉冲形成环节是集-基耦合单稳态脉冲电路，由 VT_1、VT_2等元件组成。VT_1截止时，

VT_2饱和导通，VT_3截止，C_2充上左正右负的电压，C_4充上左负右正的电压；VT_1饱和导通时，C_2的电压加到VT_2的发射结使其截止，VT_3导通，同时C_4和R_{P3}形成正反馈，使脉冲前沿陡峭。C_2放电很快，但VT_2不会马上导通，只有当C_4经R_5、+15 V、R_{P3}、VT_3放电并反向充电到VT_2的导通电压时，单稳态电路才发生翻转。改变R_{P3}就可改变VT_2的截止时间长短，从而输出脉宽可调的触发脉冲。

3. 脉冲放大

此环节由VT_3等组成。各点波形如图1-48所示。

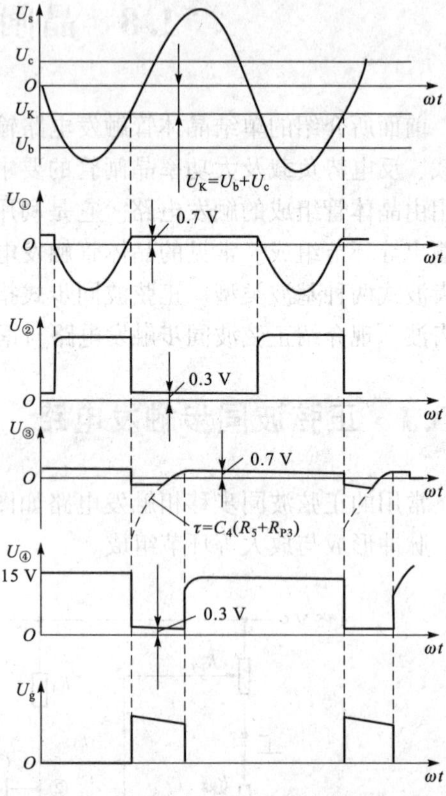

图1-48　正弦波触发电路各点波形

1）正弦波同步触发电路的优点

（1）整流装置在负载电流连续时，整流输出电压U_d与控制电压U_c呈线性关系。

（2）能部分补偿电源电压波动对输出电压U_d的影响。如当电源电压下降时，触发电路同步电压U_s也随之下降，当U_c不变时，控制角α就会有所减小，那么$\cos\alpha$则会随电源电压下降而增大，所以U_d可维持恒定。

2）正弦波同步触发电路的缺点

（1）正弦波移相电路理论上的移相范围为180°，但实际上由于正弦波顶部较为平坦，与U_K没有明确的交点而无法工作，故实际移相范围只能在150°左右。

（2）受电源电压影响较大。由于同步电压取自电源电压，当电源电压波动时，特别是电压波形畸变时，会使U_K和U_s波形交点不稳定，使得整个装置工作不稳定。对此一般可在输入信号端加RC滤波环节来防止信号电压波形畸变。

正弦波移相触发电路通常在电网质量较高的中、小容量设备中使用。

1.8.2　同步信号为锯齿波的触发电路

图1-49所示为锯齿波同步移相触发电路，由同步控制、锯齿波形成、移相控制、脉冲形成、放大输出等环节组成。

由VT_2、VD_1、VD_2、C_1等元件组成同步检测环节，其作用是利用同步电压来控制锯齿波产生的时刻及锯齿波的宽度。由VT_1等元件组成的恒流源电路及C_2等组成锯齿波形成环节。控制电压U_c、偏移电压U_b和锯齿波电压U_t在VT_4基极叠加，从而构成移相控制环节。VT_6构成脉冲放大环节，脉冲变压器输出触发脉冲。锯齿波触发电路各点波形如图1-50所示。

（1）同步控制。此环节电路由VD_1、VD_2、VT_2等元件构成，当$u_①$（同步信号电压）处于负半周下降段时，C_1经VD_1充电，极性上负下正（见图中$u_②$波形），VT_2发射结反偏截

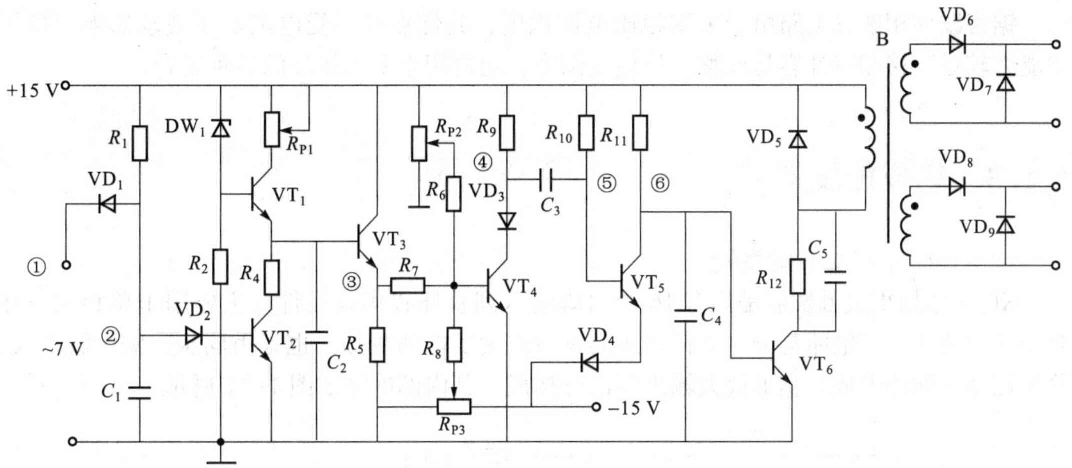

图 1-49　锯齿波同步移相触发电路

止；当 $u_{①}$处于负半周上升段时，由于 C_1电压变化缓慢，使 VD_1反偏截止，电源+15 V 经 R_1对 C_1先放电后反向充电，当反向充电到+1.4 V 左右时，VT_2导通。

（2）锯齿波形成。VT_2截止时，C_2由 VT_1 组成的恒流源电路充电（见图中 $u_{③}$波形），R_{P1}为斜率调节电位器；当 VT_2饱和导通时，C_2经 VT_2、R_4放电，由于 R_4取值较小，放电很快。

（3）移相控制。C_2的锯齿波电压经 VT_3（射极跟随器）隔离放大后，与偏移电压 U_b（R_{P3}）、移相控制电压 U_c（R_{P2}）分别通过 R_7、R_8、R_6进行并联叠加，控制 VT_4的饱和和截止。当 U_b固定后，改变 U_c，就能改变 U_{b4}在横轴上的交点，即改变了 VT_4导通的时刻，达到移相的目的（见图中 $u_{③}$）；改变 U_b可以调整触发脉冲的初始位置。

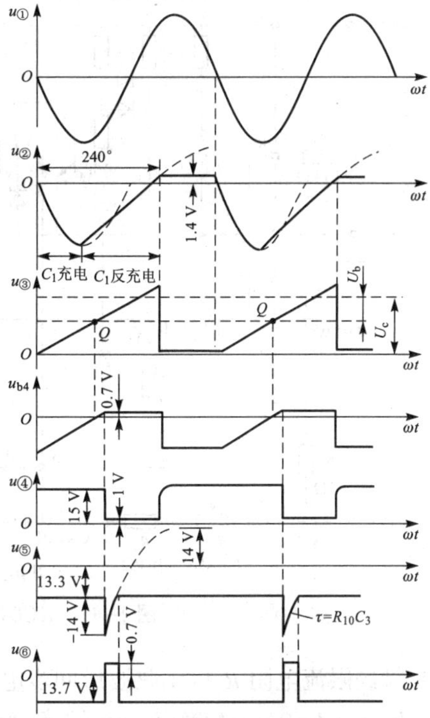

图 1-50　锯齿波触发电路各点波形

（4）脉冲形成。VT_4管截止时，④点为高电位，C_3电压左正右负，接近 30 V，VT_5饱和，⑥点电位约-13.7 V；当 VT_4管饱和导通时，④点电位突降为 1 V 左右，C_3电压不能突变，⑤点电位也突降至-27.3 V 左右，VT_5管截止，⑥点电位突变至 0.7 V 左右（VT_6管 b-e 结钳位作用）。见图中 $u_{⑥}$波形。

（5）放大输出。此环节电路由 VT_6等元件组成，⑥点为低电位时，VT_6管截止，无触发脉冲输出；⑥点为高电位时，VT_6管饱和导通，触发脉冲输出。R_{12}为限流电阻；C_5为加速电容，改善脉冲前沿；VD_5为保护二极管，提供脉冲变压器 B 初级磁能释放回路（VT_6管由饱和变截止时）。

锯齿波移相触发电路由于采用稳压电源供电，其优点是不受电网电压波动影响、抗干扰能力较强、移相特性容易调整、移相范围宽，通常用于要求较高的各种场合。

1.8.3 集成触发器

1. KC04 移相集成触发器

KC04 移相集成触发器是具有 16 个引脚的双列直插式集成元件，主要用于单相或三相全控桥式装置。该电路与分立元件构成的锯齿波触发电路相似，也是由同步、锯齿波形成、移相控制、脉冲形成与整形放大输出等部分构成，其内部电路如图 1-51 所示。

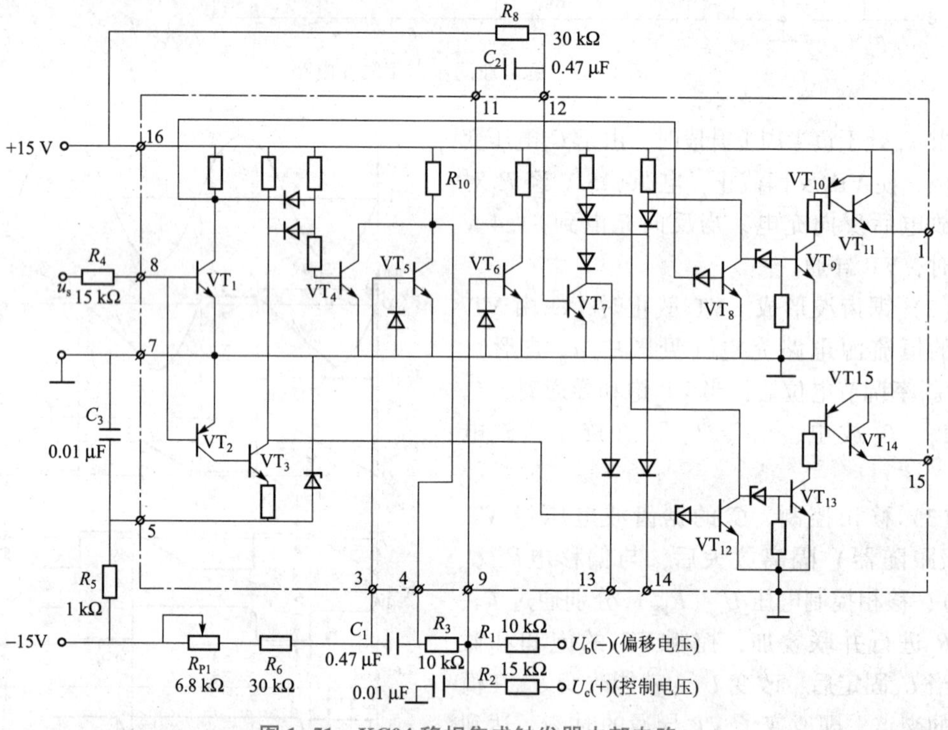

图 1-51　KC04 移相集成触发器内部电路

8 脚经限流电阻 R_4 接正弦波形同步电压 u_S，同步电压 u_S 与限流电阻 R_4 之间的关系可按式 $u_S = R_4 \cdot$（1~2）mA 确定。16 脚接+15 V 电源。在一个交流电周期内，1 脚与 15 脚输出相位差 180°的两个窄脉冲，可作为三相全控桥主电路同一相上下晶闸管的主触发脉冲。输出脉冲的宽度由 R_8、C_2 的值决定，R_8 或 C_2 值越大，输出脉冲越宽。由 4 脚形成的锯齿波可以通过调节 6.8 Ω 电位器 R_{P1} 改变斜率。9 脚为锯齿波电压 u_{C5}、偏移电压 U_b（负值）和控制电压 U_c（正值）的综合比较输入端。13、14 脚提供脉冲列调制和脉冲封锁控制端。

KC04 电路各引脚电压波形如图 1-52 所示。

2. KC41C 6 路双脉冲形成器

KC41C 是一种 6 路双窄脉冲形成器件，用一块 KC41C 与 3 块 KC04（或 KC09）可组成三相全控桥双脉冲触发电路，输出 6 路双脉冲触发信号。KC41C 的内部电路如图 1-53（a）所示。

KC41C 与 KC04 组成的三相全控桥双脉冲触发电路如图 1-54 所示。3 块 KC04 移相触发器的 1 端与 15 端产生的 6 个主脉冲分别接到 KC41C 的 1~6 端，经内部集成二极管电路形成双窄脉冲，再由内部集成三极管电路放大后经 10~15 端输出。输出的脉冲信号接到 6 个外部晶体管 VT_1~VT_6的基极进行功率放大，可得到 800 mA 的触发脉冲电流，以触发大功率的晶闸管。KC41C 不仅具有双窄脉冲形成功能，而且具有电子开关封锁控制功能。KC41C 集成块内部 VT_7管为电子开关，当引脚 7 接地或处于低电位时，VT_7截止，各路可正常输出触发脉冲；当引脚 7 置高电位时，VT_7导通，各路无输出脉冲。

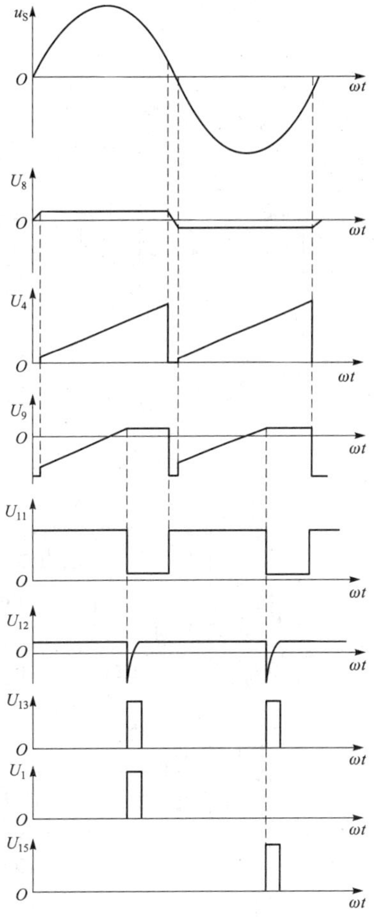

图 1-52　KC04 电路各引脚电压波形

1.8.4　数字触发电路

上述各种触发电路都属于模拟量控制电路，其缺点是易受电网的影响，以及由于元件参数分散、同步电压波形畸变等原因，会导致各触发器的移相特性不一致。例如，当同步电压不对称度为±1°时，输出脉冲的不对称度可达 3°~5°，这会导致整流输出谐波电压增大，并使电网电压出现附加畸变，三相电压中性点偏移。这种影响对于大型相控整流装置来说是不可忽视的。数字式移相触发装置输出脉冲不对称度仅为±1.5°，精度可提高 2~3 倍，因而使上述影响大为减轻。

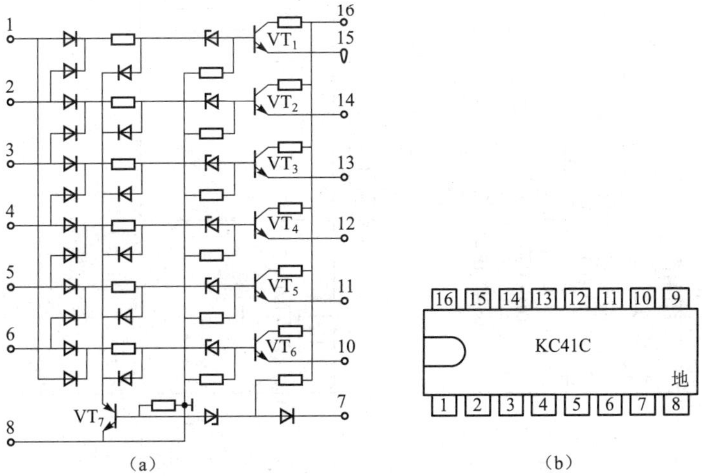

图 1-53　KC41C 6 路双窄脉冲形成器

（a）内部原理电路；（b）外形端子排列

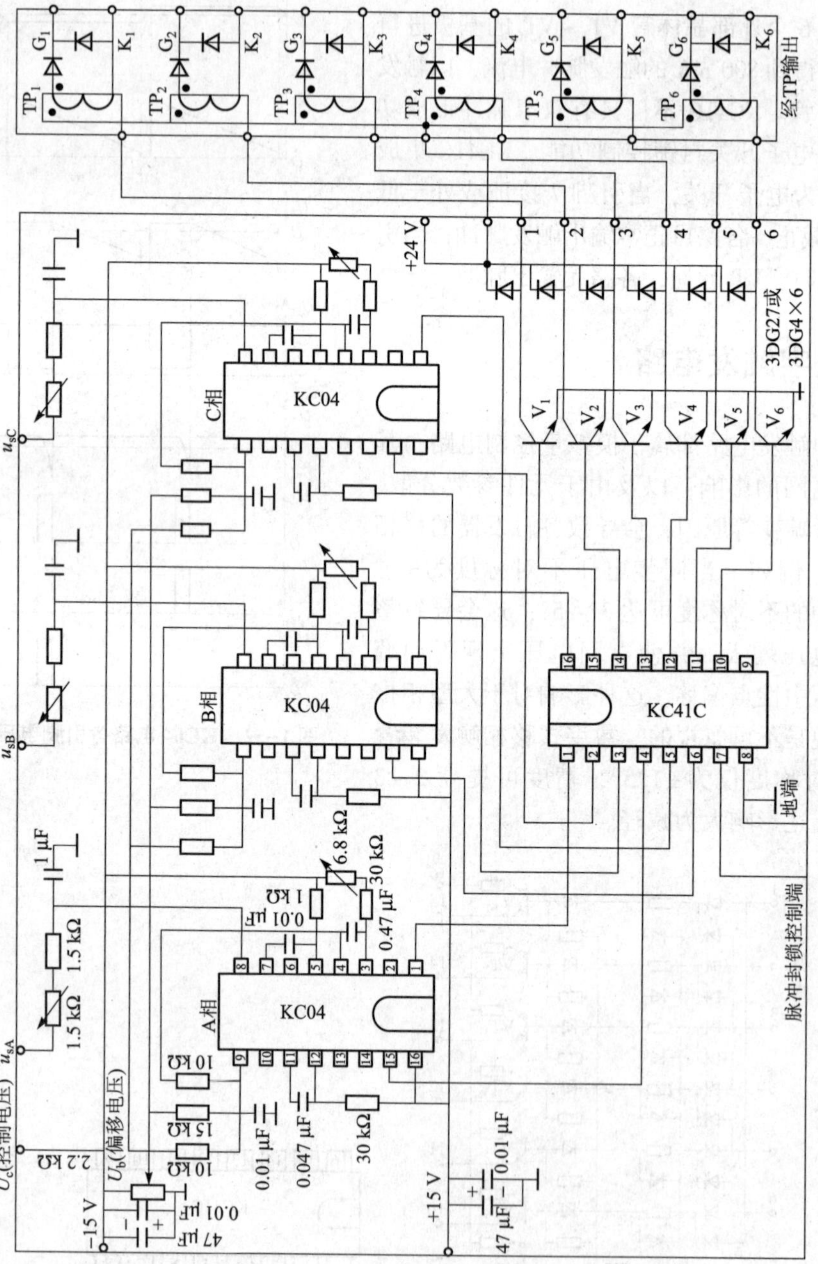

图1-54　三相全控桥集成触发电路

数字式移相触发电路的工作原理框图如图 1-55 所示。现简述如下。

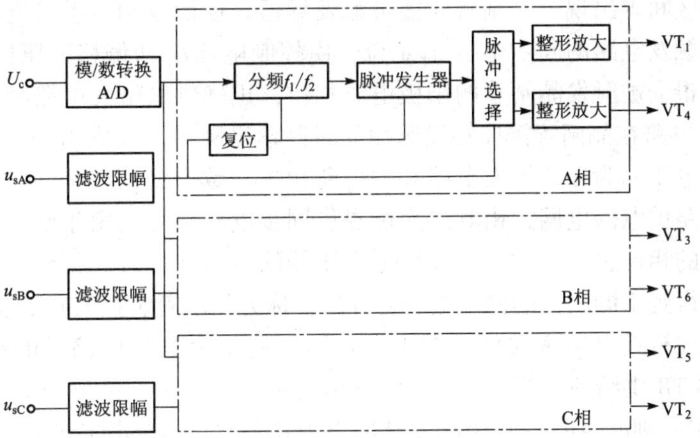

图 1-55　数字式移相触发电路的工作原理框图

图中 A/D 为模/数转换器，它将控制电压 U_c转换为频率与 U_c成正比的计数脉冲。当 $U_c=0$时，计数脉冲频率f_1为 13~14 kHz，$U_c=10$ V 时，f_1为 130~140 kHz，将此频率的脉冲分别送到 3 个分频器f_1/f_2（7 位二进制计数器）。分频器每输入 128 个脉冲后输出第一个脉冲至脉冲发生器，发生器将此脉冲转换成触发脉冲。脉冲发生器平时处于封锁状态，由正弦波同步电压滤波经移相器补偿移相后削波限幅，形成梯形同步电压 U_T，U_T过零时对分频计数器清零同时使脉冲发生器解除封锁，使 A/D 输入计数器的脉冲开始计数，在计至 128 个脉冲时脉冲发生器输出触发脉冲。U_c升高，脉冲频率f_1、f_2增大，同样出现 128 个脉冲的时间缩短，使产生第一脉冲的时间提前，即 α 减小。发生器每半周输出脉冲经脉冲选择整形放大。

正半周输出脉冲触发其阴极组晶闸管，负半周输出脉冲触发其阳极组管，达到三相桥式高精度移相触发控制的目的。

1.9　触发脉冲与主电路电压的同步

1.9.1　触发电路同步电源电压的选择

制造或修理调整晶闸管装置时，常会碰到一种故障现象：在单独检查晶闸管主电路时，接线正确，元件完好；单独检查触发电路时，各点电压波形、输出脉冲正常；调节控制电压 U_c时，脉冲移相符合要求。但是，当主电路与触发电路连接后，则工作不正常，直流输出电压U_d波形不规则、不稳定，移相调节不能工作。这种故障是由于送到主电路各晶闸管的触发脉冲与其阳极电压之间的相位没有正确对应，而造成晶闸管工作时控制角不一致，甚至使有的触发脉冲在晶闸管承受反向阳极电压时出现，元件当然不能导通。怎样才能消除这种故障使装置正常工作呢？这就是本节要讨论的触发电路与主电路之间的同步（定相）问题。

所谓同步，是指触发电路工作频率与主电路交流电源的频率应当保持一致，且每个晶闸管的触发脉冲与施加于晶闸管的交流电压保持合适的相位关系。触发脉冲只有在晶闸管阳极电压为正的区间内出现，晶闸管才能被触发导通。锯齿波同步触发电路产生触发脉冲的时刻，由接到触发电路的同步电压 u_T 定位，由控制电压 U_k 和偏移电压 U_p 的大小来移相。这就是说，必须根据被触发晶闸管的阳极电压相位，正确供给触发电路特定相位的同步电压 u_T，以使触发电路在晶闸管需要触发脉冲的时刻输出脉冲。提供给触发器合适相位的电压称为同步信号电压，为保证触发电路和主电路频率一致，利用一个同步变压器，将其一次侧接入为主电路供电的电网，由其二次侧提供同步电压信号。由于触发电路不同，要求的同步电源电压的相位也不一样，可以根据变压器的不同连接方式得到。这种正确选择同步电压相位以及得到不同相位的同步电压的方法，称为晶闸管装置的同步或定相。

现以三相全控桥式电路来说明，图 1-56（a）所示为其主电路。电网电压 u_{A1}、u_{B1}、u_{C1} 经整流变压器 TR 供给整流桥，对应三相电压为 u_A、u_B、u_C，波形如图 1-56（b）所示。假定控制角 $\alpha=0°$，则 $u_{g1} \sim u_{g6}$ 这 6 个触发脉冲出现在各自的自然换流点 $\omega t_1 \sim \omega t_6$，依次相隔 60°。为了得到 6 个相位差均为 60° 的同步电压，通常采用具有两组二次侧的三相变压器，6 个二次电压分送到 6 个触发电路，如图 1-56（b）所示。

每一个触发电路的同步电压 U_S 与被触发晶闸管的阳极电压之间的相位关系，取决于主电路的不同形式、触发电路的类型、负载性质及不同的移相要求。现以图 1-56 中 VT_3 管的触发电路为例，同步电压 U_{TB} 与 VT_3 管的阳极电压 U_B 对应，两者的相位关系根据锯齿波触发电路有两种情况：NPN 管时，则 U_{TB} 与 U_B 反相；PNP 管时，则 U_{TB} 与 U_B 同相。

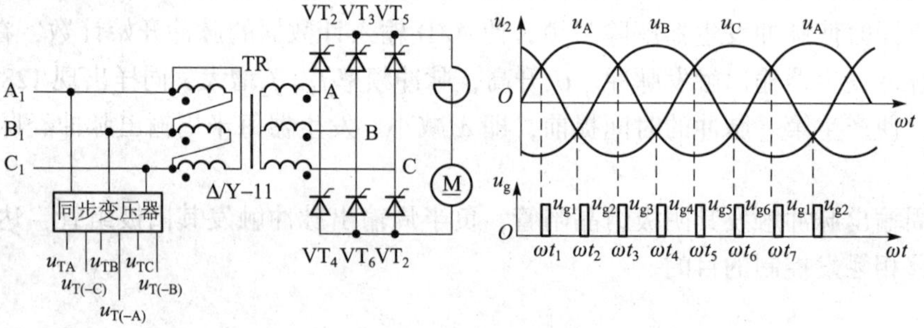

（a）　　　　　　　　（b）

图 1-56　触发脉冲与主电路的同步

（a）电路；（b）波形

每个触发电路的同步电压 u_T 与被触发晶闸管阳极电压的相互关系取决于主电路的不同方式、触发电路的类型、负载性质及不同的移相要求。

1.9.2　防止误触发的措施

晶闸管装置在调试和使用过程中，常会遇到各种电磁干扰，使晶闸管误触发而导致电路不能正常工作。管子的误触发大都是由于主回路晶闸管的导通或关断引起电压突变和外界干扰，经脉冲变压器绕组一次侧、二次侧之间存在的分布电容，串入晶闸管门极电路而引起的。为此，通常采取以下抗干扰措施。

（1）由于晶闸管装置强弱电混于一体，因此，装置的电气工艺布置需要认真考虑。例如，门极电路采用屏蔽线并将金属屏蔽层可靠接地，大电流线与控制线分开走线，触发控制部分用金属外壳屏蔽，脉冲变压器尽量与晶闸管靠近以缩短门极走线，装置的接零与接壳分开等。

（2）触发器的电源采用静电屏蔽的变压器供电，取自电网的同步信号也必须采用有静电屏蔽的同步变压器隔离。为了消除电网电压波形存在换流缺口的影响，在要求稍高的场合可采用阻容移相滤波环节。

（3）在晶闸管门极、阴极之间或在脉冲变压器二次侧输出端串并二极管、电阻、电容，有利于防干扰。通常在门极、阴极之间并接 0.01~0.1 μF 的小电容，可有效吸收高频干扰；在要求高的场合，可在门极、阴极之间加反向偏置电压。

（4）采用触发电流大即不灵敏的晶闸管，而触发信号为大信号强触发。

拓展阅读

功率半导体是大国重器

2020 年“五一”长假前 3 天，也就是 4 月 27 日，美国商务部出台新的出口管制措施，对中国正在崛起的高科技产业，升级打压力度的意图非常明显。

功率半导体是大国重器，自主可控势不可当。半导体产业是一个技术与资本高度密集型产业，中国凭借政策支持、资金投入，叠加工程师红利，积累技术经验和人才储备，拉近与世界先进水平的差距，逐步占据产业战略高地。

早在 2014 年 6 月，《国家集成电路产业发展推进纲要》（以下简称《纲要》）发布，这是我国第一次以政府为责任主体来规划和推动国产芯片（集成电路）产业的发展，将芯片提升到国家战略产业的地位。

《纲要》的出台，缘于一个迫切的现实：我国是全球最大的芯片市场，但芯片自给率却过低，而且这种落差随着时间的推移，不仅没有缩小，反而继续扩大。

2014 年，国内本土芯片公司的需求为 500 亿美元，但本土芯片公司只能供给 130 亿美元，自给缺口达到 370 亿美元，到 2019 年，自给缺口急剧扩大到 880 亿美元，增大了 1.38 倍。

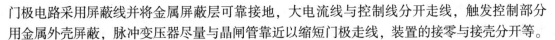

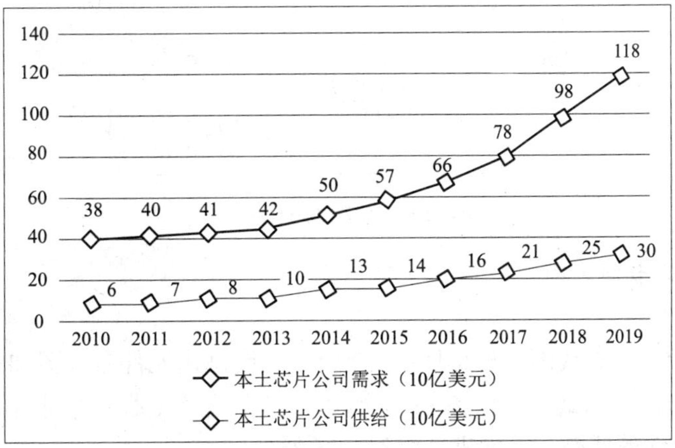

2010—2019 年我国集成电路供需情况对比

面对挑战和机遇，我国半导体产业要有效利用自身的资源，智慧地找准赛道、看准时机。以高端光刻机为例，目前我国在高端光刻机整机制造以及相关产业配套方面能力还不足，如果直接进行整机研发，投入将是上千亿元的规模，并且研发周期很长，过程中面临的不确定性很大。相比之下，如果我国从其中的核心部件，比如传感器、微晶玻璃、金属新材料、成像设备、运动电机等着手研发，研发成本将大大减少，研发周期也相对较短。

实训 1.1　简单晶闸管调光灯的安装、调试及故障分析处理

1. 实训目的

（1）了解晶闸管的结构。

（2）了解晶闸管调光灯的工作原理。

（3）掌握电路的基本焊接技术。

（4）正确连接与调试晶闸管调光灯的线路。

2. 实训设备和器件

（1）简单晶闸管调光灯电路的底板：1 块。

（2）简单晶闸管调光灯电路元件：1 套。

（3）万用表 1 块。

（4）示波器 1 台。

（5）烙铁 1 只。

3. 实训电路

实训电路如图 1-57 所示。

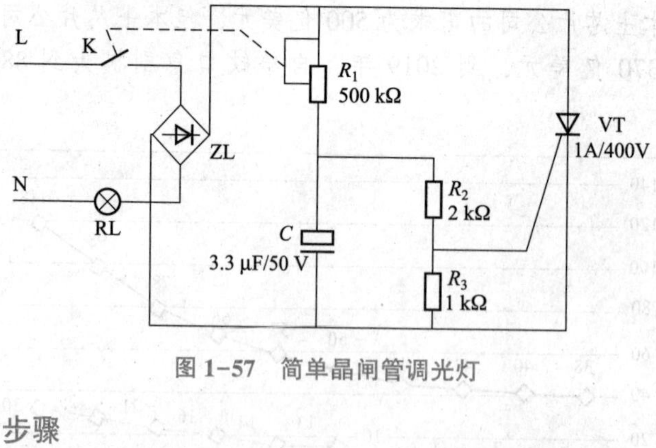

图 1-57　简单晶闸管调光灯

4. 实训内容与步骤

1）电路的安装

（1）元件布置图和布线图。根据图 1-57 所示电路画出元件布置图和布线图。

（2）元器件选择与测试。根据图 1-57 所示电路图选择元器件并进行测量，重点对二极管、晶闸管等元器件的性能、管脚进行测试和区分。

（3）焊接前准备工作。将元器件按布置图在电路底板焊接位置上做引线成形。弯脚时，

切忌从元件根部直接弯曲，应将根部留有 5~10 mm 长度以免断裂。引线端在去除氧化层后涂上助焊剂，上锡备用。

（4）元器件焊接安装。根据电路布置图和布线图将元器件进行焊接安装。

2）电路的调试

（1）通电前的检查。对已焊接安装完毕的电路板根据图 1-57 所示电路进行详细检查。重点检查二极管、晶闸管等元件的管脚是否正确。输入输出端有无短路现象。

（2）通电调试。调试时要注意以下几点。

① 由于晶闸管调压装置直接与交流电网相连，因此整个调压装置的电路部分都带有较高的电压，调试时必须注意安全，防止触电。

② 调压装置是通过灯泡等负载与交流电网构成电路的，所以如果不接负载（如不接灯泡），调压装置就没有工作电压，也就无法进行电路的调试工作。

③ 调压装置接上灯泡以后就能进行调试。正常情况下，由大到小逐渐调节 R_1 的阻值，灯泡应由暗渐亮。

④ 调压器输出功率的大小与整流电流及可控硅额定平均电流大小有关。

3）电路故障分析及处理

电路在安装、调试及运行中，由于元器件及焊接等原因产生故障，可根据故障现象，用万用表、示波器等仪器进行检查、测量，并根据电路原理进行分析，找出故障原因并进行处理。

5. 实训注意事项

（1）注意元器件布置要合理。

（2）焊接应无虚焊、错焊、漏焊，焊点应圆滑、无毛刺。

（3）焊接时应重点注意二极管、稳压管、单结晶体管、晶闸管等元件的管脚。

6. 实训报告

（1）小结：晶闸管的导通与截止条件。

（2）观察现象：电位器调节方向与亮度的关系。

附：元器件参数

RL：60 W/220 V 白炽灯泡

ZL：1 A/400（MB6F、MB10F）

R_1：500 kΩ（149 型带开关）

R_2：2 kΩ、1/4 W 金属膜

R_3：1 kΩ、1/4 W 金属膜

C：3.3 μF、50 V

实训 1.2 单结晶体管触发电路和单相半波可控整流电路实训

1. 实训目的

（1）熟悉单结晶体管触发电路的工作原理及各元件的作用。

（2）掌握单结晶体管触发电路的调试步骤和方法。

（3）对单相半波可控整流电路在电阻负载及电阻电感负载时的工作做全面分析。

（4）了解续流二极管的作用。

2. 实训设备

单相半波电阻性负载电路实验装置

（1）电力电子实训台（XKDL-N 型电力电子实验台）。

（2）XKDL09 实训箱。

（3）XKDL08 实训箱。

（4）XKDJ10 实训箱（或 XKDL11 实训箱）。

（5）示波器。

（6）万用表。

3. 实训线路

熟悉单结晶体管触发电路的工作原理及线路图，了解各点波形形状。

将单结晶体管触发电路的输出端 G 和 K 接至晶闸管的门极和阴极，即构成图 1-58 所示的实训线路。

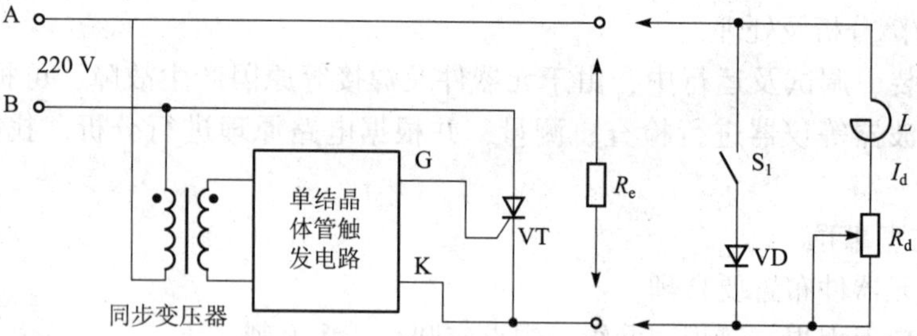

图 1-58　单结晶体管触发电路

4. 实训内容与步骤

（1）单结晶体管触发电路的调试。

（2）单结晶体管触发电路各点电压波形的观察。

（3）单相半波整流电路带电阻性负载时 $U_d/U_{AB}=f(\alpha)$ 特性的测定。

（4）单相半波整流电路带电阻电感性负载时续流二极管作用的观察。

单相半波电阻性负载电路实验步骤

5. 预习要求

（1）了解单结晶体管触发电路的工作原理，熟悉 XKDL09 实训箱。

（2）复习单相半波可控整流电路的有关内容，掌握在接纯阻性负载和阻感性负载时，电路各部分的电压和电流波形。

（3）掌握单相半波可控整流电路接不同负载时 U_d、I_d的计算方法。

6. 实训方法

（1）单结晶体管触发电路的调试。

将实训台交流电源切换到“直流调速”状态，此时 A、B 间输出电压为交流 220 V（在电网相电压为交流 220 V 的前提下），XKDL09 的电源接 A、B 两相。打开实训箱电源开关，用示波器观察单结晶体管触发电路中整流输出梯形波、锯齿波电压及单结晶体管触发电路输出电压等波形。调节移相可变电位器 R_{P1}，观察锯齿波的周期变化及输出脉冲波形的移相范围能否在 20°~180°之间。

（2）单结晶体管触发电路各点波形的记录。

将单结晶体管触发电路的各点波形描绘下来，并与理论波形进行比较。

（3）单相半波可控整流电路接纯阻性负载。

触发电路调试正常后，按图 1-58 所示电路图接线，负载为 XKDJ10 实训箱或 XKDL11 的白炽灯泡，选择大小合适的电阻值。合上电源，用示波器观察负载电压 U_d、晶闸管 VT 两端电压波形 U_T，调节电位器 R_{P1}，观察 $\alpha=30°$、60°、90°、120°、150°、180°时的 U_d、U_T波形，并测定直流输出电压 U_d和电源电压 U_{AB}，记录于表 1-8 中。

表 1-8　数据测试记录表

α	30°	60°	90°	120°	150°	180°
U_{AB}						
U_d（记录值）						
U_d/U_{AB}						
U_d（计算值）						

（4）单相半波可控整流电路接电阻电感性负载。

将负载改接成阻感性负载（由 XKDJ10 实训箱的可变电阻或 XKDL11 的白炽灯与电抗器串联而成）。不接续流二极管 VD，在不同阻抗角（改变 R_d的电阻值）情况下，观察并记录 $\alpha=30°$、60°、90°、120°时的 U_d及 U_{AB}的波形。接入续流二极管 VD，重复上述实训，观察续流二极管的作用。

计算公式为

$$U_d=\left[0.45U_{AB}\frac{1+\cos\alpha}{2}\right]$$

7. 实训报告

（1）画出单结晶体管触发电路各点的电压波形。

（2）画出 $\alpha=90°$时，电阻性负载和电阻电感性负载的 U_d、U_T波形。

（3）画出电阻性负载时 $U_d/U_{AB}=f(\alpha)$ 的实训曲线，并与计算值 U_d的对应曲线相比较。

（4）分析实训中出现的现象，写出体会。

8. 思考题

（1）单结晶体管触发电路的振荡频率与电路中的各元件有什么关系？

（2）单相桥式半波可控整流电路接阻感性负载时会出现什么现象？如何解决？

9. 注意事项

（1）双踪示波器两个探头的地线端应接在电路的同电位点，以防通过两探头的地线造成被测量电路短路事故。示波器探头地线与外壳相连，使用时应注意安全。

（2）在本实训中，触发脉冲是从外部接入 XKDL08 面板上晶闸管的门极和阴极，此时，应将所用晶闸管对应的触发脉冲开关拨向“断开”位置。

（3）当有触发脉冲而主电路没有故障，且晶闸管不能触发导通，有可能是同步信号反相，只需颠倒 XKDL09 电源的极性即可。

实训 1.3　单相桥式半控带电动机整流电路实训

1. 实训目的

（1）加深对单相桥式半控整流电路带电动机（反电势负载）时各工作情况的理解。

（2）了解续流二极管在单相桥式半控整流电路中的作用；学会对实训中出现的问题加以分析和解决。

2. 实训线路及原理

本实训线路如图 1-59 所示，由两组锯齿波同步移相触发电路给共阴极的两个晶闸管提供触发脉冲，整流电路的负载可根据要求带电动机（反电动势负载）。

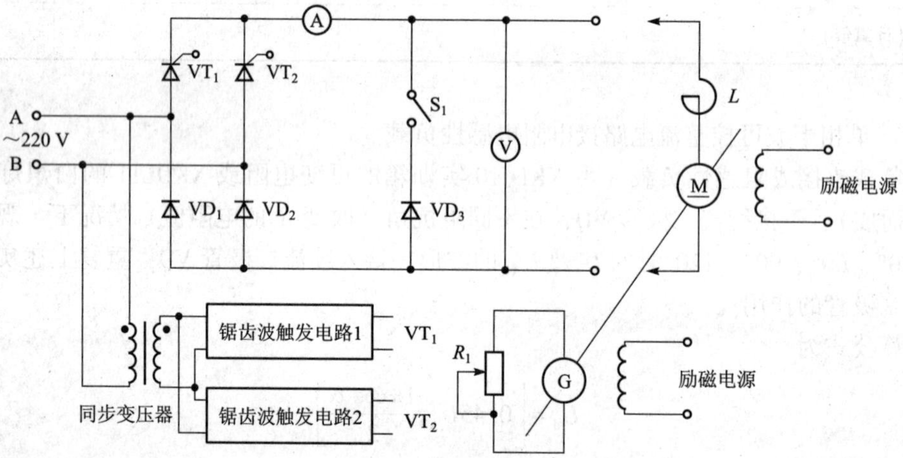

图 1-59　单相桥式半控整流电路

3. 实训内容

（1）锯齿波同步触发电路的调试。

（2）单相桥式半控整流电路带电动机（反电动势负载）。

4. 实训设备

（1）电力电子实训台。

（2）XKDL08 实训箱。

（3）XKDL09 实训箱。

（4）XKDJ10（或 XKDL11 实训箱）。

（5）XKDJ32 电动机。

（6）XKDJ47 电机导轨、测速发电机。

（7）示波器。

（8）万用表。

5. 预习要求

（1）阅读电力电子技术教材中有关单相桥式半控整流电路的有关内容，弄清单相桥式半控整流电路带不同负载时的工作原理。

（2）了解续流二极管在单相桥式半控整流电路中的作用。

6. 实训步骤及方法

（1）按图 1-59 所示接线。

（2）锯齿波同步移相触发电路调试。

① 将 XKD1-4 电源控制屏的电源选择开关打到“直流调速”侧，使输出线电压为 200 V±10%。用两根导线将 220 V 交流电压接到 XKDL09A 的“220 V”端，按下“启动”按钮，打开 XKDL09A 电源开关，这时挂件中所有的触发电路都开始工作；用双踪示波器一路探头观测 30 V 的同步电压信号，另一路探头观察触发电路，同步信号“1”点的波形，“2”点锯齿波，调节斜率电位器 R_{P1}，观察“2”点锯齿波的斜率变化，“3”“4”点互差 180°的触发脉冲；最后观测输出的 4 路触发电压波形及移相范围。

a. 同时观察同步电压和“1”点的电压波形，了解“1”点波形形成的原因。

b. 观察“2”点的锯齿波波形，调节电位器 R_{P1}，观测“2”点锯齿波斜率的变化。

c. 观察“3”“4”两点输出脉冲的波形，记下各波形的幅值与宽度。

② 调节触发脉冲的移相范围。调节 R_{P2}电位器，用示波器观察同步电压信号和“3”点 U_3的波形，观察和记录触发脉冲的移相范围。

③ 调节电位器 R_{P2}，观察并记录 $U_1 \sim U_4$及输出端 G、K 脉冲电压的波形并记录。

其调试方法与上一节相同。

（3）单相桥式半控整流电路带反电动势负载。

① 断开主电路，将负载改为直流电动机（XKDJ32），不接平波电抗器 L，调节锯齿波同步触发电路上的 R_{P1}使 U_d由零逐渐上升到额定值，用示波器观察并记录不同 α 时输出电压 U_d和电动机电枢两端电压 U_a的波形。填写表 1-9。

② 接上平波电抗器，重复上述实训。

表 1-9 数据记录表

α	U_a	U_d（记录值）	U_d/U_a	U_d（计算值）	n（转速）
30°					
60°					
90°					

7. 实训报告

（1）画出 α 角分别为 30°、60°、90°时的 U_d、U_T的波形。

（2）说明续流二极管对消除失控现象的作用。

8. 思考题

（1）单相桥式半控整流电路在什么情况下会发生失控现象？

（2）在加续流二极管前、后，单相桥式半控整流电路中晶闸管两端的电压波形如何？

9. 注意事项

（1）双踪示波器两个探头的地线端应接在电路的同电位点，以防通过两探头的地线造成被测量电路短路事故。示波器探头地线与外壳相连，使用时应注意安全。

（2）在本实训中，触发脉冲是从外部接入 XKDL08 面板上晶闸管的门极和阴极，此时，应将所用晶闸管对应的触发脉冲开关拨向“断开”位置。

（3）当触发脉冲和主电路均没有故障，而晶闸管不能触发导通，有可能是同步信号反相，只需颠倒 XKDL09 电源的极性即可。

（4）结束实训时，应先将电压表与电路分离，将电流表用线短接掉，以防止仪表损坏。

实训 1.4　晶闸管调光电路的安装、调试及故障分析处理

1. 实训目的

（1）熟悉晶闸管调光电路的工作原理及电路中各元件的作用。

（2）掌握晶闸管调光电路的安装、调试步骤及方法。

（3）对晶闸管调光电路中故障原因能加以分析并能排除故障。

（4）熟悉示波器的使用方法。

2. 实训设备

（1）晶闸管调光电路的底板：1 块。

（2）晶闸管调光电路元件：1 套。

（3）万用表：1 块。

（4）示波器：1 台。

（5）烙铁：1 只。

3. 实训线路

晶闸管调光电路实训线路如图 1-60 所示。该调光电路分主电路和触发电路两大部分。主电路是单相半波整流电路，触发电路是单结晶体管触发电路。

4. 实训内容与步骤

（1）晶闸管调光电路的安装。

① 元件布置图和布线图。根据图 1-60 所示电路画出元件布置图和布线图。

② 元器件选择与测试。根据图 1-60 所示电路图选择元器件并进行测量，重点对二极管、晶闸管、稳压管、单结晶体管等元器件的性能、管脚进行测试和区分。

③ 焊接前准备工作。将元器件按布置图在电路底板焊接位置上做引线成形。弯脚时，切忌从元件根部直接弯曲，应将根部留有 5~10 mm 长度以免断裂。引线端在去除氧化层后涂上助焊剂，上锡备用。

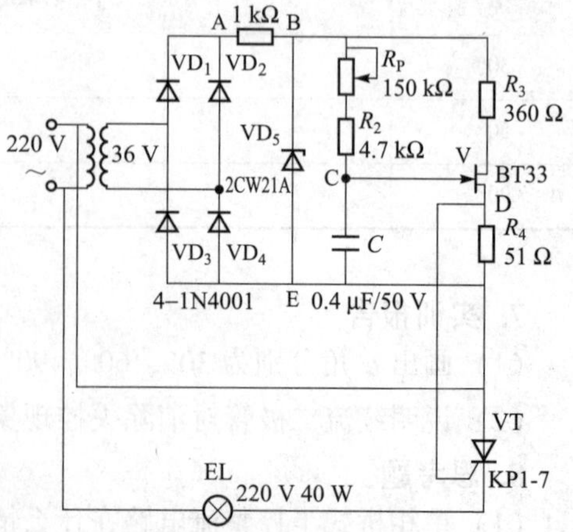

图 1-60　晶闸管调光电路实训线路

④ 元器件焊接安装。根据电路布置图和布线图将元器件进行焊接安装。

（2）晶闸管调光电路的调试。

① 通电前的检查。对已焊接安装完毕的电路板根据图 1-60 所示电路进行详细检查。重点检查二极管、稳压管、单结晶体管、晶闸管等元件的管脚是否正确。输入端、输出端有无短路现象。

② 通电调试。晶闸管调光电路分主电路和单结晶体管触发电路两大部分。因而通电调试也分成两个步骤，首先调试单结晶体管触发电路，然后将主电路和单结晶体管触发电路连接，进行整体综合调试。

（3）晶闸管调光电路的故障分析及处理。

晶闸管调光电路在安装、调试及运行中，由于元器件及焊接等原因产生故障，可根据故障现象，用万用表、示波器等仪器进行检查测量，并根据电路原理进行分析，找出故障原因并进行处理。

5. 注意事项

（1）注意元件布置要合理。

（2）焊接应无虚焊、错焊、漏焊，焊点应圆滑、无毛刺。

（3）焊接时应重点注意二极管、稳压管、单结晶体管、晶闸管等元件的管脚。

6. 实训报告

（1）画出单结晶体管触发电路各点的电压波形。

（2）讨论并分析实训中出现的现象和故障。

（3）写出本实训的心得与体会。

习题和思考题

习题：整流电路

1-1　晶闸管导通的条件是什么？怎样使晶闸管由导通变为关断？

1-2　单相正弦交流电源，其电压有效值为 220 V，晶闸管和电阻串联相接，试计算晶闸管实际承受的正、反向电压最大值是多少？考虑晶闸管的安全裕量，其额定电压如何选取？

1-3　有些晶闸管触发导通后，触发脉冲结束时又关断是什么原因？

1-4　晶闸管在关断时突然损坏，有哪些可能的原因？

1-5　晶闸管导通时流过晶闸管的电流大小取决于什么因素？晶闸管阻断时其承受的电压大小决定于什么因素？

1-6　图 1-61 中阴影部分为晶闸管处于通态区间的电流波形，各波形的电流最大值均为I_m，试计算各波形的电流平均值I_{d1}、I_{d2}、I_{d3}与电流有效值I_1、I_2、I_3。

1-7　型号为 KP100-3，维持电流$I_H = 4$ mA 的晶闸管，使用在图 1-62 所示电路中是否合理？为什么？（暂不考虑电压、电流裕量）

1-8　某电阻负载$R = 50\ \Omega$，要求输出电压在 0~600 V 范围可调，使用单相半波与单相全波两种方式供电，分别计算：

（1）晶闸管额定电压、电流值；

（2）负载电阻上消耗的最大功率。

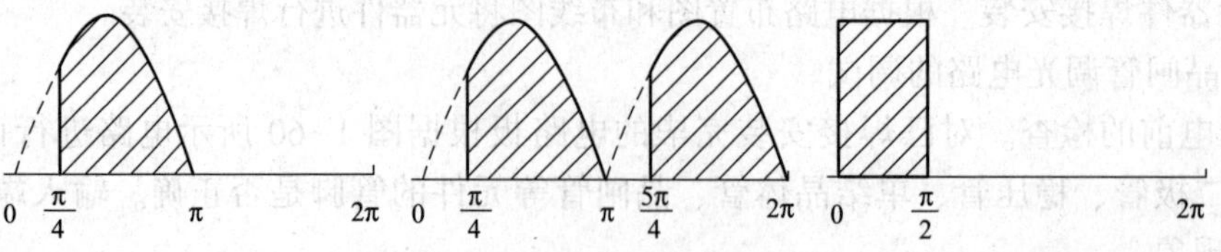

图 1-61　习题 1-6 用图

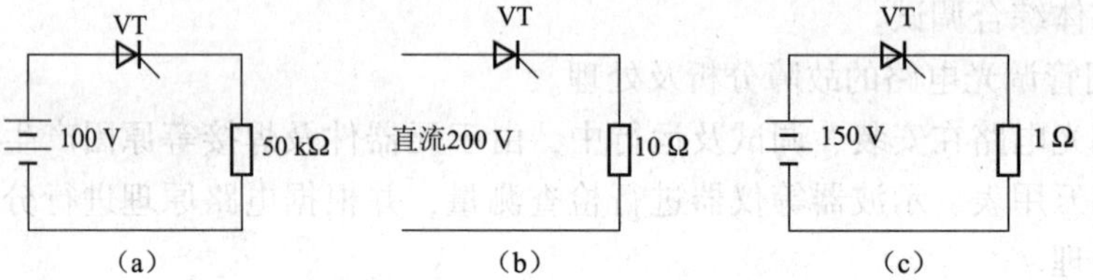

图 1-62　习题 1-7 用图

1-9　单相半波可控整流电路对电感负载供电，$L=20$ mH，$U_2=100$ V，求当$\alpha=0°$和60°时的负载电流I_d，并画出u_d和i_d的波形。

1-10　晶闸管单相半波可控整流，设交流电压有效值为U，频率为f，负载为电感性负载，延迟角为α。绘出输出电压u_d的波形以及输出电流i_d的波形，并求U_d及I_d。

1-11　具有续流二极管的单相半波可控整流电路对大电感负载供电，其中电阻$R=7.5$ Ω，电源电压 220 V。试计算当控制角为 30°和 60°时，晶闸管和续流二极管的平均电流值和有效值，在什么情况下续流二极管电流平均值大于晶闸管的电流平均值。

1-12　画出单相半波可控整流电路，在$\alpha=90°$时，以下 5 种情况的$i_T=f(\omega t)$和$u_T=f(\omega t)$的波形。

（1）电阻性负载。

（2）大电感负载不接续流二极管。

（3）大电感负载接续流二极管。

（4）反电动势负载不串入平波电抗器。

（5）反电动势负载串入平波电抗器，又接续流二极管，但负载电流仍然无法连续。

1-13　单相半波可控整流电路，如门极不加触发脉冲、晶闸管内部短路及晶闸管内部断开，试分析 1-12 题前 3 种情况下晶闸管两端（u_T）和负载两端（u_d）的波形。

1-14　单相全控桥式阻性负载电路，要求输出电压 30 V，输出电流 30 A，请问：

（1）直接由 220 V 单相交流电供电，不用电源变压器，试计算电源容量及晶闸管电压和电流额定值；

（2）由降压变压器供电，令电路工作在$\alpha_{min}=30°$。试计算变压器容量（$S_2=I_2U_2$）及晶闸管电压与电流额定值；

（3）比较（1）、（2）两种结果。你认为哪种方法更好？为什么？

1-15　单相全控桥式整流电路，大电感负载时$U_2=220$ V，$R_d=4$ Ω，试计算当$\alpha=60°$时，输出电流、电压平均值。如负载并接续流二极管，其U_d、I_d又为多少？并求流过晶闸管和续流二极管中电流的平均值、有效值并画出两种情况下的电流、电压波形。

1-16　单相桥式全控整流电路，$U_2=100$ V，负载中$R=2\ \Omega$，L值极大，反电势$E=60$ V，当$\alpha=30°$时，要求：

（1）作出u_d、i_d和i_2的波形；

（2）求整流输出平均电压U_d、电流I_d和变压器二次侧电流有效值I_2；

（3）考虑安全裕量，确定晶闸管的额定电压和额定电流。

1-17　单相全控桥式整流电路反电动势阻感负载，$R=1\ \Omega$，$L=\infty$，$E=40$ V，$U_2=100$ V，$L_B=0.5$ mH，当$\alpha=60°$时求U_d、I_d与γ的数值，并画出整流电压u_d的波形。

1-18　单相半控桥式整流电路对恒温炉供电，电炉、电热丝电阻为34 Ω，直接由220 V输入，试选用晶闸管并计算电炉功率。

1-19　单相半控桥电路对恒温电路供电，已知电炉的电阻为34 Ω，直接由220 V交流电网输入，试选择晶闸管型号及求电炉功率为多少？

1-20　单相桥式半控整流电路，电阻性负载，画出整流二极管在一周期内承受的电压波形。

1-21　带电阻性负载三相半波可控整流电路，如触发脉冲左移到自然换相点之前15°处，分析电路的工作原理。

1-22　在三相半波整流电路中，如果A相的触发脉冲消失，试绘出$\alpha=60°$时，在纯电阻性负载和大电感性负载下的整流电压波形和晶闸管VT_2两端的电压波形。

1-23　三相半波可控整流电路，负载端电感L_d足够大，画出$\alpha=90°$时晶闸管VT_1两端电压波形，从波形上看晶闸管承受的最大正、反向电压为多少。

1-24　三相半波整流电路，且电感性负载$\alpha=90°$，$U_2=220$ V，由于电感L_d不够大，只能使晶闸管阳极电压过零后，再维持导通30°。

（1）画出u_d的波形。

（2）列出电压平均值U_d的计算公式。

（3）画出晶闸管VT_1两端的电压波形。

1-25　三相半波可控整流电路，$U_2=100$ V，电阻电感性负载，$R=5\ \Omega$，L值极大，当$\alpha=60°$时，要求：（1）作出u_d、i_d和i_T波形；（2）计算U_d、I_d、I_{dT}和I_T。

1-26　图1-63所示电路中，当$\alpha=60°$时，画出下列故障时的u_d波形。

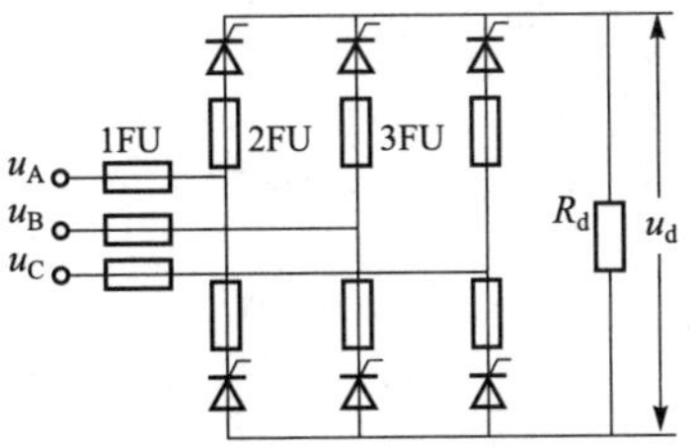

图1-63　习题1-26用图

（1）熔断器1FU熔断。

（2）熔断器2FU熔断。

（3）熔断器2FU、3FU同时熔断。

1-27　现有单相桥式、单相全波、三相半波3种电路，纯电阻性负载，且负载电流I_d

都是50 A。问串在晶闸管中的熔断器电流是否一样大？为什么？

1-28　三相全控桥式整流电路，$U_2=100\ \text{V}$，带电阻电感负载，$R=5\ \Omega$，L值极大，当$\alpha=60°$时，要求：

（1）画出u_d、i_d和i_{T1}的波形；

（2）计算U_d、I_d、I_{dT}和I_T。

1-29　三相半波可控整流电路，反电动势阻感负载，$U_2=100\ \text{V}$，$R=1\ \Omega$，$L=\infty$，$L_B=1\ \text{mH}$。求当$\alpha=30°$、$E=50\ \text{V}$时U_d、I_d、γ的值，并作出u_d与i_{T1}和i_{T2}的波形。

1-30　试比较单相和三相、半波与全波、半控与全控整流电路，并分析各自的优、缺点。

1-31　三相半波整流电路，阻感负载，$R=2\ \Omega$，$L=\infty$，欲调节α达到维持$I_d=250\ \text{A}$为恒值，已知$X_B=0.08\ \Omega$，附加直流端电压降$\Delta U=10\ \text{V}$，供电电压经常在1～1.15额定范围内变化，求：

（1）U_2和α的变化范围；

（2）变压器容量；

（3）变压器二次侧功率因数。

1-32　晶闸管两端并联阻容电路的作用是什么？为什么？

1-33　用阻容元件作过电压保护时，电容的数值和它的耐压值、电阻的数值和它的功率与哪些因素有关？

单元 2

有源逆变电路

学习目标：

（1）能分析有源逆变工作原理。

（2）了解三相有源逆变电路原理。

（3）了解有源逆变电路的应用。

（4）具有直流电动机调速系统的装配与调试能力。

教学载体： 直流电动机调速系统。

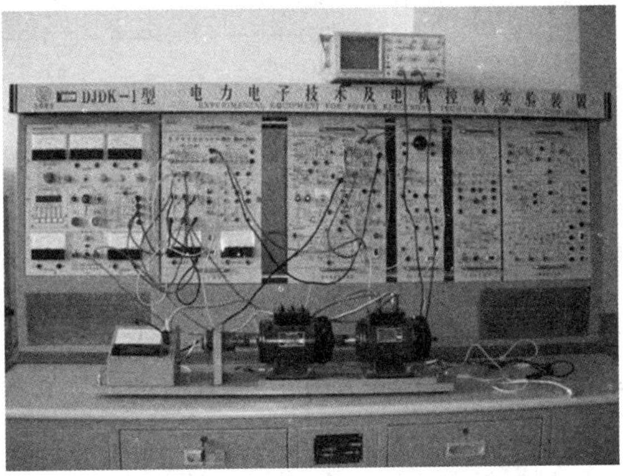

前面研究的整流电路是利用晶闸管把交流电变成直流电供给负载，但是在生产实践中，还需要有相反的过程，即利用晶闸管把直流电转变成交流电。这种对应于整流的逆过程称为逆变，能够实现直流电逆变成交流电的电路称为逆变电路。例如，应用晶闸管的电力机车，当下坡行驶时，使直流电动机作为发电机制动运行，机车的位能转变为电能，并把它返送到交流电网中去。再如，运转着的直流电动机，要使它迅速制动，也可让电动机作为发电机运行，把电机的动能转变为电能，返送到电网中去。

一般情况下，同一套晶闸管电路既可作整流又可作逆变，这种装置通常称为变流器。把变流器的交流侧接到交流电网上，把直流电逆变为同频率的交流电返送到交流电网上，称为有源逆变。变流器的交流侧不与电网连接，而是直接接到负载上，即把直流电逆变为某一频率或可调频率的交流电供给负载，则称为无源逆变。有源逆变电路常用于直流可逆调速系统、交流绕线转子异步电动机串级调速及高压直流输电等方面。对于可控整流电路而言，只要满足一定的条件，就可以工作于有源逆变状态。此时，电路形式并未发生变化，只是电路工作条件改变。为了叙述方便，将这种既工作在整流状态又工作在逆变状态的整流电路称为变流电路。无源逆变电路常用于交流变频调速等方面，本章主要讨论有源逆变。

2.1 有源逆变电路的工作原理

2.1.1 直流发电机-电动机系统电能的流转

图2-1所示直流发电机-电动机系统中，M为直流电动机，G为直流发电机，励磁回路未画出。控制发电机电动势的大小和极性，可实现电动机四象限的运行状态。

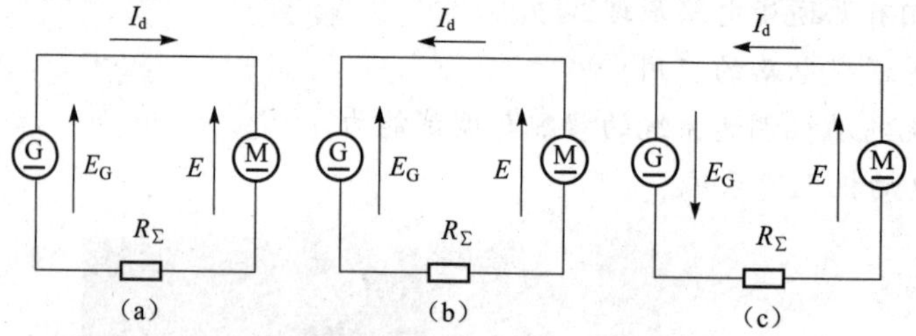

图2-1 直流发电机-电动机之间电能的流转

（a）两电动势同极性$E_G>E$；（b）两电动势同极性$E>E_G$；（c）两电动势反极性，形成短路

在图2-1（a）中，电动机M做电动运转，$E_G>E$，电流I_d从G流向M，I_d的值为

$$I_d = \frac{E_G - E}{R_\Sigma} \tag{2-1}$$

式中，R_Σ为主回路的电阻。由于I_d和E_G同方向、与E反方向，故G输出电功率$E_G I_d$，M吸收电功率EI_d。电能由G流向M，转变为M轴上输出的机械能，R_Σ上是热耗。

在图2-1（b）中是回馈制动状态，M做发电运转，此时$E>E_G$，电流反向，从M流向G，其值为

$$I_d = \frac{E - E_G}{R_\Sigma} \tag{2-2}$$

此时I_d和E同方向、与E_G反方向，故M输出电功率，G吸收电功率，R_Σ上总是热耗，M轴上输入的机械能转变为电能返送给G。

再看图2-1（c），两电动势顺向串联，向电阻R_Σ供电，G和M均输出功率，I_d的值为

$$I_d = \frac{E_G + E}{R_\Sigma} \tag{2-3}$$

由于R_Σ一般都很小，实际上形成短路，在工作中必须严防这类事故发生。

可见两个电动势同极性相接时，电流总是从电动势高的部分流向电动势低的部分，由于回路电阻很小，即使很小的电动势差值也能产生大的电流，使两个电动势之间交换很大的功率，这对分析有源逆变电路是十分有用的。

2.1.2　有源逆变电路的工作原理

以卷扬机为例，由单相全波相控整流供电直流电动机作为动力，分析重物提升与下降两种工作情况。电路如图 2-2 所示（图中箭头方向表示参考方向，极性方向表示实际方向）。

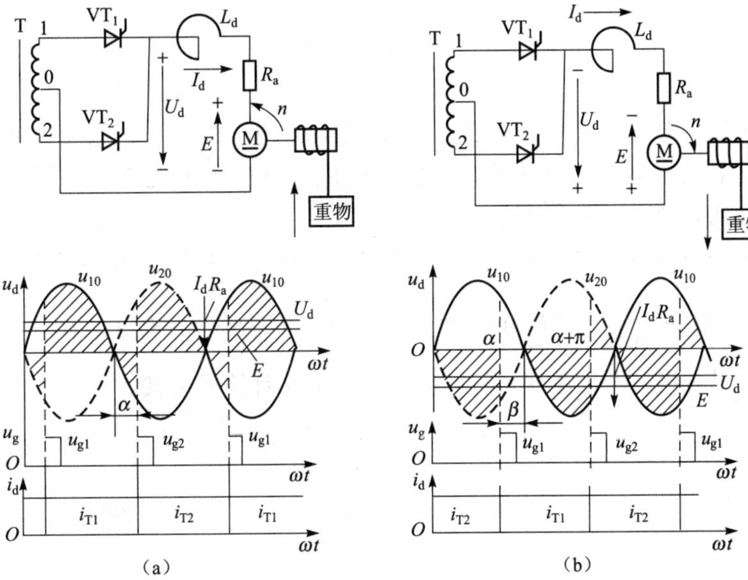

图 2-2　单相全波相控电路的整流与有源逆变

（a）提升重物；（b）放下重物

1. 整流工作状态

由前述知识可知，对于单相全波相控整流电路，当控制角α在 0~π/2 的某个对应角度触发晶闸管时，上述变流电路输出的直流平均电压为$U_d=U_{d0}\cos\alpha$，因为此时 α 均小于 π/2，故U_d为正值。在该电压作用下，直流电动机转动，卷扬机将重物提升起来，直流电动机转动产生的反电动势为E，且E略小于输出直流平均电压U_d，此时电枢回路的电流为

$$I_d=\frac{U_d-E}{R_a} \tag{2-4}$$

2. 中间状态

当卷扬机将重物提升到要求高度时，自然就需在某个位置停住，这时只要将控制角α调到等于 π/2 的位置，变流器输出电压波形中，其正、负面积相等，电压平均值U_d为零，电动机停转（实际上采用电磁抱闸断电制动），反电动势 E 也同时为零。此时，虽然U_d为零，但仍有微小的直流电流存在。注意，此时电路处于动态平衡状态，与电路切断、电动机停转具有本质的不同。

3. 有源逆变工作状态

上述卷扬系统中，当重物放下时，由于重力对重物的作用，必将牵动电动机使之向与重物上升相反的方向转动，电动机产生的反电动势 E 的极性也将随之反向。如果变流器仍工作在$\alpha<\pi/2$ 的整流状态，从上面曾分析过的电源能量流转关系不难看出，此时将发生电源间类似短路的情况。为此，只能让变流器工作在$\alpha>\pi/2$ 的状态，因为当$\alpha>\pi/2$ 时，其输出直流平均电压 U_d为负，出现类似图 2-1（b）中两电源极性同时反向的情况，此时如果能满足$E>U_d$，则回路中的电流为

$$I_d=\frac{E-U_d}{R_a} \tag{2-5}$$

电流的方向是从电动势 E 的正极流出，从电压U_d的正极流入，电流方向未变。显然，这时电动机为发电状态运行，对外输出电能，变流器则吸收上述能量并回馈到交流电网，此时的电路进入到有源逆变工作状态。

由图 2-2 中波形可见，电路工作在逆变时的直流电压可由积分求得，即

$$U_d=\frac{1}{\pi}\int_{\alpha}^{\alpha+\pi}\sqrt{2}U_2\sin(\omega t)\mathrm{d}(\omega t)=0.9U_2\cos\alpha=U_{d0}\cos\alpha \tag{2-6}$$

公式与整流时一样，由于逆变运行时$\alpha>\pi/2$，$\cos\alpha$计算不方便，所以引入逆变角β，令$\alpha=\pi-\beta$，故

$$U_d=U_{d0}\cos\alpha=U_{d0}\cos(180°-\beta)=-U_{d0}\cos\beta \tag{2-7}$$

逆变角为β时的触发脉冲位置可从$\alpha=\pi$时刻前移（左移）β角来确定。

2.1.3 产生逆变的条件

通过上述分析，实现有源逆变必须同时满足两个基本条件。

1. 外部条件

要有一个极性与晶闸管导通方向一致的直流电动势源。这种直流电动势源可以是直流电动机的电枢电动势，也可以是蓄电池电动势。它是使电能从变流器的直流侧回馈交流电网的源泉，其数值应稍大于变流器直流侧输出的直流平均电压U_d。

2. 内部条件

要求变流器中晶闸管的控制角$\alpha>\pi/2$，这样才能使变流器直流侧输出一个负的平均电压，以实现直流电源的能量向交流电网的流转。

上述两个条件必须同时具备才能实现有源逆变。必须指出，对于半控桥或者带有续流二极管的可控整流电路，因为它们在任何情况下均不可能输出负电压，也不允许直流侧出现反极性的直流电动势，所以不能实现有源逆变。为了保证电流连续，逆变电路中一定要串接大电感。

从上面分析可见，整流和逆变、直流和交流在变流电路中相互联系并在一定条件下可相互转换。同一个变流器既可工作在整流状态又可工作在逆变状态，其关键是电路的内部与外部的条件不同。但是半控桥或有续流二极管的电路，因其整流电压u_d不能出现负值，也不允许直流侧出现负极性的电动势，故不能实现有源逆变。欲实现有源逆变，只能采用

全控电路。

例 2-1　在图 2-3 所示的单相桥式全控整流电路中。若 $U_2=220\ \text{V}$，$E=100\ \text{V}$，$R_0=2\ \Omega$，当 $\beta=\pi/6$，能否实现有源逆变？为什么？画出这时的电流、电压波形图。

解：

$$U_d=-0.9U_2\cos\beta=-0.9\times220\times\cos 30°=-171.4\ (\text{V})$$

$$E=100\ \text{V}<|U_d|$$

所以无法实现有源逆变。

波形如图 2-4 所示。

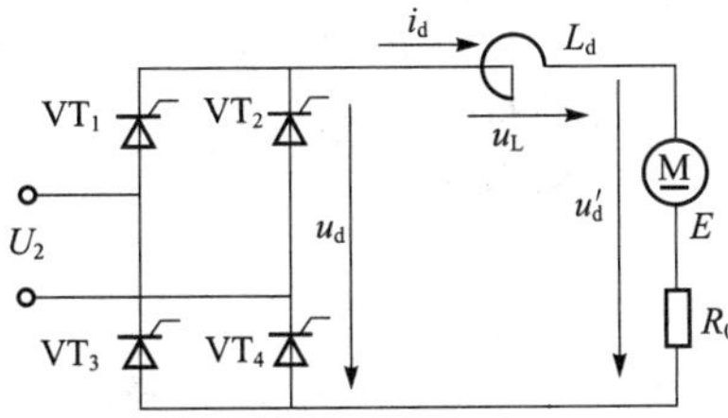

图 2-3　单相桥式全控整流电路

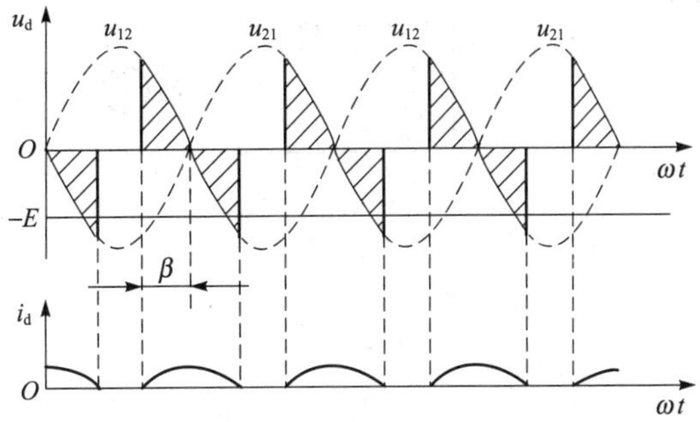

图 2-4　例 2-1 波形图

2.2　三相有源逆变电路

2.2.1　三相半波有源逆变电路

图 2-5（a）所示为三相半波电动机负载电路，电动机电动势E的极性符合有源逆变条件，当$|E|>|U_d|$且$\beta<\pi/2$时，可实现有源逆变。变流器直流电压为

$$U_d=U_{d0}\cos\alpha=-U_{d0}\cos\beta=-1.17U_{2\phi}\cos\beta \tag{2-8}$$

电路触发脉冲控制角α在 0～π/2 时为整流状态；在 π/2～π 时为逆变状态。即β在 π/2～0 时为有源逆变状态。图 2-5（b）所示为$\beta=\pi/3$时电压u_d的波形，ωt_1时刻触发 VT_1管导通（注意：因有E的作用，即使u_A相电压为负值，VT_1管仍可承受正压而导通）。与整流一样，按电源相序依次换相，每个晶闸管导通 2π/3。u_d波形如图 2-5（b）剖面线所示，直流平均电压U_d在横轴下面为负值，数值比电动机电动势E略小。逆变角β的起算点为对应相邻相负半周的交点往左度量。

逆变时管子两端电压波形与整流时一样画法，以 VT_1管为例，一个周期内 2π/3 导通，接着 2π/3 内由于 VT_2导通管子承受u_{AB}电压，最后 2π/3 由于 VT_3导通承受u_{AC}电压，u_{T1}波形如图 2-5（c）所示。

在图 2-6 中分别绘出控制角为 π/3、π/2、2π/3、5π/6 时输出电压u_d的波形以及晶闸管 VT_1两端的电压波形。可以看出，在整流状态，晶闸管在阻断时主要承受反向电压；而在逆变状态，晶闸管在阻断时主要承受正向电压。

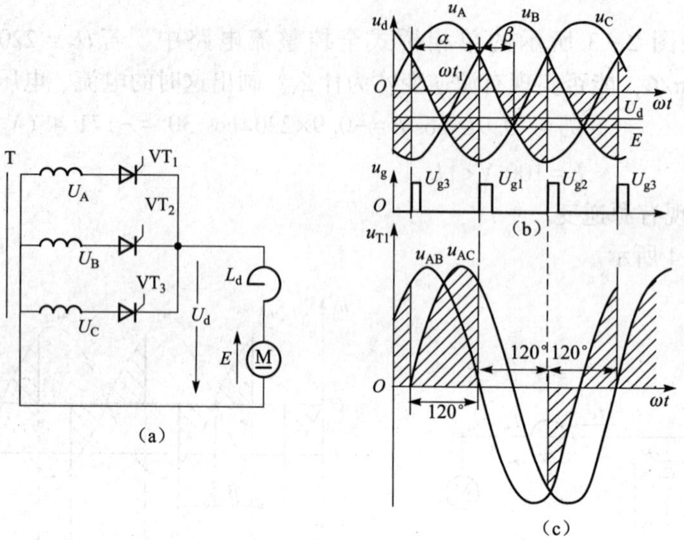

图 2-5　三相半波逆变电路

（a）三相半波电动机负载电路；（b）$\beta=\pi/3$ 时 u_d 波形；（c）u_{T1} 波形

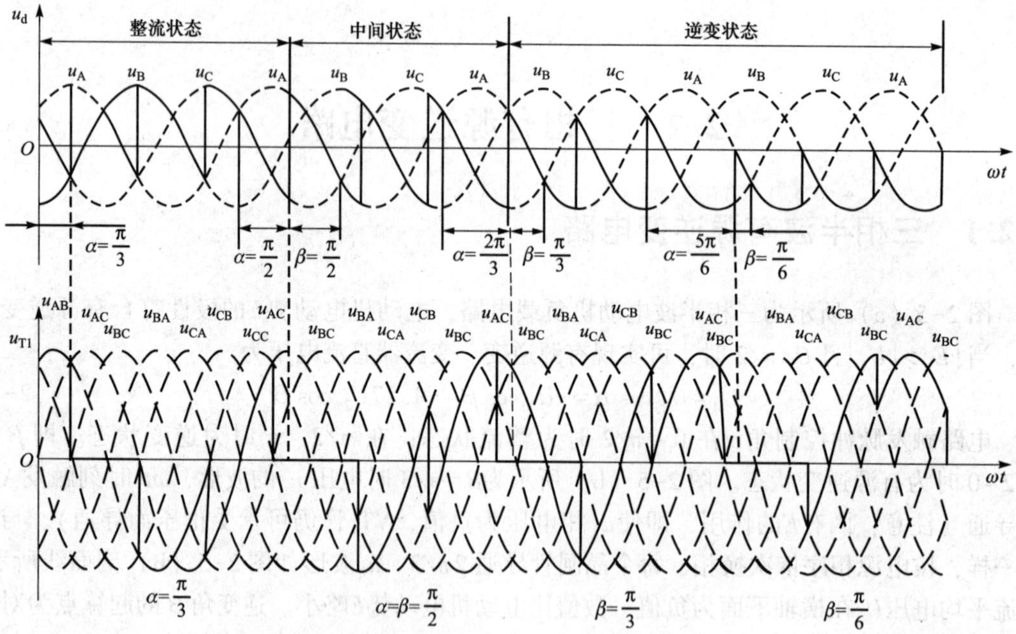

图 2-6　三相半波电路输出电压及晶闸管 VT_1 两端的电压波形

2.2.2　三相全控桥有源逆变电路

三相桥式整流电路用作有源逆变时，就称为三相桥式逆变电路。与整流时一样分析，当共阴极组管子触发换流时，由低阳极电压换到高阳极电压，所以在相电压波形中电压上跳；当共阳极组管子触发换流时，由阴极电位高的管子换到阴极电位低的管子，电压波形下跳，管子电压波形与三相半波有源逆变电路相同。图 2-7 所示为不同逆变角时的输出电压波形。

输出电压平均值计算式为

$$U_d = -2.34U_{2\phi}\cos\beta = -1.35U_{2l}\cos\beta \tag{2-9}$$

输出直流电流的平均值也可用整流的公式，即

$$I_d = \frac{U_d - E}{R_\Sigma} \tag{2-10}$$

在逆变状态时，U_d和 E 的极性都与整流状态时相反，均为负值。

从交流电源送到直流侧负载的有功功率为

$$P_d = R_\Sigma I_d^2 + EI_d \tag{2-11}$$

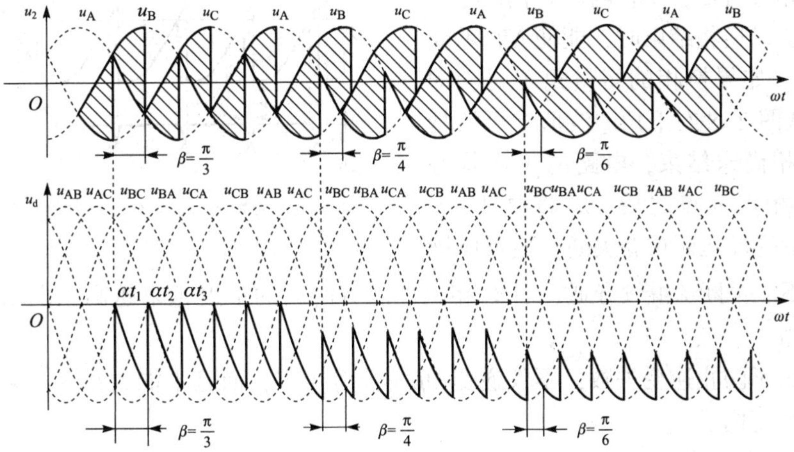

图 2-7 三相全控桥有源逆变电路的波形

当工作在逆变状态时，由于 E 为负值，故P_d为负值，表示功率由直流电源输送到交流电源。

2.2.3 逆变失败与最小逆变角的限制

逆变运行时，一旦发生换相失败，外接的直流电源就会通过晶闸管电路形成短路，或者使变流器的输出平均电压和直流电动势变成顺向串联，由于逆变电路的内阻很小，形成很大的短路电流，这种情况称为逆变失败，也称为逆变颠覆。

1. 逆变失败的原因

造成逆变失败的原因很多，主要有以下几种情况。

（1）触发电路工作不可靠，不能适时、准确地给各晶闸管分配脉冲，如脉冲丢失、脉冲延时等，致使晶闸管不能正常换相，使交流电源电压和直流电动势顺向串联，形成短路。

（2）晶闸管发生故障，在应该阻断期间器件失去阻断能力，或在应该导通期间器件不能导通，造成逆变失败。

(3) 在逆变工作时，交流电源发生缺相或突然消失，由于直流电动势 E 的存在，晶闸管仍可导通，此时变流器的交流侧由于失去了同直流电动势极性相反的交流电压，因此直流电动势将通过晶闸管使电路短路。

(4) 换相的裕量角不足，引起换相失败，应考虑变压器漏抗引起换相重叠角对逆变电路换相的影响。

如图 2-8 所示，由于换相有一过程，且换相期间的输出电压是相邻两电压的平均值，故逆变电压U_d要比不考虑漏抗时的更低（负的幅值更大）。存在重叠角会给逆变工作带来不利的后果，如以 VT_3和 VT_1的换相过程来分析，当逆变电路工作在$\beta>\gamma$时，经过换相过程后，A 相电压u_A仍高于 C 相电压u_C，所以换相结束时，能使 VT_3承受反压而关断。如果换相的裕量角不足，即当$\beta<\gamma$时，从图 2-8 右下角的波形中可清楚地看到，换相尚未结束，电路的工作状态到达自然换相点 p 点之后，u_C 将高于u_A，晶闸管 VT_1承受反压而重新关断，使得应该关断的 VT_3不能关断却继续导通，且 C 相电压随着时间的推迟越来越高，电动势顺向串联导致逆变失败。

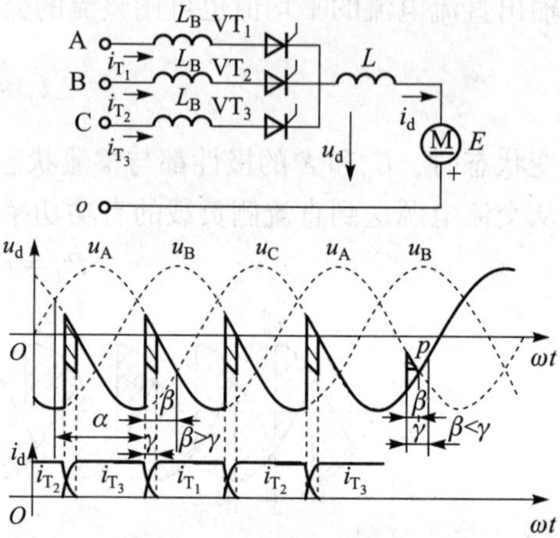

图 2-8 交流侧电抗对逆变换相过程的影响

所以，为了防止逆变失败，不仅逆变角β不能等于零，而且不能太小，必须限制在某一允许的最小角度内。

2. 确定最小逆变角β_{min}的依据

逆变时允许采用的最小逆变角β应为

$$\beta_{min}=\delta+\gamma+\theta' \tag{2-12}$$

式中，δ为晶闸管的关断时间t_q折合的电角度；γ为换相重叠角；θ'为安全裕量角。

晶闸管的关断时间t_q，大的可达200~300 μs，折算到电角度δ为4°~5°。至于重叠角γ，它随直流平均电流和换相电抗的增加而增大。例如，某装置整流电压为 220 V，整流电流 800 A，整流变压器容量为 240 kVA，短路电压比U_k% 为 5% 的三相线路，其γ的值为 15°~20°，设计变流器时，重叠角可查阅有关手册，也可自行计算。

重叠角γ与I_d和 X_B有关，当电路参数确定后，重叠角就确定了。

安全裕量角 θ'是十分重要的。当变流器工作在逆变状态时，由于种种原因，会影响逆变角，如不考虑裕量，势必有可能破坏$\beta>\beta_{min}$的关系，导致逆变失败。在三相桥式逆变电路中，触发器输出的 6 个脉冲，它们的相位角间隔不可能完全相等，有的比期望值偏前，有的偏后，这种脉冲的不对称程度一般可达 5°，若不设安全裕量角，偏后的那些脉冲相当于β变小，就可能小于β_{min}，导致逆变失败。根据一般中、小型可逆直流拖动的运行经验，θ'值约取 10°。这样，最小β一般取 30°~35°。设计逆变电路时，必须保证$\beta\geqslant\beta_{min}$，因此，常在触发电路中附加一保护环节，保证触发脉冲不进入小于β_{min}的区域内。

2.3　有源逆变电路的应用

很多生产机械，如起重提升设备、电梯、龙门刨床、轧钢机轧辊等均要求传动电动机能正、反向运行即可逆拖动。改变直流他励电动机的转向有两种方法，即改变励磁电压极性和改变电枢电压极性。这两种方法各有特点，可根据不同场合与不同要求选用。

2.3.1　由晶闸管桥路供电、用接触器控制直流电动机的正反转

图 2-9 所示为采用一组晶闸管组成的变流器给电动机电枢供电，用接触器控制的正、反转电路，电动机励磁由另一组整流电源供电（图中未画出）。当晶闸管桥路工作在整流状态，接触器 KM_1 触点闭合时电动机正转；KM_1 断开 KM_2 闭合时则电动机反转。当电动机从正转到反转时，为了实现快速制动与反转、缩短过渡过程时间以及限制过大的反接制动电流，可将桥路触发脉冲移到 $\alpha>\pi/2$，即工作在逆变状态。在初始阶段 KM_1 尚未断开，在电抗器中的感应电动势作用下，电路进入有源逆变状态，将电抗器中的能量逆变为交流能量返送电网。此时电流 I_d 快速下降，当 I_d 下降到接近零时，断开 KM_1 合上 KM_2，此时由于电动机的反电动势的作用仍满足实现有源逆变的条件，将电枢旋转的机械能逆变为电能返送电网，同时产生制动转矩。随着转速 n 的下降，电动势 E 减小，可相应增大 β 值，使桥路逆变电压 U_d 随 E 同步下降，则流过电动机的制动电流 $I_d=(E-U_d)/R_a$ 在整个制动过程中维持最大，因此电动机转速迅速下降到零，脉冲相应移到 $\alpha<\pi/2$。反转启动时桥路由逆变状态进入整流状态，α 从 $\pi/2$ 逐渐减小，使电动机反转加速，电流维持在最大允许值，以最短的时间达到反向稳定转速。

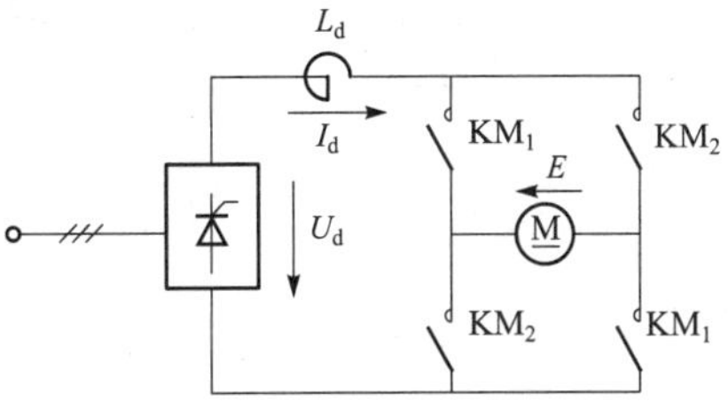

图 2-9　用接触器反向的可逆电路

当桥路控制角 $\alpha>\pi/2$，直流端电动势方向符合逆变要求但 $|U_d|\leqslant|E|$ 时，直流电流 $I_d=0$，无法将直流功率逆变为交流功率，这时桥路处于待逆变状态，只要改变 β 使 $|U_d|<|E|$，桥路就可以立即进入逆变状态。

采用接触器的可逆电路投资少、设备简单，但在动作频繁、电流较大的场合，由于控制角变化不可能完全配合合拍，接触器触头断流电弧严重，维修麻烦，加上接触器本身的动作时间较长，故这种线路只用于对快速性要求不高、容量不大的场合。

根据同样原理，可用接触器或继电器控制电动机励磁电流方向来实现电动机的正、反转。

2.3.2　采用两组变流桥的可逆电路

对不同于卷扬机的位能负载，若电动机由电动状态转为发电制动状态，相应的变流器由整流转为逆变，则电流必须改变方向，这是不能在同一组变流桥内实现的。因此，必须采用

两组变流桥，将其按极性相反连接，一组工作在电动机正转，另一组工作在电动机反转。

两组变流桥反极性连接有两种供电方式：一种是两组变流桥由一个交流电源或通过变压器供电，称为反并联连接，常用的反并联电路如图 2-10 所示；另一种为交叉连接，两组变流器分别由一个整流变压器的两组二次绕组供电，也可用两只整流变压器供电。两种连接的工作情况是相似的，下面以反并联电路为例进行分析。

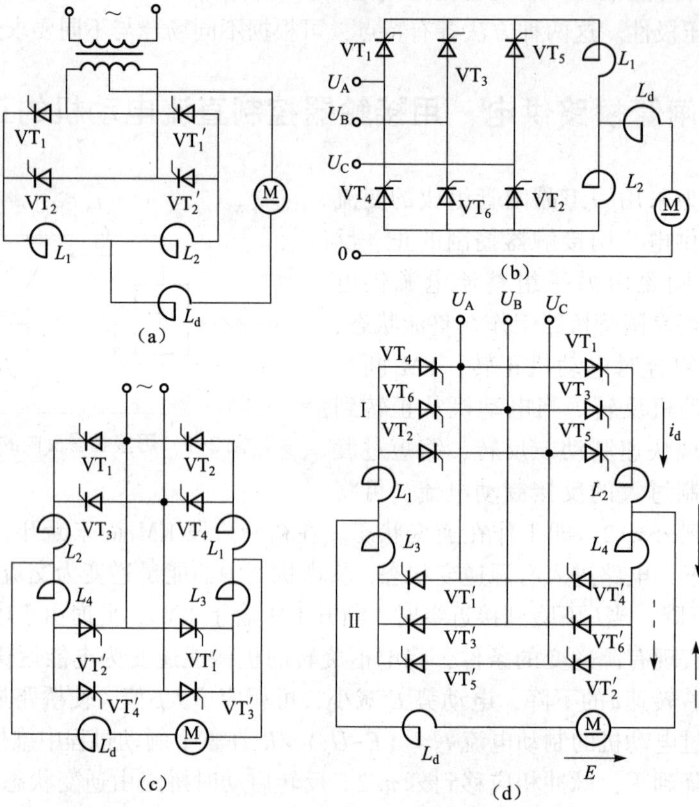

图 2-10　两组晶闸管反并联的可逆电路

（a）单相全波；（b）三相半波；（c）单相桥式；（d）三相桥式

反并联可逆电路常用的有逻辑无环流、有环流及错位无环流 3 种工作方式，这里介绍逻辑控制无环流可逆电路的基本原理。

当电动机磁场方向不变时，正转时由Ⅰ组桥供电；反转时由Ⅱ组桥供电，采用反并联供电可使直流电动机在 4 个象限内运行，如图 2-11 所示。

反并联供电时，如两组桥路同时工作在整流状态会产生很大的环流，即不流经电动机的两组变流桥之间的电流。一般来说，环流是一种有害电流，它不做有用功而占有变流装置的容量，产生损耗使元件发热，严重时会造成短路事故损坏元件。因此，必须用逻辑控制的方法，在任何时间内只允许一组桥路工作，另一组桥路阻断，这样才不会产生环流，这种电路称为逻辑无环流可逆电路。工作情况分析如下。

电动机正转：在图 2-11 中第一象限工作，Ⅰ组桥投入触发脉冲，$\alpha_{\rm I}<\pi/2$，Ⅱ组桥封锁阻断，Ⅰ组桥处于整流状态，电动机正向运转。

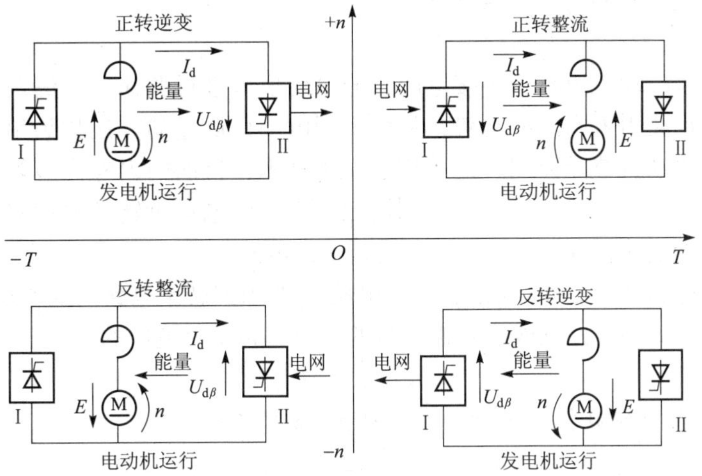

图 2-11 反并联可逆系统四象限运行图

电动机由正转到反转：将Ⅰ组触发脉冲后移到$\alpha_{\mathrm{I}}>\pi/2$，由于机械惯性，电机的转速$n$与反电动势$E$暂时未变。Ⅰ组桥的晶闸管在$E$的作用下本应关断，由于$i_d$迅速减小，在电抗器$L_d$中产生下正上负的感应电动势$e_L$且其值大于$E$，故电路进入有源逆变状态，将$L_d$中的能量逆变返送电网。由于此时逆变发生在原工作桥，故称为“本桥逆变”，电动机仍处于电动工作状态，当I_d下降到零时，将Ⅰ组桥封锁，待电动机惯性运转 3~10 ms 后，Ⅱ组桥进入有源逆变状态（第二象限），且使$U_{d\beta}$值随电动势 E 减小而同步减小，以保持电动机运行在发电制动状态快速减速，将电动机惯性能量逆变返送电网。由于此逆变发生在原来封锁的桥路，因此称为“它桥逆变”。当转速下降到零时将Ⅱ组桥触发脉冲继续移至$\alpha_{\mathrm{II}}<\pi/2$，Ⅱ组桥进入整流状态电动机反转稳定运行在第三象限。同理，电动机从反转到正转是由第三象限经第四象限到第一象限。由于任何时刻两组变流器都不会同时工作，所以不存在环流。

具体实现方法是根据给定信号，判断电动机的电磁转矩方向（即电流方向），以决定开放哪一组桥封锁哪一组桥，判断转矩方向的环节称为极性检测。当实际的转矩方向与给定信号的要求不一致时，要进行两组桥触发脉冲之间的切换。但是在切换时，把原工作着的一组桥脉冲封锁后，不能立刻将原封锁的一组桥触发导通。因为已导通的晶闸管不能在脉冲封锁的那一瞬间立即关断，必须等到阳极电压降到零以后主回路电流小于维持电流才开始关断。因此，首先应使原工作桥的电感能量通过本桥逆变返送电网，待电流下降到零时标志“本桥逆变”结束。系统中应装设检测电流是否接近零的装置，称为零电流检测。零电流信号发出后延时 2~3 ms，封锁原工作桥的触发脉冲，再经过 6~8 ms，确保原工作桥的晶闸管恢复了阻断能力后，再开放原封锁的那一组桥的触发脉冲。为了确保不产生环流，在发出零电流信号后，必须延时 10 ms 左右才能开放原封锁的那一组桥，这 10 ms 称为控制死区。

逻辑无环流电路虽有死区，但不需要笨重与昂贵的均衡电抗来限制环流（图 2-10 中 $L_1 \sim L_4$可以不用），也没有环流损耗。因此在工业生产中得到了广泛应用。

2.3.3 交流电动机的串级调速

绕线转子异步电动机用转子串接电阻、分段切换可进行调速，此法调速与节能性能都很差。采用转子回路引入附加电动势，从而实现电动机调速的方法称为串级调速。晶闸管串级调速是异步电动机节能控制广泛采用的一项技术，目前国内外许多著名电气公司均生产串级调速系列产品。它的工作原理是利用三相整流将电动机转子电动势变换为直流，经滤波通过有源逆变电路再变换为三相工频交流返送电网。

串级调速主电路如图2-12所示，逆变电压$U_{d\beta}$为引入转子电路的反电动势，改变逆变β即可改变反电动势大小，达到改变转速的目的。U_d是转子整流后的直流电压，其值为

$$U_d = 1.35sE_{20} \tag{2-13}$$

式中，E_{20}为转子开路线电动势（$n=0$）；s为电动机转差率。

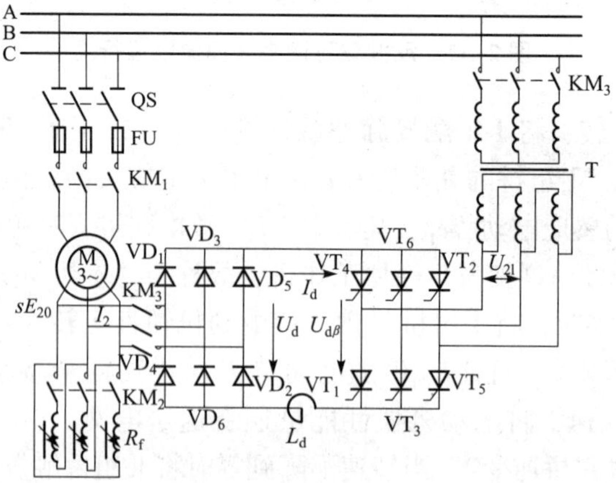

图2-12 串级调速主电路

当电动机转速稳定，忽略直流回路电阻时，则整流电压U_d与逆变电压$U_{d\beta}$大小相等、方向相反。当逆变变压器T二次线电压为U_{21}时，则

$$U_{d\beta} = 1.35U_{21}\cos\beta = U_d = 1.35sE_{20} \tag{2-14}$$

所以

$$s = \frac{U_{21}}{E_{20}\cos\beta} \tag{2-15}$$

式（2-15）说明，改变逆变角β的大小即可改变电动机的转差率，实现调速。其调速过程大致如下。

启动：接通KM_1、KM_2接触器，利用频敏变阻器启动电动机。对于水泵、风机等负载用频敏变阻器启动，对矿井提升、传输带、交流轧钢等可直接启动。当电动机启动后，断开KM_2，接通KM_3，装置转入串级调速。

调速：电动机稳定运行在某转速，此时$U_d=U_{d\beta}$，如β增大则$U_{d\beta}$减小，使转子电流瞬时增大，致使电动机转矩增大，转速提高，使转差率s减小，当U_d减小到与$U_{d\beta}$相等时，电动机稳定运行在较高的转速上；反之减小β值则电动机转速下降。

停车：先断开 KM_1，延时断开 KM_3，电动机停车。

通常电动机转速越低返回电网的能量越大，节能越显著，但调速范围过大将使装置的功率因数变差，逆变变压器和变流装置的容量增大，一次投资增高，故串级调速比宜定在 2∶1 以下。

逆变变压器均采用Y/D 或 D/Y连接，大容量装置采用逆变桥串、并联 12 脉波控制，有利于改善电流波形，减小变流装置对电网的影响。其二次电压U_{21}的大小要和异步电动机转子电压值相互配合，当两组桥路连接形式相同时，最大转子整流电压应与最大逆变电压相等，即

$$U_{\mathrm{dmax}} = 1.35 s_{\max} E_{20} = U_{\mathrm{d}\beta\max} = 1.35 U_{21} \cos\beta_{\min} \tag{2-16}$$

$$U_{21} = \frac{s_{\max} E_{20}}{\cos\beta_{\min}} \tag{2-17}$$

式中，$s_{\max}$为调速要求最低转速时的转差率即最大转差率；$\beta_{\min}$为电路最小逆变角，为防止逆变颠覆通常取 30°。

逆变变压器 T 容量为

$$S_{\mathrm{T}} = \frac{s_{\max}}{\cos\beta_{\min}} P_{\mathrm{n}} \tag{2-18}$$

式中，P_{n}为电动机额定功率。

上述晶闸管串级调速的缺点是功率因数低，产生的高次谐波影响电网质量。由于全控电力电子器件的使用，斩波式逆变器串级调速开始应用，它不仅能大大降低无功损耗、提高功率因数、减小高次谐波分量，而且线路比较简单。

2.3.4　高压直流输电

直流输电是将发电厂发出的交流电，经整流器变换成直流电；然后再用逆变器变换成交流送至用户使用。通常由发电厂产生的电能都是以交流电压和电流形式并通过三相输电线传输到负荷中心的。然而，在某些情况下，用直流形式传输电能会更为理想。例如，在远离用电负荷中心的发电站采用直流电（两根输电线）远距离输送同等功率的电能比采用交流电更加经济，一般而言，直流架空输电线的等价距离（输送一定功率时，交、直流输电线路和两端电气设备的总费用相等时所对应的输电距离）为 480~650 km，若采用地下或海底电缆线路，其等价距离会更小（为 10~30 km）。由于高压电缆分布电容和充电功率的限制，长距离海底电缆交流输电几乎是不可能的，而直流方式比较适宜。另外，考虑到其他一些因素。例如，为改善交流输电系统的暂态稳定性，加强对电力系统振荡的动态阻尼作用等，都将优先选用直流输电，两个或多个不同步甚至不同频率的交流电网连接，只能采用直流输电方式。

图 2-13（a）是在两个交流电力系统之间用高压直流输电连接的原理。u_1、u_2为两个交流电网系统，两端为高压变流阀，为了绝缘与安全，采用光控大功率晶闸管串、并联组成桥路，用光脉冲同时触发多只光控晶闸管。通过分别控制两个变流阀的工作状态，就可控制电功率流向，如u_1电网向u_2电网输送功率时，则左边变流阀工作在整流状态，右边变流阀工作于有源逆变状态。为了保证交流电网波形质量，必须对变流阀设计与滤波环节十分重视。直流高压由晶闸管变流器串联来实现，如图 2-13（b）所示，它的直流电压可达 ±200 kV 或 500 kV。

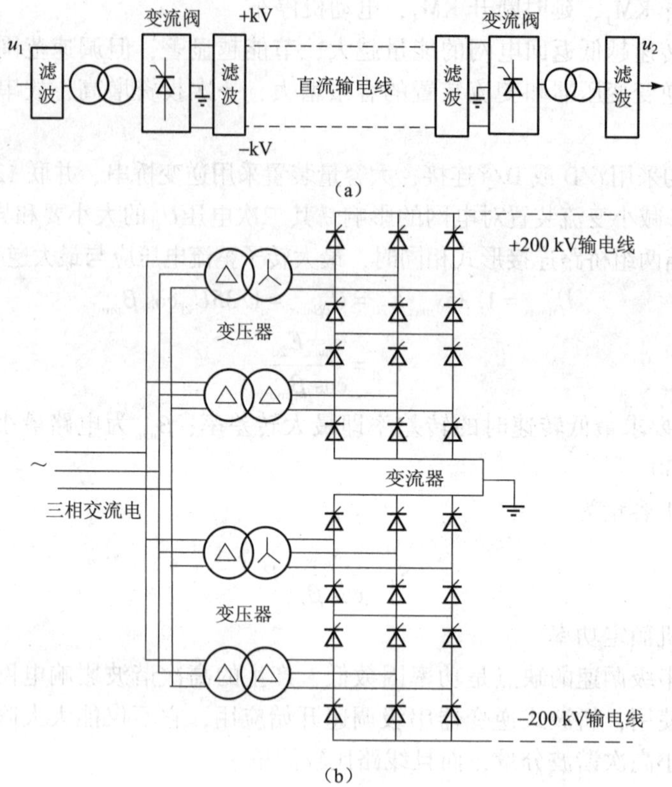

图 2-13　高压直流输电

（a）高压直流输电的原理示意图；（b）高压直流输电

拓展阅读

韶山型机车

韶山型机车是通过交-直流电传动的直流电机牵引的电力机车，是从新中国成立初期仿制20世纪50年代苏联H60机车逐步演变而来，期间不断研发，历经代号从SS1到SS9G的16个型号，直到高铁时代。在这几十年中，韶山型电力机车一直都是电力机车领域的领头羊兼主力军，曾为中国铁路运输立下汗马功劳，是中国科学家电力机车研制和电气化铁路建设的多年成果，在全国六次铁路大面积提速时期起到举足轻重的作用。不过，由于新一代的火车技术全面推广普及投入使用，韶山型电力机车逐渐被和谐型电力机车取代，现已全部停产，但部分还能运作的机车仍在我国铁路线上运营。

实训 2.1　三相桥式全控整流及有源逆变电路实训

1. 实训目的

（1）加深理解三相桥式全控整流及有源逆变电路的工作原理。

（2）了解 KC 系列集成触发器的调整方法和各点的波形。

2. 实训线路及原理

实训线路如图 2-14 所示。主电路由三相全控变流电路及作为逆变直流电源的三相不控整流电路组成；触发电路为 XKDL08 中的集成触发电路，由 KC04、KC41、KC42 等集成芯片组成，可输出经高频调制后的双窄脉冲序列。三相桥式整流及逆变电路的工作原理及集成触发电路的原理可参考有关教材内容。

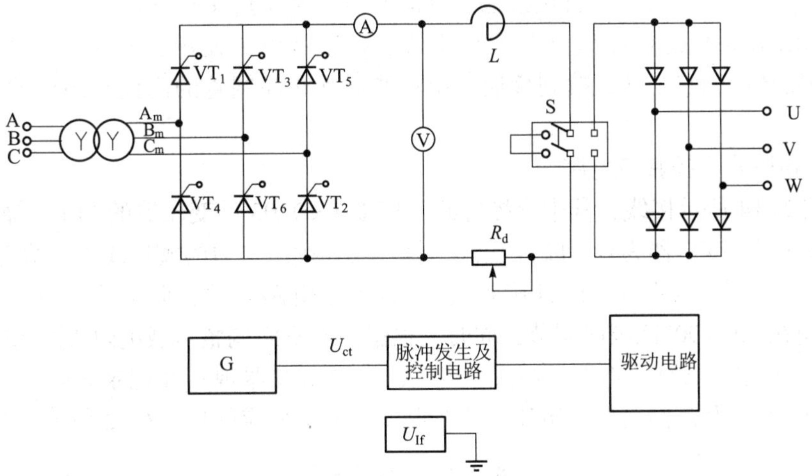

图 2-14　三相桥式全控整流电路及三相有源逆变电路

3. 实训内容

（1）三相桥式全控整流电路带大电感负载。

（2）三相桥式有源逆变电路。

（3）观察整流或有源逆变状态下，模拟电路故障现象时的各电压波形。

4. 实训设备

（1）电力电子实训台。

（2）XKDL03 实训箱。

（3）XKDL08 实训箱。

（4）XKDL11 实训箱。

（5）XKDJ10 实训箱。

（6）示波器。

（7）万用表。

5. 预习要求

（1）阅读三相桥式全控整流电路的有关内容，掌握三相桥式全控整流电路带大电感负载时的工作原理。

（2）阅读有源逆变电路的有关内容，掌握实现有源逆变的基本条件。

（3）学习有关集成触发电路的内容，掌握该触发电路的工作原理。

6. 实训方法

（1）XKDL08 的调试。

① 观察电源控制屏上三相交流电源的电压表指示值，三相是否平衡。

② 电源控制屏上交流电源输出切换到直流调速。

③ 将触发脉冲置于窄脉冲状态，用示波器观察 6 个触发脉冲，应使其相互间隔 60°，三角波的斜率应调到一致。

④ 将给定器 G 的输出端“U_g”接至 XKDL08 面板上的移相控制电压U_{ct}端，调节偏移电压电位器 R_d，使$U_{ct}=0$ 时（可直接接地，以保证输入为零），$\alpha=150°$。

⑤ 将 XKDL08 面板上的 U_{If}（当三相桥式全控整流电路使用正桥 $VT_1 \sim VT_6$时）接地，将正组桥触发脉冲的 6 个开关拨到接通，用示波器观察晶闸管的门极与阴极的触发脉冲是否正常。

（2）三相桥式全控整流电路。

① 按图 2-14 所示接线，其中全控桥的三相接 XKDL03 的变压器的 110 V 绕组，变压器原边接电源三相，变压器为Y/Y 12 点接法，将开关 S 拨向左边的短接线端，给定器 XKDL11 上的“正给定”输出为零（逆时针旋到底）；合上主电路开关，调节给定电位器，加移相电压，使α角在 30°~90°范围内调节，同时，根据需要不断调整负载电阻 R_d，使得负载电流I_d保持在 0.6 A 左右（注意I_d不得超过 0.65 A）。用示波器观察并记录 $\alpha=30°$、60°、90°、120°时整流电压 u_d和晶闸管两端电压u_T的波形，并记录相应的U_d、U_{ct}数值于表 2-1 中。

表 2-1　数据记录表

α	30°	60°	90°	120°
U_{ct}				
U_d（记录值）				
U_d（计算值）				

注：计算公式为$U_d=2.34\,U_{UV}\cos\alpha$

② 模拟故障现象。当$\alpha=60°$时，将示波器所观察的晶闸管的触发脉冲钮子开关拨向断开位置，或将U_{If}端的接地线断开，模拟晶闸管失去触发的故障，观察并记录这时的U_d、U_T的变化情况。

③ 三相桥式有源逆变。断开三相桥式有源逆变电路主电源开关后，将开关“S”拨向右边的不控整流桥端。调节给定电位器逆时针到底，即使给定器输出为零；合上电源开关，观察并记录$\beta=30°$、60°、90°时电路中U_d、U_T的波形，并记录相应的U_d、U_{ct}数值于表 2-1 中。调节偏移电压，使 $\beta<30°$，观察逆变失败现象。

7. 实训报告

（1）画出电路的移相特性$U_d=f(\alpha)$。

（2）画出触发电路的传输特性$\alpha=f(U_{ct})$。

（3）画出 $\alpha=30°$、60°、90°、120°、150°时的整流电压u_d和晶闸管两端电压u_T的波形。

8. 注意事项

（1）双踪示波器两个探头的地线端应接在电路的同电位点，以防通过两探头的地线造成被测量电路短路事故。示波器探头地线与外壳相连，使用时应注意安全。

（2）结束实训时，应先将电压表与电路分离，将电流表用线短接掉，以防止仪表的损坏。

（3）为了防止过流，能顺利地完成从整流到逆变的过程，应先将α角调节到大于90°、接近120°的位置，然后将负载电阻R_d调至最大值位置。

实训2.2 晶闸管直流调速系统实训

1. 实训目的

（1）分析晶闸管半控桥式整流有源逆变电路带电动机负载（反电势负载）时的电压、电流波形。

（2）熟悉典型小功率晶闸管直流调速系统的工作原理，掌握直流调速系统的整定与调试。

2. 实训原理及说明

实训电路如图2-15所示。分析晶闸管调速系统线路的一般顺序是：主电路→触发电路→控制电路→辅助电路（包括保护、指示、报警电路等）。

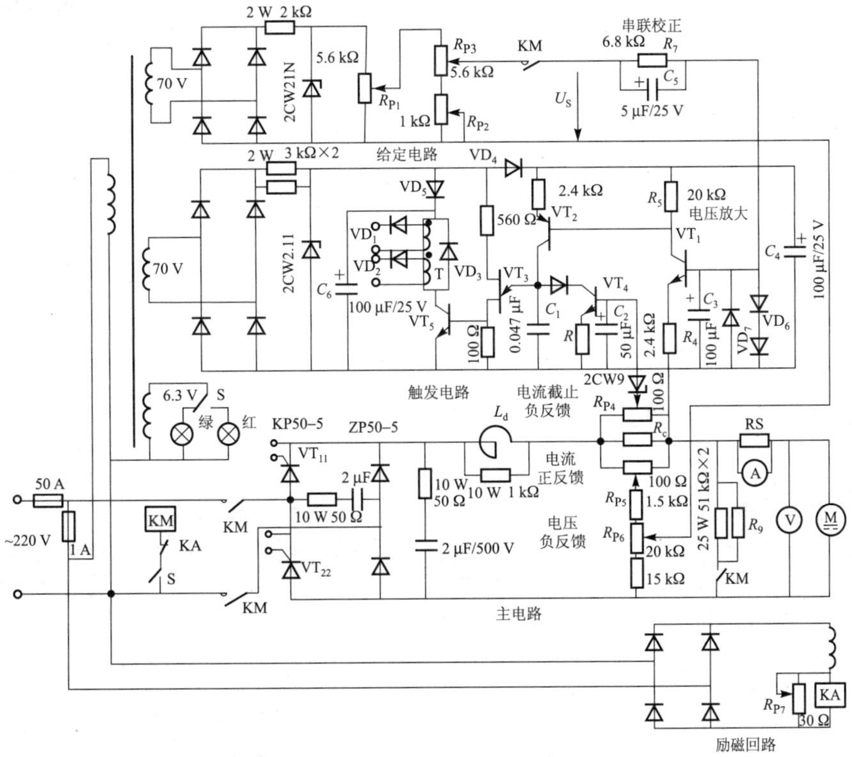

图2-15 典型小功率直流调速系统电路

本实训的主电路为单相半控桥式整流电路，桥臂上的两个二极管串联排在一侧，可兼起续流二极管作用。L_d为平波电抗器。触发电路采用单结晶体管组成的自激振荡电路，通过控制晶体管 VT_1、VT_2的导通程度，实现对电容 C_1充电快慢的控制，达到触发移相的目的。VT_5为电压放大，以增大输出脉冲的幅值。

T 为脉冲变压器。VD_3为续流二极管，它的作用是在 VT_5截止瞬间为脉冲变压器一次侧提供放电通路，避免脉冲产生过高电压而损坏 VT_5。电容 C_6是为了增加脉冲和前沿的陡度：在 VT_5截止时，电源对电容 C_6充电至整流电压峰值；当 VT_5突然导通时，则已充了电的 C_6将经过脉冲变压器和 VT_5放电，从而增加了输出脉冲的功率和前沿陡度。但设置电容 C_6后，它将使单结晶体管两端同步电压的过零点消失，因此再增设二极管 VD_5加以隔离。由二极管桥式整流电路和 2CW211 稳压管组成的是一个近似矩形的同步电压，但放大器需要一个平稳的直流电压，因此增设电容器 C_4，对交流成分进行滤波，但 C_4同样会消除同步电压过零点，所以同理设置二极管 VD_4，以隔离电容 C_4对同步电压的影响。

控制电路主要是给定信号和反馈信号的综合，如图 2-16 所示。给定电压 U_s 由稳压电源通过电位器 R_{P1}、R_{P2}和 R_{P3}供给。由于 $n \approx U_s/\alpha$，所以调节 U_s 即可调节电动机的转速。电压负反馈信号由 1.5 kΩ 电阻、15 kΩ 电阻和电位器 R_{P6}分压获取，U_{fv}与电枢电压 U_a 成正比，$U_{fv}=\gamma U_a$（γ 为电压反馈系数）。调节 R_{P6}即可调节电压反馈量大小。由于为电压负反馈，所以 U_{fi}与 U_a 极性相反。电流负反馈信号 U_{fv}由电位器 R_{P5}取出。电枢电流 I_a 主要流经取样电阻 R_c。R_c 为一阻值很小（此处为 0.125 Ω）、功率足够大（此处为 20 W）的电阻。电位器 R_{P5}的阻值（此处为 100 Ω）较 R_c 大得多，所以流经 R_{P5}的电流是很小的，R_{P5}的功率可比 R_c 小得多。由 R_{P5}分压取出的电压 U_{fi}与 I_dR_c 成正比，亦即 U_{fi}与电枢电流 I_a 成正比，令 $U_{fi}=\beta I_a$（β 为电流反馈系数）。调节 R_{P5}即可调节电流反馈量的大小。控制信号 $\Delta U=U_s-U_{fv}+U_{fi}$。图中，$VD_6$ 为电压放大输入回路正限幅，以免输入信号幅值过大；VD_7 为晶体管 VT_1 的 B-E 结反向限幅保护，以免过高的反向电压将其击穿。

主回路中的熔断器（50 A）和控制回路中的熔断器（1 A）均为短路保护环节。主电路的交、直流两侧均设有阻容（50 Ω 电阻与 2 μF 电容）吸收电路，以吸收浪涌电压。如图 2-17所示，电位器 R_{P4}、稳压管 2CW9 和晶体管 VT_4构成电流截止负反馈环节。电机启动

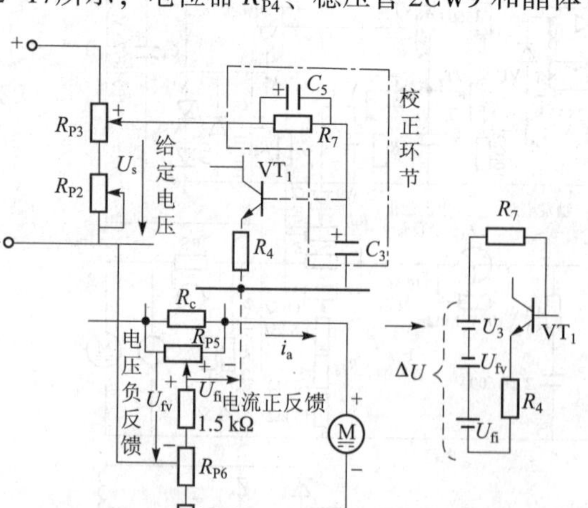

图 2-16　控制信号的综合

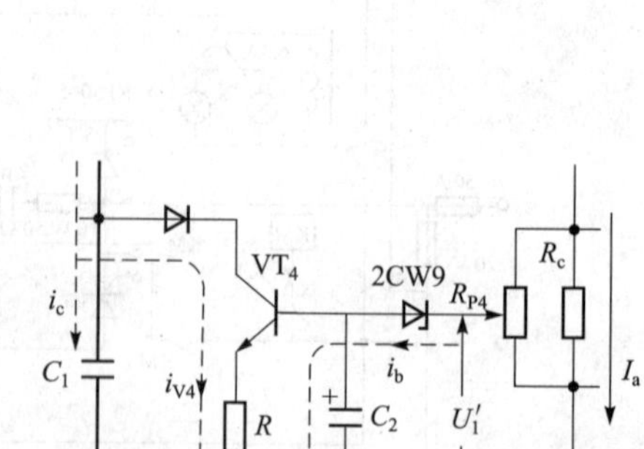

图 2-17　过电流截止保护电路

电流很大，若电流超过某允许值，则由电位器 R_{P4} 取出的电流信号电压 U_1' 将击穿稳压管 2CW9，使 VT_4 饱和导通，这样，电容 C_1 将通过 VT_4 和 R 旁路放电，使电容 C_1 上的电压上升十分缓慢，使控制角 α 大为延迟，整流输出电压 U_a 下降，从而限制了过大的电流。若电流小于最大允许值，则稳压管不会被击穿，VT_4 截止，对电路不会产生影响。电路中的稳压管主要是提供一个阈值电压，以形成截止控制的作用。整定 R_{P4}，即可整定截止电流的数值。图 2-16所示的励磁回路中串接了欠电流继电器 KA，起到了励磁回路欠电流保护的作用。

3. 实训内容

（1）熟悉实训装置的电路结构和主要元器件，检查实训装置输入和输出的电路连接是否正确，检查输入熔丝是否完好，以及控制电路和主电路的电源开关是否在“关”的位置。

（2）按照图 2-15 所示连线，加上电压负反馈环节和电流正反馈环节。由于调速系统容易形成振荡，因此，调节电位器 R_{P6}，调大电压负反馈量；同时，调节电位器 R_{P5}，调小电流正反馈量。

（3）接通电源，观察电动机稳定运行情况，并记录此时的整流电路的电压、电流波形。

（4）断开电流截止负反馈和过电流保护环节以及电压负反馈和电流正反馈环节，测定直流调速系统的开环机械特性。首先调节 U_s，使电动机两端的电压 $U_d = 90$ V，然后逐渐加大机械负载（调节涡流制动器电压，并适当增加摩擦阻力），使电动机电流 $I_d = 0.11$ A（空载电流）、0. 2 A、0. 3 A、0. 5 A、0. 8 A、1. 0 A、1. 2 A、1. 5 A，并记录对应的电动机转速 n。

4. 实训报告

（1）画出半控桥式整流电路带电动机负载时的电压、电流波形。

（2）画出晶闸管直流调速系统的开环机械特性［$n = f(I_d)$］曲线，并说明形成很软的机械特性的原因。

习题和思考题

习题：有源逆变电路

2-1　什么叫有源逆变？什么叫无源逆变？哪些电路可实现有源逆变？实现有源逆变的条件是什么？

2-2　在图 2-18 中，一个工作在整流电动机状态，另一个工作在逆变发电机状态，试求：

（1）标出 U_d、E 及 i_d 的方向；

（2）说明 E 与 U_d 的大小关系；

（3）当 α 与 β 的最小值均为 30°时，变流电路控制角 α 的移相范围为多大？

2-3　单相全控桥式有源逆变电路如图 2-19 所示，变压器二次电压有效值 $U_2 = 200$ V，回路总电阻 $R = 1.2\ \Omega$，平波电抗器 L 足够大，可使负载电流连续，当 $\beta = 45°$、$E_m = -188$ V 时。求：

（1）画出输出电压 u_d 的波形；

（2）画出晶闸管 VT_1 的电流波形 i_{T1}；

（3）计算晶闸管电流的平均值 I_{dT}。

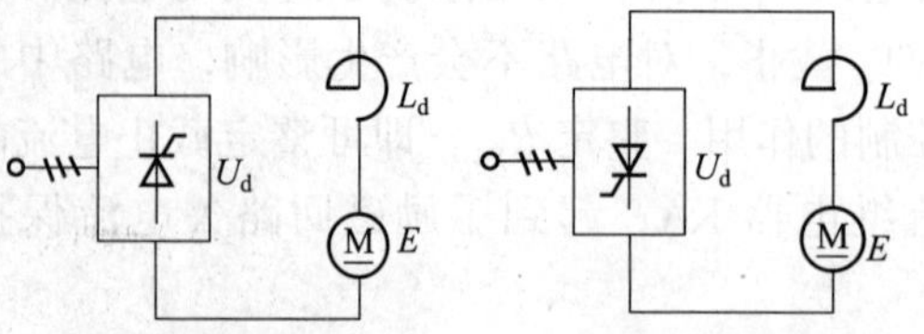

整流-电动机状态　　逆变-发电机状态

图 2-18　习题 2-2 用图

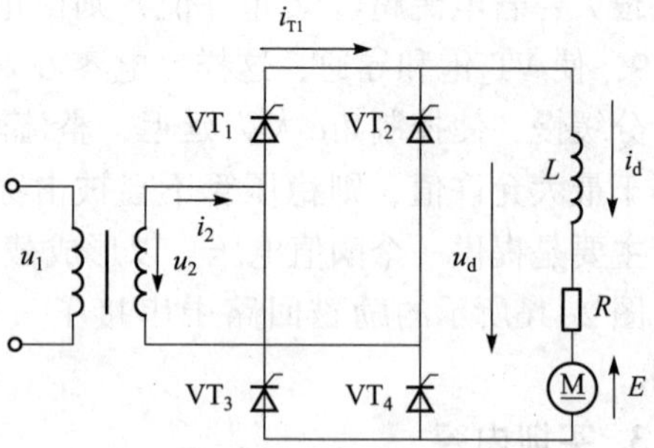

图 2-19　习题 2-3 用图

2-4　在单相桥式全控整流电路中，若$U_2=220$ V，$E=120$ V，$R_\Sigma=1\ \Omega$，当$\beta=\pi/3$，能否实现有源逆变？求这时电动机的制动电流多大？并画出这时的电流、电压波形图。

2-5　试画出三相半波共阳接法时$\beta=\pi/3$的u_d与u_{T3}（VT_3管子两端电压）的波形。

2-6　如图 2-20 所示，若直流侧经电抗器接的是电阻负载，则$\alpha>\pi/2$时，电路的工作情况如何？直流侧的平均电压有可能出现负值吗？晶闸管导通角可能达到$2\pi/3$吗？

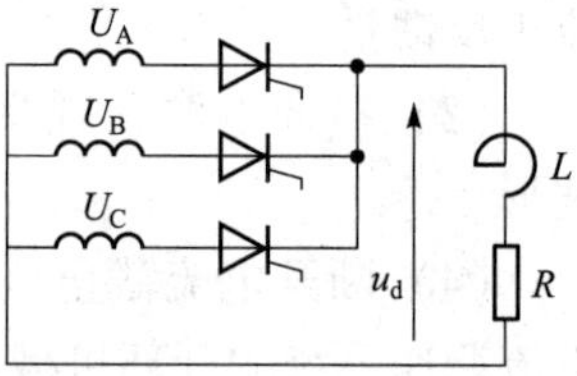

图 2-20　习题 2-6 用图

2-7　当$\beta=\pi/4$时，试绘出三相桥式逆变电路的逆变电压波形。

2-8　为什么要对逆变角β进行控制？最小逆变角β_{min}的确定需要考虑哪些因素？

单元 3

直流斩波电路

学习目标：

(1) 掌握全控型器件的类型、符号及特点。

(2) 掌握斩波电路工作原理。

(3) 了解 PWM 控制技术在直流斩波电路中的应用。

(4) 具有直流电源极性变换器制作与检修能力。

教学载体： 直流电源极性变换器。

直流斩波电路的功能是将直流电变为另一固定电压或可调电压的直流电，也称为直接直流-直流变换器。直流斩波电路一般是指直接将直流电变为另一直流电的情况。

直流斩波电路的种类较多，包括降压斩波电路、升压斩波电路、升降压斩波电路等基本斩波电路，其中前两种是最基本的电路。一方面，这两种电路应用最为广泛；另一方面，理解了这两种电路可为理解其他的电路打下基础，因此本章将对其作重点介绍。在此基础上介绍升、降压斩波电路。

利用不同的基本斩波电路进行组合，可构成复合斩波电路，如电流可逆斩波电路、桥式可逆斩波电路等。利用相同结构的基本斩波电路进行组合，可构成多相多重斩波电路。本章将对以上两者进行介绍。

3.1 全控型电力电子器件

在晶闸管问世后不久，门极可关断晶闸管就已经出现。20 世纪 80 年代以来，信息电子技术与电力电子技术在各自发展的基础上相结合而产生了一代高频化、全控型、采用集成电路制造工艺的电力电子器件，从而将电力电子技术又带入了一个崭新时代。门极可关断晶闸管、电力晶体管、电力场效应晶体管和绝缘栅双极晶体管就是全控型电力电子器件的典型代表。

3.1.1 可关断晶闸管

门极可关断晶闸管简称 GTO，是一种通过门极来控制器件导通和关断的电力半导体器件。GTO 既具有普通晶闸管的优点（耐压高、电流大、耐浪涌能力强、价格便宜），同时又具有 GTR 的优点（自关断能力、无须辅助关断电路、使用方便），是目前应用于高压、大容量场合中的一种大功率开关器件。广泛应用于电力机车的逆变器、电网动态无功补偿和大功率直流斩波调速等领域。

1. GTO 的结构与工作原理

GTO 的结构原理与普通晶闸管相似，为 PNPN 4 层三端半导体器件，其结构及符号如图 3-1 所示。图中 A、G 和 K 分别表示 GTO 的阳极、门极和阴极。其外形如图 3-2 所示。

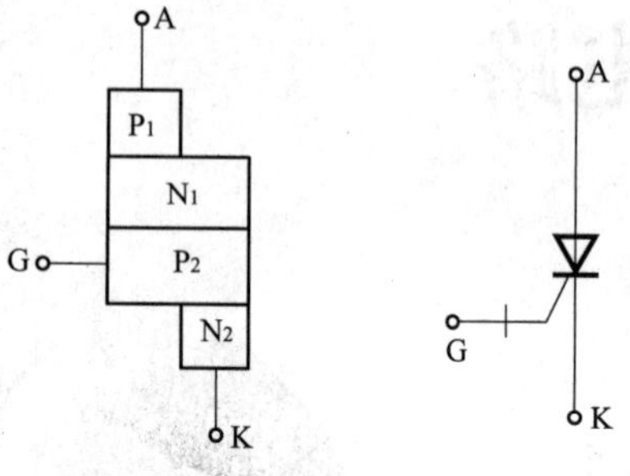

（a）　　（b）

图 3-1　GTO 的结构及符号

（a）结构；（b）符号

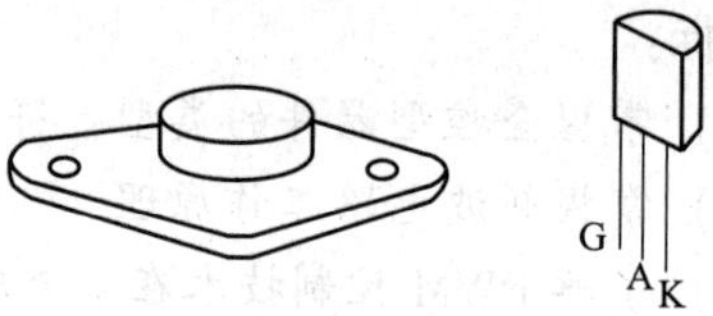

图 3-2　GTO 的外形

GTO 的外部引出 3 个电极，但内部却包含数百个共阳极的小 GTO，这些小 GTO 称为 GTO 元。GTO 元的阳极是共有的，门极和阴极分别并联在一起，这是为实现门极控制关断所采取的特殊设计。

由于结构的不同，GTO 又分为多种类型，目前，用得较多的是逆阻 GTO 和阳极短路 GTO 两种。逆阻 GTO 可承受正、反向电压，但正向压降大，快速性能差；阳极短路 GTO 又称无反压 GTO，它不能承受反向电压，但正向压降小，快速性能好，热稳定性优良。

2. GTO 的主要特性

（1）阳极伏安特性。逆阻型的阳极伏安特性如图 3-3 所示。由图可见，它与普通晶闸管的伏安特性极其相似。

GTO 的阳极耐压与结温有着密切的关系，结温升高 GTO 的耐压降低。GTO 的阳极耐压还与门极状态有关，门极短路比开路可提高耐压近 10%，门极加负偏置可比开路时提高耐压 40%。

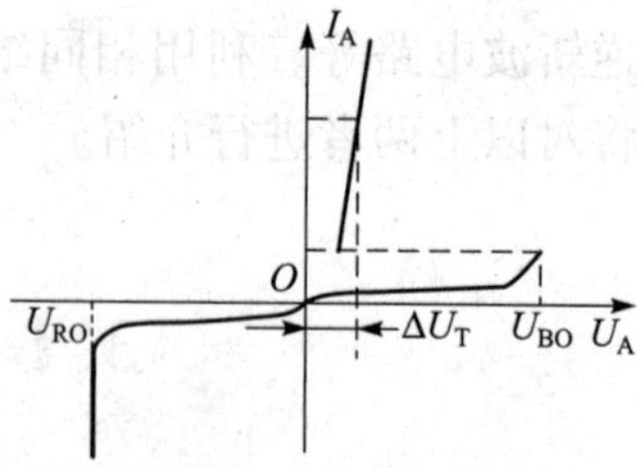

图 3-3　GTO 的阳极伏安特性

（2）通态压降特性。GTO 的通态压降特性如图 3-4 所示，由图可见，随着阳极通态电流 I_A 的增加，其通态压降 ΔU_T 增加。一般希望通态压降越小越好。管压降小，GTO 的通态损耗就小。

（3）开通特性。开通特性是元件从断态到通态过程中电流、电压及功耗随时间变化的特性，如图 3-5 所示。

GTO 的开通时间 t_{on} 由延迟时间 t_d 和上升时间 t_r 组成。开通时间取决于元件的特性、门极电流上升率 di_g/dt 以及门极脉冲幅值的大小。一般 t_d 为 1~2 μs，t_r 则随通态平均电流的增大而增大。

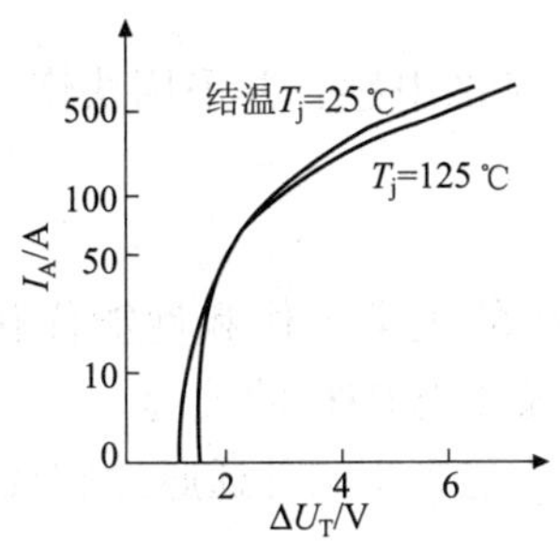

图 3-4　GTO 的通态压降特性

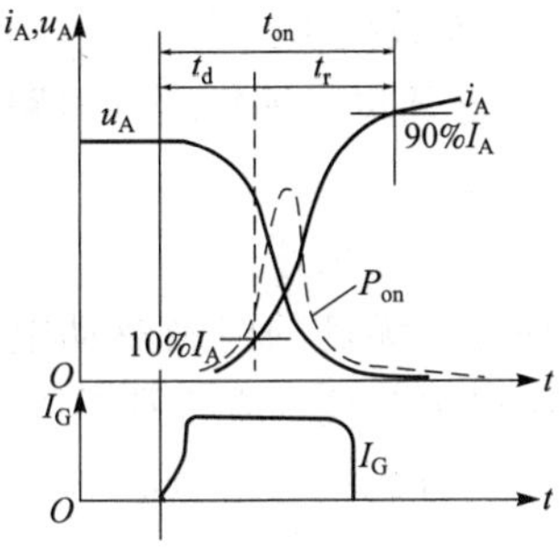

图 3-5　GTO 的开通特性

图 3-5 中虚线为开通过程中的功率曲线。在延迟时间 t_d 内，功率损耗 P_{on} 比较小，大部分的开通损耗出现在上升时间内。阳极电流的增加和开通时间的延长都会使 GTO 开通损耗加大。

（4）关断特性。关断特性是指 GTO 在关断过程中的阳极电压、阳极电流和功耗与时间的关系，如图 3-6所示。

关断时间t_{off}定义为存储时间t_s与下降时间t_f之和。t_s随阳极电流增大而增大，t_f一般小于 2 μs。

GTO 的关断损耗P_{off}主要集中在下降时间t_f内，此时阳极电压往往出现一个尖峰电压U_P，这个尖峰电压主要是 GTO 缓冲电路中杂散电感 L_s 在阳极电流迅速下降时产生的 $L_s\mathrm{d}i/\mathrm{d}t$，$L_s$ 越大，U_P越大，P_{off}越大。在实际应用中，应尽量减小缓冲电路的杂散电感，缓冲电路中的 R、C、VD 等元件尽量采用无感元件，从而减小尖峰电压。

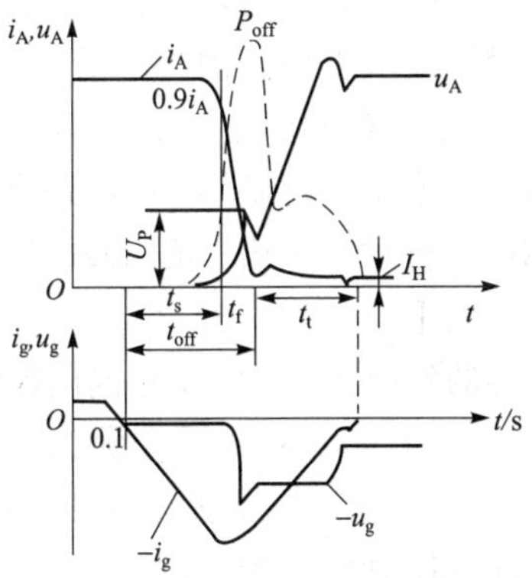

图 3-6　GTO 的关断特性

3. GTO 的主要参数

GTO 的基本参数与普通晶闸管大多相同，不同的主要参数叙述如下。

（1）最大可关断阳极电流 I_{ATO}。GTO 的阳极电流允许值受两方面因素的限制：一是额定工作结温，其决定了 GTO 的平均电流额定值；二是关断失败。所以，GTO 必须规定一个最大可关断阳极电流I_{ATO}作为其容量，I_{ATO}即管子的铭牌电流。

在实际应用中，可关断阳极电流I_{ATO}受以下因素的影响：门极关断负电流波形、阳极电压上升率、工作频率及电路参数的变化等，在应用中应予特别注意。

（2）关断增益β_{off}。关断增益β_{off}为最大可关断电流I_{ATO}与门极负电流最大值I_{GM}之比，即

$$\beta_{off}=\frac{I_{ATO}}{|-I_{GM}|} \tag{3-1}$$

β_{off}表示 GTO 的关断能力。当门极负电流上升率一定时，β_{off}随可关断阳极电流的增加而增加；当可关断阳极电流一定时，β_{off}随门极负电流上升率的增加而减小。

采用适当的门极电路，很容易获得上升率较快、幅值足够的门极负电流。因此，在实际应用中不必追求过高的关断增益。

（3）阳极尖峰电压 U_P。阳极尖峰电压 U_P 是在 GTO 关断过程中的下降时间 t_f 尾部出现的极值电压，如图 3-6 所示。U_P 的大小是 GTO 缓冲电路中的杂散电感与阳极电流在 t_f 内变化率的乘积。因此，当 GTO 的阳极电流增加时，尖峰电压几乎线性增加，当 U_P 增加到一定值时，GTO 因 P_{off}过大而损坏。由于 U_P 限制可关断峰值电流的增加，故 GTO 的生产厂家

一般把 U_P 值作为参数提供给用户。

为减小 U_P，必须尽量缩短缓冲电路的引线，减小杂散电感，并采用快恢复二极管及无感电容。

4. GTO门极驱动要求

设计与选择性能优良的门极驱动电路对保证GTO的正常工作和性能优化是至关重要的，特别是对门极关断技术应特别予以重视，它是正确使用GTO的关键。

图3-7所示为理想门极信号波形，门极电压、电流包含正向开通脉冲和反向关断脉冲，波形分析如下。

（1）导通触发。GTO在按一定频率的脉冲触发时，要求前沿陡、幅值高的强脉冲触发。通常建议 I_{g1} 值为铭牌正向触发电流 I_g 的5~10倍，前沿 $di_g/dt \geqslant 5$ A/μs，使管子开通时间 t_{on} 和开通功耗 P_{on} 下降，内部并联的GTO开通一致性好，导通管压降下降。强触发脉宽为10~60 μs。正脉冲宽度要足够，以保证阳极电流在触发期间超过掣住电流 I_L。正脉冲的后沿坡度应平缓，因为后沿过陡容易产生负的尖峰电流，使GTO误关断。

（2）关断触发。关断GTO不仅要从门极抽出足够大的关断电荷，而且要有足够的关断电流上升率，建议 $di_g/dt \geqslant 10$ A/μs以加速关断过程和减少元件功耗，并使GTO内部并联GTO元件动作一致。负门极电压脉冲宽度不小于30 μs，保证可靠关断。门极关断脉冲峰值电流应大于（1/5~1/3）I_{ATO}。门极关断电压脉冲的后沿坡度应尽量缓慢，如坡度太陡，由于结电容的效应会产生一个正向门极电流使GTO误导通。

5. 可关断晶闸管的测试

（1）可关断晶闸管电极的判定。将万用表置于 $R\times10\ \Omega$ 挡或 $R\times100\ \Omega$ 挡，轮换测量可关断晶闸管的3个引脚之间的电阻，如图3-8所示。电阻比较小的一对引脚是门极（G）和阴极（K）；测量G、K极之间正、反向电阻，电阻指示值较小时红表笔所接的引脚为阴极K，黑表笔所接的引脚为门极（控制极）G，而剩下的引脚是阳极A。

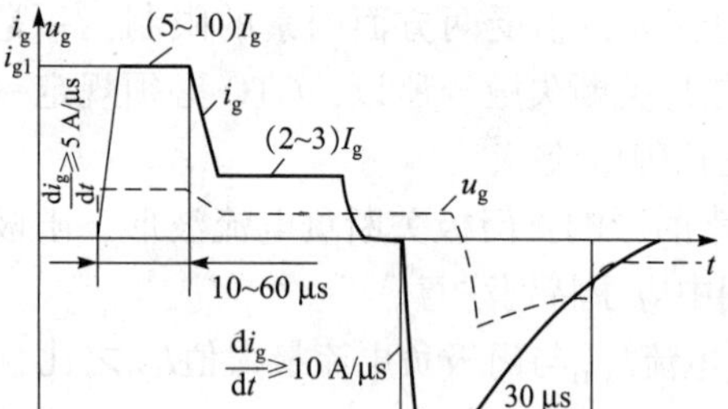

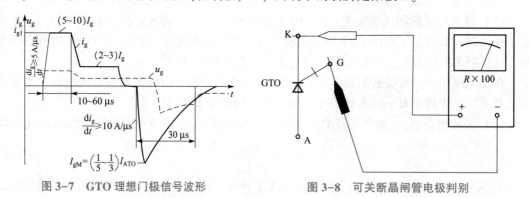

图3-7 GTO理想门极信号波形

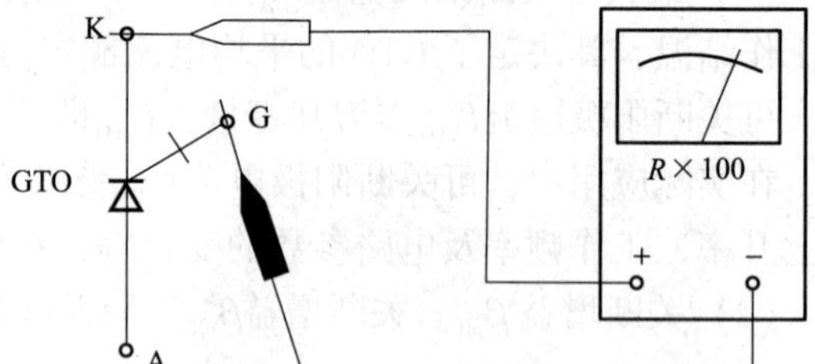

图3-8 可关断晶闸管电极判别

（2）判定可关断晶闸管的好坏。

① 用万用表 $R\times10\ \Omega$ 挡或 $R\times100\ \Omega$ 挡测量晶闸管阳极（A）与阴极（K）之间的电阻，或测量阳极（A）与门极（G）之间的电阻。如果读数小于1 kΩ，说明可关断晶闸管严重漏电，器件已击穿损坏。

② 用万用表 $R\times10\ \Omega$ 挡或 $R\times100\ \Omega$ 挡测量门极（G）与阴极（K）之间的电阻。如正、反向电阻均为无穷大（∞），说明被测晶闸管门极、阴极之间断路，该管也已损坏。

③ 可关断晶闸管触发特性测试。如图 3-9 所示，将万用表置于 $R\times1\ \Omega$ 挡，黑表笔接可关断晶闸管的阳极 A，红表笔接阴极 K，门极 G 悬空，这时晶闸管处于阻断状态，电阻应为无穷大（∞），如图 3-9（a）所示。

在黑表笔接触阳极 A 的同时也接触门极 G，于是门极 G 受正向电压触发（同样也是万用表内 1.5 V 电源的作用），晶闸管成为低阻导通状态，万用表指针应大幅度向右偏，如图 3-9（b）所示。

保持黑表笔接 A 极，红表笔接 K 极不变，G 极重新悬空（开路），则万用表指针应保持低阻指示不变，如图 3-9（c）所示，说明该可关断晶闸管能维持导通状态，触发特性正常。

④ 可关断晶闸管关断能力的初步检测。测试方法如图 3-10 所示。采用 1.5 V 干电池一节，普通万用表一只。将万用表置于 $R\times1\ \Omega$ 挡，黑表笔接晶闸管阳极 A，红表笔接阴极 K，这时万用表指示的电阻应为无穷大（∞），然后用导线将门极 G 与阳极 A 接通，于是 G 极受正电压触发，使晶闸管导通，万用表指示应为低电阻，即指针向右偏转，如图 3-10（a）所示。将门极 G 开路后万用表指针偏转应保持不变，即晶闸管仍应维持导通状态，如图 3-10（b）所示。然后将 1.5 V 电池的正极接阴极 K、电池负极接门极 G，则晶闸管立即由导通状态变为阻断状态，万用表的电阻为无穷大（∞），说明被测晶闸管关断能力正常。

如果手头有 2 只万用表，那么可将其中的一只仪表（置于 $R\times10\ \Omega$ 挡）作为负向触发信号使用（相当于 1.5 V，黑表笔接阴极 K，红表笔触碰门极 G），参照图 3-10 所示的方法，同样可以检测可关断晶闸管是否具有正常关断能力。

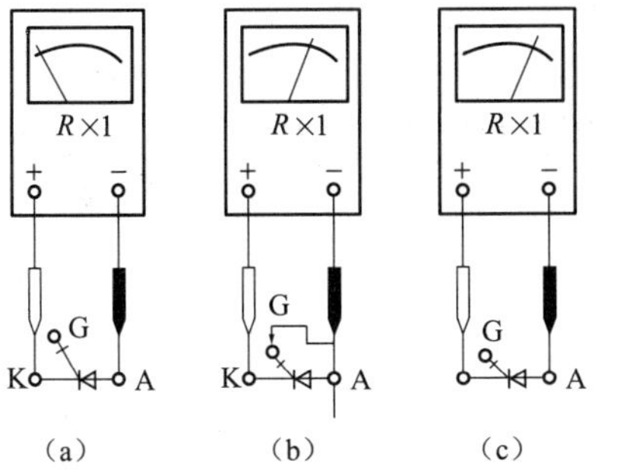

图 3-9 可关断晶闸管触发特性简易测试方法

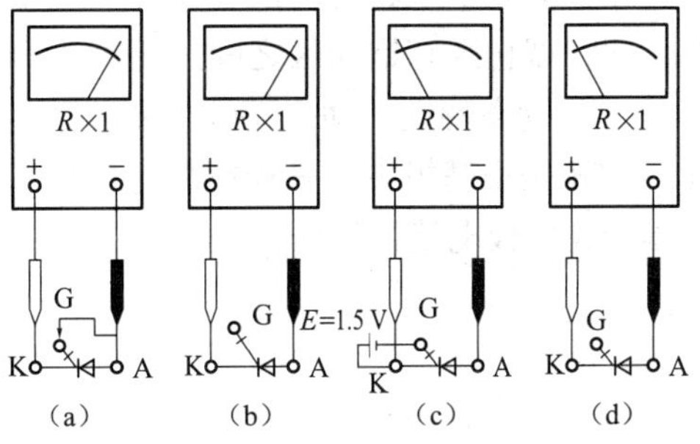

图 3-10 可关断晶闸管的关断能力测试

3.1.2 电力晶体管

电力晶体管（GTR）是一种耐高电压、大电流的双极结型晶体管（BJT）。在电力电子技术的范围内，GTR 和 BJT 这两个名称是等效的。自 20 世纪 80 年代以来，在中、小功率范围内取代晶闸管的主要是 GTR。但是目前，其市场份额已大多被绝缘栅双极晶体管和电力场效应管所占有。

1. GTR 的结构和工作原理

GTR 为 3 层 3 端器件，有 NPN 和 PNP 两种结构，大功率 GTR 多为 NPN 型。GTR 的基本工作原理与普通的双极结型晶体管是一样的。它们均是用基极电流 I_b 控制集电极电流 I_c 的电流控制型器件。但是由于 GTR 在电力电子设备中主要作为功率开关使用，最主要的特性是耐压高、电流大、开关特性好，而不像小功率的用于信息处理的双极结型晶体管那样注重单管电流放大系数、线性度、频率响应以及噪声和温漂等性能参数。因此，GTR 通常采用至少由两个晶体管按达林顿接法组成的单元结构，同 GTO（可关断晶闸管）一样采用集成电路工艺将许多这种单元并联而成。单管的 GTR 结构与普通的双极结型晶体管是类似的。图 3-11 分别给出了 NPN 型 GTR 的内部结构断面示意图和电气图形符号。

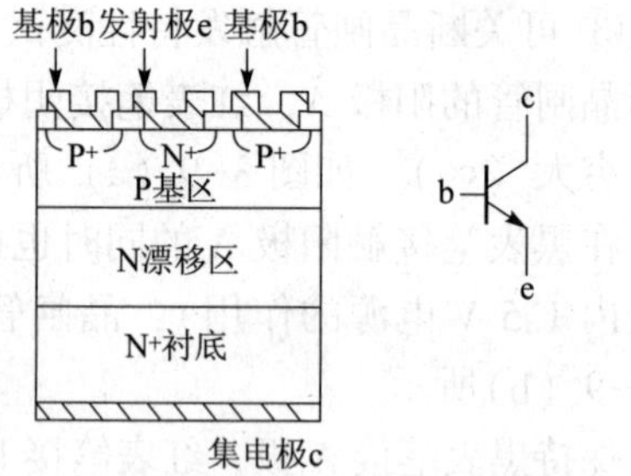

图 3-11 NPN 型 GTR 的内部结构断面示意图和电气图形符号

（a）内部结构断面示意图；（b）电气图形符号

在应用中，GTR 一般采用共发射极接法。集电极电流i_c与基极电流i_b之比为

$$\beta=\frac{i_c}{i_b} \tag{3-2}$$

式中，β为电流放大系数，它反映了基极电流对集电极电流的控制能力。当考虑到集电极和发射极间的漏电流I_{CEO}时，i_c和i_b的关系为

$$i_c=\beta i_b+I_{CEO} \tag{3-3}$$

2. GTR 的基本特性

（1）静态特性。图 3-12 给出了 GTR 在共发射极接法时的典型输出特性（即集电极伏安特性），明显地分为截止区、放大区和饱和区 3 个区域。

在电力电子电路中，GTR 工作在开关状态，即工作在截止区或饱和区。但在开关过程中，即在截止区和饱和区之间过渡时，都要经过放大区。

（2）动态特性。动态特性主要描述 GTR 开关过程的瞬态性能，其优劣常用开关时间表征。GTR 是用基极电流来控制集电极电流的，图 3-13 给出了 GTR 开通和关断过程中基极电流和集电极电流波形的关系。

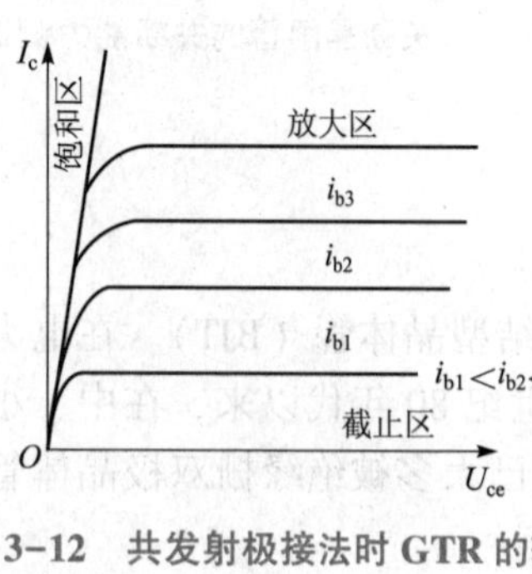

图 3-12 共发射极接法时 GTR 的输出特性

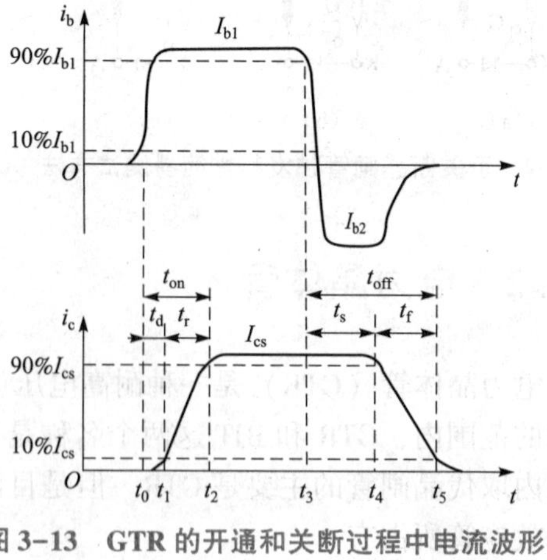

图 3-13 GTR 的开通和关断过程中电流波形

GTR 由关断状态过渡到导通状态所需的时间称为开通时间t_{on}，是延迟时间t_d和上升时间t_r之和，即

$$t_{on}=t_d+t_r \tag{3-4}$$

式中，t_d为因结电容充电引起的；t_r为因基区电荷储存需要一定时间造成的。

GTR 由导通状态过渡到关断状态的时间称为关断时间t_{off}，是存储时间t_s和下降时间t_f之和，即

$$t_{off}=t_s+t_f \tag{3-5}$$

式中，t_s为抽走基区过剩载流子的时间；t_f为结电容放电的时间。

GTR 的t_{on}一般为 0.5~3 μs，而t_{off}比t_{on}要长，其中t_s为 3~8 μs，t_f约为 1 μs。

GTR 的延迟时间主要是由发射结势垒电容充电产生的。GTR 的开关时间在几微秒以内，比晶闸管和 GTO（可关断晶闸管）都短很多。

3. GTR 的基本参数

除了已经熟悉的一些参数，如电流放大倍数β、集电极与发射极间漏电流I_{CEO}、集电极和发射极间饱和压降U_{CES}、开通时间t_{on}和关断时间t_{off}以外，对 GTR 主要关心的参数还包括最大额定值（指允许施加于 GTR 上的电压、电流、耗散功率及结温等的极限值）。它们是由 GTR 的材料性能、结构方式、设计水平和制造工艺等因素所决定的，在使用中绝对不允许超过这些极限参数，它们分别如下。

（1）最高工作电压。晶体管的击穿电压不仅和晶体管本身的特性有关，还与外电路的接法有关。有发射极开路时集电极和基极间的反向击穿电压BU_{CBO}；基极开路时集电极和发射极间的击穿电压BU_{CEO}；发射极与基极间用电阻连接或短路连接时集电极和发射极间的击穿电压BU_{CER}和BU_{CES}以及发射结反向偏置时集电极和发射极间的击穿电压 BU_{CEX}。这些击穿电压之间的关系为$BU_{CBO}>BU_{CEX}>BU_{CES}>BU_{CER}>BU_{CEO}$。实际使用 GTR 时，为了确保安全，最高工作电压要比BU_{CEO}低得多。

（2）集电极最大允许电流I_{CM}。由于在大电流条件下使用 GTR 时，大电流效应会使 GTR 的电性能变差，甚至使管子损坏。因此，通常规定β值下降到规定值的 1/3~1/2 时，所对应的I_C为集电极最大允许电流。实际使用时必须考虑饱和压降对功率损耗的影响，要留有较大裕量，只能用到I_{CM}的一半或稍多一点。

（3）集电极最大耗散功率P_{CM}。指 GTR 在最高工作温度下允许的耗散功率。产品说明书中在给出P_{CM}时总是同时给出T_C，间接表示了最高工作温度。

例如，3DF20 型晶体管的各最大额定值参数：$BU_{CBO}=450$ V，$BU_{CEO}=300$ V，BU_{EBO}（集电极开路发射极与基极间的反向击穿电压）$=6$ V，$I_{CM}=20$ A，$P_{CM}=200$ W。

4. GTR 的二次击穿和安全工作区

GTR 使用中，实际允许的功耗不仅由P_{CM}决定，还要受二次击穿功率的限制。实践表明，GTR 即使工作在P_{CM}范围内，仍有可能突然损坏，其原因一般是由二次击穿引起的，二次击穿是影响 GTR 可靠工作的一个重要因素。

（1）二次击穿现象。当集电极电压U_{CE}渐增至BU_{CEO}时I_C急剧增加，出现一次击穿现象，BU_{CEO}又称一次击穿电压。此时，如有外接电阻限制电流增长，一般不会使 GTR 的特性变坏，但如不加限制地让I_C继续增加，则 GTR 上电压突然下降，出现负阻效应，导致破坏性的二次击穿。

二次击穿的持续时间在纳秒与微秒之间，即使这样短的时间，也能使器件内出现明显的电流集中和过热点，严重的可使发射结与集电结击穿。

导致 GTR 二次击穿的因素很多，如负载性质、电压、电流、导通时间、脉冲宽度、电路常数、材料和工艺等。为了保证 GTR 可靠地工作，避免二次击穿现象发生，生产厂家用

安全工作区来限制 GTR 的使用。

(2) 安全工作区。安全工作区是指使 GTR 能够安全运行的范围，简称 SOA，分为正向偏置安全工作区（FBSOA）和反向偏置安全工作区（RBSOA）。

正向偏置安全工作区如图 3-14（a）所示。图中 *AB* 段表示I_{CM}的限制，*BC* 段表示P_{CM}的限制，*CD* 段表示正偏下的二次击穿功率$P_{S/B}$的限制，*DE* 段则为一次击穿电压U_{CEO}的限制。图中实线是直流工作条件下的安全工作区，它对应的条件最恶劣，允许运行的范围最小。虚线对应于不同导通宽度的脉冲电流工作方式。随着导通时间的缩短，安全工作区扩大。从图中可见，若脉冲宽度减小至 1 μs 时，就不存在P_{CM}和$P_{S/B}$的限制。

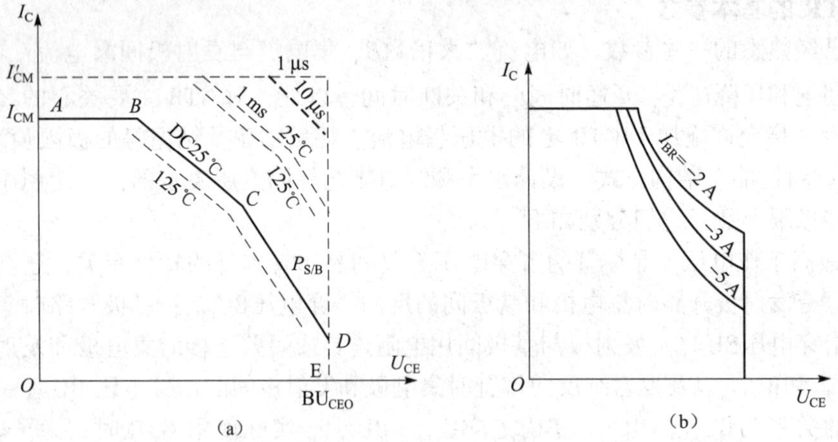

图 3-14　GTR 安全工作区

(a) 正向偏置安全工作区；(b) 反向偏置安全工作区

反向偏置安全工作区如图 3-14（b）所示，它表示基极流过反向电流使 GTR 关断时，允许关断的集-射极电压U_{CE}和集电极电流I_C之间的关系。基极反向关断电流I_{BR}越大，其 RBSOA 越小。但基-射极间的反向偏置可以提高 GTR 的一次击穿电压，所以 GTR 的驱动电路仍普遍采用足够的反向基极电流，以提高器件的电压承受能力。

3.1.3　功率场效应管

功率场效应管简称功率 MOSFET，是一种单极型电压控制器件。它具有自关断能力，且输入阻抗高，驱动功率小，开关速度快，工作频率可达 1 MHz，不存在二次击穿问题，安全工作区宽。但其电压和电流容量较小，故在高频中、小功率的电力电子装置中得到广泛应用。

1. 功率 MOSFET 的结构与工作原理

功率 MOSFET 有多种结构形式，根据载流子的性质可分 P 沟道和 N 沟道两种类型，符号如图 3-15 所示，它有 3 个电极：栅极 G、源极 S 和漏极 D，图中箭头表示载流子移动的方向。根据制造工艺不同，功率 MOSFET 分为 VVMOSFET 和 VDMOSFET。目前使用最多的是 N 沟道增强型 VDMOSFET，这是因为它的漏极到源

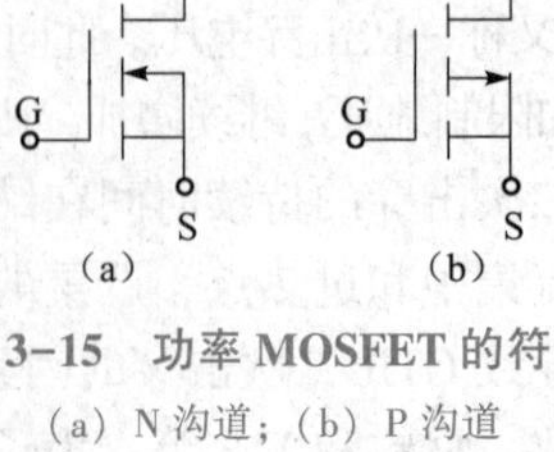

图 3-15　功率 MOSFET 的符号

(a) N 沟道；(b) P 沟道

极的电流垂直于芯片表面流过，这种结构可使导电沟道缩短、截面积加大，因而具有较高的通流能力和功率处理能力。

功率 MOSFET 的工作原理与传统的 MOS 器件基本相同，当栅-源极加正向电压（$U_{GS}>0$）时，MOSFET 内沟道出现，形成漏极到源极的电流I_D，器件导通；反之，当栅-源极加反向电压（$U_{GS}<0$）时，沟道消失，器件关断。

2. 功率 MOSFET 的主要特性

功率 MOSFET 的特性可分为静态特性和动态特性，输出特性和转移特性属静态特性，而开关特性则属动态特性。

（1）输出特性。输出特性也称漏极伏安特性，它是以栅-源电压U_{GS}为参变量，反映漏极电流I_D与漏-源极电压U_{DS}之间关系的曲线簇，如图 3-16 所示。由图可见，输出特性分 3 个区。

① 可调电阻区Ⅰ：U_{GS}一定时，漏极电流I_D与漏源极电压U_{DS}几乎呈线性关系。当 MOSFET 作为开关器件应用时，工作在此区内。

② 饱和区Ⅱ：在该区中，当U_{GS}不变时，I_D几乎不随U_{DS}的增加而加大，I_D近似为一常数。当 MOSFET 用于线性放大时，则工作在此区内。

③ 雪崩区Ⅲ：当漏-源电压U_{DS}过高时，使漏极 PN 结发生雪崩击穿，漏极电流I_D会急剧增加。在使用器件时应避免出现这种情况；否则会使器件损坏。

功率 MOSFET 无反向阻断能力，因为当漏-源电压$U_{DS}<0$时，漏区 PN 结为正偏，漏-源间流过反向电流。因此，在应用时若必须承受反向电压，则 MOSFET 电路中应串入快速二极管。

（2）转移特性。转移特性是在一定的漏极与源极电压U_{DS}下，功率 MOSFET 的漏极电流I_D和栅极电压U_{GS}的关系曲线，如图 3-17（a）所示。该特性表征功率 MOSFET 的栅-源电压U_{GS}对漏极电流I_D的控制能力。

由图 3-17（a）可见，只有当$U_{GS}>U_{GS(th)}$时，器件才导通，$U_{GS(th)}$称为开启电压。

图 3-17（b）所示为壳温T_C对转移特性的影响。由图可见，在低电流区功率 MOSFET 具有正电流温度系数，在同一栅压下，I_D随温度上升而增大；而在大电流区功率 MOSFET 具有负电流温度系数，在同一栅压下，I_D随温度上升而下降。在电力电子应用中，功率 MOSFET 作为开关元件工作于大电流开关状态，因而具有负温度系数。此特性使其具有较好的热稳定性，芯片热分布均匀，从而避免了由于热电恶性循环而产生的电流集中效应所导致的二次击穿现象。

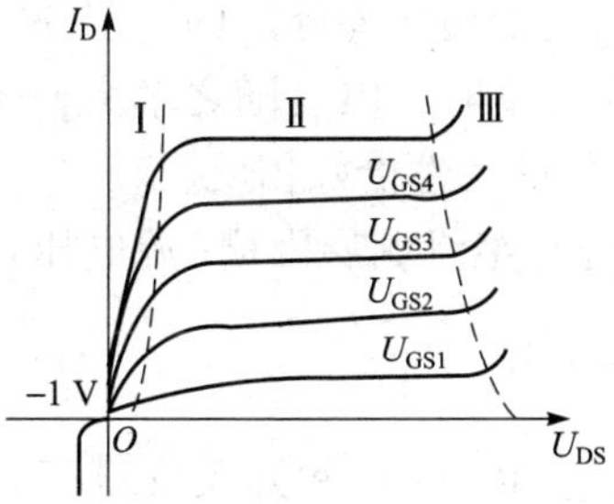

图 3-16　功率 MOSFET 的输出特性

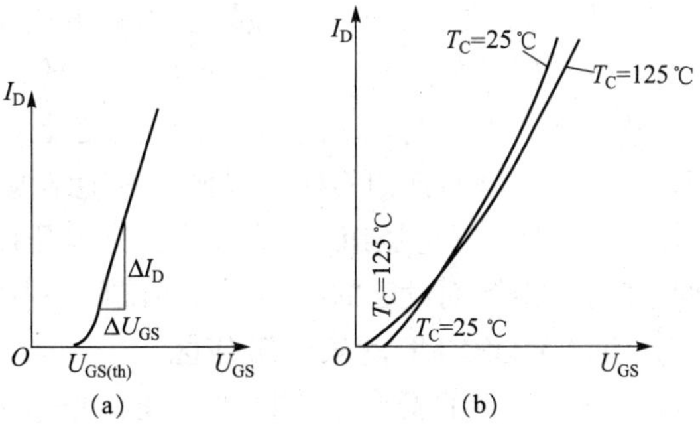

图 3-17　功率 MOSFET 的转移特性

（3）开关特性。功率 MOSFET 是一个近似理想的开关，具有很高的增益和极快的开关速度。这是由于它是单极型器件，依靠多数载流子导电，没有少数载流子的存储效应，与关断时间相联系的存储时间大大减小。它的开通、关断只受到极间电容影响，和极间电容的充、放电有关。

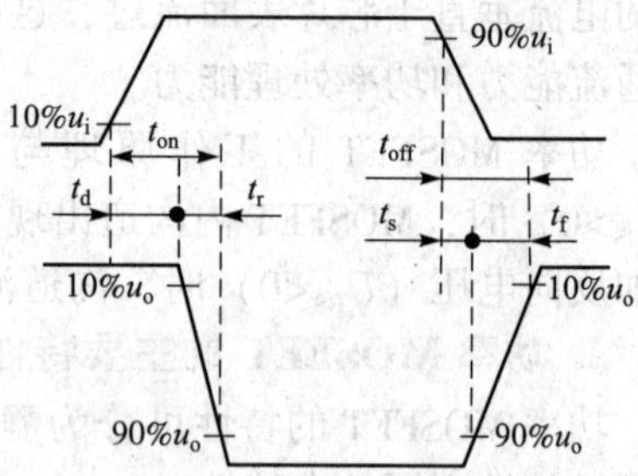

图 3-18　功率 MOSFET 开关过程的电压波形

功率 MOSFET 的开关波形如图 3-18 所示。开通时间t_{on}分为延时时间t_d和上升时间t_r两部分，t_{on}与功率 MOSFET 的开启电压$U_{GS(th)}$和输入电容C_{iss}有关，并受信号源的上升时间和内阻的影响。关断时间t_{off}可分为存储时间t_s和下降时间t_f两部分，t_{off}则由功率 MOSFET 漏-源间电容C_{DS}和负载电阻决定。

通常功率 MOSFET 的开关时间为 10～100 ns，而双极型器件的开关时间则以微秒计，甚至达到几十微秒。

3. 功率 MOSFET 的主要参数

（1）通态电阻R_{on}。通常规定，在确定的栅-源电压U_{GS}下，功率 MOSFET 由可调电阻区进入饱和区时的集-射极间直流电阻为通态电阻。它是影响最大输出功率的重要参数。在开关电路中它决定了输出电压幅度和自身损耗大小。

在相同的条件下，耐压等级越高的器件通态电阻越大，且器件的通态压降越大。这也是功率 MOSFET 电压难以提高的原因之一。

由于功率 MOSFET 的通态电阻具有正电阻温度系数，当电流增大时，附加发热使R_{on}增大，对电流的增加有抑制作用。

（2）开启电压$U_{GS(th)}$。开启电压为转移特性曲线与横坐标交点处的电压值，又称阈值电压。在应用中，常将漏-栅短接条件下I_D等于 1 mA 时的栅极电压定义为开启电压。$U_{GS(th)}$具有负温度系数。

（3）跨导g_m。跨导定义为

$$g_m=\frac{\Delta I_D}{\Delta U_{GS}} \tag{3-6}$$

即为转移特性的斜率，单位为西门子（S）。g_m表示功率 MOSFET 的放大能力，故跨导g_m的作用与 GTR 中电流增益β相似。

（4）漏-源击穿电压BU_{DS}。漏-源击穿电压BU_{DS}决定了功率 MOSFET 的最高工作电压，它是为了避免器件进入雪崩区而设的极限参数。BU_{DS}主要取决于漏区外延层的电阻率、厚度及其均匀性。由于电阻率随温度不同而变化，因此当结温升高时，BU_{DS}随之增大，耐压提高。这与双极型器件如 GTR、晶闸管等随结温升高耐压降低的特性恰好相反。

（5）栅-源击穿电压BU_{GS}。栅-源击穿电压BU_{GS}是为了防止绝缘栅层因栅-源电压过高导致发生介质击穿而设定的参数，其极限值一般定为±20 V。

4. 功率 MOSFET 的安全工作区

功率 MOSFET 的安全工作区分为正向偏置安全工作区（FBSOA）和开关安全工作区（SSOA）两种。

（1）正向偏置安全工作区。正向偏置安全工作区如图 3-19 所示，它由 4 条边界极限所包围：漏-源通态电阻 R_{on} 限制线Ⅰ、最大漏极电流 I_{DM} 限制线Ⅱ、最大功耗 P_{DM} 限制线Ⅲ和最大漏-源电压 U_{DSM} 限制线Ⅳ。和 GTR 安全工作区相比有两点明显不同：一是功率 MOSFET 无二次击穿问题，故不存在二次击穿功率的限制，安全工作区较宽；二是功率 MOSFET 的安全工作区在低压区受通态电阻的限制，而不像 GTR 最大电流极限线一直延伸到纵坐标处。这是因为在这一区段内，由于电压较低，沟道电阻增加，导致器件允许的工作电流下降。图中还画出了直流和脉宽分别为 10 ms 及 1 ms 这 3 种情况下的安全工作区。

（2）开关安全工作区。开关安全工作区 SSOA 表示功率 MOSFET 在关断过程中的参数极限范围。见图 3-20，它由最大漏极峰值电流 I_{DM}、最小漏-源击穿电压 BU_{DS} 和最高结温确定。SSOA 曲线的应用条件是：结温小于 150 ℃，器件的开通与关断时间均小于 1 μs。

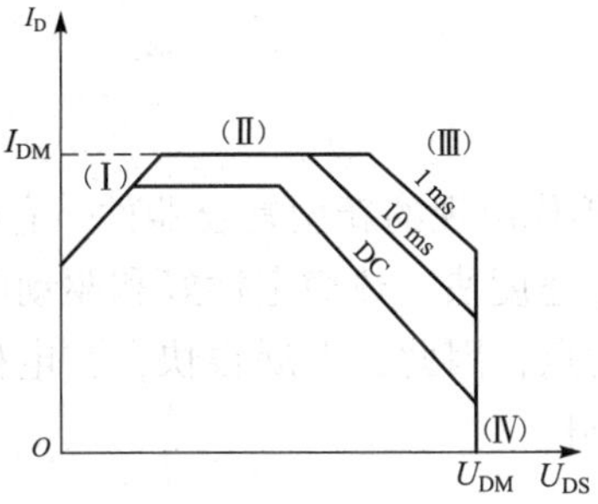

图 3-19　正偏安全工作区（FBSOA）的开关安全工作区

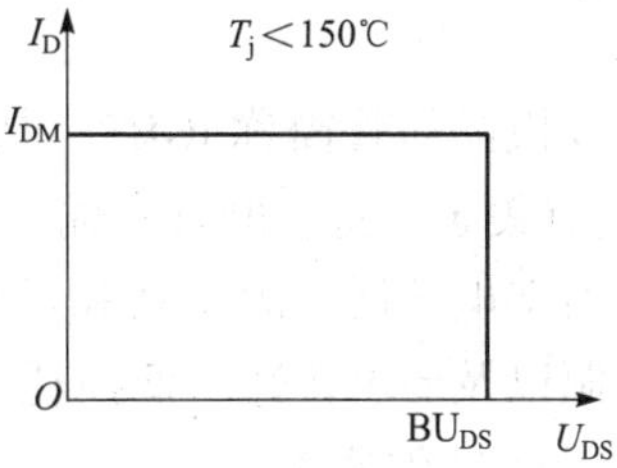

图 3-20　开关安全工作区（SSOA）

5. 功率 MOSFET 栅极驱动的特点及其要求

功率 MOSFET 是电压控制型器件，与 GTR 及 GTO 等电流控制型器件不同，控制极为栅极，输入阻抗高，属纯容性，只需对输入电容充、放电，驱动功率相对较小，电路简单。

功率 MOSFET 对栅极驱动电路的要求主要如下。

（1）触发脉冲要具有足够快的上升和下降速度，即脉冲前后沿要求陡峭。

（2）开通时以低电阻对栅极电容充电，关断时为栅极电荷提供低电阻放电回路，以提高功率 MOSFET 的开关速度。

（3）为了使功率 MOSFET 可靠触发导通，触发脉冲电压应高于管子的开启电压；为了防止误导通，在其截止时应提供负的栅-源电压。

（4）功率 MOSFET 开关时所需的驱动电流为栅极电容的充、放电电流。功率 MOSFET 的极间电容越大，在开关驱动中所需的驱动电流也越大。

通常功率 MOSFET 的栅极电压最大额定值为±20 V，若超出此值，栅极会被击穿。另外，由于器件工作于高频开关状态，栅极输入容抗小，为使开关波形具有足够的上升和下降陡度且提高开关速度，仍需要足够大的驱动电流，这一点要特别注意。功率 MOSFET 的输入阻抗极高，一般小功率的 TTL 集成电路和 CMOS 电路就足以驱动功率 MOSFET。

6. 功率 MOSFET 在使用中的静电保护措施

功率 MOSFET 和后面要讲的 IGBT 等其他栅控型器件具有极高的输入阻抗，因此，在静电较强的场合难以泄放电荷，容易引起静电击穿。静电击穿有两种形式：一是电压型，即栅极的薄氧化层发生击穿形成针孔，使栅极和源极短路，或者使栅极和漏极短路；二是功率型，即金属化薄膜铝条被熔断，造成栅极开路或者是源极开路。

防止静电击穿应注意以下几点。

（1）器件应存放在抗静电包装袋、导电材料袋或金属容器中，不能存放在塑料袋中。

（2）取用功率 MOSFET 时，工作人员必须通过腕带良好接地，且应拿在管壳部分而不是引线部分。

（3）接入电路时，工作台应接地，焊接的烙铁也必须良好接地或断电焊接。

（4）测试器件时，测量仪器和工作台都要良好接地。器件 3 个电极没有全部接入测试仪器前，不得施加电压。改换测试范围时，电压和电流要先恢复到零。

3.1.4 绝缘栅双极晶体管

绝缘栅双极晶体管简称 IGBT，是 20 世纪 80 年代出现的新型复合器件。它将 MOSFET 和 GTR 的优点集于一身，既具有输入阻抗高、工作速度快、热稳定性好和驱动电路简单的特点，又有通态电压低、耐压高和承受电流大等优点，因此，发展很快，在电机控制、中频和开关电源以及要求快速、低损耗的领域备受青睐。

1. IGBT 的工作原理

IGBT 是在功率 MOSFET 的基础上增加了一个 P^+层发射极，形成 PN 结 J_1，并由此引出集电极 C、栅极 G 和发射极 E。

IGBT 相当于一个由 MOSFET 驱动的厚基区 GTR。其结构剖面见图 3-21，N 沟道 IGBT 的图形符号如图 3-22 所示。P 沟道 IGBT 图形符号中的箭头方向恰好相反。

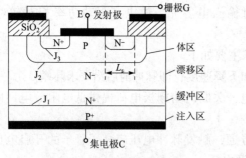

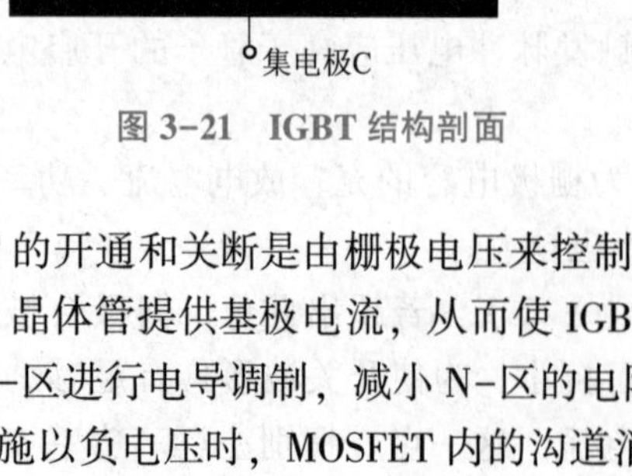

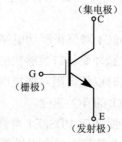

图 3-21　IGBT 结构剖面

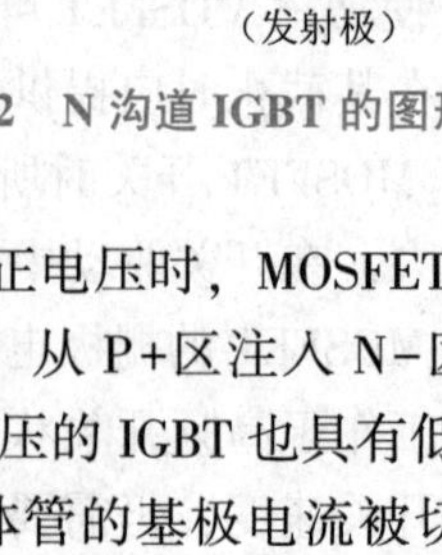

图 3-22　N 沟道 IGBT 的图形符号

IGBT 的开通和关断是由栅极电压来控制的。栅极施以正电压时，MOSFET 内形成沟道，并为 PNP 晶体管提供基极电流，从而使 IGBT 导通。此时，从 P+区注入 N−区的空穴（少子）对 N−区进行电导调制，减小 N−区的电阻 R_{dr}，使高耐压的 IGBT 也具有低的通态压降。在栅极上施以负电压时，MOSFET 内的沟道消失，PNP 晶体管的基极电流被切断，IGBT 即为关断。

2. IGBT 的主要特性

IGBT 的特性包括静态和动态两类。

（1）静态特性。IGBT 的静态特性包括转移特性和输出特性。

IGBT 的转移特性是描述集电极电流I_C与栅射电压U_{GE}之间关系的曲线，如图 3-23（a）所示。此特性与功率 MOSFET 的转移特性相似。当栅-射电压U_{GE}小于开启电压$U_{GE(th)}$时，IGBT 处于关断状态。在 IGBT 导通后的大部分范围内，I_C与U_{GE}呈线性关系。

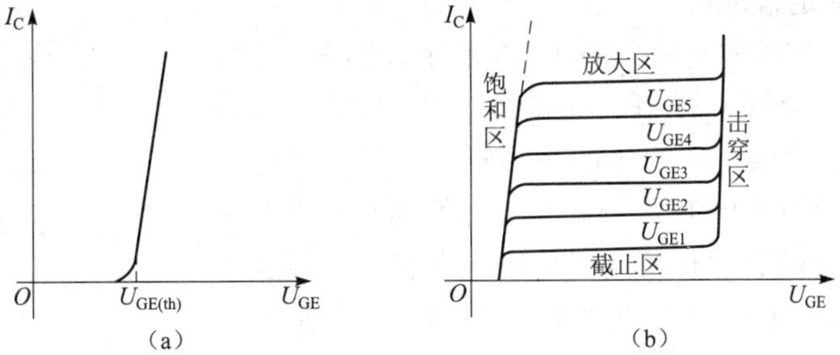

图 3-23　IGBT 的静态特性曲线

（a）转移特性；（b）输出特性

图 3-23（b）所示为以栅-源电压U_{GE}为参变量的 IGBT 正向输出特性，也称伏安特性（图中$U_{GE5}>U_{GE4}>U_{GE3}>U_{GE2}>U_{GE1}$），它与 GTR 的输出特性基本相似，也分为饱和区、放大区、击穿区和截止区。当$U_{GE}<U_{GE(th)}$时，IGBT 处于截止区，仅有极小的漏电流存在；当$U_{GE}>U_{GE(th)}$时，IGBT 处于放大区，在该区中，I_C与U_{GE}几乎呈线性关系而与U_{CE}无关，故又称线性区。饱和区是指输出特性比较明显弯曲的部分，此时集电极电流I_C与栅射电压U_{GE}不再呈线性关系。

（2）动态特性。IGBT 的动态特性也称开关特性，包括开通和关断两个部分，如图 3-24 所示。

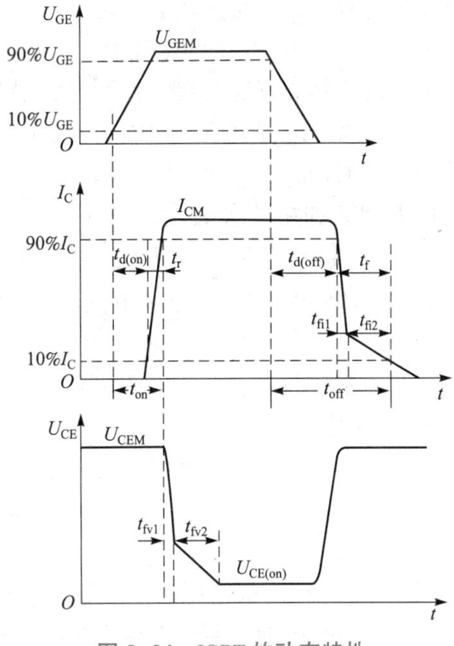

图 3-24　IGBT 的动态特性

IGBT 的开通时间t_{on}由开通延迟时间$t_{d(on)}$和电流上升时间t_r两部分组成。通常开通时间为 0.5~1.2 μs。IGBT 在开通过程中大部分时间是作为 MOSFET 工作的。只是在集-射极电压U_{CE}下降过程后期（t_{fv2}），PNP 晶体管才由放大区转到饱和区，因而增加了一段延缓时间，使集-射电压U_{CE}波形分成t_{fv1}和t_{fv2}两段。

IGBT 的关断过程是从正向导通状态转换到正向阻断状态的过程。关断过程所需要的时间为关断时间t_{off}。t_{off}包括关断延迟时间$t_{d(offf)}$和电流下降时间t_f两部分，在t_f内，集电极电流的波形分为t_{fi1}和t_{fi2}两段对应 IGBT 内部 MOSFET 的关断过程，两段时间内I_C下降较快；t_{fi2}对应于 IGBT 内 PNP 晶体管的关断过程，由于 MOSFET 关断后，PNP 晶体管中的存储电荷难以迅速消除，所以这段时间内I_C下降较慢，造成集电极电流较长的尾部时间。通常关断时间为 0.55~1.5 μs。

应该注意，关断过程中集-射电压 U_{CE}的变化情况与负载的性质有关。在电感负载的情况下，U_{CE}会陡然上升而产生过冲现象，IGBT 将承受较高的 du/dt 冲击，必要时应采取措施加以抑制。

3. IGBT 的锁定效应

IGBT 实际结构的等效电路如图 3-25 所示。图 3-25 所示 IGBT 内还存在一个寄生的 NPN 晶体管，它与作为主开关的 PNP 晶体管一起组成一个寄生的晶闸管。当集电极电流 I_C大到一定程度，寄生的 NPN 晶体管因过高的正偏置而导通，进而使 NPN 和 PNP 晶体管同时处于饱和状态，造成寄生晶闸管开通，导致 IGBT 栅极失去控制作用，这就是锁定效应。

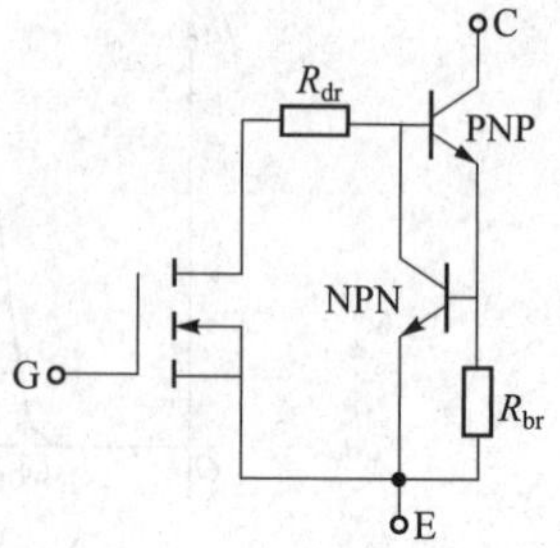

图 3-25　IGBT 实际结构的等效电路

由于I_C过大而产生的锁定效应称为静态锁定。此外，在 IGBT 关断过程中，因重加du_{CE}/dt过大而产生较大正偏压，使寄生晶闸管导通，称为动态锁定。这种现象在感性负载时更容易发生。

为了避免 IGBT 发生锁定现象，必须规定集电极电流的最大值，由于动态锁定所允许的集电极电流比静态锁定时要小，因此，最大集电极电流 I_{CM}是根据避免动态锁定而确定的，并且设计电路时应保证 IGBT 中的电流不超过 I_{CM}。此外，在 IGBT 关断时，栅极施加一定反压以减小重加 du_{CE}/dt。

4. IGBT 的主要参数

（1）集-射极击穿电压BU_{CES}。集射极击穿电压BU_{CES}决定了 IGBT 的最高工作电压，它是由器件内部的 PNP 晶体管所能承受的击穿电压确定的，具有正温度系数，其值大约为 0.63 V/℃，即 25 ℃时具有600 V击穿电压的器件、在-55 ℃时只有 550 V 的击穿电压。

（2）开启电压$U_{GE(th)}$。开启电压为转移特性与横坐标交点处的电压值，是 IGBT 导通的最低栅-射极电压。$U_{GE(th)}$随温度升高而下降，温度每升高 1 ℃，$U_{GE(th)}$值下降 5 mV 左右。在 25 ℃时，IGBT 的开启电压一般为 2~6 V。

（3）通态压降$U_{CE(on)}$。IGBT 的通态压降$U_{CE(on)}$决定了通态损耗。通常 IGBT 的$U_{CE(on)}$为 2~3 V。

（4）最大栅-射极电压U_{GES}。栅极电压是由栅氧化层的厚度和特性所限制的。虽然栅氧化层介电击穿电压的典型值大约为 80 V，但为了限制故障情况下的电流和确保长期使用的可靠性，应将栅极电压限制在 20 V 之内，其最佳值一般取 15 V 左右。

（5）集电极连续电流I_C和峰值电流I_{CM}。集电极流过的最大连续电流I_C即为 IGBT 的额定电流，其表征 IGBT 的电流容量，I_C主要受结温的限制。

为了避免锁定现象的发生，规定了 IGBT 的最大集电极电流峰值I_{CM}。由于 IGBT 大多工作在开关状态，因而I_{CM}更具有实际意义，只要不超过额定结温（150 ℃），IGBT 可以工作在比连续电流额定值大的峰值电流I_{CM}范围内，通常峰值电流为额定电流的 2 倍左右。

与 MOSFET 相同，参数表中给出的I_C为T_C = 25 ℃或T_C = 100 ℃时的值，在选择 IGBT 的型号时应根据实际工作情况考虑裕量。

5. IGBT 的安全工作区

IGBT 具有较宽的安全工作区。因 IGBT 常用于开关工作状态，开通时 IGBT 处于正向偏置；而关断时 IGBT 处于反向偏置，故其安全工作区分为正向偏置安全工作区（FBSOA）和反向偏置安全工作区（RBSOA）。

IGBT 的正向偏置安全工作区（FBSOA）是其在开通工作状态的参数极限范围。FBSOA 由最大集电极电流I_{CM}、最高集-射极电压U_{CEM}和最大功耗P_{CM}这 3 条极限边界线所围成。图 3-26（a)示出了直流和脉宽分别为 100 μs、10 μs 这 3 种情况下的 FBSOA，其中在直流工作条件下，发热严重，因而 FBSOA 最小；在脉冲电流下，脉宽越窄，其 FBSOA 越宽。

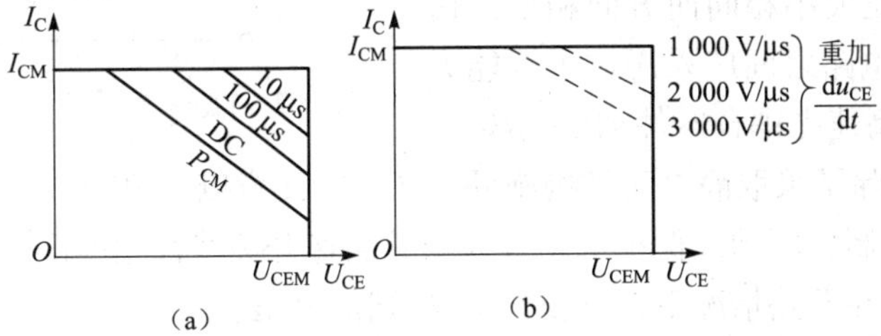

图 3-26　IGBT 的安全工作区

（a）FBSOA；（b）RBSOA

反向偏置安全工作区（RBSOA）是 IGBT 在关断工作状态下的参数极限范围，如图3-26（b)所示。RBSOA 由最大集电极电流I_{CM}、最大集-射极间电压U_{CEM}和关断时重加 du_{CE}/dt这 3 条极限边界线所围成。因为过高的 du_{CE}/dt 会使 IGBT 产生动态锁定效应，故重加 du_{CE}/dt 越大，RBSOA 越小。

6. IGBT 对驱动电路的要求

IGBT 是以 GTR 为主导元件、MOSFET 为驱动元件的复合结构，所以用于功率 MOSFET 的栅极驱动电路原则上也适合于 IGBT。

根据 IGBT 的特性，其对驱动电路的要求如下。

（1）提供适当的正、反向输出电压，使 IGBT 能可靠地开通和关断。当正偏电压（$+U_{GE}$）增大时，IGBT 通态压降和开通损耗均下降，但若 U_{GE}过大，则负载短路时其 I_C 随 U_{GE}增大而增大，对其安全不利，一般$+U_{GE}$选+12～+15 V 为最佳；负偏电压（$-U_{GE}$）可防止由于关断时浪涌电流过大而使 IGBT 误导通，但其受 G、E 极间最大反向耐压限制，一般取-5～-10 V。

（2）IGBT 的开关时间应综合考虑。快速开通和关断有利于提高工作频率，减小开关损耗。但在大电感负载下，IGBT 的开关时间不宜过短，原因在于高速开通和关断会产生很高的尖峰电压 Ldi_C/dt，极有可能造成 IGBT 自身或其他元件击穿。

（3）IGBT 开通后，驱动电路应提供足够的电压、电流幅值，使 IGBT 在正常工作及过载情况下不致退出饱和而损坏。

（4）IGBT 驱动电路中的电阻 R_G（图 3-27）对工作性能有较大的影响。R_G 较大，有利于抑制 IGBT 的电流上升率 di_C/dt 及电压上升率 du/dt，但会增加 IGBT 的开关时间和开关损耗；R_G 较小，会引起 di_C/dt 增大，使 IGBT 误导通或损坏。R_G 的选择原则是应在开关损耗不太大的情况下，选略大的 R_G。R_G 的具体数值还与驱动电路的结构及 IGBT 的容量有关，一般在几欧至几十欧，小容量的 IGBT 其 R_G 值较大。

（5）驱动电路应具有较强的抗干扰能力及对 IGBT 的保护功能。IGBT 为压控型器件，当集-射极加高压时很容易受外界干扰，使栅-射电压超过 $U_{GE(th)}$ 引起器件误导通。为了提高抗干扰能力，除驱动 IGBT 的触发引线应尽量短且应采用双绞线或屏蔽线外，在栅-射极间务必并接栅-射电阻 R_{GE}，如图 3-27 所示，一般取 R_{GE} =（1 000~5 000）R_G，R_{GE}应并在栅-射极最近处。VD_1、VD_2是为防止驱动电路出现高压尖峰而并联的两只稳压管，稳压值应与正偏栅压与负偏栅压大小相同而方向相反。信号控制电路与驱动电路之间应采用抗干扰能力强、传输时间短的高速光耦合器件加以隔离。

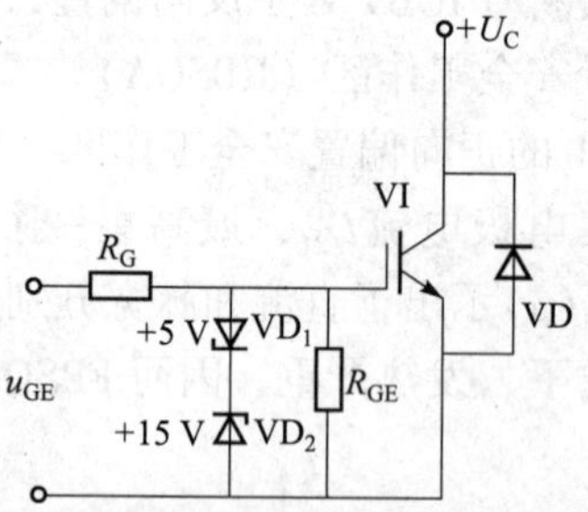

图 3-27　栅-射电阻与反串稳压管的并联电路

IGBT 在使用中除了采取静电防护措施外，还必须注意以下事项。

（1）IGBT 的控制、驱动及保护电路等应与其高速开关特性相匹配。

（2）当 G-E 端在开路情况下，不要给 C-E 端加电压。

（3）在未采取适当的防静电措施情况下，G-E 端不能开路。

7. IGBT 容量的选择

下面以逆变器中 IGBT 的容量选择为例介绍，介绍具体选择方法。

（1）电压额定值。IGBT 的额定电压由逆变器（交-直-交逆变器）的交流输入电压决定，因为它决定了后面环节可能出现的最大电压峰值。再考虑 2 倍裕量，即

元件的额定电压$=2\times\sqrt{2}\times$电网电压（单相为相电压，三相为线电压）

交流输入电压与 IGBT 额定电压的关系如表 3-1 所示。

表 3-1　交流输入电压与 IGBT 额定电压的关系

交流输入电压/V	180~220	380~440
IGBT 额定电压/V	600	1 000~1 200

（2）电流额定值。IGBT 的额定电流取决于逆变器的容量，而逆变器的容量与其所驱动的电动机密切相关。设电动机的输出功率为P，则逆变器容量为

$$S=\frac{P}{\cos\phi} \tag{3-7}$$

式中，$\cos\phi$ 为电动机功率因数。

由式（3-7）可得逆变器的电流有效值为

$$I=\frac{S}{\sqrt{3}U} \tag{3-8}$$

式中，U为交流电源电压有效值。

由于 IGBT 是工作在开关状态，故计算其电流额定值时，应考虑其在整个运行过程中可能承受的最大峰值电流I_{CM}，即

$$I_{CM}=\sqrt{2}IK_1K_2 \tag{3-9}$$

式中，K_1为过载系数（裕量），取 $K_1=2$；K_2为考虑电网电压波动等因素，取 $K_2=1.2$。

综合上述式子得

$$I_{CM}=\frac{P}{\sqrt{3}U\cos\phi}\cdot\sqrt{2}K_1K_2 \tag{3-10}$$

设逆变器所接交流电源电压为 220 V，该逆变器向 3.7 kW 电动机供电，电动机功率因数 $\cos\phi=0.75$，则该逆变器中的 IGBT 的最大峰值电流I_{CM}为

$$I_{CM}=\frac{3.7\times10^3}{\sqrt{3}\times220\times0.75}\times\sqrt{2}\times2\times1.2=44.5\ (A)$$

则该逆变器中 IGBT 的容量为 600 V、50 A。

IGBT 的型号举例如表 3-2 所示。

表 3-2 IGBT 的型号举例

项目 / 型号	集-射极电压 U_{CES}/V	栅-射极电压 U_{GE}/V	集电极电流 I_C/A，T=25℃	功耗 P_C/W	通态压降 $U_{CE(sat)}$/V	生产厂家
IRGPC40M	600	±20	40	160	2.0	美国 IR 公司
IRGPH40M	1 200	±20	31	160	3.4	美国 IR 公司
2MB150N-60	600	±20	50	250	2.8	日本富士
2MB150N-120	1 200	±20	50	400	3.3	日本富士
MG25N2S1	1 000	±20	25	200	3.0	日本东芝

8. IGBT 与 MOSFET 和 GTR 的比较

IGBT 与 MOSFET 和 GTR 的比较见表 3-3。

表 3-3 IGBT 与 MOSFET 和 GTR 的比较

特性 / 器件名称	达林顿 GTR	功率 MOSFET	IGBT
开关速度/μs	10	0.3	1~2
安全工作区	小	大	大
额定电流密度/（$A\cdot cm^{-2}$）	20~30	5~10	50~100
驱动功率	大	小	小
驱动方式	电流	电压	电压
高压化	易	难	易
大电流化	易	难	易
高速化	难	极易	易
饱和压降	低	高	低
并联使用	较易	易	易
其他	有二次击穿现象	无二次击穿现象	有锁定现象

3.1.5 智能型器件 IPM

IPM 是 IGBT 智能化功率模块，它将 IGBT 芯片、驱动电路、保护电路和钳位电路等封装在一个模块内，不但便于使用而且大大有利于装置的小型化、高性能化和高频化。

IPM 的结构框图如图 3-28 所示，这是由两个 IGBT 组成的桥路，集-射极间并有续流二极管。IGBT 为双发射极结构，其中小发射极是专为检测电流而设的，流过它的电流为集电极电流的 1/20 000~1/1 000，取样电阻 R 上的电压作为电流信号，该信号分别引入过电流和短路保护环节，从而精确可靠地保护 IGBT 芯片。另外，由于 IPM 模块结构使其内部布线短且合理，故线路杂散电感可忽略，即使对较大的 di/dt，也能将栅极电压有效抑制在开启电压以内，避免其误导通，而无须栅-射极间的反向偏置。

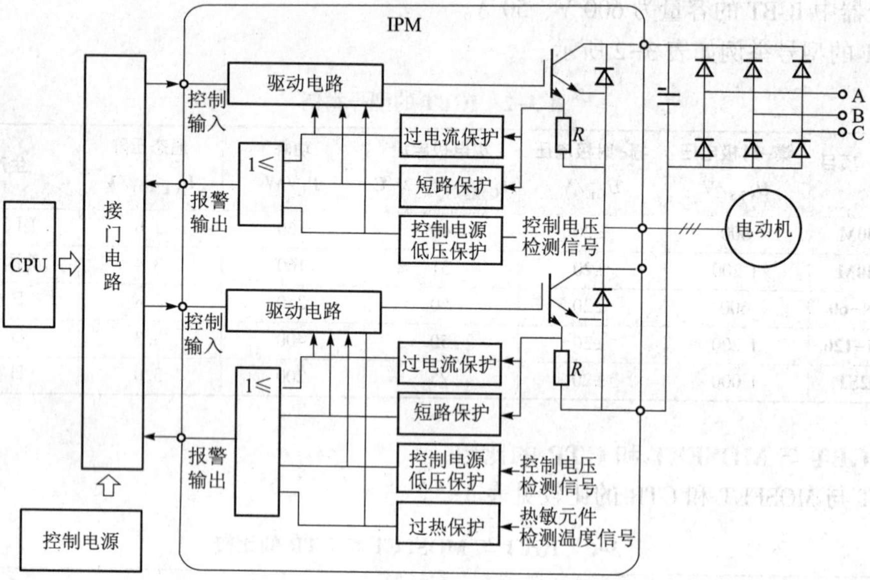

图 3-28　IPM 结构框图

IPM 设有过流和短路保护、欠电压保护，当工作不正常时，通过驱动电路封锁 IGBT 的栅极信号同时发出报警信号；过热保护是通过设置在 IPM 基板上的热敏器件检测 IGBT 芯片温度，当温升超过额定值时，通过驱动电路封锁栅极信号并报警。

控制系统和 IPM 的接口一般采用光耦合器隔离，为了防止干扰产生的误动作，模块还设有干扰滤波器。

IPM 的容量主要由模块中的 IGBT 决定，目前，IPM 的电流容量可达到 10~600 A，电压有 600 V 和 1 200 V，能控制 100 W 到 100 kW 的电动机。例如，日本的 PM150RRA060 型 IPM，其工作电压和电流分别为 $U_{CES}=600$ V、$I_C=150$ A，饱和压降 $U_{CE(sat)}=1.8$ V，绝缘耐压为 5 750 V。IPM 的发展方向是大容量、多功能及高频化。

3.2　直流斩波工作原理

直流斩波电路的功能是将一个恒定的直流电压变换成另一个固定的或可调的直流电压，也称 DC/DC 变换电路。它通过周期性地快速接通、关断负载电路，从而将直流电“斩”成一系列的脉冲电压，改变这个脉冲电压接通、关断的时间比，就可以方便地调整输出电压的平均值。直流斩波电路广泛应用于采用直流电机调速的电力牵引上，如采用直流供电的城市地铁车辆、工矿电力机车、城市无轨电车和采用蓄电池的各种电动车。

基本斩波电路原理如图3-29所示。R_d为负载，CH为斩波器，可由半控型的晶闸管构成，也可由GTO、GTR、IGBT等全控型器件构成，由于半控型器件需另加一套关断电路，导致电路复杂，并且可靠性差，斩波器的工作频率也比较低，现在一般很少采用。当斩波器CH接通时，电源电压U加到负载上，并持续时间t_{on}。当CH断开时，负载电压为零并持续时间t_{off}。斩波器的输出电压波形如图3-30所示，$T=t_{on}+t_{off}$为斩波器的工作周期，$\alpha=t_{on}/T$定义为占空比，则斩波电路输出电压的平均值为

$$U_d=\frac{t_{on}}{t_{on}+t_{off}}U=\frac{t_{on}}{T}U=\alpha U \tag{3-11}$$

由式（3-11）可知，改变导通时间t_{on}或导通周期T都可改变斩波器的输出电压。因此，斩波电路有3种电压控制方式。

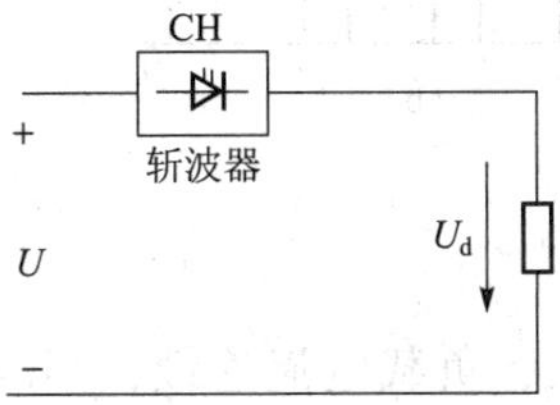

图3-29 直流斩波电路原理

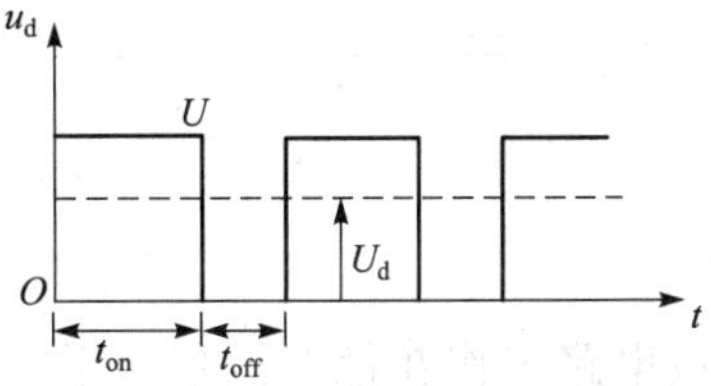

图3-30 斩波器输出电压波形

（1）定频调宽控制（脉冲宽度调制——PWM）。保持斩波周期T不变，只改变斩波器的导通时间t_{on}，这种控制方式的特点是，斩波器的基本频率不变，所以滤除高次谐波的滤波器设计比较简单。

（2）定宽调频控制（脉冲频率调制——PFM）。保持斩波器的导通时间t_{on}不变，只改变斩波周期T。这种控制方式的特点是，斩波回路和控制回路变得简单，但频率是变化的，因而滤波器的设计比较困难。

（3）调频调宽混合控制。这种控制方式不但改变斩波器的工作频率，而且改变斩波器的导通时间。这种控制方式的特点是可以大幅度地变化输出，但也存在着由于频率变化所引起的设计滤波器较困难的问题。

以上3种控制方法都是改变通断比，实现改变斩波器的输出电压。较常用的是改变脉宽。

3.3 基本直流斩波电路

3.3.1 降压斩波电路

图3-31（a）所示是一个实际的降压斩波电路原理。图中CH是一个采用全控型器件的斩波器，VD为续流二极管，用于在斩波器关断期间为电感性负载提供续流回路；L_d为平波电抗器，可使负载得到平滑的输出电流。由于$\tau<T$，所以$U_d<U$，即负载上得到的直流平均电压小于直流输入电压，故称为降压斩波器。图3-31（b）所示是负载电流连续工况下各

点波形图（假设电流 i_o 从 I_1 变化到 I_2）。降压斩波电路的典型用途是直流电动机调速，也可带蓄电池负载，两种情况下均为反电动势负载。

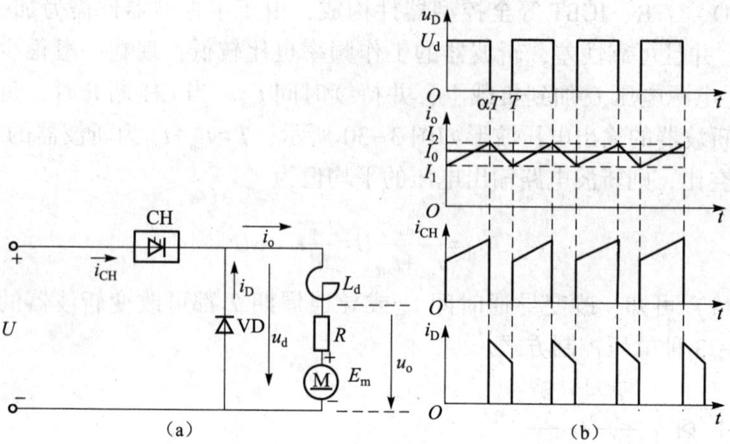

图 3-31　降压斩波电路及波形

（a）降压斩波电路；（b）电压、电流波形

假设电路工作在稳态过程，平波电抗器的电感足够大，负载电流连续，当 $t=t_{on}$ 期间，CH 导通，电源电压 U_d 加在平波电抗器及负载上，有

$$U_d=L_d\frac{\mathrm{d}i_o}{\mathrm{d}t}+U_o \tag{3-12}$$

即

$$U_d-U_o=L_d\frac{\mathrm{d}i_o}{\mathrm{d}t} \tag{3-13}$$

该电压加在平波电抗器上，使电感电流即负载电流线性上升，式（3-13）可改写为

$$U_d-U_o=L_d\frac{\mathrm{d}i_o}{\mathrm{d}t}=L_d\frac{I_2-I_1}{t_{on}} \tag{3-14}$$

$t=t_{off}$ 期间，CH 关闭，加在平波电抗器及负载回路的电压为零，即

$$L_d\frac{\mathrm{d}i_o}{\mathrm{d}t}+U_o=0 \tag{3-15}$$

由于电感电流不能突变，储存在电感上的能量经续流二极管继续向负载提供电流，此时负载电流线性下降，所以，式（3-15）可改写为

$$U_o=-L_d\frac{\mathrm{d}i_o}{\mathrm{d}t}=-L_d\frac{I_1-I_2}{t_{off}}=L_d\frac{I_2-I_1}{t_{off}} \tag{3-16}$$

比较式（3-11）及式（3-16）得

$$U_o=\alpha U_d \tag{3-17}$$

3.3.2　升压斩波电路

升压斩波电路的工作原理及波形如图 3-32 所示。电路中 L 和 C 分别为电感量很大的储能电感和电容量很大的储能电容。

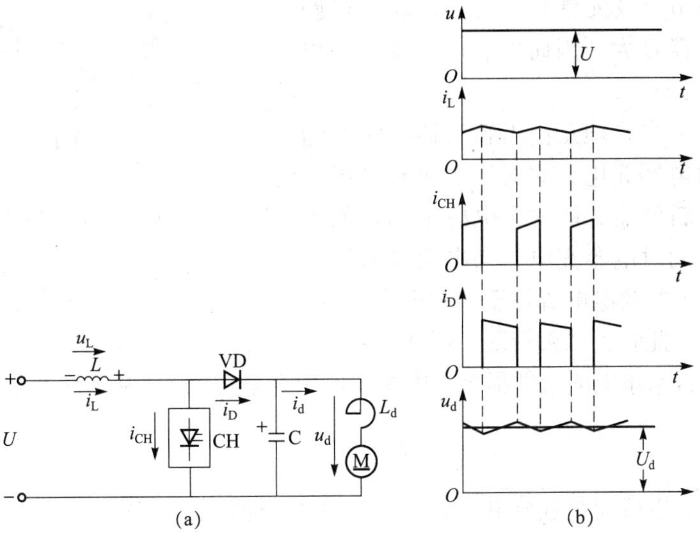

图 3-32 升压斩波电路及波形

（a）升压斩波电路；（b）电压、电流波形

当斩波器 CH 开通时，电源U向电感L充电，此时电感的自感电动势为左正右负；同时电容C向负载R放电。此时，隔离二极管因受电容反向电压而关断。

当斩波器 CH 关断时，电感L中的电流维持原来的方向不变，其自感电动势改变极性，变为左负右正，并和电源正向叠加，向电容充电，同时向负载供电。这样，斩波器导通时储存在电感中的能量便释放到负载和电容上。此时隔离二极管受正压而导通。

在t_{on}期间，电源电压U加在电感L上，电感充电，电流由I_1线性上升至I_2，有

$$U=L\frac{I_2-I_1}{t_{on}} \tag{3-18}$$

在t_{off}期间，电感放电，电流由I_2线性下降至I_1，有

$$U-U_d=L\frac{I_1-I_2}{t_{off}} \tag{3-19}$$

比较式（3-18）及式（3-19），得

$$Ut_{on}=(U_d-U)t_{off} \tag{3-20}$$

$$U_d=\frac{t_{on}+t_{off}}{t_{off}}U=\frac{T}{t_{off}}U=\frac{1}{1-\alpha}U \tag{3-21}$$

因$\alpha<1$，故由上式可知$U_d>U$，输出电压高于电源电压，故称此电路为升压斩波电路。

根据电路结构，负载上的输出电流为

$$I_d=\frac{U_d}{R}=\frac{1}{1-\alpha}\cdot\frac{U}{R} \tag{3-22}$$

3.3.3 升、降压斩波电路

升、降压斩波电路的工作原理如图 3-33 所示。它由降压式与升压式两种基本斩波电路

混合而成，电路组成及元件功能与升压斩波电路相似。电路中电容 C 大，因而电容电压即负载电压u_d的值变化很小。

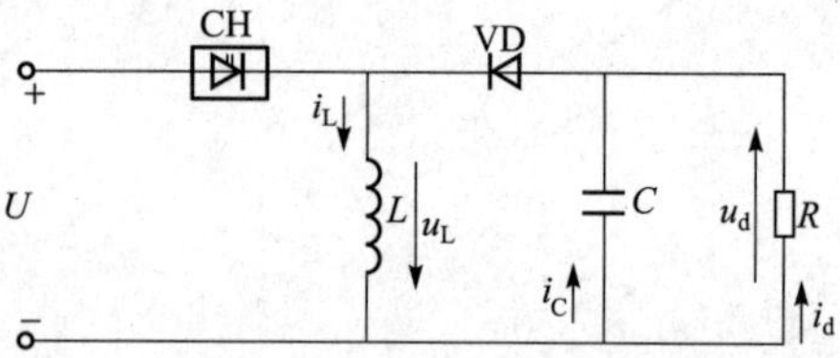

图 3-33　升、降压斩波电路

电路的基本工作原理是：当斩波器处于开通状态时，电源向电感充电，此时，二极管处于反偏关断状态。当斩波器关断时，电感中储存的能量向负载释放，同时电容充电。当电路进入稳定工作状态后，电感的放电电流等于 i_d，由于电感中的电流方向不能突然改变，电感两端的极性为上负下正。此时，二极管受正压开通。

在t_{on}期间，若忽略电路元件损耗，电源向电感充电，电流i_L从 I_1线性增大至 I_2，则

$$U=L\frac{I_2-I_1}{t_{on}} \tag{3-23}$$

而在t_{off}期间，电感向负载放电，电流i_L从I_2线性下降至I_1，则

$$U_d=L\frac{I_1-I_2}{t_{off}} \tag{3-24}$$

比较式（3-23）及式（3-24），有

$$Ut_{on}=-U_d t_{off} \tag{3-25}$$

$$U_d=-\frac{\alpha}{1-\alpha}U \tag{3-26}$$

式（3-26）表明，升、降压斩波电路的输出电压与电源电压反相；当$\alpha=0.5$ 时，$U_d=U$；当$\alpha>0.5$ 时，为升压斩波电路；当$\alpha<0.5$ 时，为降压斩波电路。整个电路起到直流“变压器”的作用。

3.4　其他直流斩波电路

3.4.1　双象限斩波电路

在电力拖动及电力牵引中，常要求电机既能运行于电动机状态，又能进行再生制动，即电机电流可以是正的也可以是负的，能够进行两个方向的流动。前面介绍的降压斩波电路在拖动直流电机时，电机作为电动机运行，工作于第一象限，而升压斩波电路中，电机作为发电机运行，工作于第二象限。在两种情况下，电机电枢电流的方向是不同的，但均只能单方向流动。如果将降压斩波电路和升压斩波电路组合在一起，就可构成电流可逆斩波电路。

1. 桥臂式双象限斩波电路（A 型双象限斩波电路）

桥臂式双象限斩波电路如图 3-34 所示。在该电路中，斩波开关 CH_1和续流二极管 VD_1构成降压斩波电路，斩波开关 CH_2和续流二极管 VD_2构成升压斩波电路。这样，该电路就可以使电源与负载电机之间的功率流向是可逆的。当$\alpha U>E$时，功率流向是从电源到电机，电机运行于电动机状态，工作于第一象限；当$\alpha U<E$时，功率流向改变，电机变为再生制动

工况运行，工作于第二象限。对于电流可逆斩波电路，封锁 CH_2的触发脉冲，使 CH_1和 VD_1作为降压斩波器工作，将电源的功率传递给电机，控制 CH_1的导通比可以调节电机的转速；而封锁 CH_1的触发脉冲，使 CH_2和 VD_2作为升压斩波器工作，将电机的功率传递给电源，控制 CH_2的导通比可以调节电机的制动功率。

无论上述哪种运行工况，负载回路端电压 u_d 的波形总处于时间轴的上方，也就是说，E 的方向总是正的。而电枢电流的方向 i_d 可正可负，这取决于αU与E的比值，若$\alpha U>E$，则电枢电流i_d的方向为正；若$\alpha U<E$，则电枢电流 i_d 的方向为负。

需要注意的是，若 CH_1和 CH_2同时导通，将导致电源短路，进而会损坏电路中的开关器件或电源，因此，必须防止出现这种情况。

2. 混合桥式双象限斩波电路（B 型双象限斩波电路）

混合桥式双象限斩波电路如图 3-35 所示。该电路有 4 种工作模式。

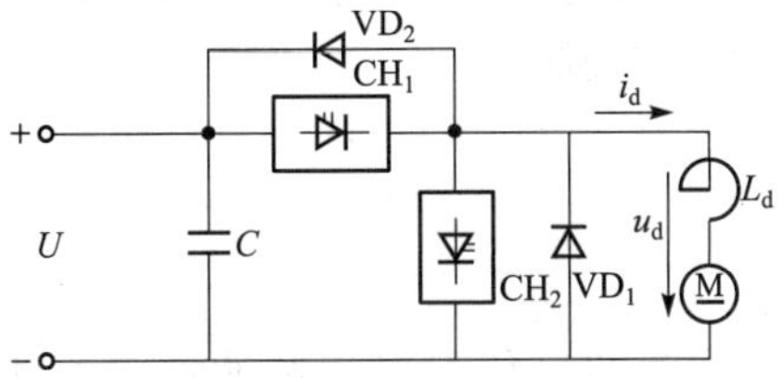

图 3-34　桥臂式双象限斩波电路

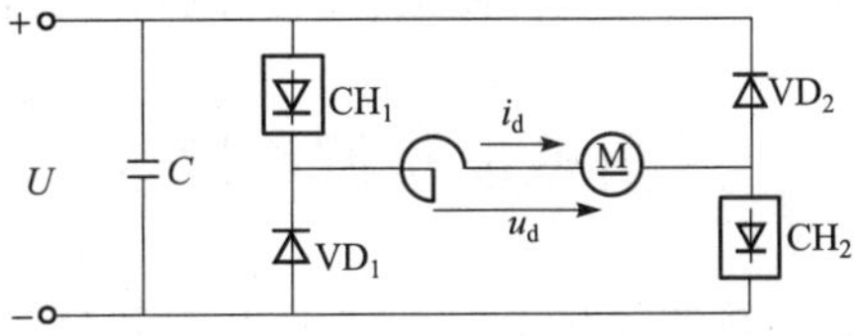

图 3-35　混合桥式双象限斩波电路

（1）CH_1、CH_2两斩波开关同时导通，这时 u_d为正，且$\alpha U>E$，能量流向为从电源到负载；i_d为正，电机吸收功率。

（2）其中的一个斩波器 CH_1和续流二极管 VD_2同时导通，负载电路被短接，$u_d=0$，不管 E 是正还是负，负载电流i_d均经这两个导通管续流。

（3）VD_1、VD_2两二极管同时导通，这时 E_m 为负，而且必须$\alpha U<|E|$，功率流向为从电机到电源，把电能反馈到电网去。

（4）斩波器 CH_2和续流二极管 VD_1同时导通，负载电路被短接，$u_d=0$，不管E是正还是负，负载电流i_d均经这两个导通管续流。

由以上分析可知，斩波电路工作在第一、第二模式时，负载电压u_d为正，负载电流 i_d 也为正，斩波电路工作在第一象限；斩波电路工作在第三、第四模式时，负载电压u_d为负，负载电流为正，斩波电路工作在第四象限。因此，混合桥式双象限斩波电路为一、四象限斩波器。

3.4.2　四象限斩波电路

电流可逆斩波电路虽可使电动机的电枢电流可逆，实现电动机的双象限运行，但它提供的电压极性是单向的。当需要电动机进行正、反转运行以及既可运行于电动机状态又可运行于制动状态时，就必须将两个双象限斩波电路组合起来，分别向电动机提供正、反向电压，成为一个四象限斩波器。

四象限斩波电路如图 3-36 所示。

如果 CH_4 始终导通，CH_3 始终关断，则 CH_1、VD_1、CH_2、VD_2 就构成一个 $u_d>0$，i_d 可为正、负的第一、第二象限斩波器。此时，CH_1 和 VD_2 构成降压斩波电路，由电源向电机供电，电机做电动机运行，工作在第一象限；CH_2 与 VD_1 构成升压斩波电路，电机向电源返送能量，电机作再生制动运行，工作在第二象限。值得注意的是，CH_1 与 CH_2 不能同时导通；否则会造成短路故障。

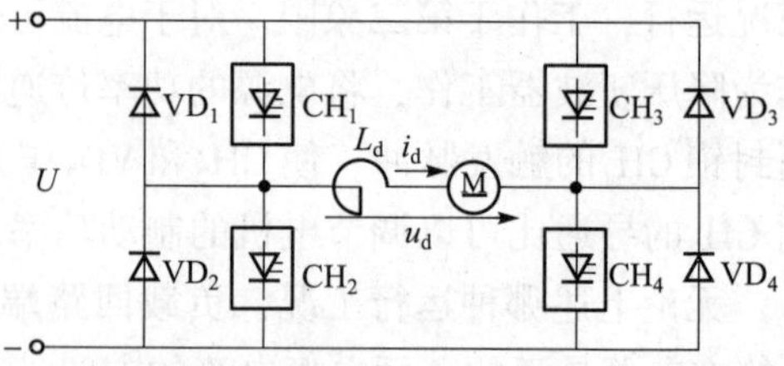

图 3-36　四象限斩波电路

如果 CH_2 始终导通，CH_1 始终关断，则 CH_3、VD_3、CH_4、VD_4 就构成一个 $u_d<0$，i_d 可为正、负的第三、第四象限斩波器。

这样，斩波电路便能使直流电机实现正向拖动、正向制动、反向拖动、反向制动 4 种工作状态，实现电机在正、反向的转矩方向和转矩大小的控制。

3.4.3　多相多重斩波电路

采用斩波器供电时，电源电流和负载电流都是脉动的，负载电压和滤波电容两端电压也是脉动的，它们的脉动量正比于 $1/f$（f 是斩波频率）。因此，在负载电流脉动系数已知的情况下，平波电抗器所需的电感量正比于 $1/f$。提高斩波频率 f 就可以减小平波电抗器的体积与重量。在电源电流脉动系数已知的情况下，输入滤波器的电感与电容量的乘积 $L_F C_F$ 正比于 $1/f$，即输入滤波器的体积与重量正比于 $1/f$。由此可见，斩波器的工作频率越高越好，但斩波频率的提高受到开关器件的开关频率限制。另外，在大功率的应用场合，往往单个开关器件的容量难以满足应用的要求，器件的串、并联又可能带来其他技术问题，如器件的均压和均流等。因此，常采用多相多重斩波电路来提高斩波器的工作频率。

这里所指的“相”是指从电源侧看不同相位的斩波回路数，而“重”是指从负载侧看不同相位的斩波回路数。按照这个定义，在图 3-37 所示的电路中，两个降压斩波电路单元并联在同一个电源和同一个负载之间，因此，它是一个二相二重斩波电路。图中，CH_1 和 CH_2 具有相同的斩波周期 T，导通时间 t_{on} 和占空比 α 也相同，但相位差相差 $T/2$。

多相多重斩波电路具有以下特点。

（1）输出电流脉动率减小，有利于电机的运行。

（2）平波电抗器的重量和体积可明显降低。

（3）滤波器的效果会增加。

（4）线路较单个斩波电路复杂，尤其是控制电路。

（5）由单个斩波器并联构成，总的可靠性可提高。

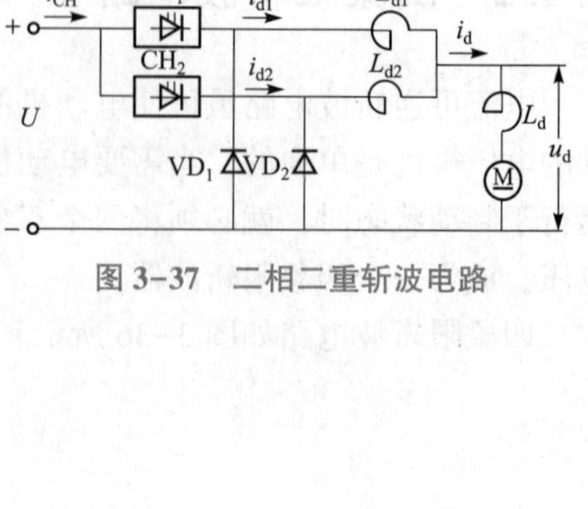

图 3-37　二相二重斩波电路

3.5 直流斩波电路应用

图3-38所示为TCG-1型无轨电车主电气主电路原理图，它主要适用于ZQ-60、DQ-14/86、ZQ-90直流牵引电动机，斩波器的工作频率为125 Hz，直流电源输入电压为600 V。

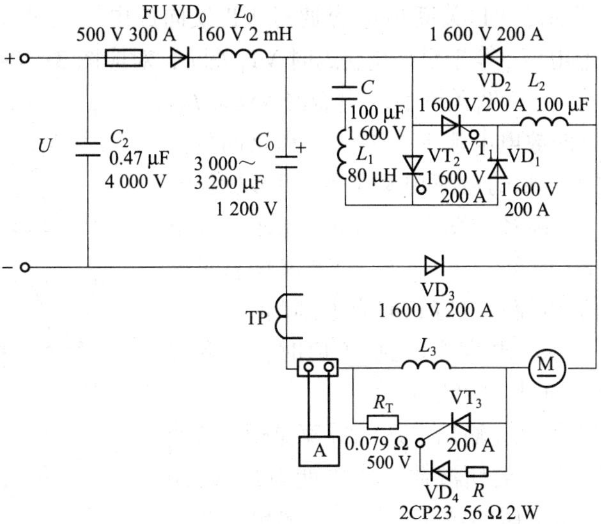

图3-38 TCG-1型无轨电车主电气主电路原理图

1. 直流斩波器工作原理

VT_1为斩波器主晶闸管，VT_2为斩波器辅晶闸管，C和L_1组成振荡电路，与VD_1、VD_2、L_2组成VT_1管的换流关断电路。工作过程如图3-39所示。

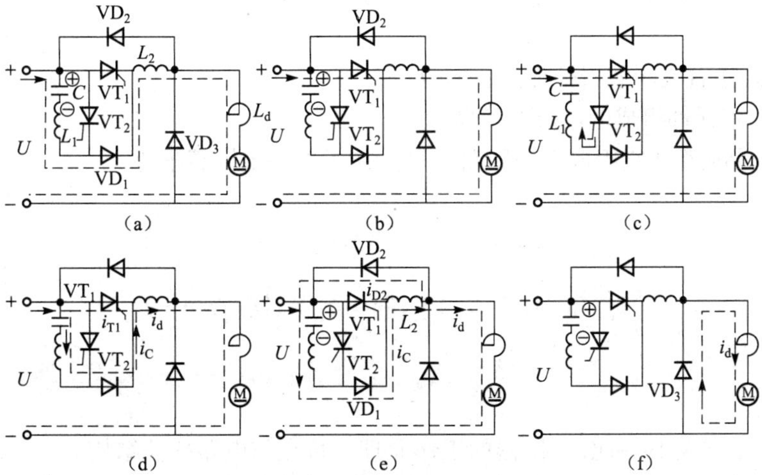

图3-39 脉冲宽度控制直流斩波电路工作过程

如图3-39（a）所示，接通电源，VT_1、VT_2均未触发，电源通过L_1、VD_1及负载对C充电到U值，如图3-39中虚线所示，对应图3-40中t_1之前的时间。

如图3-39（b）所示，t_1时刻触发VT_1导通，电源加到负载端，VT_1流过负载电流I_d，由于VD_1的存在，电容无法放电，VT_2继续受正压，对应图3-40中$t_1\sim t_2$时间。

如图3-39（c）所示，脉冲U_{g2}触发VT_2导通，振荡电路L_1、C与VT_2形成通路，电容经VT_2、L_1放电，然后反充电，使电容电压极性从$+U$变为$-U$，对应图3-40中t_0时刻，电容电压已反充电到$-U$，电容电流下降到零，VT_2自行关断。在t_3时刻前VT_1管继续导通，向负载输出电流。

如图3-39（d）所示，VT_2关断后电容通过VT_1反向放电，流过VT_1的电流开始减小，当流过VT_1的反向放电电流i_C等于负载电流I_d时VT_1关断，对应图3-40中t_4时刻。

如图3-39（e）所示，VT_1关断后，电容经VD_1、L_2、VD_2回路继续放电，反向放电电流继续增大，在反向放电电流增大到最大值之前，L_2的自感电动势给VT_1以反压，反压持续时间为t_0，电流路径如图3-39（e）所示。当电容电流i_C达到最大值（t_5时刻）后，VT_1、VT_2又恢复承受正压，$t_5\sim t_6$期间，负载电流对电容正向充电到U值。

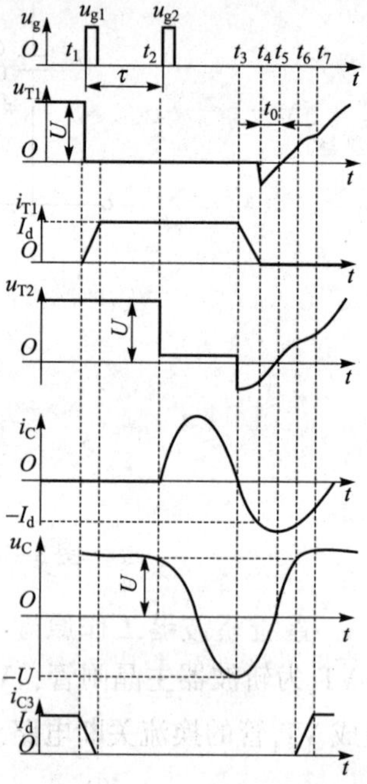

图3-40　斩波器换流波形

如图3-39（f）所示，电容充电到$+U$值时，电源停止输入电流，负载电流通过VD_3续流。

从斩波器工作过程可见，输出电压的脉宽是通过VT_2触发导通的时刻来控制的。若斩波器工作周期为T，u_{g2}距u_{g1}的间隔τ增大，则输出电压的脉宽也增大，输出直流电压的平均值越高；反之τ缩小则脉冲变窄，电压平均值也就减小。

2. 主电路中各元件的作用

L_0和C_0组成输入滤波器，起到维持直流斩波器输入端电压稳定和降低输入电流脉动量的作用，同时也减少对通信线路的干扰。

VD_0用于防止直流斩波器被加上反向电压。

TP为由霍尔元件组成的电流变换器。

电阻R_T和晶闸管VT_3组成消磁回路，目的在于进一步提高车速。

实训3.1　直流斩波电路研究

1. 实训目的

（1）掌握单开关DC-DC变换器的工作原理、特点与电路拓扑结构。

（2）熟悉单开关DC-DC变换器连续与不连续工作模式的工作波形。

（3）掌握DC-DC变换器的调试方法。

2. 实训原理线路及原理

电路工作原理如图3-41所示，电路工作原理如前所述。IGBT驱动电路原理如图3-42所示。

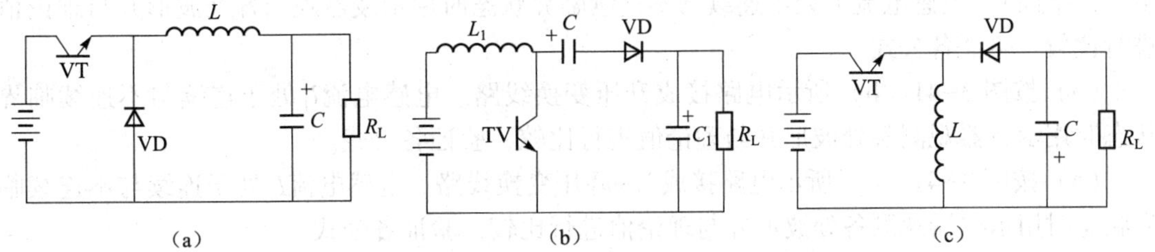

图 3-41　直流斩波电路原理

（a）降压斩波电路；（b）升压斩波电路；（c）升-降压斩波电路

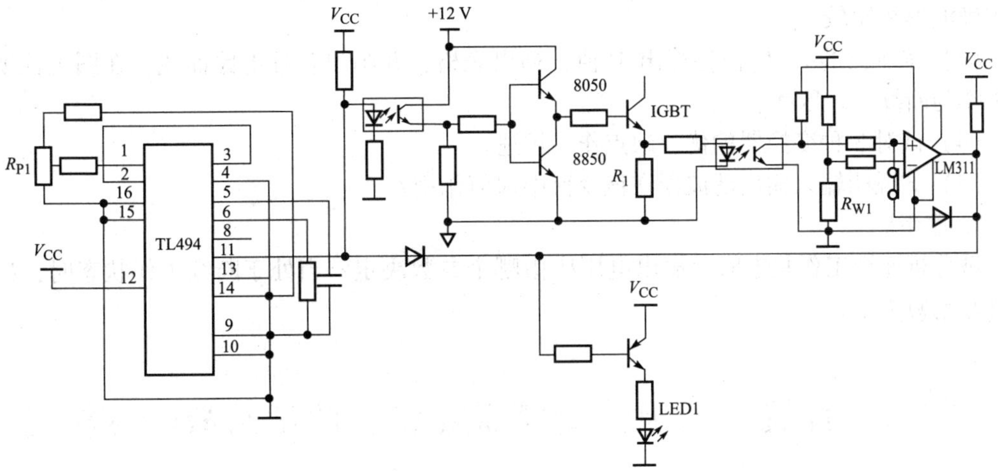

图 3-42　IGBT 驱动电路原理

R_{P1}—占空比调节；LED1—过流报警指示；R_1—电流采样电阻；R_{W1}—过流值调节电位器

3. 实训内容

（1）连接线路，构成一个 DC-DC 变换器。

（2）调节占空比，测出电感电流I_L处于连续与不连续临界状态时的占空比α，并与理论值相比较。

（3）测出连续与不连续工作状态时的u_{GE}、u_{CE}、i_C、u_L、i_L、u_D、i_D等波形。

（4）测出直流电压增益 $M=U_d/U$与占空比α的函数关系。

（5）测试输入输出滤波环节分别对输入电流I与输出电流I_d的影响。

4. 实训设备

（1）XKDL23 实验箱。

（2）万用表。

（3）示波器。

（4）XKDL09 可调电阻箱。

5. 实训方法

（1）检查 PWM 信号发生器与驱动电路工作状况，观察信号发生输出与驱动电路的输出波形是否正常，如有异常现象，则先设法排除故障。

（2）按图 3-41（a）所示电路接成降压变换线路（图中 R_L 采用 XKDL09 中 900 Ω 电

阻，以下同）。电感电流 I_L处于连续与不连续临界状态时用示波器观测各处波形并与理论值进行比较，验证各公式。

（3）按图 3-41（b）所示电路接成升压变换线路。电感电流I_L处于连续与不连续临界状态时用示波器观测各处波形并与理论值进行比较，验证各公式。

（4）按图 3-41（c）所示电路接成升-降压变换线路。电感电流I_L处于连续与不连续临界状态时用示波器观测各处波形并与理论值进行比较，验证各公式。

6. 实训报告

（1）列出各种电路I_L连续与不连续临界状态时的占空比α，并与理论值相比较。

（2）画出各种电路连续与断续时的u_{GE}、u_{CE}、i_C、u_L、i_L、u_D、i_D等波形，并与理论上的正确波形相比较。

（3）按所测的α、U_d值计算出 M 值，列出表格，并画出各种电路曲线。在图上注明连续工作与断续工作区间。

（4）试对 3 种变换器的优、缺点作一评述。

（5）试说明输入输出滤波器在该变换中起何作用？

7. 思考题

试分析连续工作状态时，输出电压U_d由哪个参数决定？当处于断续工作状态时，U_d又由哪些参数决定？

实训 3.2　直流电源极性变换器安装、调试及故障分析处理

1. 实训目的

（1）熟悉直流电源极性变换器的工作原理及电路中各元件的作用。

（2）掌握直流电源极性变换器的安装、调试步骤及方法。

（3）对直流电源极性变换器中故障原因能加以分析并能排除故障。

（4）熟悉示波器的使用方法。

2. 实训设备

（1）直流电源极性变换电路的底板：1 块。

（2）直流电源极性变换电路元件：1 套。

（3）万用表：1 块。

（4）示波器：1 台。

（5）烙铁：1 只。

3. 实训线路与原理

在电子线路设计中，经常需要正、负双电源供电，而有时电路中往往只能提供一个电源，这时就需要通过电源变换产生另一个反极性电源，从而组成双电源供电系统。这类电路已经有多种专用的集成芯片可以选用，如 MAX736 系列、MAX735 系列、MAX764 系列、MIC2194 系列等，这里介绍采用 MAX736 系列芯片构建电路来完成电源极性和电压的变换。

MAX736 系列（MAX736/737/739/759）是美国 MAXIM 公司生产的小型 DC/DC 变换

器，该系列是内部带有功率 MOSFET 的 CMOS 逆变开关稳压器。当输入电压为+4.5 V 时保证有 1.25 W 的输出功率；当输入电压为+12 V 时保证有 2.5 W 的输出功率，MAX739 静态电流典型值为 1.7 mA，关断状态电流降到 1 μA。其输入电压为 +4 ~ +15 V，输出电压可以是 −5 V（MAX739）、−12 V（MAX736）、−15 V（MAX737）或连续可调（MAX759），具有 165 kHz 的开关频率、良好的动态和暂态特性。该系列变换器组成的各种开关电源和控制系统具有结构简单、维修方便、价格低廉等特点。MAX736 系列芯片管脚配置如图 3-43 所示。管脚说明如表 3-4 所示。

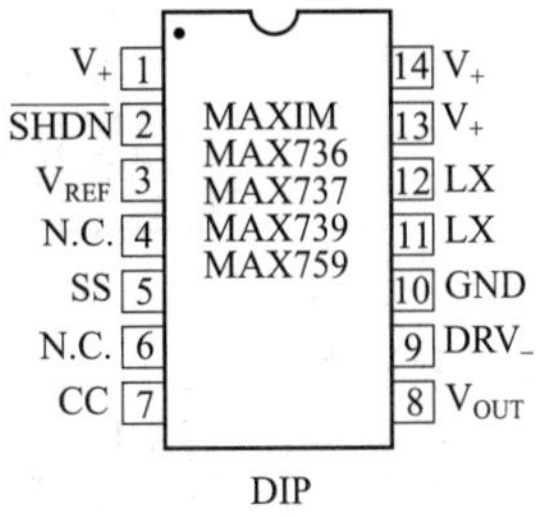

图 3-43　MAX736 系列芯片管脚配置

表 3-4　MAX736 系列芯片管脚说明

管脚	名称	功　能
1，13，14	V_+	电源电压正极输入端，所有 V_+ 接在一起，在 V_+ 和地之间有旁路电容 0.1 μF
2	$\overline{SHDN}$	关断控制，和 V_+ 相连为正常状态，和地相连为关断状态
3	V_{REF}	基准电压输出，为 1.23 V，为外部负载提供 125 μA 电流
4，6	N. C.	空脚
5	SS	软启动
7	CC	补偿输入，为误差放大器的输入端，且保持在实际上的接地，MAX759 的 CC 脚接外部电阻分压器
8	V_{out}	输出电压反馈端，在 MAX736/737/739 中连接到一个内部电阻，而在 MAX759 中则不连接
9	DRV_-	负载驱动电压输入端，是驱动功率场效应管的推挽级电源线负端
10	GND	地线
11，12	LX	开关脉冲输出端，即一个内部 P 沟道 MOSFET 的漏极，应用时所有 LX 连接一起

MAX736 系列内部结构如图 3-44 所示。MAX736 系列包含一个电流型 PWM 和一个 1.5 A 的 P 沟道功率开关管 MOSFET。电流型 PWM 控制提供了优良的线路瞬变响应特性和交流稳定性。开关管是一种具有电流检测功能的 MOSFET，它从整个电源中分离出一小部分作为电流极限值检测。过流检测电阻 R_S 与过流比较器的反相输入端以及同相端相连，当检测电阻上的压降超过过流比较器门限值时，过流比较器输出低电平。电流检测放大器的两个输入端也接到检测电阻 R_S 上，与比较器的两个输入端并联。电流检测放大器的输出送至斜率比较器的输入端，与斜波发生器送出的锯齿波信号叠加。欠电压比较器的一个输入端接 3.7 V 基准电压，另一个输入端接电源 V_+ 端用来监控电源电压，当输入电压低于 3.7 V 时封锁芯片的输出，当输入电压回复到 4 V 以上时，芯片会重新软启动投入工作。振荡器产生 165 Hz 的振荡频率送至 RS 触发器的 S 端。

根据实际应用需要，电路可设计为电流连续型（CCM）或电流断续型（DCM）工作状态。在连续方式时，电感中的电流不会衰减到零，在断续方式时，电感中的电流斜度很陡峭，因而晶体管关断时间结束之前它衰减到零。连续方式能够提供最大负载电源，而且噪

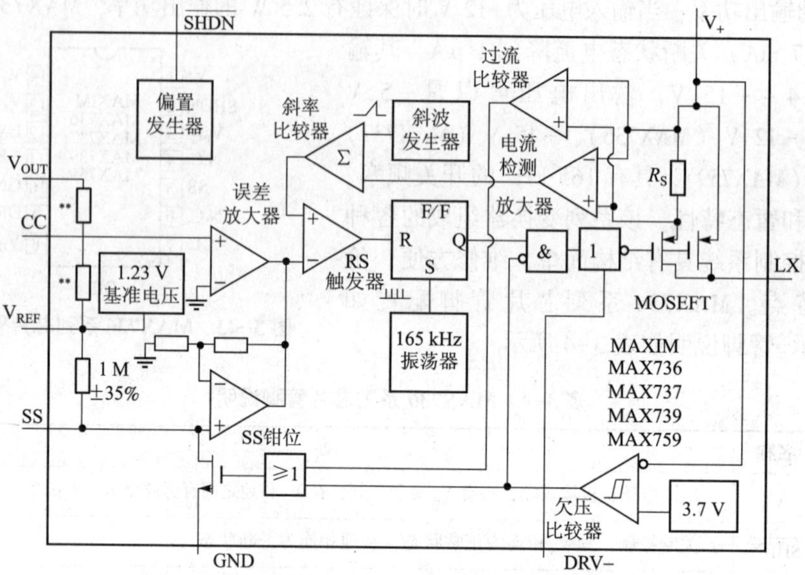

图 3-44　MAX736 系列内部结构框图

声也比断续方式低些，因为不会出现电感中电流到达零时所发生的衰减振荡，但是断续方式却可以使用较小容量的电容器。

电路中反馈稳定性的初级补偿是由滤波电容和负载电阻形成的主导极点提供的。输出滤波电容的等效串联电阻（ESR）在环路中引入了零点影响环路的稳定。实际应用中要求在最小电源电压和满负载时，滤波电容 C_2 的容量为 150 μF，等效串联电阻（ESR）的最大值为 0.5 Ω；在高输入电压、小电感量（电感应小到足以使电路工作在 DCM 状态）或者输出电流低于满负载时，可降低滤波电容的容量，此时选小容量的表面贴装电容即可满足要求（因为它具有很低的 ESR）。

加到软启动（SS）脚的电压限制了开关电流峰值的极限值，利用电容能够使 SS 脚获得所要求的电压，该脚通过内部 1 MΩ 的电阻连接到 V_{REF}。通过钳位 SS 脚上的电压小于 U_{REF}，由外部设定电流的最大值不超限。无论是欠压封锁还是过流故障，都将触发一个内部晶体管，使 SS 脚的电容泄放到地，开始一个软启动周期。在实际应用电路中，SS 脚上的电容典型值为 0.1 μF。若启动时电感电流峰值较小，这个电容可以省略。

内部的欠压封锁比较器设定电压典型值为 3.7 V（保证 4 V），电压回差 0.25 V。欠压时内部控制逻辑使输出功率 MOSFET 为关断状态，直到电源电压升到欠压阈值以上，才开始软启动周期。

MAX736 的典型应用电路——直流电源极性变换器，如图 3-45 所示。在整个工作温度范围内，MAX736 芯片的外围典型元件选择如下：L_1 = 10 μH，C_1 = 0.1 μF，C_2 = 33 μF（16 V），C_3 = 22 μF（20 V），C_4 = 0.1 μF，C_5 = 33 μF（20 V）。注意其中的 C_2 和 C_5 必须是低 ESR 电容。当输入电压 U_{IN} ≥ 4.5 V 时，该电路将能够提供 100 mA 输出电流。当 V_+ 为 6 V 时，MAX736 将可以提供 125 mA 的输出电流。VD_1 为 IN5818，VD_2 为 IN4690。

4. 实训内容与步骤

（1）电路连接。

① 元件布置图和布线图。根据图 3-45 所示电路画出元件布置图和布线图。

② 元器件选择与测试。根据图 3-45 所示电路图选择元器件并进行测量。

③ 焊接前准备工作。将元器件按布置图在电路底板焊接位置上做引线成形。弯脚时，切忌从元件根部直接弯曲，应将根部留有 5~10 mm 长度以免断裂。引线端在去除氧化层后涂上助焊剂，上锡备用。

④ 元器件焊接安装。根据电路布置图和布线图将元器件进行焊接安装。

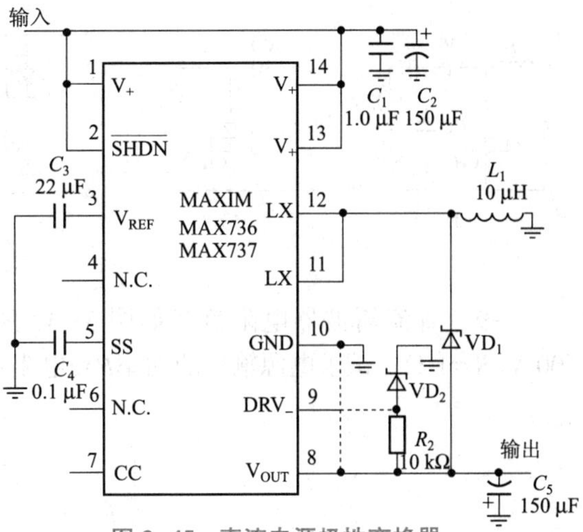

图 3-45　直流电源极性变换器

（2）电路性能的调试。

① 通电前的检查。对已焊接安装完毕的电路板根据图 3-45 所示电路进行详细检查。重点检查芯片的管脚是否正确。输入端、输出端有无短路现象。

② 通电调试。

（3）电路故障分析及处理。

直流电源极性变换器电路在安装、调试及运行中，由元器件及焊接等原因产生故障，可根据故障现象，用万用表、示波器等仪器进行检查测量，并根据电路原理进行分析，找出故障原因并进行处理。

5. 实训注意事项

（1）注意元件布置要合理。

（2）焊接应无虚焊、错焊、漏焊，焊点应圆滑、无毛刺。

（3）焊接时应重点注意芯片各元件的管脚。

6. 实训报告

（1）讨论并分析实训中出现的现象和故障。

（2）写出本实训的心得与体会。

习题和思考题

习题：直流斩波电路

3-1　试述双极型晶体管产生一次击穿的原因。

3-2　全控型开关器件 GTR、IGBT、MOSFET、达林顿管中，用于电流型驱动的开关管的是哪几种？属于电压型驱动的是哪几种？

3-3　全控型开关器件的缓冲电路的主要作用是什么？

3-4　直流斩波电路有哪些控制方式？

3-5　斩波器一般由哪些类型的电力电子器件构成？为什么？

3-6　试分析降压、升压、升-降压斩波器的特点。

3-7　多重多相斩波器有何优点？

3-8　说出图 3-46 所示的斩波器分别运行在第几象限。

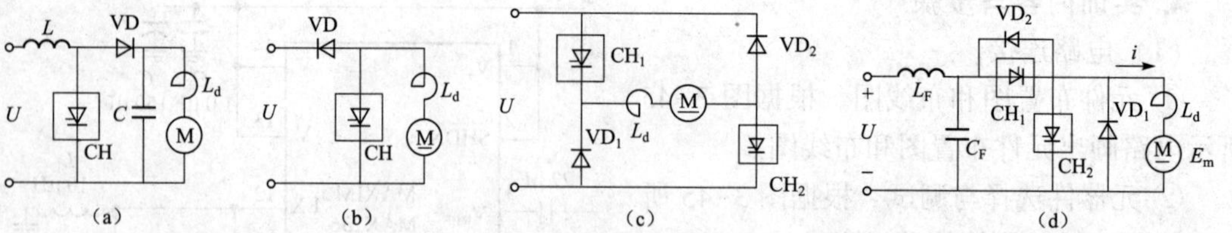

图3-46　习题3-8用图

3-9　直流斩波器电阻负载如图3-47所示，已知导通比$\alpha=1/4$，$f_{CH}=125$ Hz，$E=100$ V，$R=1\ \Omega$，试求电源输出的功率P和电阻消耗的功率P_R。

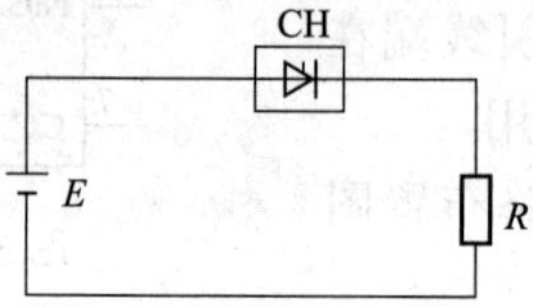

图3-47　习题3-9用图

单元 4

交流调压电路

学习目标：

(1) 掌握双向晶闸结构、符号及选型。

(2) 能检测双向晶闸管。

(3) 掌握交流调压、交流调功等工作原理。

(4) 了解交流电力电子开关原理。

(5) 了解交流调压电路的应用。

(6) 具有电风扇无极调速器制作与检修能力。

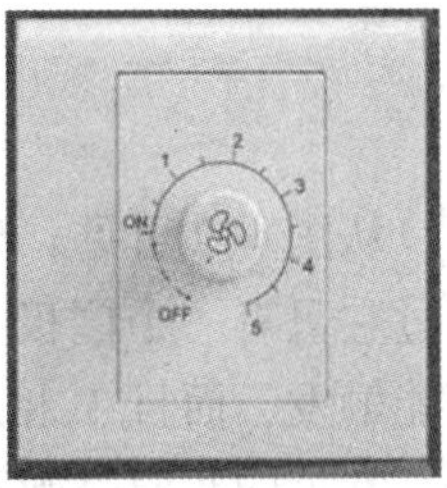

教学载体：电风扇无级调速器。

交流变换电路是把电网提供的正弦交流电的幅值、频率和相数进行控制和变换。按其对电能变换的功能，可分为交流调压电路和变频电路。前者不改变交流电的频率，只改变其电压。它是按一定规律控制交流调压电路开关的通、断，来控制输出负载电压。而变频电路是用于改变交流电能频率的，一般还可同时改变电压。

4.1 双向晶闸管

4.1.1 双向晶闸管的结构和特征

1. 双向晶闸管的结构

双向晶闸管的外形与普通晶闸管类似，是一种派生的晶闸管器件。有塑封式、螺栓式、平板式。其内部是一种 NPNPN 这 5 层结构的三端器件。有两个主电极 T_1、T_2，一个门极 G，其外形如图 4-1 所示。

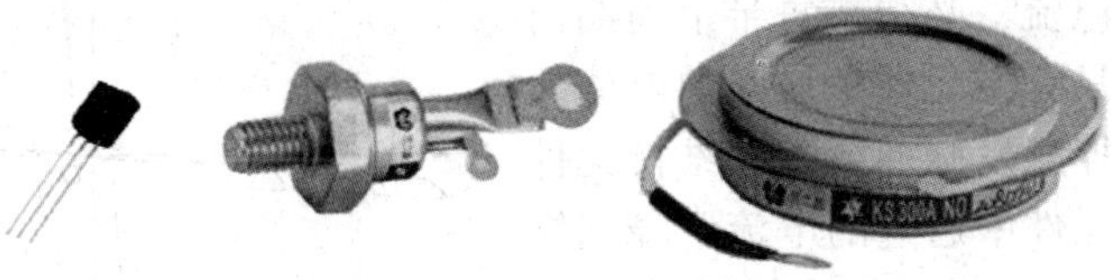

(a) (b) (c)

图 4-1 双向晶闸管的外形

(a) 小电流塑封式；(b) 螺栓式；(c) 平板式

双向晶闸管的内部结构、等效电路及图形符号如图 4-2 所示。

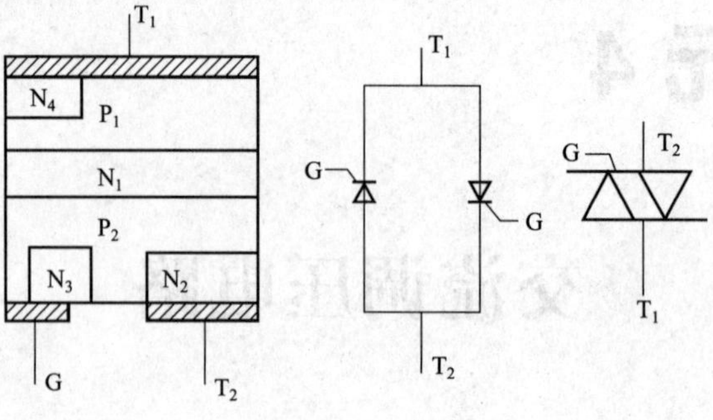

图 4-2　双向晶闸管内部结构、等效电路及图形符号

(a) 内部结构；(b) 等效电路；(c) 图形符号

从图 4-2 可见，双向晶闸管相当于两个单向晶闸管反向并联（$P_1N_1P_2N_2$和 $P_2N_1P_1N_4$），不过它只有一个门极 G，由于 N_3区的存在，使得门极 G 相对于 T_1端无论是正的还是负的，都能触发，而且 T_1相对于 T_2既可以是正也可以是负。

常见的双向晶闸管引脚排列如图 4-3 所示。

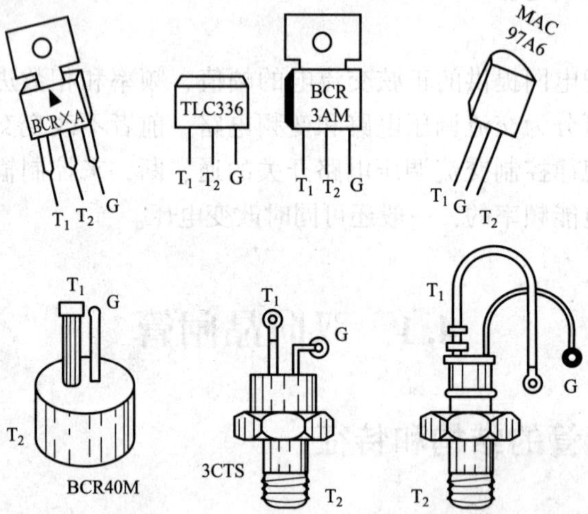

图 4-3　常见双向晶闸管引脚排列

2. 双向晶闸管的特性与参数

双向晶闸管的伏安特性如图 4-4 所示。要使管子能通过交流电流，必须在每半个周期内对门极触发一次，只有在元件中通过的电流大于维持电流后，去掉触发脉冲后才能维持元件继续导通；只有在元件中通过的电流下降到维持电流以下时，元件才能关断并恢复阻断能力。双向晶闸管有正、反向对称的伏安特性曲线。正向部分位于第Ⅰ象限，反向部分位于第Ⅲ象限。

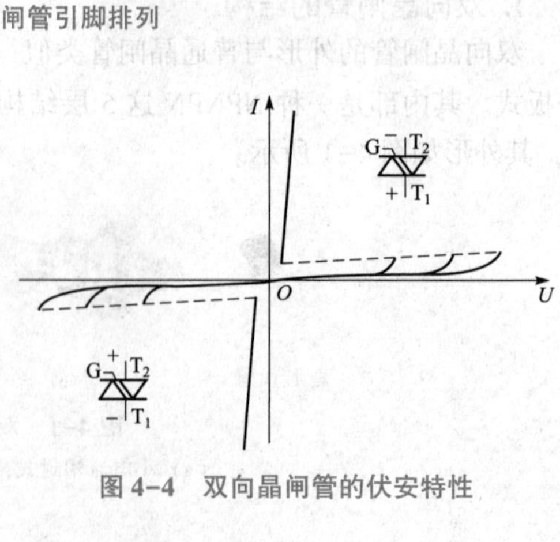

图 4-4　双向晶闸管的伏安特性

根据《双向晶闸管》（JB 4192—1986）标准，双向晶闸管的型号规格为

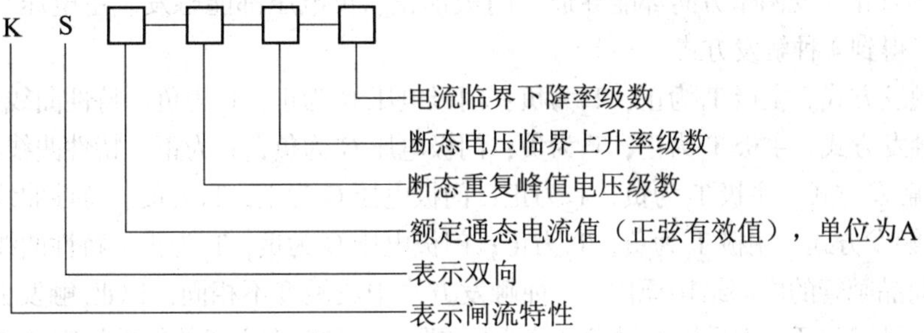

国产双向晶闸管用 KS 表示。例如，型号 KS50-10-21 表示额定电流 50A，额定电压 10 级（1000 V），断态电压临界上升率 du/dt 为 2 级（不小于 200 V/μs），换向电流临界下降率 di/dt 为 1 级（不小于 $1\%I_{T(RMS)}$）的双向晶闸管。有关 KS 型双向晶闸管的主要参数和分级的规定见表 4-1。

双向晶闸管的主要参数中只有额定电流与普通晶闸管有所不同，其他参数定义相似。由于双向晶闸管工作在交流电路中，正、反向电流都可以流过，所以它的额定电流不用平均值而是用有效值来表示。定义为：在标准散热条件下，当器件的单向导通角大于 170°时，允许流过器件的最大交流正弦电流的有效值，用$I_{T(RMS)}$表示。

双向晶闸管额定电流$I_{T(RMS)}$与普通晶闸管额定电流$I_{T(AV)}$之间的换算关系式为

$$I_{T(AV)}=\frac{\sqrt{2}}{\pi}I_{T(RMS)}=0.45I_{T(RMS)}$$

依此推算，一个 100 A 的双向晶闸管与两个反并联 45 A 的普通晶闸管电流容量相等。

表 4-1 双向晶闸管的主要参数

参数 数值 系列	额定通态电流（有效值）$I_{T(RMS)}$/A	断态重复峰值电压（额定电压）U_{DRM}/V	断态重复峰值电流 I_{DRM}/mA	额定结温 T_{jm}/℃	断态电压临界上升率 du/dt/（V/μs）	断态电流临界上升率 di/dt/（A/μs）	换向电流临界下降率（di/dt）/（A/μs）	门极触发电流 I_{GT}/mA	门极触发电压 U_{GT}/V	门极峰值电流 I_{GM}/A	门极峰值电压 U_{GM}/V	维持电流 I_H/mA	通态平均电压 $U_{T(AV)}$/V
KS1	1	100~200	<1	115	≥20	—	≥0.2% $I_{T(RMS)}$	3~100	≤2	0.3	10	实测值	上限值各厂由浪涌电流和结温的合格形式试验决定并满足 $\lvert U_{T1}-U_{T2}\rvert\le$ 0.5 V
KS10	10		<10	115	≥20	—		5~100	≤3	2	10		
KS20	20		<10	115	≥20	—		5~200	≤3	2	10		
KS50	50		<15	115	≥20	10		8~200	≤4	3	10		
KS100	100		<20	115	≥50	10		10~300	≤4	4	12		
KS200	200		<20	115	≥50	15		10~400	≤4	4	12		
KS400	400		<25	115	≥50	30		20~400	≤4	4	12		
KS500	500		<25	115	≥50	30		20~400	≤4	4	12		

3. 双向晶闸管的触发方式

双向晶闸管正、反两个方向都能导通，门极加正、负电压都能触发。主电压与触发电压相互配合，可以得到4种触发方式。

(1) I_+触发方式。主极T_1为正，T_2为负；门极电压G为正，T_2为负。特性曲线在第Ⅰ象限。

(2) I_-触发方式。主极T_1为正，T_2为负；门极电压G为负，T_2为正。特性曲线在第Ⅰ象限。

(3) $Ⅲ_+$触发方式。主极T_1为负，T_2为正；门极电压G为正，T_2为负。特性曲线在第Ⅲ象限。

(4) $Ⅲ_-$触发方式。主极T_1为负，T_2为正；门极电压G为负，T_2为正。特性曲线在第Ⅲ象限。

由于双向晶闸管的内部结构原因，4种触发方式中灵敏度不相同，以$Ⅲ_+$触发方式灵敏度最低，使用时要尽量避开，常采用的触发方式为I_+和$Ⅲ_-$。4种触发方式的特性见表4-2。

表4-2　4种触发方式的特性

触发方式		被触发的主晶闸管	T_1端极性	门极极性	触发灵敏性（相对于I_+触发方式）
第Ⅰ象限	I_+	$P_1—N_1—P_2—N_2$	+	+	1
	I_-	$P_1—N_1—P_2—N_2$	+	−	近似1/3
第Ⅲ象限	$Ⅲ_+$	$P_2—N_1—P_1—N_4$	−	+	近似1/4
	$Ⅲ_-$	$P_2—N_1—P_1—N_4$	−	−	近似1/2

4. 双向晶闸管主要参数选择

为了保证交流开关的可靠运行，必须根据开关的工作条件，合理选择双向晶闸管的额定通态电流、断态重复峰值电压（铭牌额定电压）及换向电压上升率。

(1) 额定通态电流$I_{T(RMS)}$的选择。双向晶闸管交流开关较多用于频繁启动和制动场合，对可逆运转的交流电动机，要考虑启动或反接电流峰值来选取元件的额定通态电流$I_{T(RMS)}$。对于绕线转子电动机，最大电流为电动机额定电流的3~6倍；对笼型电动机，则取7~10倍，如对于30kW的绕线转子电动机和11kW的笼型电动机要选用200A的双向晶闸管。

(2) 额定电压U_{Tn}的选择。电压裕量通常取2倍，380V线路用的交流开关，一般应选择1000~1200V的双向晶闸管。

(3) 换向能力du/dt的选择。电压上升率du/dt是重要参数，一些双向晶闸管的交流开关经常发生短路事故，主要原因之一是元件允许的du/dt太小。通常解决的方法如下。

① 在交流开关的主电路中串入空心电抗器，抑制电路中的换向电压上升率，降低对双向晶闸管换向能力的要求。

② 选用du/dt值高的元件，一般选du/dt为200V/μs。

4.1.2　双向晶闸管的触发电路

1. 简易触发电路

图4-5所示为双向晶闸管简易触发电路。图4-5（a）所示为简单有级交流调压电路，其中当S拨至“3”时，VT在正、负半周分别在$Ⅰ_+$、$Ⅲ_-$触发，R_L上得到正、负两个半周的电压；当开关S拨至“2”时双向晶闸管VT只在$Ⅰ_+$触发，负载R_L上仅得到正半周电压，因而比置“3”时电压小。从而达到降低电压的目的。

图 4-5（b）所示为采用触发二极管的交流调压电路，当工作于大 α 值时，因 R_P 阻值较大，使 C_1 充电缓慢，到 α 角时电源电压已经过峰值并降得过低，则 C_1 上充电电压过小不足以击穿双向触发二极管 VD；而图 4-5（c）所示电路中增设 R_2、R_1、C_2，在触发角 α 大时，C_2 上可获得滞后的电压 u_{C2}，给电容 C_1 增加一个充电电路，保证在触发角 α 大时 VT 能可靠触发。其中的触发二极管 VD 是 3 层 PNP 结构，两个 PN 结有对称的击穿特性，击穿电压通常为 30 V 左右，当双向晶闸管 VT 阻断时，电容 C_1 经电位器 R_P 充电，当 u_{C1} 达到一定数值时，触发二极管击穿导通，双向晶闸管也触发导通，改变 R_P 的阻值可改变控制角 α。电源反向时，触发管 VD 反向击穿，属 I_{+}、III_{-} 触发方式。负载上得到的是正、负缺角正弦波。目前生产的双向晶闸管，不少已经把 VD 与 VT 集成在一起，门极经过双向触发管引出，使用时更方便。图 4-5（d）所示为电动机调速电路。

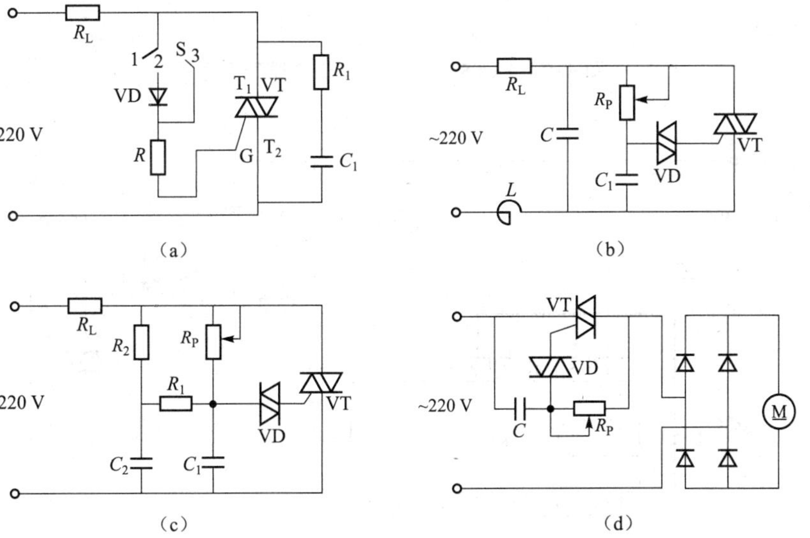

图 4-5　双向晶闸管的简易触发电路

2. 单结晶体管触发

图 4-6 所示为单结晶体管触发的交流调压电路（注意脉冲变压器 TP 同名端的标法），调节 R_P 阻值可改变负载 R_L 上电压的大小。单结晶体管触发电路工作在 I_{-}、III_{-} 触发状态。

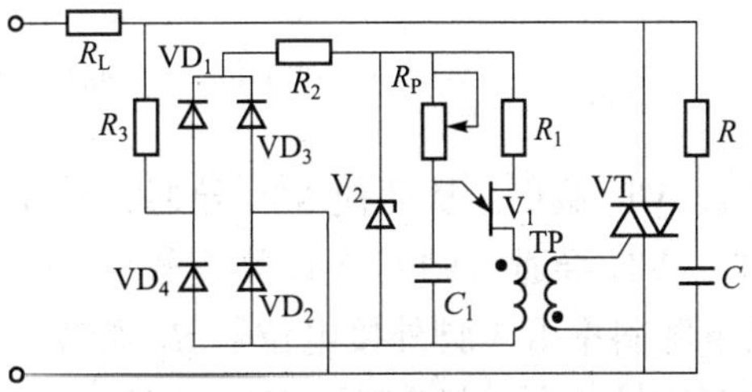

图 4-6　用单结晶体管组成的触发电路

3. 集成触发器

（1）KC05 集成触发器。该电路适用于双向晶闸管或两只反并联晶闸管电路的交流相位控制。具有锯齿波线性好、移相范围宽、控制方式简单、易于集中控制、有失交保护、输出电流大等优点。适于交流调光、调压电路，也适于作半控或全控桥式电路的相位控制。其外形采用双列直插 16 脚结构。KC05 的内部结构原理示意图见图 4-7。

KC05 的应用电路见图 4-8。

图 4-7 所示的 KC05 内部电路中，VT_1、VT_2 组成同步检测电路。当同步电压过零时，

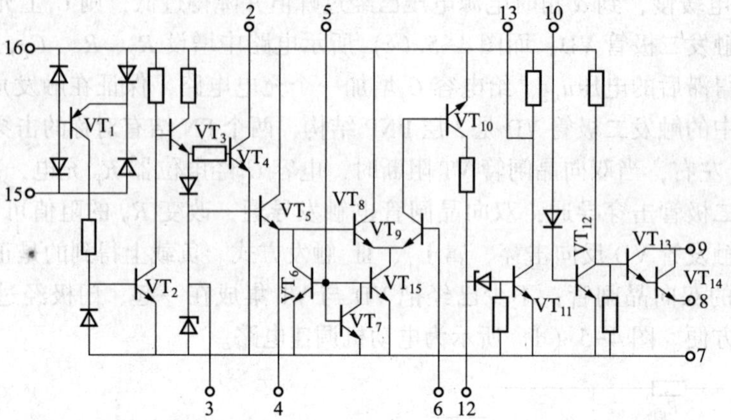

图 4-7　KC05 内部结构及工作原理示意图

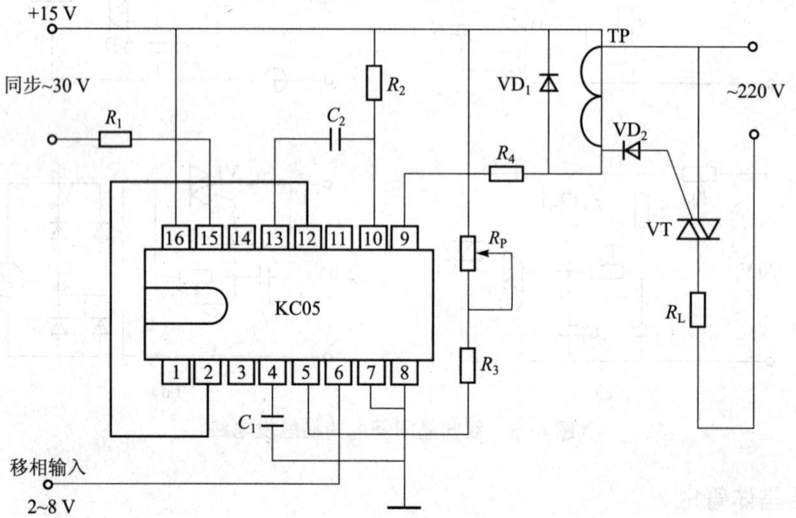

图 4-8　KC05 应用电路

R_1—10 kΩ；R_2、R_3—30 kΩ；R_4—27 Ω；R_P—22 kΩ；
C_1—0.47μF；C_2—0.047μF；VD_1、VD_2—2CZ82C；VT—KS50A

VT_1、VT_2 截止，从而使 VT_5 导通，对 4 脚外接电容充电至 8 V 左右。同步过零结束时，VT_1、VT_2 导通，VT_3、VT_5 恢复截止，C_1 经 VT_6 恒流放电，形成线性下降的锯齿波。锯齿波下降斜率由 5 脚外接电位器 R_P 调节。锯齿波送至 VT_8 与 6 脚引入 VT_9 的移相控制电压进行比较放大，经 VT_{10}、VT_{11} 外接及 R_2、C_2 微分，在 VT_{12} 集电极得到一定宽度的移相脉冲。脉宽由及 R_2、C_2 决定。经 VT_{13}、VT_{14} 功率放大，在⑨端可有 200 mA 电流的输出脉冲。VT_4 是失交保护输出。当输入移相电压大于 8.5 V 与锯齿波失交点时，VT_4 的同步零点脉冲输出通过 2 脚与 12 脚的连接在 9 脚输出，保证了移相电压与锯齿波失交时晶闸管仍保持导通。

（2）KC06 集成触发器。

该电路适用于交、直流电网直接供电的双向晶闸管或反并联晶闸管交流相位控制，能由交流直接供电而无须外加同步、输出脉冲变压器和外接直流工作电源，并且能直接与晶闸管门极相触发。它具有锯齿波线性好、移相范围宽、控制方式简单、有失交保护、输出电流大等优点。其外形采用双列直插 16 脚结构。

KC06 应用电路如图 4-9 所示。

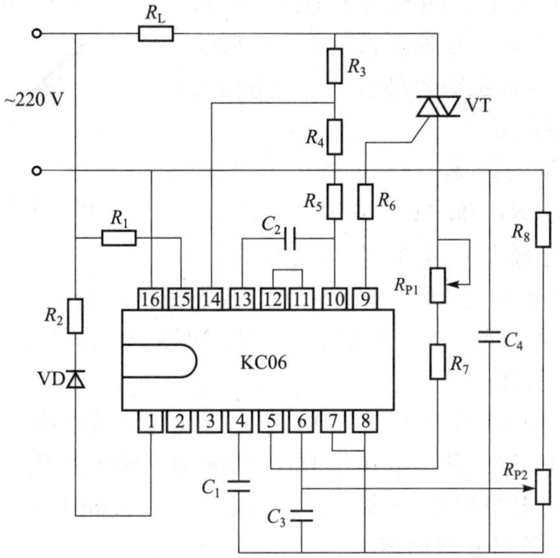

图 4-9　KC06 应用电路

R_1—51 kΩ；R_2—10 kΩ；R_3—100 kΩ；R_4—30 Ω；R_5—47 kΩ；R_6—27 Ω；R_7—39 kΩ；R_8—68 kΩ；R_{P1}—100 kΩ；C_1—0. 47 μF；C_2—0. 01 μF；C_3—0. 1 μF；VD—2CZ82C；VT—KS50A

交流电压经 R_2在负半周时经 VD 加到 1 脚，自身直流电源由内部产生大于 12 V 的直流电源，同时对电容 C_4充电，在供电正半周 VD 反向时，由 C_4提供给电路直接工作电源。电网电压经 R_1 送到 15 脚的同步端。当电压过零时 4 脚对外接电容 C_1充电至 8 V 左右。电网电压过零结束时，C_1 经恒流放电形成线性下降的锯齿波。锯齿波下降斜率由 5 脚外接电位器 R_{P1}调节。锯齿波送至 8 脚引入的移相控制电压进行比较放大。内部得到一定宽度的移相脉冲，脉宽由 R_5、C_2决定。9 脚可得到 200 mA 的输出带负载能力。当来自比较放大单稳微分的触发脉冲没有触发晶闸管时，从 14 脚得到的检测信号通过 11 脚与 12 脚的连接使 9 脚又发出脉冲给晶闸管直至其触发。这对感性负载尤其有利，同时也能起到锯齿波与移相控制电压失交保护的作用。

4. 1. 3　双向晶闸管简易测试

1. 双向晶闸管电极的判定

一般可先从元器件外形识别引脚排列，如图 4-3 所示。多数的小型塑封双向晶闸管，面对印字面，引脚朝下，则从左向右的排列顺序依次为主电极 1、主电极 2、控制极（门极）。但是也有例外，所以有疑问时应通过检测作出判别。

用万用表的 $R\times100$ Ω 挡或 $R\times1$ kΩ 挡测量双向晶闸管的两个主电极之间的电阻，如

图4-10所示。无论表笔的极性如何，读数均应近似无穷大（∞）。而控制极（门极）G与主电极T_1之间的正、反向电阻只有几十欧至100 Ω。根据这一特性，很容易通过测量电极之间的电阻大小的方法，识别出双向晶闸管的主电极T_2，同时黑表笔接主电极T_1，红表笔接控制极（门极）G所测得的正向电阻总是要比反向电阻小些，据此也很容易通过测量电阻大小来识别主电极T_1和控制极G。

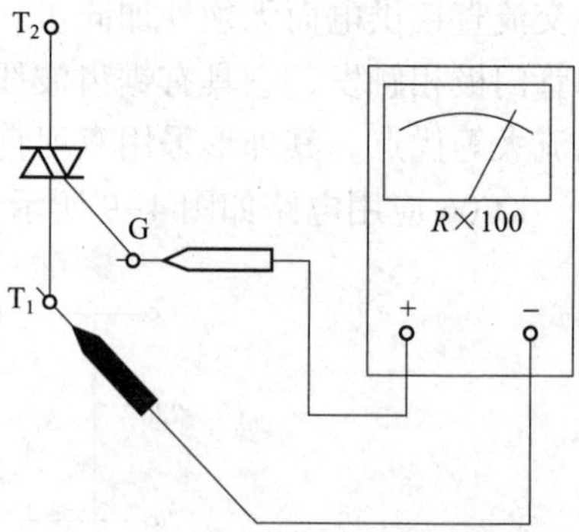

图4-10 测量G、T_1极间的正向电阻

2. 判定双向晶闸管的好坏

（1）将万用表置于R×100 Ω挡或R×1 kΩ挡，测量双向晶闸管的主电极T_1、主电极T_2之间的正、反向电阻应近似无穷大（∞），测量主电极T_2与控制极（门极）G之间的正、反向电阻也应近似无穷大（∞）。如果测得的电阻都很小，则说明被测双向晶闸管的极间已击穿或漏电短路，性能不良，不宜使用。

（2）将万用表置于R×1 Ω挡或R×10 Ω挡，测量双向晶闸管主电极T_1与控制极（门极）G之间的正、反向电阻，若读数在几十欧至100 Ω，则为正常，且测量G、T_1极间正向电阻时的读数要比反向电阻稍微小些。如果测得G、T_1极间的正、反向电阻均为无穷大（∞），则说明被测晶闸管已开路损坏。

3. 双向晶闸管触发特性测试

（1）简易测试方法。对于工作电流为8 A以下的小功率双向晶闸管，也可以用更简单的方法测量其触发特性。具体操作如下。

① 将万用表置于R×1 Ω挡。将红表笔接主电极T_1，黑表笔接主电极T_2。然后用金属镊子将T_2极与G极短路一下，给G极输入正极性触发脉冲，如果此时万用表的指示值由∞（无穷大）变为10 Ω左右，说明晶闸管被触发导通，导通方向为$T_2 \to T_1$。

② 将万用表仍置于R×1 Ω挡。将黑表笔接主电极T_1，红表笔接主电极T_2，然后用金属镊子将T_2极与G极短路一下，即给G极输入负极性触发脉冲，这时万用表指示值应由∞（无穷大）变为10 Ω左右，说明晶闸管被触发导通，导通方向为$T_1 \to T_2$。

③ 在晶闸管被触发导通后，即使G极不再输入触发脉冲（如G极悬空），应仍能维持导通，这时导通方向为$T_1 \to T_2$。

④ 因为在正常情况下，万用表低阻测量挡的输出电流大于小功率晶闸管维持电流，所以晶闸管被触发导通后如果不能维持低阻导通状态，不是由于万用表输出电流太小，而是说明被测的双向晶闸管性能不良或已经损坏。

⑤ 如果给双向晶闸管的G极一直加上适当的触发电压后仍不能导通，说明该双向晶闸管已损坏，无触发导通特性。

（2）交流测试法。对于耐压400 V以上的双向晶闸管，可以在220 V工频交流条件下进行测试，测试电路如图4-11所示。

在正常情况下，开关S闭合时晶闸管VT即被触发导通，白炽灯EL正常发光；S断开时VT关断，EL熄灭。具体一点说，在220 V交流电的正半周时，T_2极为正，T_1极为负，S闭合时G极通过电阻R受到相对T_1的正触发，则VT沿$T_2 \to T_1$方向导通。在220 V交流电的负半周时，T_1极为正，T_2极为负，S 闭合时 G 极通过 *R* 受到相对 T_1 的负触发，则 VT 沿 $T_1 \rightarrow T_2$ 方向导通。VT 如此交换方向导通的结果，使白炽灯 EL 有交流电流通过而发光。

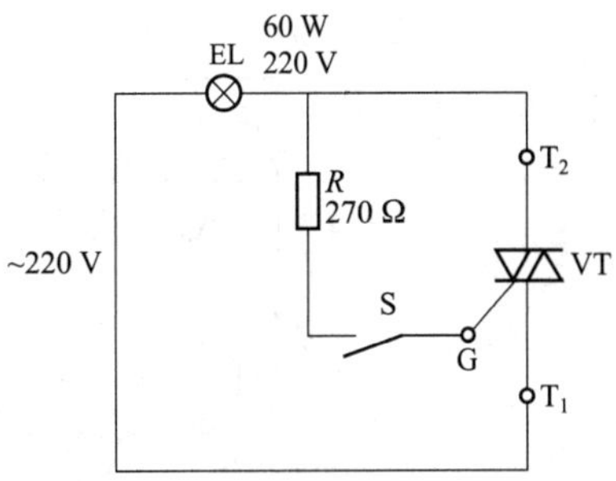

图 4-11　双向晶闸管交流测试电路

交流测试法具体操作说明如下。

① 按图 4-11 所示在不通电情况下正确连接好线路，置于断开位置（开关耐压不小于 250 V，绝缘良好）。

② 接入 220 V 交流电源，这时双向晶闸管 VT 处于关断状态，白炽灯 EL 应不亮。如果 EL 轻微发光，则说明主电极 T_2、T_1之间漏电流大，器件性能不好。如果 EL 正常发光，则说明主电极 T_2、T_1之间已经击穿短路，该器件已彻底损坏。

③ 接入 220 V 交流电源后，如果白炽灯 EL 不亮，则可继续做以下试验：将开关 S 闭合，这时双向晶闸管 VT 应立即导通，白炽灯 EL 正常发光。如果 S 闭合后 EL 不发光，则说明被测双向晶闸管内部受损而断路，无触发导通能力。

4.2　交流调压电路

交流调压电路采用两单向晶闸管反并联或双向晶闸管，实现对交流电正、负半周的对称控制，达到方便地调节输出交流电压大小的目的，或实现交流电路的通、断控制，如图 4-12 所示。因此，交流调压电路可用于异步电动机的调压调速、恒流软启动、交流负载的功率调节、灯光调节、供电系统无功调节以及用作交流无触点开关、固态继电器等，应用领域十分广泛。

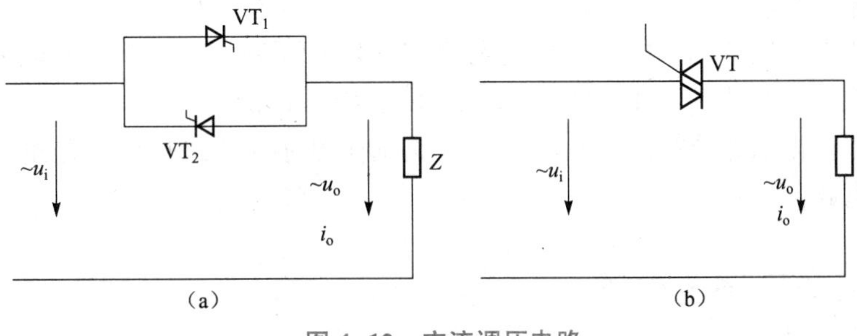

图 4-12　交流调压电路

交流调压电路一般有 3 种控制方式，其原理如图 4-13 所示。

（1）通断控制。通断控制是在交流电压过零时刻导通或关断晶闸管，使负载电路与交流电源接通几个周波，然后再断开几个周波，通过改变导通周波数与关断周波数的比值，实现调节交流电压大小的目的，如图 4-13（a）所示。

通断控制时输出电压波形基本为正弦，无低次谐波，但由于输出电压时有时无，电压调节不连续。如用于异步电机调压调速，会因电机经常处于重合闸过程而出现大电流冲击，

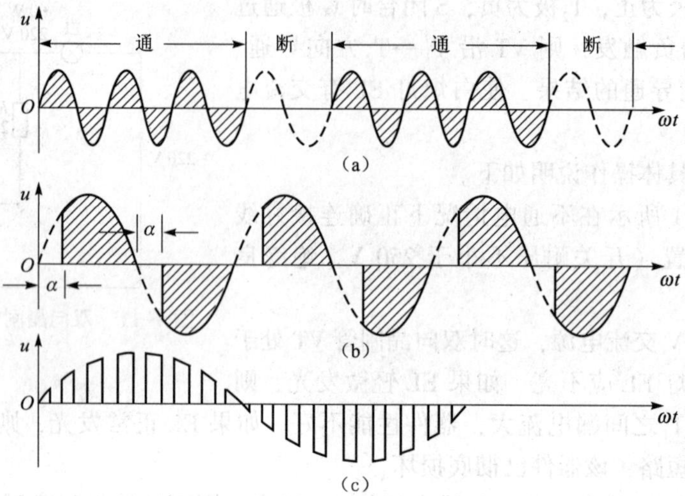

图 4-13　交流调压电路控制方式

（a）通断控制；（b）相位控制；（c）斩波控制

因此很少采用。一般用于电炉调温等交流功率调节的场合。这种通断控制方式也称为交流调功。

（2）相位控制。与可控整流的移相触发控制相似，在交流的正半周时触发导通正向晶闸管、负半周时触发导通反向晶闸管，且保持两晶闸管的移相角相同，以保证向负载输出正、负半周对称的交流电压波形，如图 4-13（b）所示。

相位控制方法简单，能连续调节输出电压大小。但输出电压波形非正弦，含有丰富的低次谐波，在异步电机调压调速应用中会引起附加谐波损耗、产生脉动转矩等。

（3）斩波控制。斩波控制利用脉宽调制技术将交流电压波形分割成脉冲列，改变脉冲的占空比即可调节输出电压大小，如图 4-13（c）所示。

斩波控制输出电压大小可连续调节，谐波含量小，基本上克服了相位及通断控制的缺点。由于实现斩波控制的调压电路半周内需要实现较高频率的通、断，不能采用普通晶闸管，须采用高频自关断器件，如 GTR、GTO、MOSFET、IGBT 等。

实际应用中，采取相位控制的晶闸管型交流调压电路应用最广泛，这里先讨论单相及三相交流调压电路。

4.2.1　单相交流调压电路

1. 阻性负载

单相交流调压阻性负载电路如图 4-14（a）所示，单相交流调压阻性负载电路输出电压u_o、输出电流i_o，波形如图 4-14（b）所示。

电路工作过程是：

$\omega t=0\sim\alpha$时，VT_1、VT_2处于截止状态，输出电压$u_o=0$，$i_o=0$。

$\omega t=\alpha$时，触发 VT_1导通，输出电压$u_o=u_i$，$i_o=u_i/R$。

$\omega t=\alpha\sim\pi$时，VT_1继续导通，输出电压$u_o=u_i$，$i_o=u_i/R$。

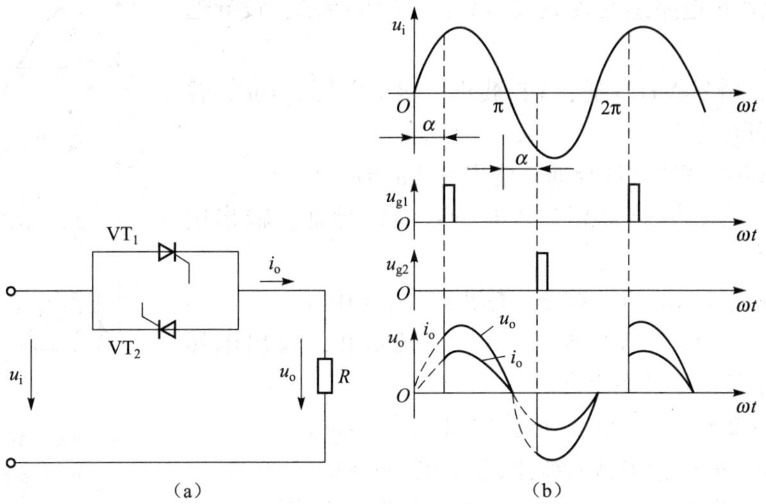

图 4-14　单相交流调压阻性负载电路和波形

$\omega t=\pi$ 时，$u_o=0$，$i_o=0$，VT_1截止，输出电压$u_o=0$，$i_o=0$。

$\omega t=\pi\sim\pi+\alpha$ 时，VT_1、VT_2处于截止状态，输出电压$u_o=0$，$i_o=0$。

$\omega t=\pi+\alpha$时，触发 VT_2导通，输出电压$u_o=u_i$，$i_o=u_i/R$。

$\omega t=\pi+\alpha\sim2\pi$ 时，VT_2继续导通，输出电压$u_o=u_i$，$i_o=u_i/R$。

$\omega t=2\pi$ 时，$u_o=0$，$i_o=0$，VT_2截止，输出电压$u_o=0$，$i_o=0$。

交流输出电压 u_o有效值U_o与控制角α的关系为

$$U_o=\sqrt{\frac{1}{\pi}\int_{\alpha}^{\pi}(\sqrt{2}U_i\sin(\omega t))^2\mathrm{d}(\omega t)}=U_i\sqrt{\frac{1}{2\pi}\sin(2\alpha)+\frac{\pi-\alpha}{\pi}}\tag{4-1}$$

式中，U_i 为输入交流电压 u_i 的有效值。

负载电流i_o有效值为$I_o=U_o/R$，则交流调压电路输入功率因数为

$$\cos\phi=\frac{P}{S}=\frac{U_oI_o}{U_iI_o}=\frac{U_o}{U_i}=\sqrt{\frac{1}{2\pi}\sin(2\alpha)+\frac{\pi-\alpha}{\pi}}\tag{4-2}$$

综上所述，单相交流调压电路带电阻性负载时，控制角 α 移相范围为 $0\leqslant\alpha\leqslant\pi$，晶闸管导通角 $\theta=\pi-\alpha$，输出电压有效值调节范围为 $0\sim U_i$。该电路通过调节α的大小，可以达到调节输出电压有效值的目的。

但这种电路的缺点是随着α的增大，电路的功率因数也随之降低。

2. 感性负载

单相交流调压电路感性负载电路如图 4-15 所示。

设感性负载的负载阻抗角为$\phi=\arctan(\omega L/R)$。

为了分析方便，把$\alpha=0$ 的时刻仍然定为电源电压过零的时刻。

为了使感性负载电路稳定工作，α的移相范围为 $\phi\leqslant\alpha\leqslant\pi$，并且采用宽度大于 $\pi/3$ 的宽脉冲或后沿固定、前沿可调、最大宽度可达 π 的脉冲触发。

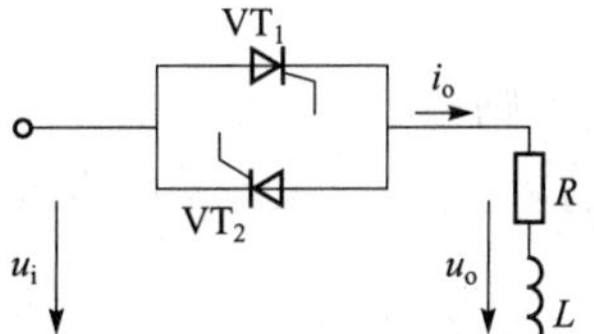

图 4-15　单相交流调压电路感性负载电路

单相交流调压电路感性负载波形如图 4-16 所示，设导通角为θ。

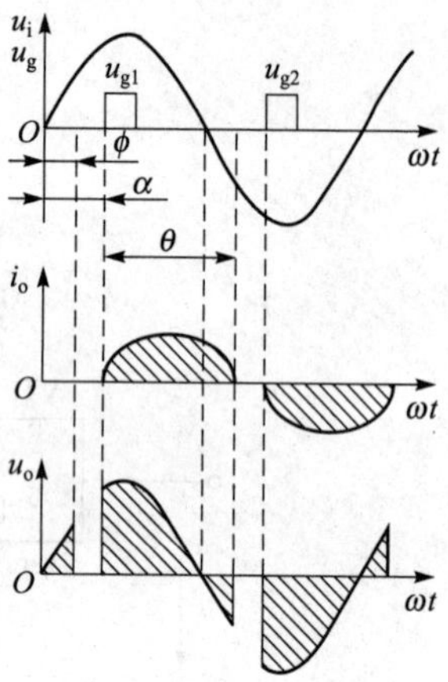

图 4-16 单相交流调压电路感性负载波形

$\omega t=\alpha$时，触发 VT_1 导通，VT_2 截止，输出电压$u_o=u_i$，输出电流i_o从零开始上升。

$\omega t=\alpha\sim\pi$ 时，VT_1 继续导通，输出电压$u_o=u_i$。

$\omega t=\pi$ 时，虽然$u_i=0$ 但$i_o\neq 0$，VT_1 继续导通，输出电压 $u_o=u_i$。

$\omega t=\alpha+\theta$时，$i_o=0$，VT_1截止，输出电压$u_o=0$。

$\omega t=\pi+\alpha$时，触发 VT_2 导通，VT_1 继续截止，输出电压 $u_o=u_i$，输出电流从零开始上升。

$\omega t=\pi+\alpha\sim 2\pi$ 时，VT_2继续导通，输出电压$u_o=u_i$。

$\omega t=\pi+\alpha+\theta$时，$i_o=0$，$VT_2$截止，输出电压$u_o=0$。

由上述的分析可以看出，当 $\phi\leqslant\alpha\leqslant\pi$ 时，电流不连续。

$$L\frac{\mathrm{d}i_o}{\mathrm{d}t}+Ri_o=\sqrt{2}U_i\sin(\omega t) \tag{4-3}$$

交流输出电压 u_o 的有效值 U_o 与触发角 α 的关系为

$$U_o=\sqrt{\frac{1}{\pi}\int_{\alpha}^{\alpha+\theta}(\sqrt{2}U_i\sin(\omega t))^2\mathrm{d}(\omega t)}=U_i\sqrt{\frac{\theta}{\pi}+\frac{\sin(2\alpha)-\sin(2\alpha+2\theta)}{2\pi}} \tag{4-4}$$

负载电流 i_o 的有效值 I_o 为

$$I_o=\sqrt{\frac{1}{\pi}\int_{\alpha}^{\alpha+\theta}i_o^2\mathrm{d}(\omega t)}=\frac{\sqrt{2}U_i}{\sqrt{R^2+(\omega L)^2}}\sqrt{\frac{\theta}{\pi}-\frac{\sin\theta\cos(2\alpha+\phi+\theta)}{\pi\cos\phi}}=2I_{o\max}I_{VT}^* \tag{4-5}$$

晶闸管电流的有效值 I_{VT}为

$$I_{VT}=\frac{1}{\sqrt{2}}I_o=\frac{\sqrt{2}U_i}{\sqrt{R^2+(\omega L)^2}}\sqrt{\frac{\theta}{\pi}-\frac{\sin\theta\cos(2\alpha+\phi+\theta)}{\pi\cos\phi}}=\sqrt{2}I_{o\max}I_{VT}^* \tag{4-6}$$

晶闸管电流的最大值 $I_{o\max}$（$\alpha=0$ 时）为

$$I_{o\max}=\frac{U_i}{\sqrt{R^2+(\omega L)^2}} \tag{4-7}$$

为分析方便，设晶闸管电流的有效值 I_{VT}的标幺值为I_{VT}^*，即

$$I_{VT}^*=\frac{I_{VT}}{\sqrt{2}I_{o\max}} \tag{4-8}$$

则

$$I_{VT}^*=\sqrt{\frac{\theta}{2\pi}-\frac{\sin\theta\cos(2\alpha+\phi+\theta)}{2\pi\cos\phi}} \tag{4-9}$$

由式（4-9）可以看出，晶闸管电流有效值的标幺值I_{VT}^*与触发角α和阻抗角ϕ有关。当触发角α和阻抗角ϕ已知时，可从图 4-17 中查得晶闸管电流有效值的标幺值I_{VT}^*，进而求出电流的有效值I_o和晶闸管电流的有效值I_{VT}。

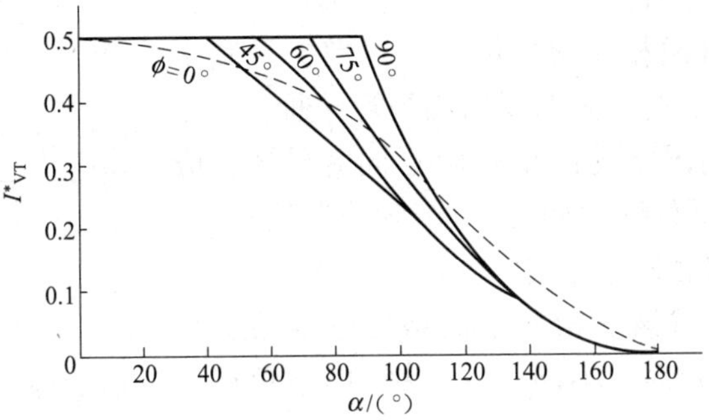

图 4-17　电流标幺值与控制角的关系

例 4-1　一个交流单相晶闸管调压电路，用以控制送至电阻 $R=0.23\ \Omega$、电抗 $\omega L=0.23\ \Omega$的电感性负载上的功率。设电源电压有效值 $U_1=230$ V。试求：

(1) 移相控制范围；

(2) 负载电流最大有效值；

(3) 最大功率和功率因数。

解：

(1) 移相控制范围。

当输出电压为零时，$\theta=0°$，$\alpha=\alpha_{max}=\pi$。

当输出最大电压时，$\theta=180°$，$\alpha=\alpha_{min}=\phi_L=\arctan\left(\frac{0.23}{0.23}\right)\frac{\pi}{4}$。

故　$\frac{\pi}{4}\leqslant\alpha\leqslant\pi$

(2) 负载电流最大有效值 $I_{o\ max}$。

当 $\alpha=\phi_L$ 时，电流连续，为正弦波，则

$$\frac{I_{o\ max}}{A}=\frac{U_1}{\sqrt{R^2+(\omega L)^2}}=\frac{230}{\sqrt{(0.23)^2+(0.23)^2}}=707(A)$$

(3) 最大功率和功率因数

$$\frac{P_{o\ max}}{W}=I_{o\ max}{}^2R=(707)^2\times0.23=115\times10^3(W)$$

$$(\cos\phi)_{max}=\frac{P_{o\ max}}{U_1I_{o\ max}}=\frac{115\times10^3}{230\times707}=0.707$$

4.2.2　三相交流调压电路

工业中交流电源多为三相系统，交流电机也多为三相电机，应采用三相交流调压器实现调压。三相交流调压电路与三相负载之间有多种连接方式，其中以三相Y接调压方式最为普遍。

1. Y接三相交流调压电路

图 4-18 所示为Y接三相交流调压电路，这是一种最典型、最常用的三相交流调压电路，

它的正常工作须满足以下几点。

（1）三相中至少有两相导通才能构成通路，且其中一相为正向晶闸管导通，另一相为反向晶闸管导通。

（2）为保证任何情况下的两个晶闸管同时导通，应采用宽度大于 π/3 的宽脉冲（列）或双窄脉冲来触发。

（3）$VT_1 \sim VT_6$相邻触发脉冲相位应互差 π/3。

为简单起见，仅分析该三相调压电路接电阻性负载（负载功率因数角$\phi=0$）时，不同触发控制角α下负载上的相电压、相电流波形，如图 4-19 所示。

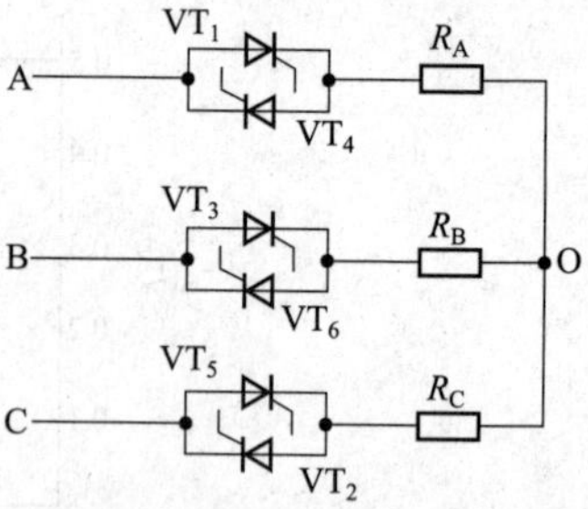

图 4-18　Y接三相交流调压电路

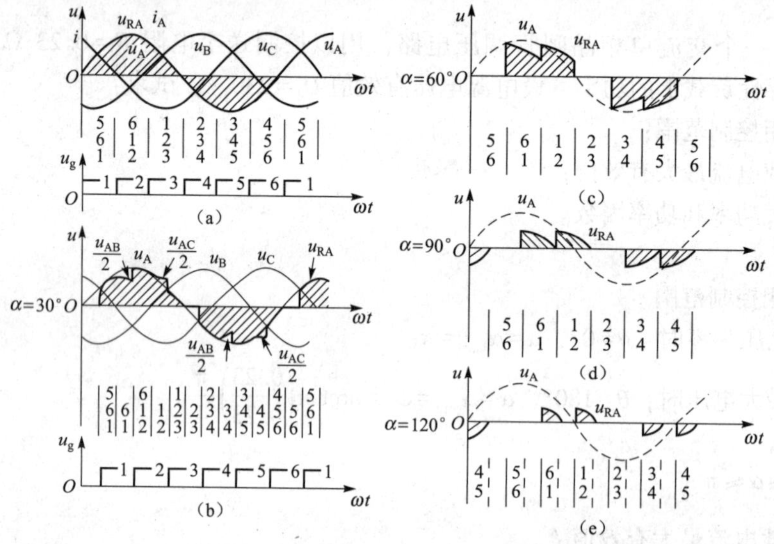

图 4-19　Y接三相交流调压电路输出电压、电流波形（电阻负载）

（1）$\alpha=0$ 时的波形如图 4-19（a）所示。

$\omega t=0$ 时触发导通 VT_1，以后每隔 π/3 依次触发导通 VT_2、VT_3、VT_4、VT_5、VT_6。

$\omega t=0\sim\pi/3$ 时，u_A、u_C为正，u_B为负，VT_5、VT_6、VT_1同时导通。

$\omega t=\pi/3\sim2\pi/3$ 时，u_A为正，u_B、u_C为负，VT_6、VT_1、VT_2同时导通。

$\omega t=2\pi/3\sim\pi$ 时，u_A、u_B为正，u_C为负，VT_1、VT_2、VT_3同时导通。

……

由于任何时刻均有 3 只晶闸管同时导通，且晶闸管全开放，负载上获得全电压。各相电压、电流波形正弦、三相平衡。

（2）$\alpha=\pi/6$ 时的波形如图 4-19（b）所示。此时情况复杂，需分为子区间分析。

① $\omega t=0\sim\pi/6$。$\omega t=0$ 时，u_A变正，VT_4关断，但 u_{g1}未到位，VT_1无法导通，A 相负载电压 $u_A=0$。

② $\omega t=\pi/6\sim\pi/3$。$\omega t=\pi/6$ 时，触发导通 VT_1；B 相 VT_6、C 相 VT_5均仍承受正向阳极电压保持导通。由于 VT_5、VT_6、VT_1同时导通，三相均有电流，此子区间内 A 相负载电压 $u_{RA}=u_A$（电源相电压）。

③ $\omega t=\pi/3\sim\pi/2$。$\omega t=\pi/3$ 时，$u_C=0$，VT_5关断；VT_2无触发脉冲，不导通，三相中仅

VT_6、VT_1导通。此时线电压u_{AB}施加在R_A、R_B上，故此子区间内A相负载电压$u_{RA}=u_{AB}/2$。

④ $\omega t=\pi/2\sim2\pi/3$。$\omega t=\pi/2$时，VT_2触发导通，此时VT_6、VT_1、VT_2同时导通，此子区间内A相负载电压$u_{RA}=u_A$。

⑤ $\omega t=2\pi/3\sim5\pi/6$。$\omega t=2\pi/3$时，$u_B=0$，$VT_6$关断；仅$VT_1$、$VT_2$导通，此子区间内A相电压$u_{RA}=u_{AC}/2$。

⑥ $\omega t=5\pi/6\sim\pi$。$\omega t=5\pi/6$时，VT_3触发导通，此时VT_1、VT_2、VT_3同时导通，此子区间内A相电压$u_{RA}=u_A$。

负半周可按相同方式划分子区间作出分析，从而可得图4-19（b）中阴影区所示一个周波的A相负载电压u_{RA}波形。A相电流波形与电压波形成比例。

（3）用同样分析法可得$\alpha=\pi/3$、$\pi/2$、$2\pi/3$时A相电压波形，如图4-19（c）、图4-19（d）、图4-19（e）所示。$\alpha>5\pi/6$时，因$u_{AB}<0$，虽VT_6、VT_1有触发脉冲但仍无法导通，交流调压器不工作，故控制角移相范围为$0\sim5\pi/6$。

当三相调压电路接电感负载时，波形分析很复杂。由于输出电压与电流间存在相位差，电压过零瞬间电流不为零，晶闸管仍导通，其导通角θ不仅与控制角α有关，而且和负载功率因数角ϕ有关。如果负载是异步电动机，其功率因数角还随运行工况而变化。

2. 其他形式三相交流调压电路

表4-3以列表形式集中地描述了几种典型三相交流调压电路形式及其特征。

表4-3 几种典型的三相交流调压器比较

电路名称	电路图	晶闸管工作电压（峰值）/V	晶闸管工作电流（峰值）/A	移相范围/（°）	线路性能特点
星形带中性线的三相交流调压	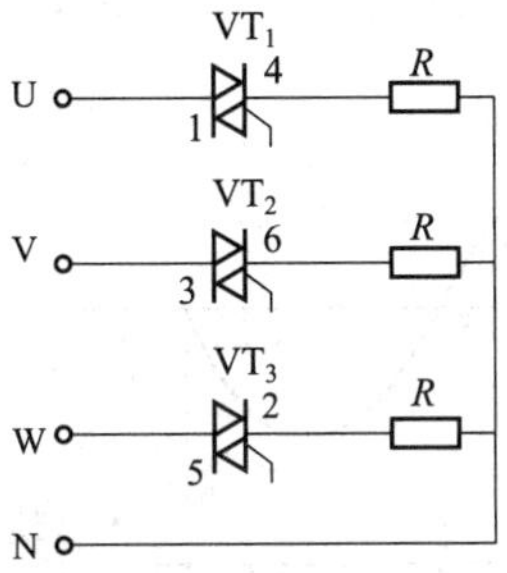	$\sqrt{\frac{2}{3}}U_1$	$0.45I_1$	0~180	① 是3个单相电路的组合 ② 输出电压、电流波形对称 ③ 因有中性线可流过谐波电流，特别是3次谐波电流 ④ 适用于中、小容量可接中性线的各种负载
晶闸管与负载连接成内三角形的三相交流调压	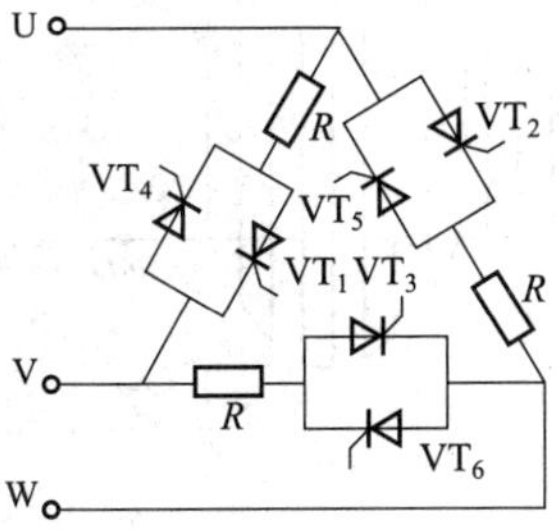	$\sqrt{2}U_1$	$0.26I_1$	0~150	① 是3个单相电路的组合 ② 输出电压、电流波形对称 ③ 与Y连接比较，在同容量时，此电路可选电流小、耐压高的晶闸管 ④ 此种接法实际应用较少

续表

电路名称	电路图	晶闸管工作电压（峰值）/V	晶闸管工作电流（峰值）/A	移相范围/（°）	线路性能特点
三相三线交流调压	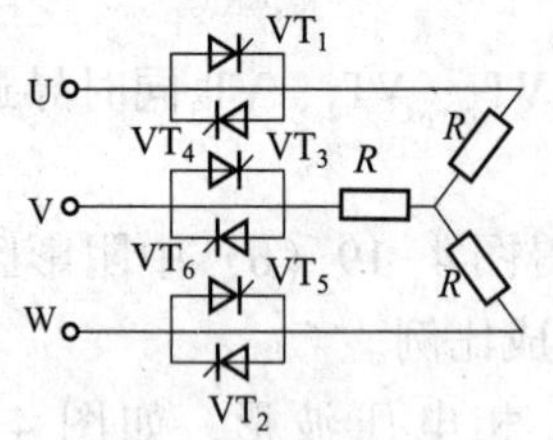	$\sqrt{2}U_1$	$0.45I_1$	0~150	① 负载对称，且三相皆有电流时，如同3个单相组合 ② 应采用双窄脉冲或大于60°的宽脉冲触发 ③ 不存在3次谐波电流 ④ 适用于各种负载
控制负载中性点的三相交流调压	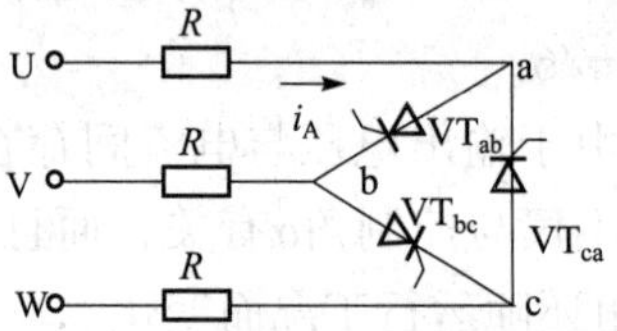	$\sqrt{2}U_1$	$0.68I_1$	0~210	① 线路简单、成本低 ② 适用于三相负载Y连接，且中性点能拆开的场合 ③ 因线间只有一个晶闸管，属于不对称控制

4.2.3 交流斩波调压

随着直流斩波器的广泛应用，出现了交流斩波器。交流斩波调压电路的基本原理同直流斩波器，它是将交流开关同负载串联和并联构成，图4-20（a）所示为串联斩波电路。利用S_1交流开关的斩波作用，在负载上获得可调的交流电压u。图中开关S_2是续流器件，负载提供续流回路。

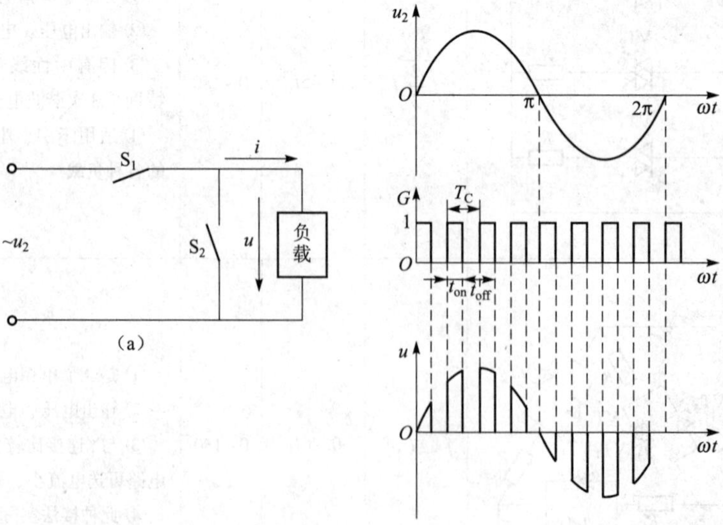

图4-20　交流斩波调压电路原理及其波形

交流斩波调压电路的输出电压波形如图 4-20（b）所示。由图可得，输出电压u为

$$u=Gu_2=GU_{2m}\sin(\omega t)$$

式中，G定义为

$$G=\begin{cases}1 & S_1\text{闭合，}S_2\text{打开}\\0 & S_1\text{打开，}S_2\text{闭合}\end{cases}$$；U_{2m}为输入电压峰值；ω 为输入电压角频率。

G随时间变化的波形如图 4-20（b）所示，开关 S_1闭合时间为 t_{on}，其关断时间为 t_{off}，则交流斩波器的导通比 α 为

$$\alpha=\frac{t_{on}}{t_{on}+t_{off}}=\frac{t_{on}}{T_C}$$

改变脉冲宽度 t_{on}或者改变斩波周期T_C 就可改变导通比，实现交流调压。

4.3 交流电力电子开关

交流电力电子开关只要求控制通断，并不控制电路的平均输出功率。通常没有明确的控制周期，只根据需要控制电路的接通和断开。交流开关可用两只普通晶闸管或者两只自关断电力电子器件反并联组成；也可以用一只双向晶闸管代替两只反向并联普通晶闸管，使电路大大简化。用双向晶闸管组成的交流开关电路，在调光、控温、小容量电动机的调速及大容量异步电动机的软启动等场合得到广泛应用。

1. 晶闸管交流开关的基本形式

晶闸管交流开关是以其门极中毫安级的触发电流来控制其阳极中几安至几百安大电流通断的装置。在电源电压为正半周时，晶闸管承受正向电压并触发导通，在电源电压过零或为负时晶闸管承受反向电压，在电流过零时自然关断。由于晶闸管总是在电流过零时关断，因而在关断时不会因负载或线路中电感储能而造成暂态过电压。图 4-21 所示为几种晶闸管交流开关的基本形式。

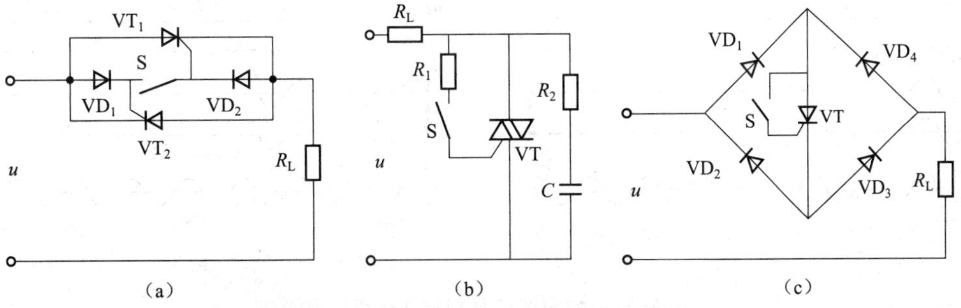

图 4-21　晶闸管交流开关的基本形式

图 4-21（a）所示为普通晶闸管反向并联形式。当开关 S 闭合时，两只晶闸管均以管子本身的阳极电压作为触发电压进行触发，这种触发属于强触发，对要求大触发电流的晶闸管也能可靠触发。随着交流电源的正、负交变，两管轮流导通，在负载上得到基本为正弦波的电压。

图4-21（b）所示为双向晶闸管交流开关，双向晶闸管工作于I_+、III_-触发方式。这种线路比较简单，但其工作频率低于反并联电路。

图4-21（c）所示为带整流桥的晶闸管交流开关。该电路只用一只普通晶闸管，且晶闸管不受反压。其缺点是串联元件多，压降损耗较大。

2. 交流调功器

前述各种晶闸管可控整流电路都是采用移相触发控制。这种触发方式是通过改变触发脉冲的相位来控制晶闸管的导通时刻，从而使负载得到所需的电压。其优点是输出电压和电流可连续平滑调节。但存在的明显缺点是其所产生的缺角正弦波中包含较大的低次谐波，对电力系统形成干扰。在电阻负载以某控制角度α触发，使晶闸管以微秒级的速度转入导通时，电流变化率很大。即使电路中的电感量很小，也会产生较高的反电动势，造成电源波形畸变和高频辐射，直接影响接在同一电网上的其他用电设备（特别是精密仪表、通信设备等）正常运行。因此，移相触发控制的晶闸管装置在使用中受到一定的限制。在要求较高的地方，对于移相触发装置必须采用滤波和防干扰措施。过零触发（也称零触发）方式则可克服这种缺点。所谓过零触发是在晶闸管交流开关电路中，把晶闸管作为开关元件串接在交流电源与负载之间，以交流电源周波数为控制单位。在电源电压过零的瞬时（离零点3°~5°）使晶闸管受到触发而导通；利用晶闸管的单位特性，仅当电流接近零时才关断，从而使负载能够得到完整的正弦波电压和电流。所以，在要求调节交流电压或功率的场合，可以利用晶闸管的开关特性，在设定周期内将电路接通若干周波，然后再断开相应波。通过改变晶闸管在设定周期内通断时间的比例，达到调节负载两端电压的目的，即调节负载功率的目的。这样，晶闸管的导通角是2π的整数倍，不再出现缺角正弦波，因而对外界的电磁干扰最小。

利用晶闸管的过零控制可以实现交流功率调节，这种装置称为调功器或周波控制器。其控制方式有全周波连续式和全周波断续式两种，如图4-22所示。如果在设定周期内，将电路接通几个周波，然后断开几个周波，通过改变晶闸管在设定周期内通断时间的比例，达到调节负载两端交流电压有效值即负载功率的目的。

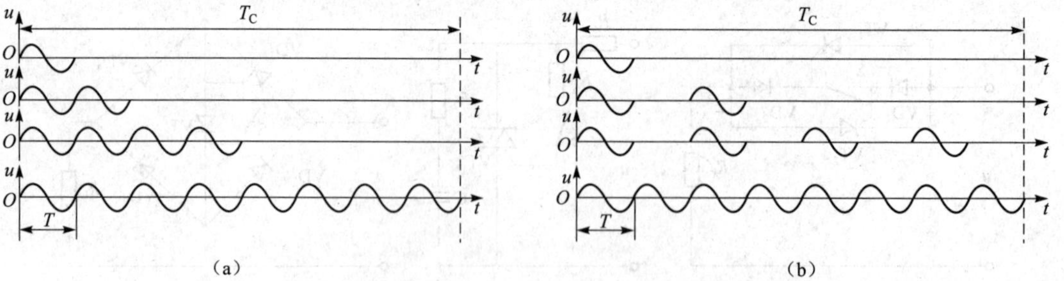

图4-22　全周波过零触发输出电压波形

（a）全周波连续式；（b）全周波断续式

如在设定周期T_C内导通的周波数为n，每个周波的周期为T（50 Hz，T=20 ms），则调功器的输出功率为

$$P=\frac{nT}{T_C}P_n \tag{4-10}$$

调功器输出电压有效值为

$$U=\sqrt{\frac{nT}{T_C}}U_n \tag{4-11}$$

式中，P_n、U_n为在设定周期 T_C 内晶闸管全导通时调功器输出的功率与电压有效值。

显然，改变导通的周波数n就可改变输出电压或功率。

调功器可以用双向晶闸管，也可以用两只晶闸管反并联连接，其触发电路可以采用集成过零触发器，也可利用分立元件组成的过零触发电路。图 4-23 所示为全周波连续式的过零触发电路。电路由锯齿波产生器、信号综合、直流开关、同步电压与过零脉冲输出 5 个环节组成。

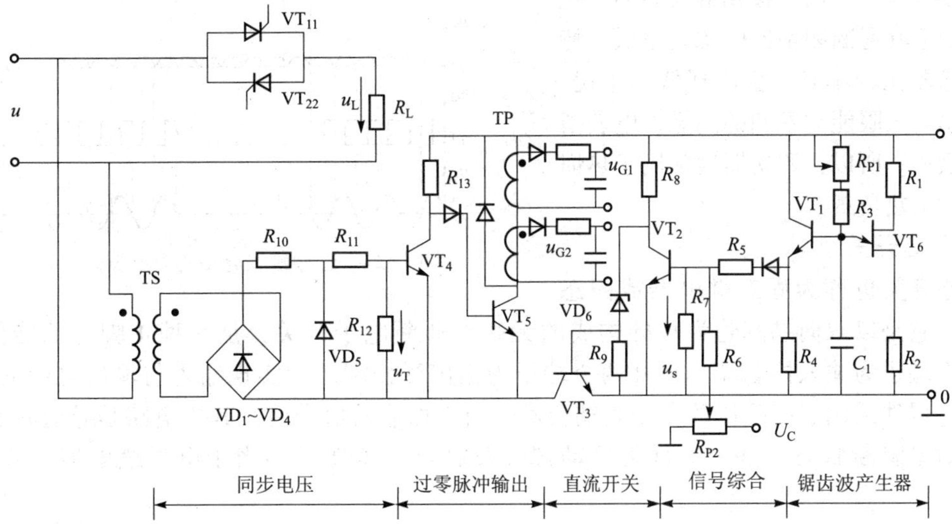

图 4-23　过零触发电路

（1）锯齿波是由单结晶体管 VT_6和 R_1、R_2、R_3、R_{P1}和 C_1组成张弛振荡器产生的，经射极跟随器（VT_1、R_4）输出。其波形如图 4-24（a）所示。锯齿波的底宽对应着一定的时间间隔（T_C）。调节电位器 R_{P1}即可改变锯齿波的斜率。由于单结晶体管的分压比一定，故电容 C_1 放电电压为一定，斜率的减小就意味着锯齿波底宽增大（T_C增大）；反之，锯齿波底宽减小。

（2）控制电压（U_C）与锯齿波电压进行叠加后送至 VT_2基极，合成电压为u_s。当u_s>0（0.7 V）时，则 VT_2导通；当u_s<0 时，则 VT_2截止，如图 4-24（b）所示。

（3）由 VT_2、VT_3及 R_8、R_9、VD_6组成一直流开关。当 VT_2基极电压U_{be2}>0（0.7 V）时，VT_2管导通，U_{be3}接近零电位，VT_3管截止，直流开关阻断。

当 U_{be2}<0 时，VT_2截止，由 R_8、VD_6和 R_9组成的分压电路使 VT_3导通，直流开关导通，输出 24 V 直流电压，VT_3通断时刻如图 4-24（c）所示。VD_6为 VT_3基极提供一阈值电压，使 VT_2导通时，VT_3更可靠地截止。

（4）过零脉冲输出。由同步变压器 TS，整流桥 VD_1 ~ VD_4及 R_{10}、R_{11}、VD_5组成一削波同步电源u_T，如图 4-24（d）所示。它与直流开关输出电压共同去控制 VT_4和 VT_5，只有在直流开关导通期间，VT_4和 VT_5集电极和发射极之间才有工作电压，才能进行工作。在这期间，同步电压每次过零时，VT_4截止，其集电极输出一正电压，使VT_5由截止转为导通，经脉冲变压器输出触发脉冲。此脉冲使晶闸管导通，如图4-24（e）所示。于是在直流开关导通期间，便输出连续的正弦波u_L，如图4-24（f）所示。增大控制电压，便可加长开关导通的时间，也就增多了导通的周波数，从而增加了输出的平均功率。

过零触发虽然没有移相触发高频干扰的问题，但其通断频率比电源频率低，特别是当通断比较小时，会出现低频干扰，使照明出现人眼能觉察到的闪烁、电表指针的摇摆等。所以，调功器通常用于热惯性较大的电热负载。

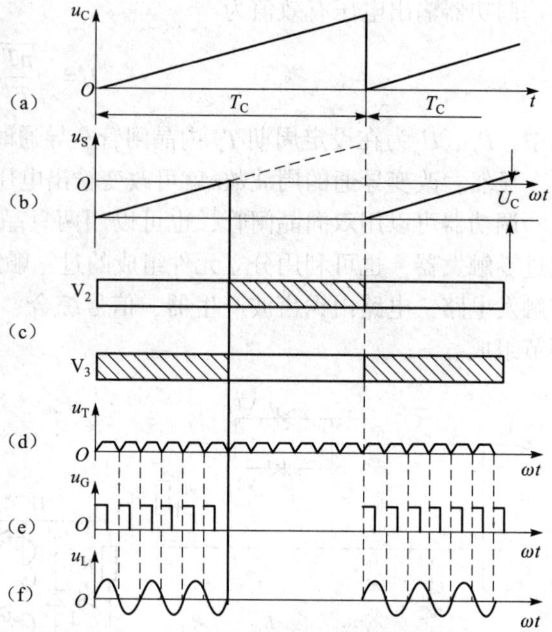

图4-24　过零触发电路的电压波形

3. 固态开关

固态开关也称为固态继电器或固态接触器。它是以双向晶闸管为基础构成的无触点通断电子开关，是一种4脚有源器件。其中两个端子为输入控制端，另外两个端子为输出受控端。为实现输入与输出之间的电气隔离，器件采用了高耐压的专用光耦合器。当施加输入信号后，其主电路是导通状态，无信号时呈阻断状态。整个器件无可动部件及触点，实现了相当于电磁继电器一样的功能。

由于固态继电器是由固体器件组成的无触点开关器件，所以它较之电磁继电器具有工作可靠、寿命长、对外界干扰小、能与逻辑电路兼容、抗干扰能力强及开关速度快等一系列优点，具有很广泛的应用领域，并可进一步扩展应用到传统的电磁继电器无法工作的领域，如计算机、可编程控制器的输入输出接口、计算机外围和终端设备、机械控制、保护系统、灯光控制、驱动控制中间继电器、电磁阀、电动机的驱动及温控等，有逐步取代传统电磁继电器的趋势。

固态继电器是将MOSFET、GTR、普通晶闸管或双向晶闸管等按一定的电路组合在一起，并与触发驱动电路封装在一个外壳中的模块，而且驱动电路与输出电路隔离。固态继电器有直流和交流两类。交流固态继电器又有单相和三相之分。

图4-25（a）所示为采用光电三极管耦合器的“0”压固态开关内部电路。1、2为输入端，相当于继电器或接触器的线圈；3、4为输出端，相当于继电器或接触器的一对触点，与负载串联后接到交流电源上。

输入端接上控制电压，使发光二极管VD_2发光，光敏管VT_1阻值减小，使原来导通的晶体管VT_2截止，原来阻断的晶闸管VT_{11}通过R_4被触发导通。输出端交流电源通过负载、二极管$VD_3 \sim VD_6$、VT_{11}以及R_5构成通路，在电阻R_5上产生电压降作为双向晶闸管VT_{22}的触发信号，使VT_{22}导通，负载得电。由于VT_{22}的导通区域处于电源电压的“0”点附近，因而具有“0”电压开关功能。

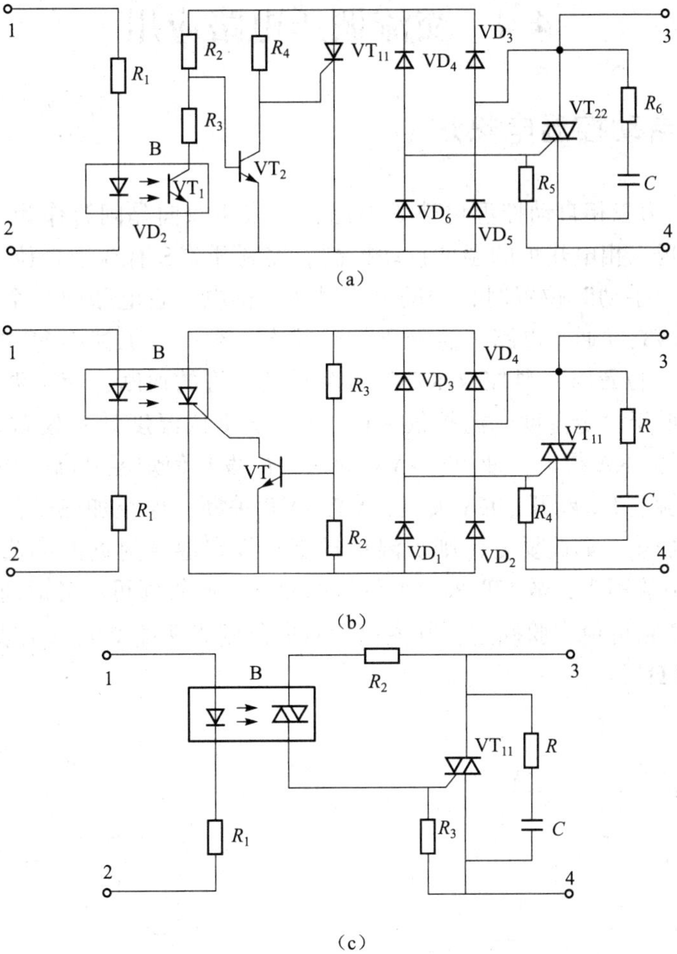

图 4-25　固态开关

图 4-25（b）所示为光电晶闸管耦合器“0”电压开关。由输入端 1、2 输入信号，光电晶闸管耦合器 B 中的光控晶闸管导通；电流经 3→VD_4→B→VD_1→R_4→4 构成回路；借助 R_4上的电压降向双向晶闸管 VT_{11}的控制极提供分流，使 VT_{11}导通。由 R_3、R_2与 VT 组成“0”电压开关功能电路。即当电源电压过“0”并升至一定幅值时 VT 导通，光控晶闸管则被关断。

图 4-25（c）所示为光电双向晶闸管耦合器非“0”电压开关。由输入端 1、2 输入信号时，光电双向晶闸管耦合器 B 导通；电流经 3→R_2→B→R_3→4 形成回路，R_3提供双向晶闸管 VT_{11}的触发信号。这种电路相对于输入信号的任意相位，交流电源均可同步接通，因而称为非“0”电压开关。

固态开关一般采用环氧树脂封装，具有体积小、工作频率高的特点，适用于频繁工作或潮湿、有腐蚀性及易燃的环境中。

4.4 交流调压电路应用

4.4.1 三相自动控温电热炉

图4-26所示为三相自动控温电热炉电路，它采用双向晶闸管作为功率开关，与KT温控仪配合，实现三相电热炉的温度自动控制。控制开关S有3个挡位，即自动、手动、停止。当S拨至“手动”位置时，中间继电器KA得电，主电路中3个本相电压强触发电路工作，$VT_1 \sim VT_3$导通，电路一直处于加热状态，须由人工控制SB按钮来调节温度。当S拨至“自动”位置时，温控仪KT自动控制晶闸管的通断，使炉温自动保持在设定温度上。若炉温低于设定温度，温控仪KT（调节式毫伏温度计）使常开触点KT闭合，晶闸管VT_4被触发，KA得电，使$VT_1 \sim VT_3$导通，R_L发热使炉温升高。炉温升至设定温度时，温控仪控制触点KT断开，KA失电，$VT_1 \sim VT_3$关断，停止加热。待炉温降至设定温度以下时，再次加热。如此反复，则炉温被控制在设定温度附近的小范围内。由于继电器线圈KA导通电流不大，故VT_4采用小容量的双向晶闸管即可。各双向晶闸管的门极限流电阻（R_1^*、R_2^*）可由实验确定，其值以使双向晶闸管两端交流电压减到2~5 V为宜，通常为30 Ω~3 kΩ。

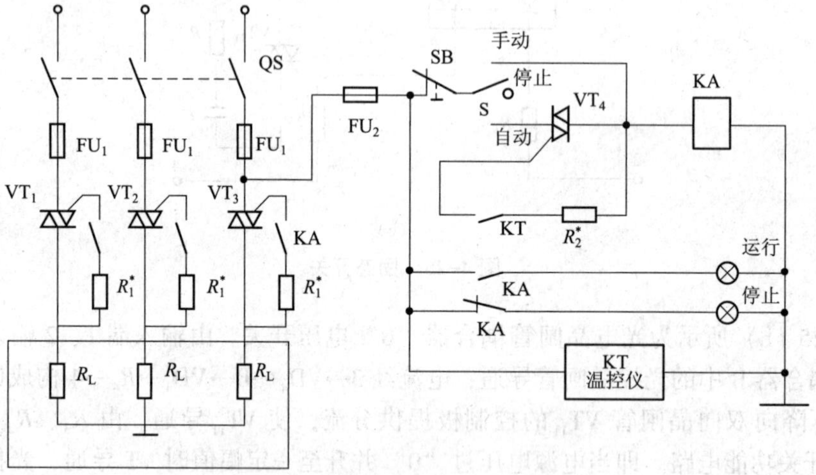

图4-26 三相自动控温电热炉电路

4.4.2 异步电动机的软启动

交流调压电路用于异步电动机的平滑调压调速，但由于其调速范围很小，要用转子内阻较大的专用调速电机；为了使特性较硬，还必须采用速度反馈；再加之调压电路移相控制，电压波形不是正弦波，出现高次谐波电流，对电机和电网均有害，因此现在已很少使用。

但是三相调压电路用于异步电动机的启动已越来越普遍，这是因为依据异步电动机的特性，如突加全压启动，启动电流将是额定电流的 4~7 倍，对电网及生产机械会造成冲击。另外，电动机的转矩与所加电压的平方成正比，而电动机拖动的负载有轻有重，不区别情况施加电压，则不是电能浪费就是电动机启动不了，而采用交流调压电路对电动机供电则可避免这种情况，便称为软启动，其控制框图如图 4-27 所示，三相调压电路采用电流、电压反馈组成闭环系统，启动性能由控制器实现。

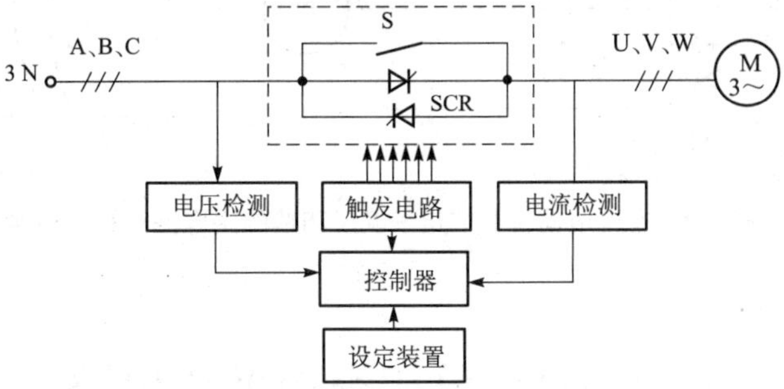

图 4-27 异步电动机软启动控制框图

最常用的软启动方式电压上升曲线如图 4-28 所示，U_S 为电动机启动需要的最小转矩所对应的电压值，启动时电压按一定斜率上升，使传统的有级降压启动变为三相调压的无级调节，初始电压及电压上升率可根据负载特性调整。此外，还可实现其他启动、停止等控制方式。用软启动方式达到额定电压时，开关 S 接通，电动机 M 转入全压运行。

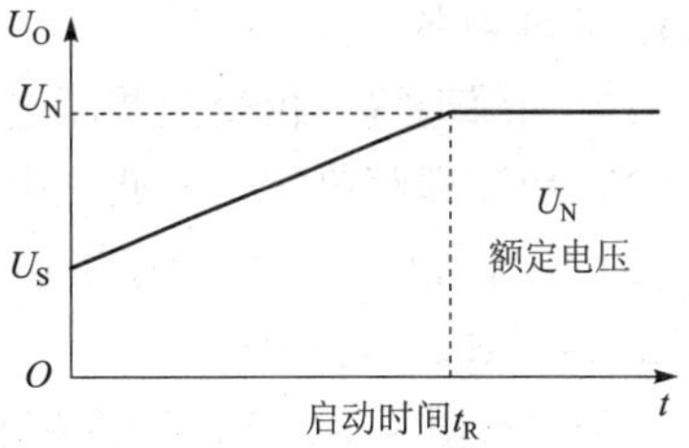

图 4-28 软启动方式电压上升曲线

4.4.3 交流电动机的调压调速

由交流电动机的分析可知，交流电动机定子与转子回路的参数为恒定时，在一定的转差率下，电动机的电磁转矩 T 与加在电动机定子绕组上电压 U 的平方成正比，即

$$T \propto U^2 \tag{4-12}$$

因此，改变电动机的定子电压，可以改变电动机在一定输出转矩（T）下的转速（n）。图 4-29（b）所示为交流异步电动机不同电压时的机械特性。由图可见，在一定负载下，降低加到电动机定子上的交流电压，可得到一定程度的速度调节。图 4-29（a）所示为交流电动机调压调速主电路。晶闸管 1~6 工作在交流开关状态构成交流电压控制器。由于交流电压是正弦交变的，为使负载端能得到对称的电压波形，每相采用两个晶闸管反并联（或用双向晶闸管）串联在交流电源与负载之间，用相位控制方式，每半波截去交流电源的一部分，从而降低了加到电动机上的交流电压有效值。

交流调压调速随着转速下降其转差率增加，电动机转子的损耗增加，效率将下降。因此，交流调压调速不适宜长时低速运行。

图4-29（a）中虚线所示的晶闸管电路是为了改变交流电源相序，从而改变速度的方向，实现电动机反转。

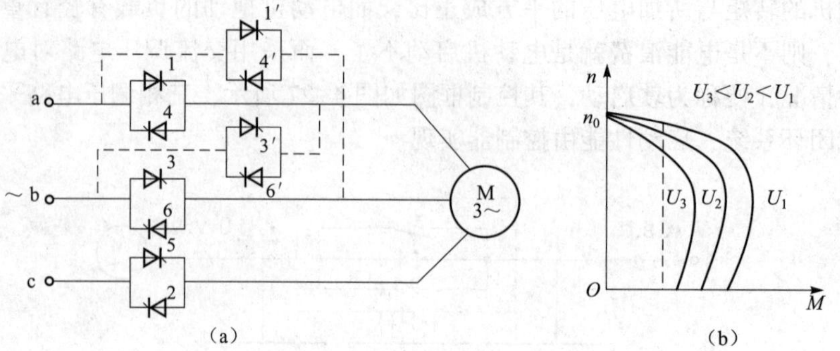

图4-29　交流电动机调节定子调压调速的主电路和机械特性

实训4.1　单相交流调压电路

1. 实训目的

（1）加深理解单相交流调压电路的工作原理。

（2）加深理解单相交流调压电路带电感性负载对脉冲及移相范围的要求。

（3）了解KC05晶闸管移相触发器的原理和应用。

2. 实训线路及原理

本实训采用了KC05晶闸管移相触发器。该触发器适用于双向晶闸管或两个反并联晶闸管电路的交流相位控制，具有锯齿波线性好、移相范围宽、控制方式简单、易于集中控制、有失交保护、输出电流大等优点。

单相晶闸管交流调压器的主电路由两个反向并联的晶闸管组成，图4-30所示为其原理。

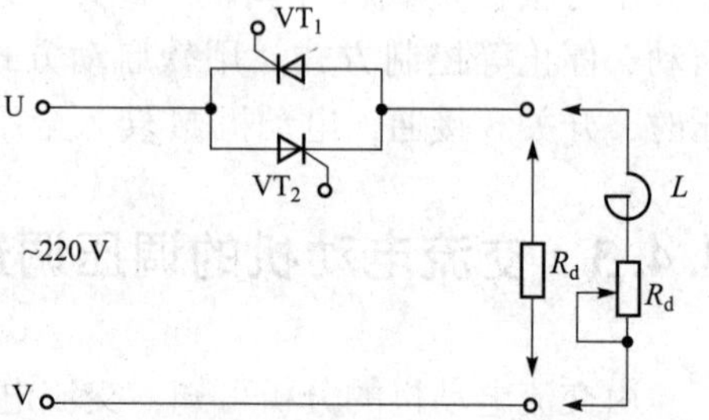

图4-30　单相交流调压主电路原理

3. 实训内容

（1）KC05集成移相触发电路的调试。

（2）单相交流调压电路带纯阻性负载。

（3）单相交流调压电路带阻感性负载。

4. 实训设备

（1）电力电子实训台。

（2）XKDL08实训箱。

（3）XKDL09实训箱。

（4）XKDL10实训箱。

（5）示波器。

（6）万用表。

（7）单相自耦调压器。

5. 预习要求

（1）阅读电力电子技术教材中有关交流调压器的内容，掌握交流调压器的工作原理。

（2）学习有关单相交流调压器及其触发电路的内容，了解 KC05 晶闸管触发芯片的工作原理及在单相交流调压电路中的应用。

6. 实训步骤

（1）KC05 集成晶闸管移相触发器调试。打开 XKDL09 电源开关，即将同步变压器的同步电压接入电路；用示波器观察“1”～“5”端及 U_{g1}、U_{g2} 的波形。调节电位器 R_{P1}，观察锯齿波斜率能否变化；调节 R_{P2}，观察输出脉冲的移相范围如何变化，移相能否达到 180°。记录上述过程中观察到的各点电压波形。

（2）单相交流调压器带纯阻性负载。将 XKDL08 面板上的两个晶闸管反并联构成交流调压器，将触发器的输出脉冲端“G_1”“K_1”“G_2”和“K_2”分别接至主电路相应晶闸管的门极和阴极，接上电阻性负载；用示波器观察负载电压、晶闸管两端电压 U_T 的波形。调节电位器 R_{P2}，观察不同 α 角时各点波形的变化；并记录 $\alpha=60°$、90°、120°时的波形。

（3）单相交流调压器接阻感性负载。

① 在做电阻电感性负载实训时，需要调节负载阻抗角的大小，因此应该知道电抗器的内阻和电感量。可采用直流伏安法来测量内阻，如图 4-31 所示。直流电源可用 XKDL08 实训箱的一组整流桥，通过调节控制电压，可改变输出直流电压的大小。电抗器的内阻为 $R_L=U_L/I$。

电抗器的电感量可采用交流伏安法测量，接线如图 4-32 所示。将交流电源输出切换到“直流调速”。计算阻抗值，再求取平均值，从而可得到交流阻抗。

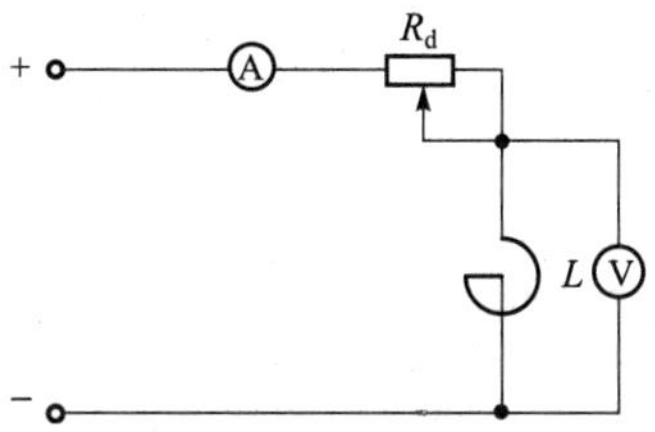

图 4-31　直流伏安法测电抗器内阻

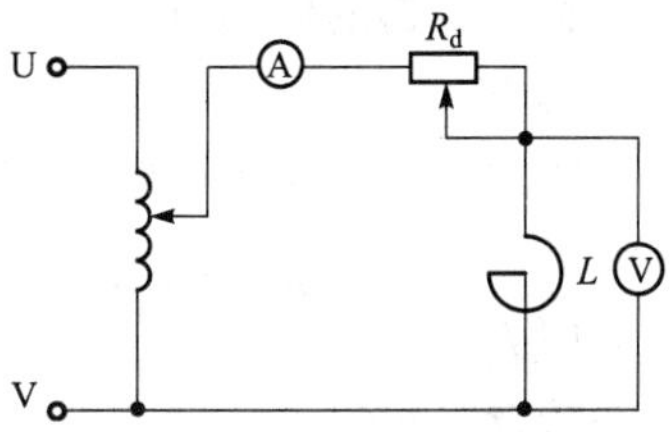

图 4-32　交流伏安法测电抗器电感量

电抗器的电感为

$$L_L=\frac{\sqrt{Z_L^2-R_L^2}}{2\pi f}$$

这样，即可求得负载阻抗角为

$$\phi=\arctan\frac{\omega L_L}{R_d+R_L}$$

在实训中，欲改变阻抗角，只需改变电阻器 R_d 的电阻值即可。

② 断开电源，改接阻感性负载。合上电源，用双踪示波器同时观察负载电压 u_d 和负载电流 i_d 的波形。调节 R_d 的数值，使阻抗角为一定值；观察在不同 α 角时波形的变化情况，

记录 $\alpha>\phi$、$\alpha=\phi$、$\alpha<\phi$ 这 3 种情况下负载两端电压 U_d 和流过负载的电流 I_d 的波形。

7. 实训报告

（1）整理、画出实训中记录下的各类波形。

（2）分析电阻电感负载时，α 角与 ϕ 角的相应关系变化时对调压器工作的影响。

（3）分析实训中出现的各种问题。

8. 思考题

（1）交流调压器在带电感性负载时可能会出现什么现象？为什么？如何解决？

（2）交流调压器有哪些控制方式？应用场合有哪些？

9. 注意事项

（1）双踪示波器两个探头的地线端应接在电路的同一电位点，以防通过两探头的地线造成被测量电路短路事故。示波器探头地线与外壳相连，使用时应注意安全。

（2）在本实训中，触发脉冲是从外部接入 XKDL08 面板上晶闸管的门极和阴极，此时，应将所用晶闸管对应的触发脉冲开关拨向“断开”位置。

（3）结束实训时，应先将电压表与电路分离，将电流表用线短接掉，以防止仪表损坏。

实训 4.2　TM3 型电风扇无级调速器安装、调试及故障分析处理

1. 实训目的

（1）熟悉电风扇无级调速器的工作原理及电路中各元件的作用。

（2）掌握电风扇无级调速器的安装、调试步骤及方法。

（3）对电风扇无级调速器中故障原因能加以分析并能排除故障。

（4）熟悉示波器的使用方法。

2. 实训设备

（1）电风扇无级调速器电路的底板：1 块。

（2）电风扇无级调速器电路元件：1 套。

（3）万用表：1 块。

（4）示波器：1 台。

（5）烙铁：1 只。

3. 实训线路与原理

TM3 型电风扇无级调速器实训线路如图 4-33 所示。

将开关 K 合上，交流 220 V 电压加到晶闸管 VT 阳、阴极之间，同时加到 R_{P1}、R_2、C_1 等组成的触发电路上，给其提供同步及工作电压。调节 R_{P1}，即改变 C_1 的充电时间常数，当 U_{C1} 达到一定数值时，双向二极管 VD 导通，R_{P1} 的改变就改变了 VT 导通角的大小，即改变了风扇 M 的转速。由于 R_{P1} 是无级变化的，因此电扇的转速也是无级变化的。

电路中，R_{P2}、R_1 起低速调整作用，R_4、C_2 组成吸收回路，R_V 压敏电阻起过压保护作用，L 起高频谐波抑制作用。

4. 实训步骤

（1）电风扇无级调速器的安装。

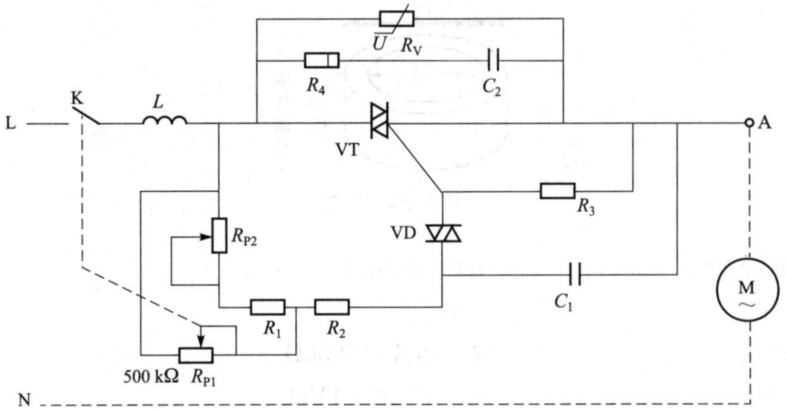

图 4-33　TM3 型电风扇无级调速器实训线路

① 元件布置图和布线图。根据图 4-33 所示电路画出元件布置图和布线图。

② 元器件选择与测试。根据图 4-33 所示电路图选择元器件并进行测量，重点对双向晶闸管元件的性能、管脚进行测试和区分。

③ 焊接前准备工作。将元器件按布置图在电路底板焊接位置上做引线成形。弯脚时，切忌从元件根部直接弯曲，应将根部留有 5~10 mm 长度以免断裂。引线端在去除氧化层后涂上助焊剂，上锡备用。

④ 元器件焊接安装。根据电路布置图和布线图将元器件进行焊接安装。焊接应无虚焊、错焊、漏焊，焊点应圆滑、无毛刺。焊接时应重点注意双向晶闸管元件的管脚。

（2）电风扇无级调速器的调试。

① 通电前的检查。对已焊接安装完毕的电路板根据图 4-33 所示电路进行详细检查。重点检查元件的管脚是否正确。输入、输出端有无短路现象。

② 通电调试。电风扇无级调速电路分主电路和触发电路两大部分。因而通电调试也分成两个步骤，首先调试触发电路，再将主电路和触发电路连接，进行整体综合调试。

（3）电风扇无级调速器故障分析及处理。电风扇无级调速器在安装、调试及运行中，由元器件及焊接等原因产生故障，可根据故障现象，用万用表、示波器等仪器进行检查测量并根据电路原理进行分析，找出故障原因并进行处理。

5. 注意事项

（1）注意元件布置合理。

（2）焊接应无虚焊、错焊、漏焊，焊点应圆滑、无毛刺。

（3）焊接时应重点注意双向晶闸管的管脚。

6. 实训报告

（1）阐述电风扇无级调速电路的工作原理和调试方法。

（2）讨论并分析实训中出现的现象和故障。

（3）写出本实训的心得与体会。

附：元器件参数

L：电感量约 200 μH；如自制，用 0.5 mm 漆包线在图 4-34 所示磁芯上均匀密绕 70 匝，用热缩管包封即成。

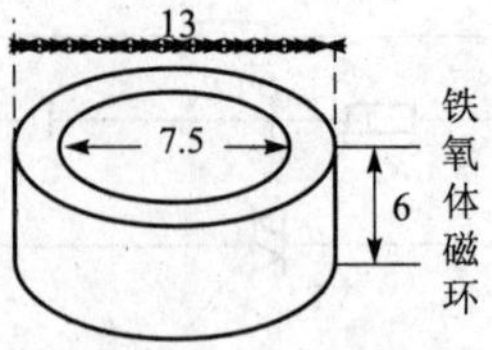

图 4-34　磁芯

双向晶闸管 VT：	BTA06/600V
二极管 VD：	DB3
电位器 R_{P1}：	WR1611N/500kΩ
电位器 R_{P2}：	SEM1V/R　1MΩ
压敏电阻 R_V：	DNR7D431
电容 C_1：	0.1 μF、250 V
电容 C_2：	0.047 μF、400 V
电阻 R_1：	150 kΩ、1/4 W
电阻 R_2：	2.7 kΩ、1/4 W
电阻 R_3：	100 kΩ、1/4 W
电阻 R_4：	5.1 kΩ、1 W

习题和思考题

习题：交流调压电路

4-1　交流调压和可控整流有何异同？

4-2　交流调压电路的通断控制和相位控制各有什么优、缺点？零触发的交流调压电路适于何种场合？

4-3　双向晶闸管与普通晶闸管在元件参数上有哪些不同？

4-4　图 4-15 所示为单相交流调压电路，电感负载，$U_i = 220$ V，$L = 5.516$ mH，$R = 1$ Ω，试求：

（1）触发延迟角移相范围；

（2）负载电流最大有效值；

（3）最大输出功率和功率因数；

（4）画出负载电压与电流的波形。

单元 5

无源逆变电路

学习目标：

(1) 掌握无源逆变电路工作原理。

(2) 掌握电压型及电流型逆变器工作原理。

(3) 了解多重逆变器和多电平逆变器原理。

(4) 能运用 PWM 控制技术分析电路。

教学载体： 电磁炉。

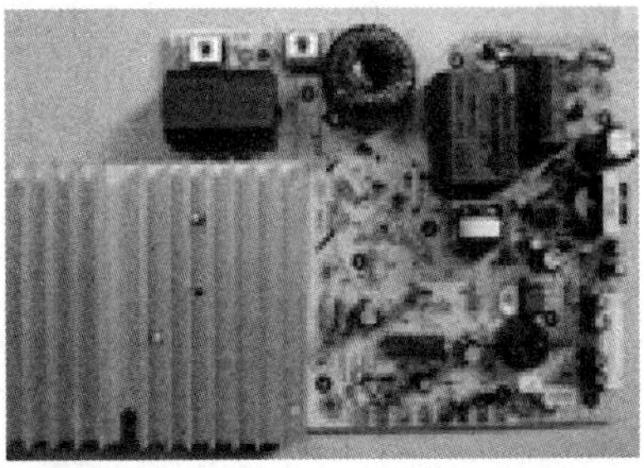

将直流电变换成交流电的电路称为逆变电路，根据交流电的用途可以分为有源逆变和无源逆变。有源逆变是将逆变电路的交流侧接到交流电网上，把直流电逆变成同频率的交流电返送到电网去。应用于直流电机的可逆调速、绕线型异步电机的串级调速、高压直流输电和太阳能发电等方面。无源逆变是逆变器的交流侧不与电网连接，而是直接接到负载，即将直流电逆变成某一频率或可变频率的交流电供给负载。蓄电池、干电池、太阳能电池等直流电源向交流负载供电时，需要无源逆变电路。交流电机调速用变频器、不间断电源、感应加热电源等电力电子装置的核心部分都是无源逆变电路。

5.1 无源逆变电路的工作原理

5.1.1 无源逆变基本工作原理

基本的单相桥式无源逆变电路工作原理如图 5-1（a）所示，图中 U_d为直流电源电压，R 为逆变电路的输出负载，$S_1 \sim S_4$为 4 个高速开关。

该电路有以下两种工作状态。

(1) S_1、S_4闭合，S_2、S_3断开，加在负载 R 上的电压为左正右负，输出电压 $u_o = U_d$。

(2) S_2、S_3闭合，S_1、S_4断开，加在负载 R 上的电压为左负右正，输出电压 $u_o = -U_d$。

当以频率f交替切换 S_1、S_4和 S_2、S_3时，负载将获得交变电压，其波形如图 5-1（b）所示。切换周期 $T = 1/f$，这样就将直流电压 U_d变换成交流电压 u_o。

与斩波电路相同，开关 $S_1 \sim S_4$也是由电力电子器件构成的电子开关。它可由半控型的快速晶闸管构成，也可由 GTO、GTR、IGBT 等全控型器件构成。全控型电力电子器件可由门极（或基极/栅极）控制开通与关断，不需要复杂的换流电路，是构成逆变器的理想器件。

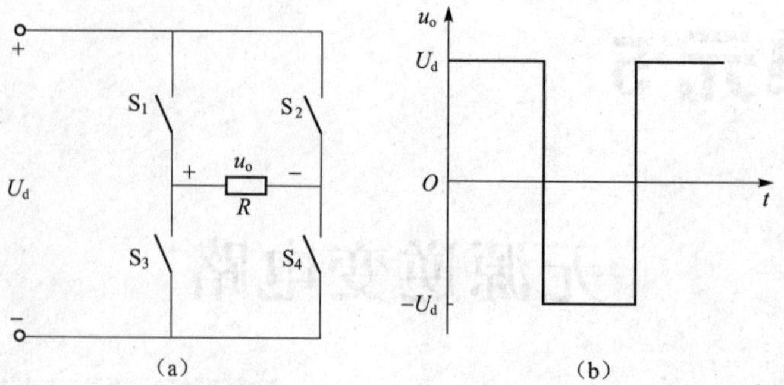

图 5-1　单相桥式无源逆变电路工作原理

（a）电路原理；（b）电压波形

5.1.2　换流方式分类

在逆变电路工作过程中，电流会从 S_1到 S_2、S_4到 S_3转移。电流从一个支路向另一个支路转移的过程称为换流，也称换相。在换流过程中，有的支路要从通态转移到断态，有的支路要从断态转移到通态。从断态向通态转移时，无论支路是由全控型还是由半控型电力电子器件组成，只要给门极适当的驱动信号，就可以使其开通。但从通态向断态转移的情况就不同，全控型器件可以通过对门极的控制使其关断，而对于半控型器件的晶闸管来说，就不能通过对门极的控制使其关断，必须利用外部条件或采取其他措施才能使其关断。一般来说，要在晶闸管电流过零后再施加一定时间的反向电压，才能使其关断。由于使器件关断，尤其是使晶闸管关断要比使器件开通复杂得多，因此，研究换流方式主要是研究如何使器件关断。

应该指出，换流并不是只在逆变电路中才有的概念，在前面各章的电路中都涉及换流问题。但在逆变电路中，换流及换流方式问题最为集中。

（1）器件换流。利用全控型器件（GTO、GTR、IGBT 等）的自关断能力进行换流（Device Commutation）。

（2）电网换流。由电网提供换流电压称为电网换流（Line Commutation）。可控整流电路、交流调压电路和采用相控方式的交-交变频电路中的换流方式都是电网换流。在换流时，只要把负的电网电压施加到欲关断的晶闸管上即可使其关断。这种换流方式不需器件具有门极可关断能力，也不需要为换流附加元件，但不适用于没有交流电网的无源逆变电路。

（3）负载换流。由负载提供换流电压称为负载换流（Load Commutation）。负载电流相位超前于负载电压的场合，都可实现负载换流，即负载为电容性负载时可实现负载换流。

图 5-2（a）所示是基本的负载换流逆变电路，采用4个晶闸管，其负载为电阻电感串联后再和电容并联，工作在接近并联谐振状态而略呈容性。电容为改善负载功率因数使其略呈容性而接入，直流侧串入大电感 L_d，使 i_d基本没有脉动。

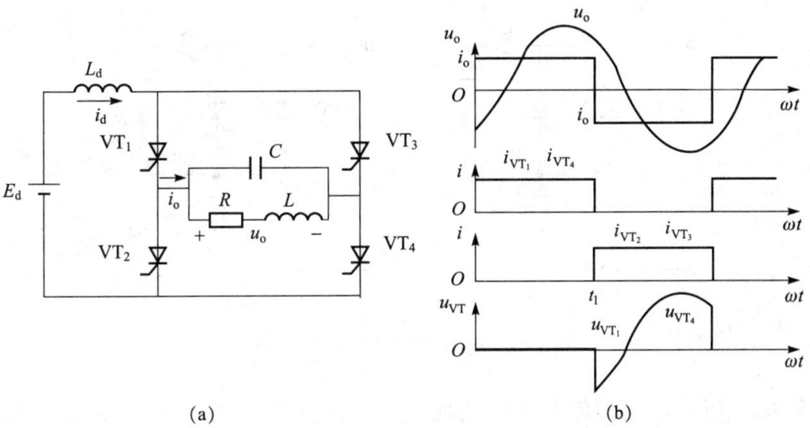

图 5-2　负载换流逆变电路及其工作波形

（a）电路；（b）波形

电路的工作波形如图 5-2（b）所示。4 个臂开关的切换仅使电流路径改变，负载电流基本呈矩形波。负载工作在对基波电流接近并联谐振的状态，对基波阻抗很大，对谐波阻抗很小，则 u_o 波形接近正弦。

$t<t_1$ 时，VT_1、VT_4 导通，VT_2、VT_3 关断，u_o、i_o 均为正，VT_2、VT_3 电压即为 u_o。

$t=t_1$ 时，触发 VT_2、VT_3 使其开通，u_o 加到 VT_4、VT_1 上使其承受反压而关断，电流从 VT_1、VT_4 换到 VT_3、VT_2。

触发 VT_2、VT_3 的时刻 t_1 必须在 u_o 过零前并留有足够裕量，才能使换流顺利完成。

从 VT_2、VT_3 到 VT_1、VT_4 的换流过程和上述 VT_1、VT_4 到 VT_2、VT_3 的换流过程类似。

（4）强迫换流。设置附加的换流电路，给欲关断的晶闸管强迫施加反向电压或反向电流的换流方式称为强迫换流（Forced Commutation）。强迫换流通常利用附加电容上储存的能量来实现，也称为电容换流。

在强迫换流方式中，由换流电路内电容提供换流电压称为直接耦合式强迫换流。其原理如图 5-3 所示。晶闸管 VT 通态时，先给电容 C 按图 5-3 所示极性充电。合上 S 就可使晶闸管被施加反压而关断。

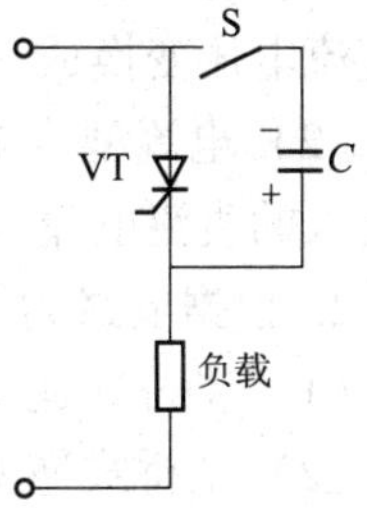

图 5-3　直接耦合式强迫换流原理

通过换流电路内电容和电感耦合提供换流电压或换流电流称为电感耦合式强迫换流。

图 5-4 所示为两种电感耦合式强迫换流原理。图 5-4（a）中晶闸管在 LC 振荡第一个半周期内关断。图 5-4（b）中晶闸管在 LC 振荡第二个半周期内关断。因为在晶闸管导通期间，两图中电容所充的电压极性不同。在图 5-4（a）中，接通开关 S 后，LC 振荡电流将反向流过晶闸管 VT，与 VT 的负载电流相减，直到 VT 的合成正向电流减至零后，再流过二极管 VD。在图 5-4（b）中，接通开关 S 后，LC 振荡电流先正向流过 VT 并和 VT 中原有负载电流叠加，经半个振荡周期 $\pi\sqrt{LC}$ 后，振荡电流反向流过 VT，直到 VT 的合成正向电流减至零后再流过二极管 VD。在这两种情况下，晶闸管都是在正向电流减至零且二极管开始流过电流时关断。二极管上的管压降就是加在晶闸管上的反向电压。

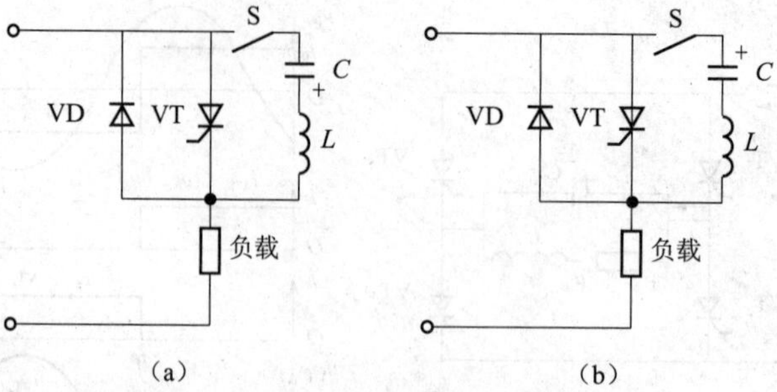

图 5-4　电感耦合式强迫换流原理

给晶闸管加上反向电压而使其关断的换流叫电压换流（图 5-3）。先使晶闸管电流减为零，然后通过反并联二极管使其加反压的换流叫电流换流（图 5-4）。

上述换流方式中，器件换流适用于全控型器件，其余方式针对晶闸管。器件换流和强迫换流都是因为器件或变流器自身的原因而实现换流的，属于自换流；电网换流和负载换流不是依靠变流器自身原因，而是借助外部手段（电网电压或负载电压）来实现换流的，属于外部换流。采用自换流方式的逆变电路称为自换流逆变电路，采用外部换流方式的逆变电路称为外部换流逆变电路。

5.1.3　逆变电路的其他分类方式

1. 根据输入直流电源特点分类

（1）电压型。电压型逆变器的输入端并接有大电容，输入直流电源为恒压源，逆变器将直流电压变换成交流电压。

（2）电流型。电流型逆变器的输入端串接有大电感，输入直流电源为恒流源，逆变器将输入的直流电流变换为交流电流输出。

2. 根据电路的结构特点分类

（1）半桥式逆变电路。

（2）全桥式逆变电路。

（3）推挽式逆变电路。

（4）其他形式，如单结晶体管逆变电路。

3. 根据负载特点分类

（1）非谐振式逆变电路。

（2）谐振式逆变电路。

5.2　电压型逆变电路

按照直流侧电源性质，逆变电路可分为电压型逆变电路和电流型逆变电路两类，直流侧电源是电压源的逆变电路，称为电压型逆变电路；而直流侧电源为电流源的逆变电路，称为电流型逆变电路。

电压型逆变电路的电源为电压源，一般采取在直流电源侧并联大电容的方法获得恒压源，工作时直流侧电压基本无脉动，其输出电压波形为矩形波，当交流侧为感性负载时，电容还起缓冲无功能量的作用。在实际的应用电路中，如地铁车辆的逆变器中，在进线侧一般还串联有线路滤波器，以抑制电流尖峰脉动和减少逆变器对供电线路和周围其他设备的谐波干扰。

5.2.1　电压型单相桥式逆变器

1. 半桥逆变电路

半桥逆变电路的结构如图 5-5（a）所示。它由一对桥臂和一个带有电压中点的直流电源构成。每个导电桥臂由一个全控型器件和一个反并联二极管组成；电压中点由接在直流侧的两个相互串联的足够大且数值相等的电容 C_1和 C_2分压而成。

VT_1和 VT_2的驱动信号在一个周期内各有半周正偏、半周反偏，且两者互补。逆变器工作波形如图 5-5（b）所示。输出电压 u_o为矩形波，其幅值为 $U_d/2$。输出电流 i_o波形随负载性质而发生改变。下面以感性负载为例进行分析。

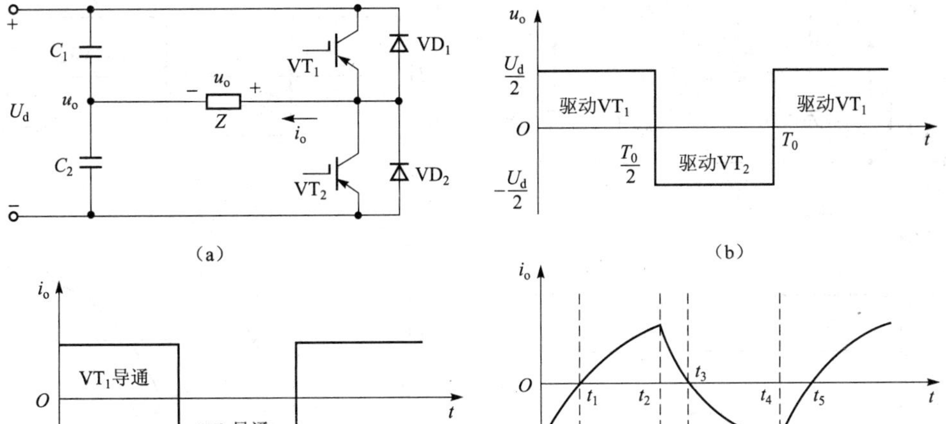

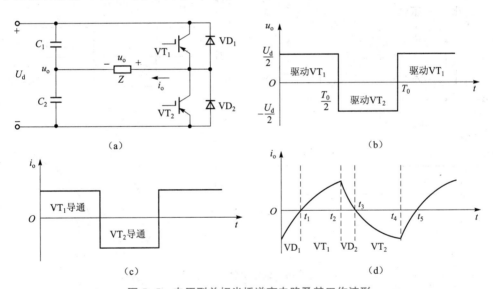

图 5-5　电压型单相半桥逆变电路及其工作波形

（a）电路；（b）负载电压波形；（c）电阻负载电流波形；（d）感性负载波形

设 t_2时刻以前 VT_1导通，VT_2关断，C_1两端电压加在负载上，$u_o=+U_d/2$。

t_2时刻给 VT_1关断信号，给 VT_2开通信号，则 VT_1关断，但由于感性负载中的电流 i_o不能立即改变方向，于是 VD_2导通续流，C_2两端电压加在负载上，此时，负载电压 $u_o=-U_d/2$。

t_3时刻 i_o降至零，续流二极管 VD_2截止，VT_2开始导通，i_o开始反向增大。

同样，在 t_4时刻给 VT_2关断信号，给 VT_1开通信号，VD_1先导通续流，t_5时刻 VT_1才导通。

当 VT_1或 VT_2导通时，负载电流与电压同方向，直流侧向负载提供能量；而当 VD_1或

VD_2导通时，负载电流和电压反方向，负载中电感的能量向直流侧反馈，即负载将其吸收的无功能量反馈回直流侧，反馈的能量暂时储存在直流侧的电容器中，直流侧电容器起着缓冲这种无功能量的作用。

二极管 VD_1、VD_2提供感性负载的续流通道，故称为续流二极管；又因为二极管 VD_1、VD_2是负载向直流侧反馈能量的通道，故又称为反馈二极管。

半桥逆变电路的优点是电路简单，使用器件少。其缺点是输出交流电压的幅值仅为直流电源 U_d的一半，需要分压电容器，且需要控制两个电容的电压均衡。半桥电路常用于几千瓦以下的小功率逆变器。

2. 单相全桥逆变电路

用全控型器件，如 IGBT 取代图 5-1（a）中的开关后，就得到图 5-6（a）所示的单相全桥逆变电路。从图中可看出，它是由两对桥臂组合而成，VT_1和 VT_4构成一对导电臂，VT_2和 VT_3构成另一对导电臂，两对导电臂交替导通 180°，其输出电压波形如图 5-6（b）所示，负载电流波形如图 5-6（c）和图 5-6（d）所示，与半桥电路相同，但电压、电流的幅值均增加了 1 倍。下面分析单相全桥逆变电路在感性负载时的工作过程。

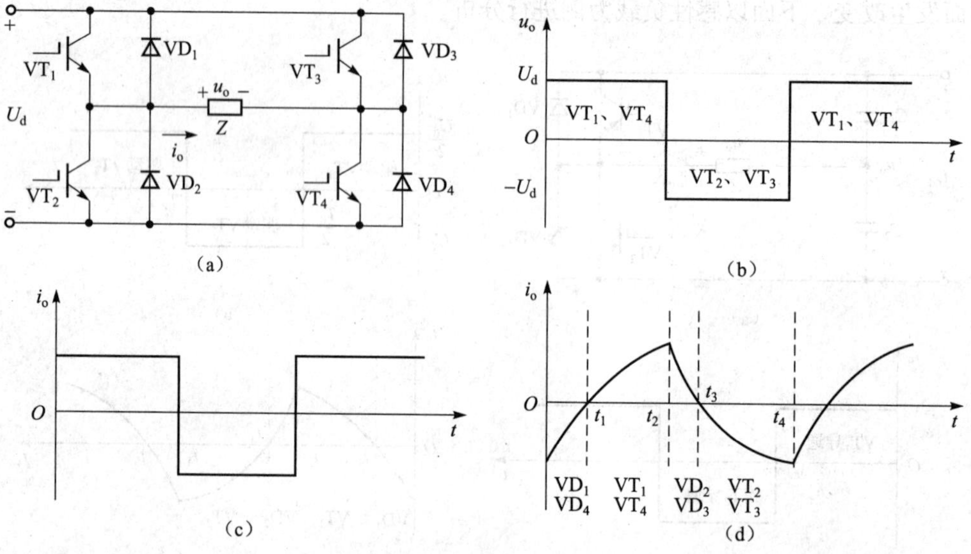

图 5-6　单相全桥逆变电路

（a）电路；（b）负载电压波形；（c）电阻负载电流波形；（d）感性负载电流波形

$t=0$ 时刻以前，VT_2、VT_3 导通，VT_1、VT_4 关断，电源电压反向加在负载上，$u_o=-U_d$。

在 $t=0$ 时刻，负载电流上升到负的最大值，此时关断 VT_2、VT_3，同时驱动 VT_1、VT_4，由于感性负载电流不能立即改变方向，负载电流经 VD_1、VD_4续流，此时，由于 VD_1、VD_4导通，VT_1、VT_4受反压而不能开通。负载电压 $u_o=+U_d$。

到 t_1时刻，负载电流下降到零，VD_1、VD_4自然关断，VT_1、VT_4在正向电压作用下开始导通。负载电流正向增大，负载电压 $u_o=+U_d$。

到 t_2时刻，负载电流上升到正的最大值，此时关断 VT_1、VT_4，并驱动 VT_2、VT_3，同样，由于负载电流不能立即换向，负载电流经 VD_2、VD_3续流，负载电压 $u_o=-U_d$。

到 t_3时刻，负载电流下降到零，VD_2、VD_3自然关断，VT_2、VT_3开通，负载电流反向增大时，$u_o=-U_d$。

到 t_4时刻，负载电流上升到负的最大值，完成一个工作周期。

可见，对于感性负载，$VD_1\sim VD_4$起提供负载电流续流通道和反馈无功能量的作用。

从图 5-6（b）可知，单相全桥逆变电路的输出电压为方波，定量分析时，将 u_o展开成傅里叶级数，得

$$u_o=\frac{4U_d}{\pi}\left(\sin(\omega t)+\frac{1}{3}\sin(3\omega t)+\frac{1}{5}\sin(5\omega t)+\cdots\right) \tag{5-1}$$

其中基波分量的幅值 U_{o1m}和有效值 U_{o1}分别为

$$U_{o1m}=\frac{4U_d}{\pi}\approx 1.27U_d \tag{5-2}$$

$$U_{o1}=\frac{2\sqrt{2}U_{o1}}{\pi}\approx 0.9U_d \tag{5-3}$$

例 5-1　单相桥式逆变电路如图 5-6（a）所示，逆变电路输出电压为方波，如图 5-6（c）所示，已知 $U_d=110$ V，逆变频率为$f=100$ Hz。负载 $R=10\ \Omega$，$L=0.02$ H，求：

（1）输出电压基波分量；

（2）输出电流基波分量。

解：（1）输出电压为方波，由式（5-1）可得

$$u_o=\sum\frac{4U_d}{n\pi}\sin(n\omega t)\ (n=1,3,\cdots)$$

其中输出电压基波分量为　$u_{o1}=\frac{4U}{\pi}\sin(\omega t)$

输出电压基波分量的有效值为

$$U_{o1}=\frac{4U_d}{\sqrt{2}\pi}=0.9\times110=99(\text{V})$$

（2）阻抗为

$$Z=\sqrt{R^2+(\omega L)^2}=\sqrt{10^2+2(2\pi\times100\times0.2)^2}\approx18.59(\Omega)$$

输出电流基波分量的有效值为

$$I_{o1}=\frac{4U_d}{Z}=\frac{99}{18.59}\approx5.33(\text{A})$$

5.2.2　电压型三相桥式逆变器

电压型三相桥式逆变电路如图 5-7 所示。电路由 3 个半桥组成，开关管采用全控型器件，如 GTO、IGBT、GTR 等，$VD_1\sim VD_6$为续流二极管。这是最基本的逆变电路，通常大、中功率的应用均要求采用三相逆变电路，当对波形有较高要求时，则采用此基本线路进行多重叠加或采用 PWM 控制方法，以抑制高次谐波。

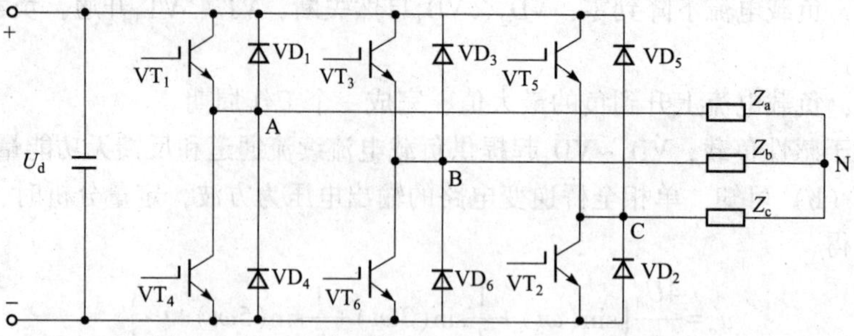

图 5-7　电压型三相桥式逆变电路

根据各开关管导通时间的长短，该电路可分 180°导电型和 120°导电型，其中常用的为 180°导电型。下面就 180°导电型进行分析。

在 180°导电型中，每个开关管的驱动信号持续 180°，同一相上下两个开关管交替导通，在任何时刻都有 3 个开关管导通。在一个周期内，6 个管子触发导通的次序为 $VT_1 \sim VT_6$，依次相隔 60°，导通的组合顺序为 $VT_1VT_2VT_3$、$VT_2VT_3VT_4$、$VT_3VT_4VT_5$、$VT_4VT_5VT_6$、$VT_5VT_6VT_1$、$VT_6VT_1VT_2$，每种组合工作 60°电角度。

180°导电型三相桥式逆变电路的工作波形如图 5-8 所示。为分析方便，将一个工作周期分为 6 个区间，每区间占 60°。每隔 60°的各阶段等值电路图形及相电压和线电压的数值如表 5-1 所示。其中，负载为三相星形对称负载，即

$$Z_a = Z_b = Z_c$$

下面以 0°~60°为例加以分析。

在 0°~60°时，VT_1、VT_2、VT_3同时导通，A 相和 B 相负载 Z_a、Z_b与电源正极连接，C 相负载 Z_c与电源负极连接。若取负载中心点 N 为基准点，则线电压为

$$u_{ab} = 0$$
$$u_{bc} = U_d$$
$$u_{ca} = -U_d$$

式中，U_d为逆变器输入侧直流电压。输出电压为

$$u_{an} = \frac{1}{3}U_d$$

$$u_{bn} = \frac{1}{3}U_d$$

$$u_{cn} = -\frac{2}{3}U_d$$

用同样的方法，可以推得其余 5 个工作区间的相电压与线电压值。

从图 5-8 所示的波形图可看出，负载线电压为 120°正负对称的矩形波，而相电压为 180°正负对称的阶梯波，与正弦波接近，三相负载电压相位相差 120°。

对于 180°导电型逆变电路，为了防止同一相上下桥臂同时导通而引起直流电源的短路，要采取“先断后通”的方法。即先给应关断的器件关断信号，待其关断后留一定时间裕量，然后再给应导通的器件发送开通信号，即在两者之间留一个短暂的死区时间。

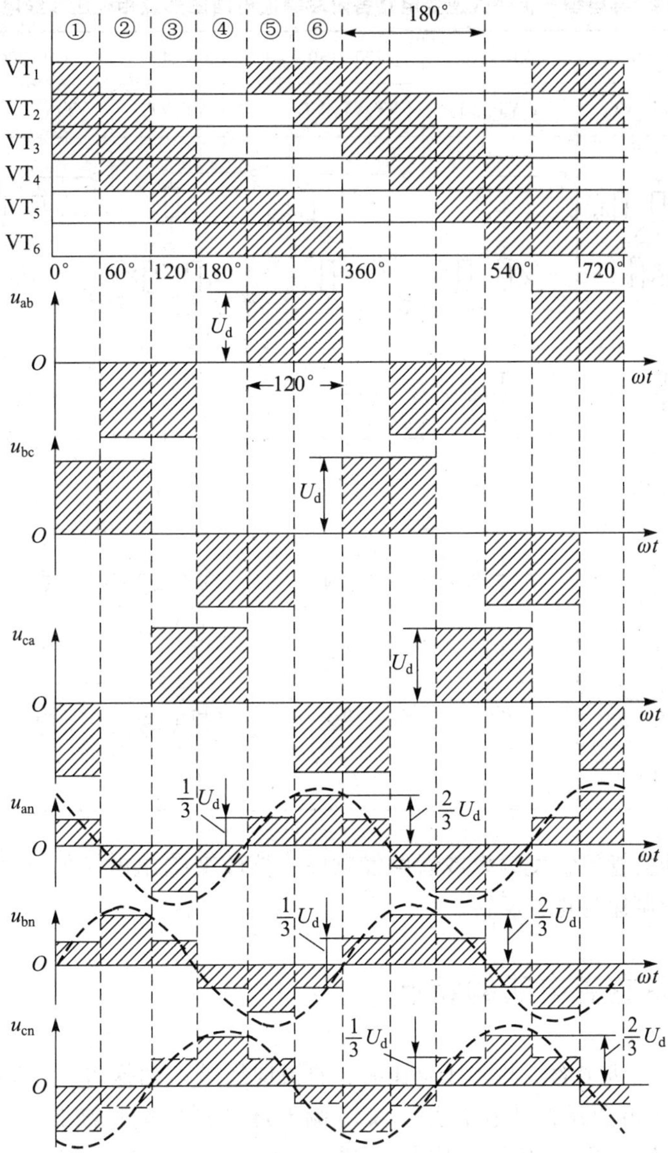

图 5-8　180°导电型三相桥式逆变电路的工作波形

除 180°导电型外，三相桥式逆变电路还有 120°导电型的控制方式，即每个桥臂 120°，同一相上下两臂的导通有 60°间隔，各相依次相差 120°。与 180°导电型相反，120°导电型的相电压为矩形波，而线电压为阶梯波。采用 120°导通方式时，由于同一桥臂上下两管有 60°的导通间隙，对换流安全有利，但管子的利用率较低，并且若电机采用星形接法，则始终有一相绕组断开，在换流时该相绕组中会引起较高的感应电势，需要采用过电压保护措施。

180°与 120°两种导电类型的比较：在同样的直流电压时，180°导电的逆变电压比 120°的高，可见 180°导电时晶闸管的利用率较高，故应用较多。但从换流安全角度来看，120°导电较有利。由于 180°导电是同一桥臂相互换流，若逻辑切换控制不准确可靠，则容易造成直流电源瞬间短路，导致换流失败。

表 5-1　180°导电型三相桥式逆变电路各阶段等值电路图形及相电压和线电压的数值

ωt/（°）		0~60	60~120	120~180	180~240	240~300	300~360
导通开关管		$VT_1\,VT_2\,VT_3$	$VT_2\,VT_3\,VT_4$	$VT_3\,VT_4\,VT_5$	$VT_4\,VT_5\,VT_6$	$VT_5\,VT_6\,VT_1$	$VT_6\,VT_1\,VT_2$
负载等效电路		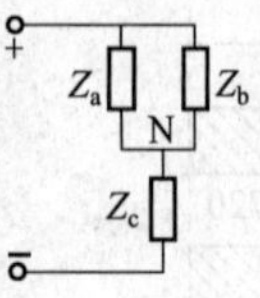	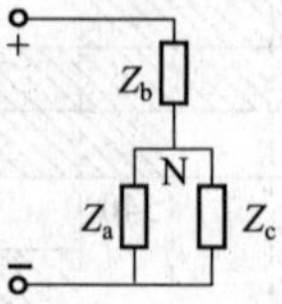	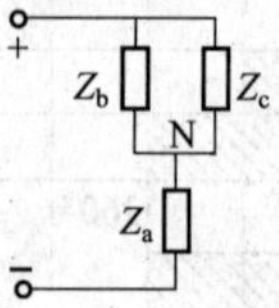	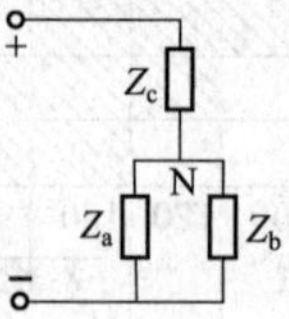	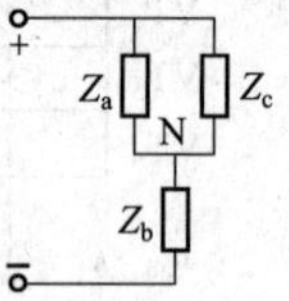	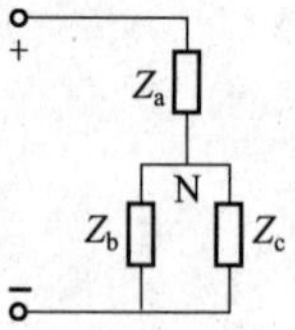
相电压	u_{an}	$\frac{1}{3}U_d$	$-\frac{1}{3}U_d$	$-\frac{2}{3}U_d$	$-\frac{1}{3}U_d$	$\frac{1}{3}U_d$	$\frac{2}{3}U_d$
	u_{bn}	$\frac{1}{3}U_d$	$\frac{2}{3}U_d$	$\frac{1}{3}U_d$	$-\frac{1}{3}U_d$	$-\frac{2}{3}U_d$	$-\frac{1}{3}U_d$
	u_{cn}	$-\frac{2}{3}U_d$	$-\frac{1}{3}U_d$	$\frac{1}{3}U_d$	$\frac{2}{3}U_d$	$\frac{1}{3}U_d$	$-\frac{1}{3}U_d$
线电压	u_{ab}	0	$-U_d$	$-U_d$	0	U_d	U_d
	u_{bc}	U_d	U_d	0	$-U_d$	$-U_d$	0
	u_{ca}	$-U_d$	0	U_d	U_d	0	$-U_d$

改变逆变桥开关管的触发频率或者触发顺序，能改变输出电压的频率及相序，从而可实现电动机的变频调速与正、反转。

5.2.3　电压型逆变电路的特点

（1）直流侧接有大电容，相当于电压源，直流电压基本无脉动，直流回路呈现低阻抗。

（2）由于直流电压源的钳位作用，交流侧电压波形为矩形波，与负载阻抗角无关，而交流侧电流波形和相位因负载阻抗角的不同而异，其波形接近三角波或接近正弦波。

（3）当交流侧为电感性负载时需提供无功功率，直流侧电容起缓冲无功能量的作用。为了给交流侧向直流侧反馈能量提供通道，各逆变臂都并联了续流二极管。

（4）逆变电路从直流侧向交流侧传送的功率是脉动的，因直流电压无脉动，故功率的脉动是由直流电流的脉动来体现的。

（5）当逆变电路用于交-直-交变频器且负载为电动机时，如果电动机工作在再生制动状态，就必须向交流电源反馈能量。因直流侧电压方向不能改变，所以只能靠改变直流电流的方向来实现，这就需要给交-直整流桥再反并联一套逆变桥，或在整流侧采用四象限脉冲变流器。

5.3　电流型逆变电路

直流电源为电流源的逆变电路称为电流型逆变电路，它的特征是直流中间环节用电感作为储能元件，因大电感中的电流脉动很小，因此可近似看成直流电流源。

5.3.1　电流型单相桥式逆变器

1. 电路结构

图 5-9（a）所示是一种单相桥式电流型逆变电路的原理。电路由 4 个晶闸管桥臂构成，每个桥臂均串联一个电抗器 L_T，用来限制晶闸管的电流上升率 d*i*/d*t*。桥臂 1、4 和桥臂 2、3 以 1 000~2 500 Hz 的中频轮流导通，从而使负载获得中频交流电。由于工作频率较高，开关管通常采用快速晶闸管。

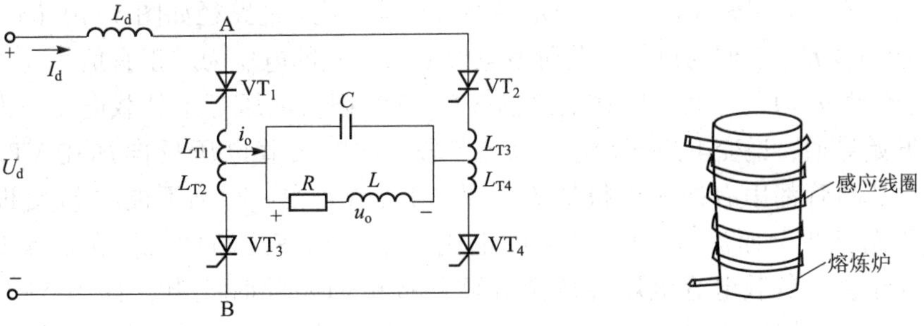

（a）　　　　　　　　　　　　　　　　（b）

图 5-9　单相桥式电流型（并联谐振式）逆变电路

（a）单相桥式电流型逆变电路；（b）电磁感应线圈

图 5-9（a）中的负载是一个中频电炉，图 5-9（b）实际上是一个电磁感应线圈，用来加热置于线圈内的钢料。图 5-9（a）中 *L* 和 *R* 串联电路即为感应线圈的等效电路。因为功率因数很低，故并联补偿电容器 *C*。电容 *C* 和电感 *L*、*R* 构成并联谐振电路，所以称这种逆变电路为并联谐振式逆变电路。较多用于金属的熔炼、透热和淬火的中频加热电源。本电路采用负载换流，要求负载电流超前电压，因此补偿电容应使负载过补偿，以使负载电路总体呈现容性阻抗。

2. 工作原理

当逆变桥对角晶闸管以一定频率交替触发导通时，负载感应线圈通入中频电流，线圈中产生中频交变磁通。例如，将金属（钢铁、铜、铝）放入线圈中，在交变磁场的作用下，金属中产生涡流与磁滞（钢铁）效应，使金属发热熔化，如图 5-9（b）所示。其交流输出电流波形接近矩形波，其中包含基波和各奇次谐波。晶闸管交替触发的频率与负载回路的谐振频率相接近，负载电路工作在谐振状态，这样不仅可得到较高的功率因数与效率，而且电路对外加矩形波电压的基波分量呈现高阻抗，对其他高次谐波电压呈现低阻抗，可以看成短路，谐波在负载电路上产生的压降很小，所以负载两端 u_o 是很好的中频正弦波。而负载电流 i_o 在

大电感 L_d 的作用下为近似交变的矩形波。并联电容 C 除参加谐振外，还提供负载无功功率，使负载电路呈现容性，i_o 超前 u_o 一定角度，达到自动换流关断晶闸管的目的。

图 5-10 所示是该逆变电路工作时的换流过程，图 5-11 所示是该逆变电路换流过程的波形。在交流电流的一个周期内，有两个稳定的导通阶段和两个换流阶段。

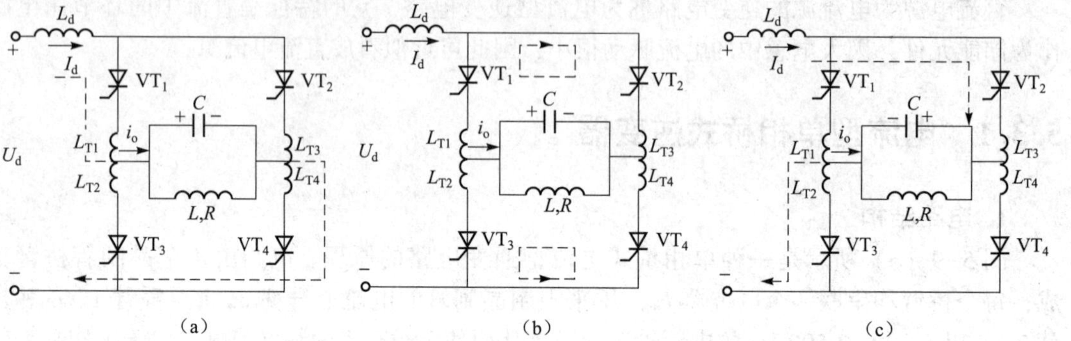

图 5-10 并联谐振式逆变电路的换流过程

在 $t_1 \sim t_2$ 时刻，晶闸管 VT_1、VT_4 稳定导通，负载电流 i_o 的路径如图 5-10（a）中虚线所示，负载电流 $i_o = I_d$，近似为恒值，此阶段电容 C 上建立的电压为左正右负。

在 t_2 时刻触发 VT_2、VT_3，因在 t_2 之前 VT_2、VT_3 阳极电压等于负载电压，为正值，故 VT_2、VT_3 开始导通，逆变电路开始进入换流阶段。此时负载电压反向加在 VT_1、VT_4 上，但由于每个晶闸管都串有换流电抗器 L_T，故 VT_1、VT_4 在 t_2 时刻不能立刻关断，其电流由 i_{T1}、i_{T4} 逐渐减少，而流过 VT_2、VT_3 的电流 i_{T2}、i_{T3} 由零逐渐增大。在换流期间，4 个晶闸管同时导通，负载电容电压经两个并联的放电回路同时放电，如图 5-10（b）所示。其中一个放电回路是经 L_{T1}、VT_1、VT_2、L_{T2} 回到电容 C，另一个放电回路是经 L_{T3}、VT_3、VT_4、L_{T4} 回到电容 C，在这个过程中，VT_1、VT_4 电流逐渐减少，而 VT_2、VT_3 电流逐渐增大。到 t_4 时刻，VT_1、VT_4 电流减至零而关断，直流侧电流全部转移到 VT_2、VT_3，VT_2、VT_3 电流从零增大到 I_d，换流阶段结束。在换流期间，4 个晶闸管都导通，由于时间短与大电感 L_d 的恒流作用，电源不会短路。图 5-11 中，$t_4 - t_2 = t_\gamma$，t_γ 称为换流时间。

晶闸管在电流减小到零后，还需一段时间才能恢复正向阻断能力。因此，在 t_4 时刻换相结束后，还要使 VT_1、VT_4 承受一段反压时间 t_β 才能保证其可靠关断。$t_\beta = t_5 - t_4$ 应大于晶闸管关断时间 t_q。如果 VT_1、VT_4 尚未恢复阻断能力就加上了正向电压，会重新导通，这样 4 个晶闸管同时稳态导通，造成逆变失败。

$t_4 \sim t_6$ 期间为 VT_2、VT_3 管稳定导通时间，负载电流路径如图 5-10（c）中虚线所示。

为了保证可靠换相，应在负载电压 u_o 过零前 t_f 时刻触发 VT_2、VT_3，t_f 称为触发引前时间。从图 5-11 可知

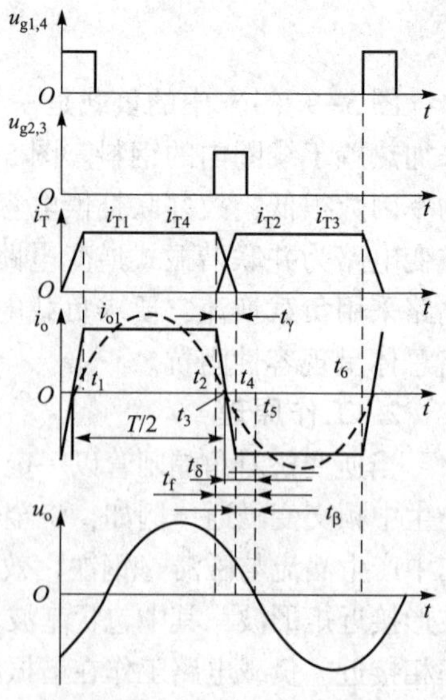

图 5-11 并联谐振式逆变电路的工作波形

$$t_f = t_\gamma + t_\beta \tag{5-4}$$

式中，一般取 $t_\beta=(2\sim3)\ t_q$。

从图 5-11 还可知，为了关断已导通的晶闸管实现换流，必须使整个负载电路呈现容性，使流入负载电路的电流基波分量 i_{o1} 超前 u_o 中频电压，负载电流超前负载电压的时间 t_δ 为

$$t_\delta = \frac{t_\gamma}{2} + t_\beta \tag{5-5}$$

因此，负载的功率因数角，即电流超前电压的相位角为

$$\phi = \omega\left(\frac{t_\gamma}{2} + t_\beta\right) \tag{5-6}$$

式中，ω 为电路的工作角频率。

3. 中频电流、电压和输出功率的计算

忽略换相重叠时间 t_γ，则中频负载电流 i_o 为交变矩形波，用傅里叶级数展开得

$$i_o = \frac{4I_d}{\pi}\left(\sin(\omega t) + \frac{1}{3}\sin(3\omega t) + \frac{1}{5}\sin(5\omega t) + \cdots\right) \tag{5-7}$$

式（5-7）中基波电流有效值为

$$I_{o1} = \frac{2\sqrt{2}}{\pi} I_d \approx 0.9 I_d \tag{5-8}$$

忽略逆变电路的功率损耗，则逆变电路输入的有功功率即直流功率等于输出的基波功率（高次谐波不产生有功功率），即

$$P_o = U_d I_d = U_o I_{o1} \cos\phi \tag{5-9}$$

所以

$$U_o = \frac{U_d I_d}{I_{o1}\cos\phi} = \frac{\pi}{2\sqrt{2}} \cdot \frac{U_d}{\cos\phi} \approx \frac{1.11}{\cos\phi} U_d \tag{5-10}$$

中频输出功率为

$$P_o = \frac{U_o^2}{R_f} \tag{5-11}$$

式中，R_f 为对应于某一逆变角 ϕ 负载阻抗的电阻分量。将式（5-10）代入式（5-11）得

$$P_o = 1.23\,\frac{U_d^2}{\cos^2\phi} \cdot \frac{1}{R_f} \tag{5-12}$$

由式（5-12）可见，调节直流电压 U_d 或改变逆变角 ϕ，都能改变中频输出功率的大小。

5.3.2 电流型三相桥式逆变器

随着全控型器件的不断进步，晶闸管逆变电路的应用已越来越少，但图 5-12 所示的串联二极管式电流型三相桥式逆变电路仍应用较多。串联二极管式逆变器是电流型逆变器，性能优于电压型逆变器，主要用于中、大功率交流电动机调速系统。图 5-12 即为其主电路，$VT_1\sim VT_6$ 组成三相桥式逆变器，$C_1\sim C_6$ 为换流电容，$VD_1\sim VD_6$ 为隔离

二极管，其作用是防止换流电容直接通过负载放电。Z_a、Z_b、Z_c为电动机三相负载。该逆变器为120°导电型，与三相桥式整流相似，任意瞬间只有两只晶闸管同时导通，电动机正转时，管子的导通顺序为VT_1~VT_6，触发脉冲间隔为60°，每个管子导通120°电角度。

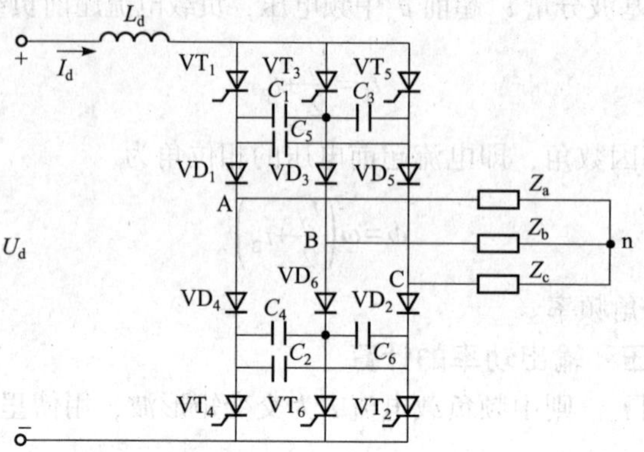

图 5-12　串联二极管式电流型三相桥式逆变电路

现以在VT_5、VT_6稳定导通时，触发VT_1使VT_5关断的换流过程为例来说明。

（1）换流前VT_5、VT_6导通，直流电压加到电动机C、B相，电容C_3、C_5被充电，C_1、C_3、C_5这3个电容用等效电容C_{AC}（C_1与C_3串联再与C_5并联）表示，充电极性为右正左负，等效电路如图5-13（a）所示。

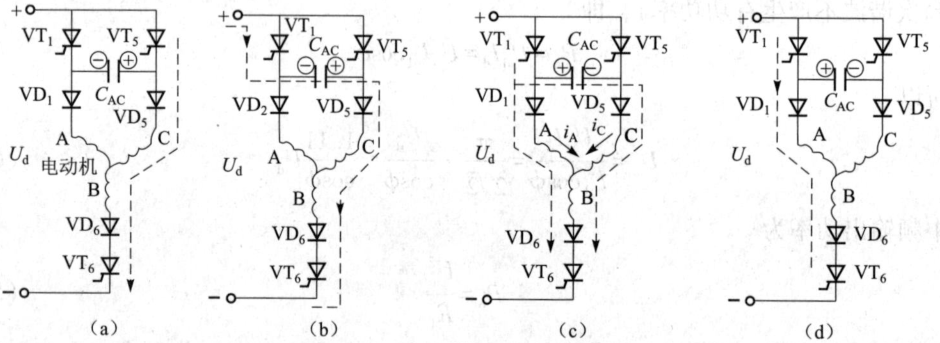

图 5-13　串联二极管式逆变电路换流过程

（2）晶闸管换流。当给VT_1触发脉冲使其立即导通时，在C_5的充电电压U_{C5}作用下VT_5承受反压立即关断，实现了VT_5到VT_1之间的换流。由于电容C_5两端电压不能突变，使二极管VD_1承受反压处于截止状态，此时负载电流由电源正端经VT_1、等效电容C_{AC}、VD_5、负载C和B相、VD_6、VT_6到电源负端构成通路，如图5-13（b）所示，由于电感L_d的作用，对电容恒流放电再反充。在C_{AC}放电到零之前，VT_5一直承受反压，足够保证可以关断。必须使C_5上电压由负变正（左正右负）且反向充电到与电动机反向电动势e_{AC}相等之后，VD_1才承受正压导通，电容充电结束。

（3）二极管换流。当VD_1导通后，由于电动机漏感的作用，绕组中电流i_A和i_C不能突变，形成VD_1和VD_5同时导通的状态，等效电容$C_{AC}=\left(\frac{3}{2}C\right)$与电动机A、C相的漏感组成谐振电路，促使 A 相电流从零上升到 I_d，而 C 相电流从 I_d 下降到零，见图 5-13（c），此期间，电动机三相绕组内都有电流流过，且满足 $i_A+i_C=i_B=I_d$。

（4）正常运行。二极管换流结束后，此时电容 C_{AC} 充电电压为左正右负，为下一次换流做准备，VD_5 受反压而关断，此时换流为 VT_6、VT_1 两管导通，如图 5-13（d）所示。

图 5-14 所示为电流型三相桥式逆变电路的输出波形。由于在换流期间引起电动机绕组中电流的迅速变化，在绕组漏感中产生感应电动势，叠加在原有电压上，所以在电流型逆变器输出的近似正弦波的电压波形上，出现换流尖峰电压（毛刺），其数值较大，在选择晶闸管耐压时必须考虑。

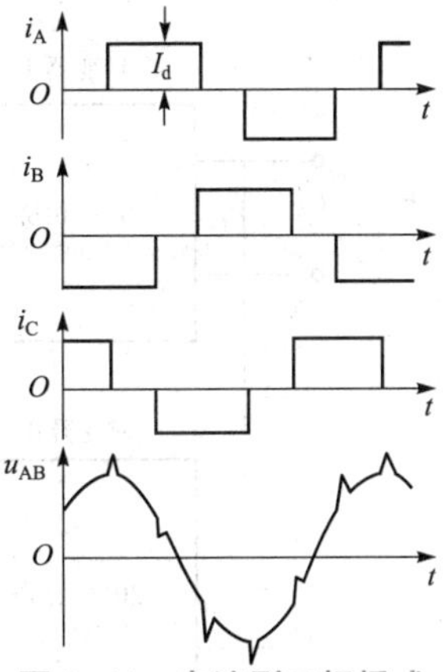

图 5-14　电流型三相桥式逆变电路的输出波形

5.3.3　电流型逆变器的特点

（1）直流侧串联有大电感，直流侧电流基本无脉动，由于大电感抑流作用，直流回路呈现高阻抗，短路的危险性也比电压型逆变电路小得多。

（2）电路中开关器件的作用仅是改变直流电流的流通路径，因此交流侧输出的电流为矩形波，与负载性质无关。而交流侧电压波形因负载阻抗角的不同而不同。

（3）直流侧电感起缓冲无功能量的作用不能反向，故不必给开关器件反并联二极管，电路相对电压型逆变器也较简单。

5.4　多重逆变器和多电平逆变器

对电压型电路来说，输出电压是矩形波；对电流型电路来说，输出电流是矩形波。矩形波中含有较多的谐波，对负载会产生不利影响。为了减少矩形波中所含的谐波，常常采用多重逆变器，就是用几个逆变器，使它们输出相同频率的矩形波在相位上移开一定的角度进行叠加，以减小谐波，从而获得接近正弦的阶梯波形。也可以采用多电平逆变器，就是改变电路结构，能够输出较多种的电平，从而使输出电压向正弦波靠近。

5.4.1　多重逆变器

如图 5-15（a）所示，逆变器Ⅰ、Ⅱ是电路完全相同的两个电压型逆变器，但是它们每相输出电压频率相同相位上相差 30°，因此，分别称为“0°三相桥”和“30°三相桥”。两个输出变压器的一次侧绕组相同，而 30°桥的二次侧每相有两个绕组，且匝数为 0°桥二次侧的 $1/\sqrt{3}$。将两变压器二次侧按图 5-15（a）所示方法串联起来（图中只画了 A 相），则可获得图 5-15（b）所示波形。通过傅里叶级数分析可知，该输出相电压的波形中不含 11 次以下的谐波。

对电压型逆变器，将输出变压器进行串联相加。对电流型逆变器，则将输出端并联叠加。

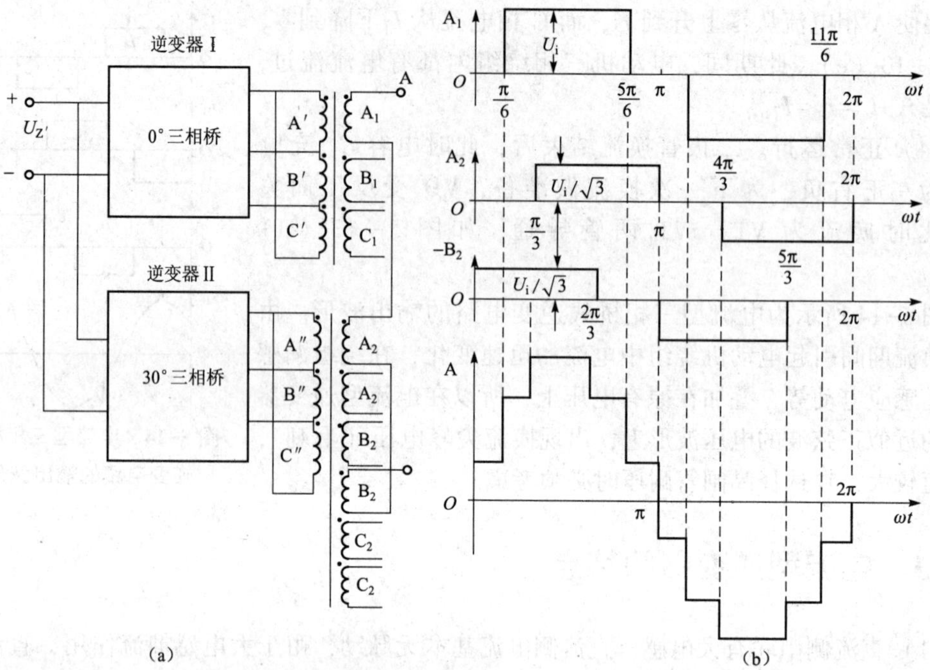

图 5-15　逆变器电压叠加

图 5-16 所示是电流型逆变器三重化的一种方案。逆变器Ⅰ、Ⅱ、Ⅲ之间相差 20°电角度，通过 3 台变压器耦合并联输出。

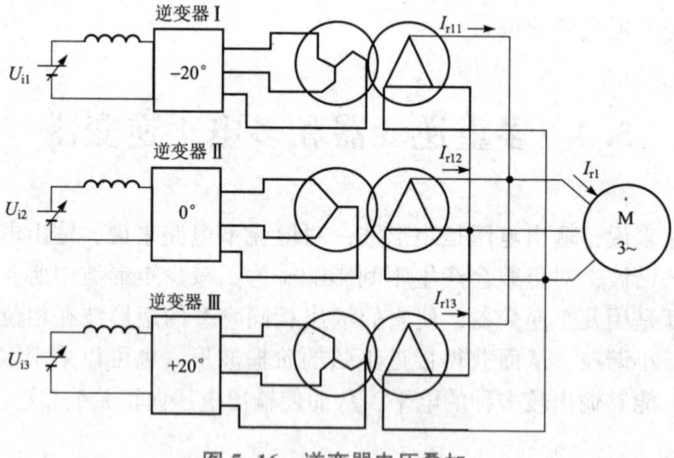

图 5-16　逆变器电压叠加

从图 5-15（b）所示的波形可以看出，采用多重化技术，负载得到的不是简单的方波，而是尽可能接近正弦波的阶梯波。

5.4.2　多电平逆变器

图 5-17 所示为三电平逆变电路，它是由 6 只主逆变管 VT_1 ~ VT_6 和 6 只副逆变管 VT_7 ~ VT_{12} 组成。各相在任何时刻得到的输出电压为 $u_d/2$、0、$-u_d/2$ 这 3 种电压的一种。

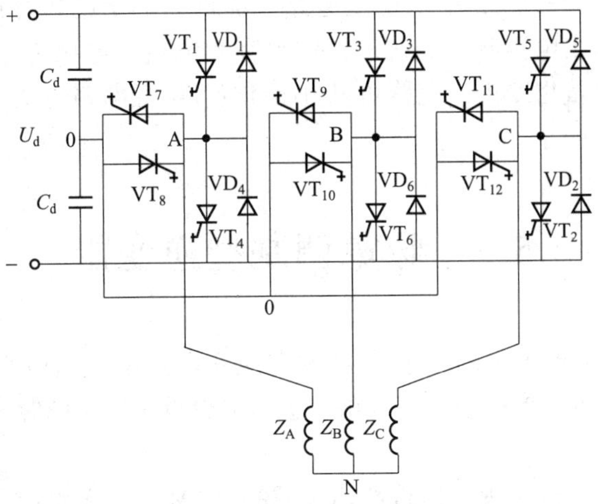

图 5-17 三电平逆变电路

在图 5-18 中，画出了 $\alpha=0°$、$15°$、$30°$、$45°$、$60°$情况下的负载相电压 u_{AN}的波形。由图可见，随着 α 增大，其相电压有效值下降，当 $\alpha=15°$时，波形最好，如图 5-19 所示。电动机的相电压由 12 个阶梯组成，最接近正弦波，谐波分量最小，有利于电动机的平稳运行。

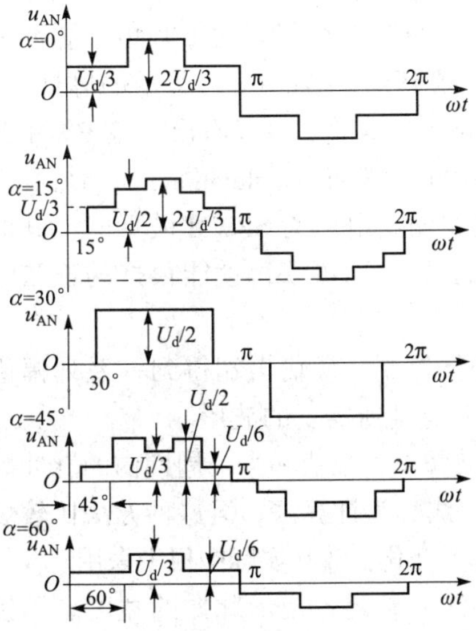

图 5-18 三电平逆变电路在不同控制 α 时的负载相电压 U_{AN}

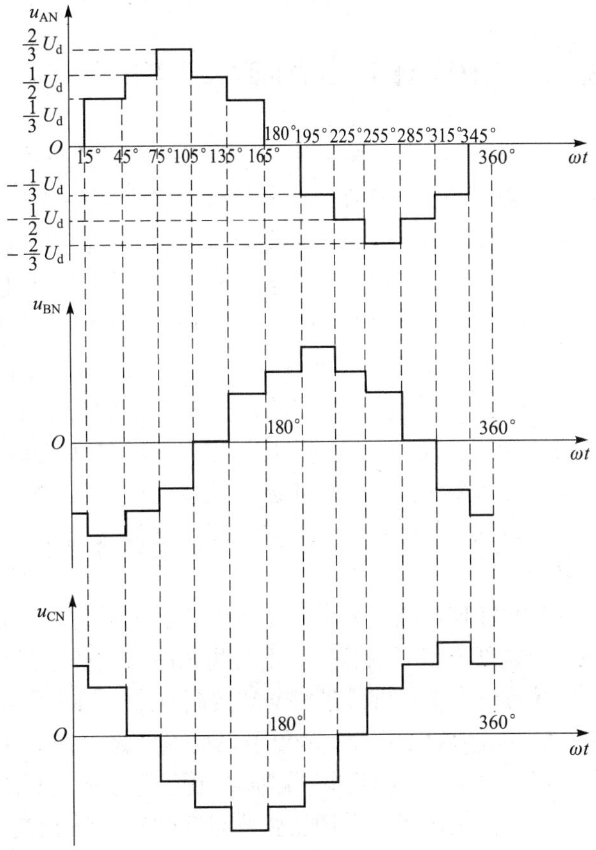

图 5-19 三电平逆变电路 $\alpha=15°$时负载相电压波形

采用三电平逆变电路的优点有：① 主电路元器件的额定电压降低到 $U_d/2$；② 输出电压为阶梯波，由于对输出电压波形的改进，供给吸收电路的电压为 $u_d/2$，所以流入吸收电路的能量变小，即发热量也变小，电路可获小型化；③ 主电路电流所含的低次谐波减小，因而电机的电磁干扰可减小。

5.5 脉宽调制型逆变器

PWM（Pulse Width Modulation）控制技术在逆变电路中应用最为广泛，在大量应用的逆变电路中，绝大部分是PWM型逆变电路。这里将着重讨论正弦脉宽调制技术在逆变器中的应用。

全控型电力电子器件的出现，使得性能优越的PWM逆变电路应用日益广泛，这种电路的特点主要是：可以得到相当接近正弦波的输出电压和电流，减少了谐波，功率因数高，动态响应快，而且电路结构简单。PWM控制方式就是对逆变电路开关器件的通断进行控制，使输出端得到一系列幅值相等而宽度不等的脉冲，用这些脉冲来代替正弦波所需要的波形。按一定的规则对各脉冲的宽度进行调制，既可以改变逆变电路输出电压的大小，又可以改变输出电压的频率。

5.5.1 PWM控制的基本原理

正弦波PWM的控制思想是利用逆变器的开关元件，由控制线路按一定的规律控制开关元件是否通断，从而在逆变器的输出端获得一组等幅、等距而不等宽的脉冲序列。其脉宽基本上按正弦分布，可以用此脉冲列来等效正弦电压波形，图5-20（a）所示即正弦波的 $u_o = U_{om1}\sin(\omega t)$ 波形。而电压型逆变电路的输出电压是方波，如果将一个正弦半波电压分成 n 等分，并把正弦曲线每一等分所包围的面积都用一个与其面积相等的等幅矩形脉冲来代替，且矩形脉冲的中点与相应正弦等分的中点重合，得到图5-20（b）所示的脉冲列，这就是PWM波形。正弦波的另一个半波可以用相同的办法来等效。可以看出，该PWM波形的脉冲宽度按正弦规律变化，称为SPWM（Sinusoidal Pulse Width Modulation）波形。

脉冲频率越高，SPWM波形越接近正弦波。逆变电路输出电压为SPWM波形时，其低次谐波得到很好的抑制和消除，高次谐波又能很容易滤去，从而可获得性能很好的正弦输出电压。

SPWM控制方式就是对逆变电路开关器件的通断进行控制，使输出端得到一系列幅值相等而宽度不相等的脉冲，用这些脉冲来代替正弦波或者其他所需要的波形。

从理论上来分析，在SPWM控制方式中给出了正弦波频率、幅值和半个周期内的脉冲数后，脉冲波形的宽度和间隔便可以准确计算出来，这种方法称为计算法。但这种方法比较烦琐，当输出正弦波的频率、幅值或相位变化时，其结果都要变化，故在实际中很少采用。

在多数情况下，采用正弦波与等腰三角波相交的办法来确定各矩形脉冲的宽度。等腰三角波上下宽度与高度呈线性关系且左右对称，当它与任何一个光滑曲线相交时，即得到一组等幅而脉冲宽度正比于该曲线函数数值的矩形脉冲，这种方法称为调制方法。把希望输出的信号称为调制信号（Modulation Wave），把接受调制的三角波称为载波（Carrier Wave），当调制信号是正弦波时，所得到的便是 SPWM 波形。当调制信号不是正弦波时，也可以得到与调制信号等效的 PWM 波形。SPWM 波形在实际中应用较多。

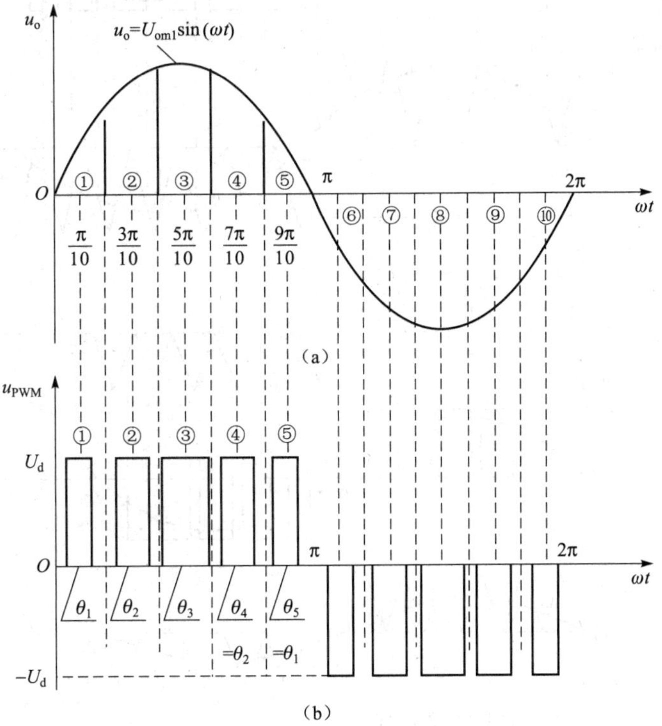

图 5-20 SPWM 波形

（a）正弦波形；（b）脉冲列

如图 5-21（a）和图 5-21（b）所示，用正弦波和三角波相交点得到一组等幅矩形脉冲，其宽度按正弦规律变化。再用这组矩形脉冲作为逆变器各功率开关器件的控制信号，则在逆变器输出端就可以获得一组类似图 5-21（a）中的矩形脉冲，其幅值为逆变器直流侧电压，而脉冲宽度是它在周期中所处相位角的正弦函数。该矩形脉冲可用正弦波来等效，如图 5-21（a）中虚线所示。不难看出以下几点。

（1）逆变器输出频率与正弦调制波频率相同；当逆变器输出端需要变频时，只要改变调制波的频率，见图 5-21（c）和图 5-21（e）。

（2）三角波与正弦调制波的交点即确定了逆变器输出脉冲的宽度和相位。通常采用恒幅的三角波，而用改变调制波幅值的方法，可以得到逆变器输出波形的不同宽度，从而得到不同的逆变器输出电压，见图 5-21（c）和图 5-21（d）。

像这样由载波调制正弦波而获得的脉冲宽度按正弦规律变化又和正弦波等效的脉宽调制（PWM）波形称为正弦脉宽调制（SPWM）。

一般将正弦调制波的峰值 u_{rm} 与三角载波的峰值 u_{cm} 之比定义为调制度 M，也称调制比或调制系数（Modulation Index），即

$$M=\frac{u_{rm}}{u_{cm}} \tag{5-13}$$

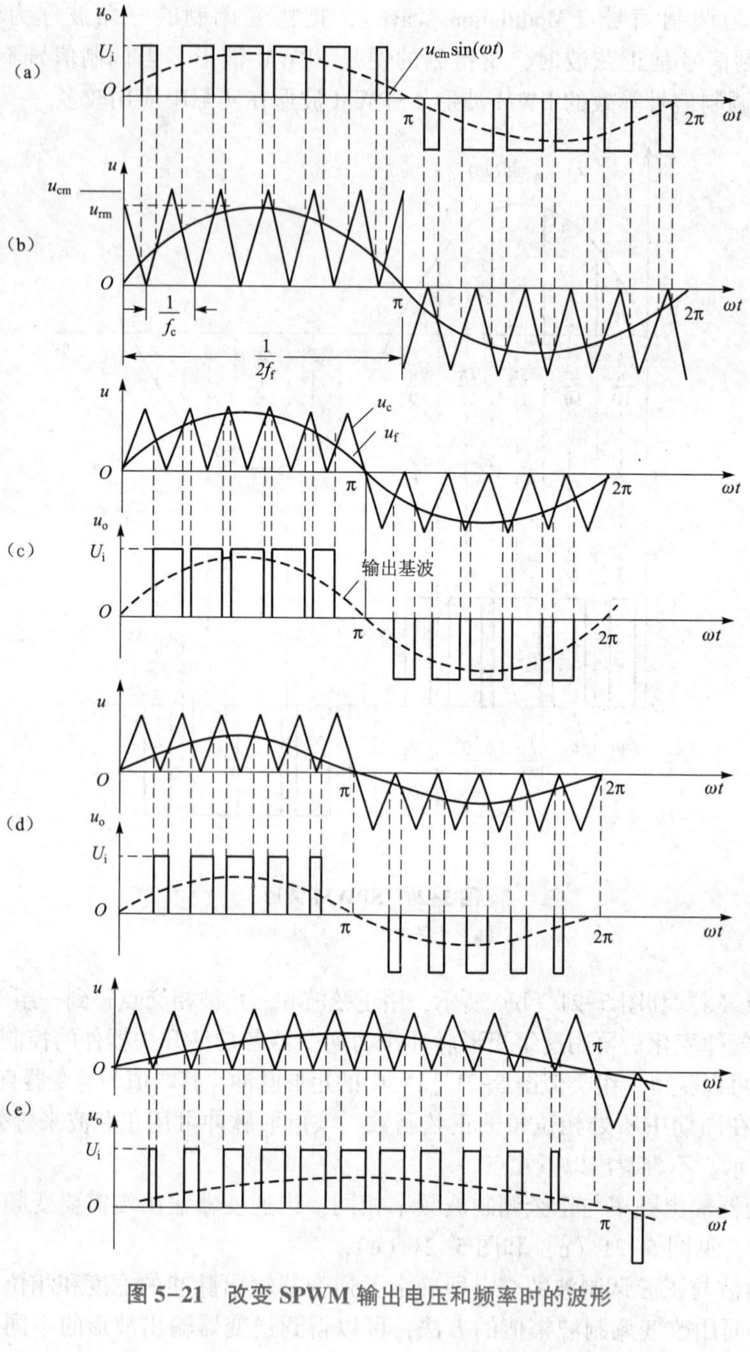

图 5-21　改变 SPWM 输出电压和频率时的波形

5.5.2　PWM 逆变器及其优点

下面分别介绍单相和三相 PWM 型变频电路的控制方法与工作原理。

1. 单相桥式 PWM 变频电路工作原理

电路如图 5-22 所示，采用 GTR 作为逆变电路的自关断开关器件。设负载为电感性，控制方法有单极性与双极性两种。

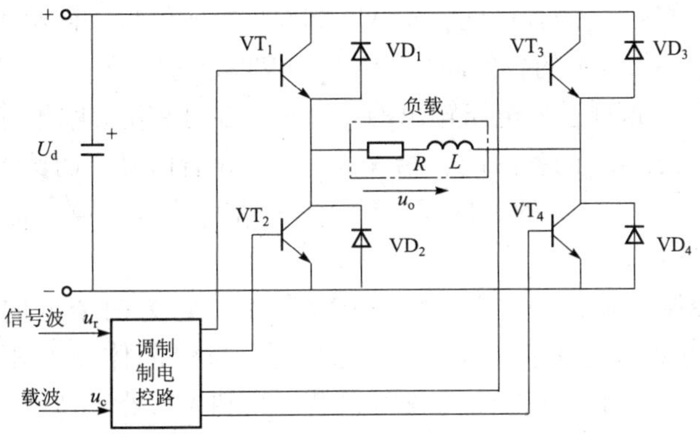

图 5-22　单相桥式 PWM 变频电路

（1）单极性 PWM 控制方式工作原理。如图 5-23 所示，按照 PWM 控制的基本原理，把所希望输出的正弦波作为调制信号u_r，把接受调制的等腰三角形波作为载波信号u_c。对逆变桥 $VT_1\sim VT_4$的控制方法如下。

① 当u_r正半周时，让 VT_1一直保持通态，VT_2保持断态。在u_r与u_c正极性三角波交点处控制 VT_4的通断，在 $u_r>u_c$ 各区间，控制 VT_4为通态，输出负载电压$u_o=U_d$。在 $u_r<u_c$ 各区间，控制 VT_4为断态，输出负载电压 $u_o=0$，此时负载电流可以经过 VD_3与 VT_1续流。

② 当 u_r 负半周时，让 VT_2一直保持通态，VT_1保持断态。在 u_r 与 u_c 负极性三角波交点处控制 VT_3的通断。在 $u_r<u_c$ 各区间，控制 VT_3为通态，输出负载电压 $u_o=-U_d$。在 $u_r>u_c$ 各区间，控制 VT_3为断态，输出负载电压$u_o=0$，此时负载电流可以经过 VD_4与 VT_2续流。

逆变电路输出的 u_o 为 PWM 波形，如图 5-23 所示，u_{of}为 u_o的基波分量。由于在这种控制方式中的 PWM 波形只能在一个方向变化，故称为单极性 PWM 控制方式。

（2）双极性 PWM 控制方式工作原理。电路仍然是图 5-22，调制信号 u_r 仍然是正弦波，而载波信号 u_c改为正负两个方向变化的等腰三角形波，如图 5-24 所示。对逆变桥 $VT_1\sim VT_4$ 的控制方法如下。

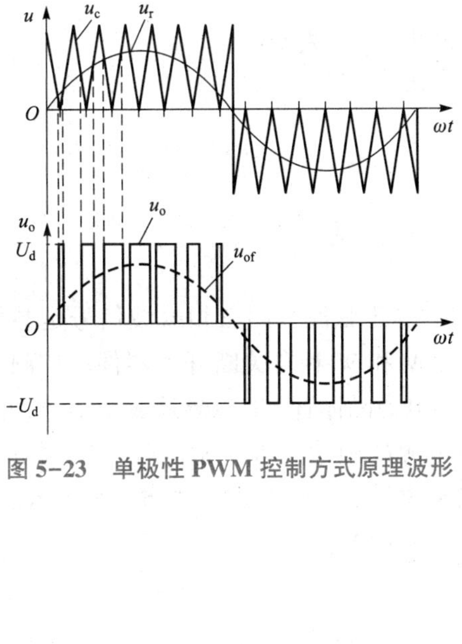

图 5-23　单极性 PWM 控制方式原理波形

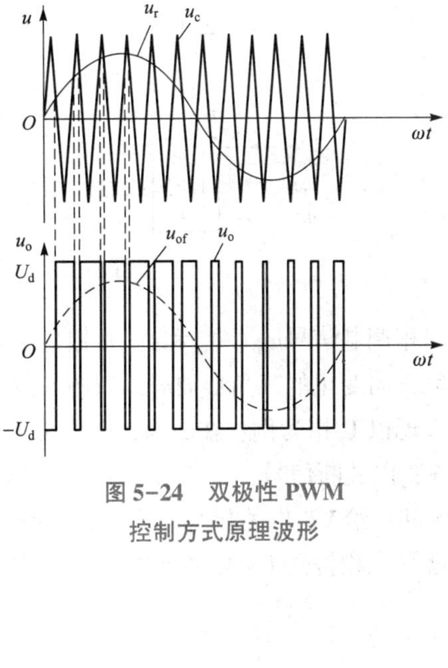

图 5-24　双极性 PWM 控制方式原理波形

① 在u_r正半周，当$u_r>u_c$的各区间，给 VT_1和 VT_4导通信号，而给 VT_2和 VT_3关断信号，输出负载电压$u_o=U_d$。在$u_r<u_c$的各区间，给 VT_2和 VT_3导通信号，而给 VT_1和 VT_4关断信号，输出负载电压$u_o=-U_d$。这样逆变电路输出的u_o为两个方向变化等幅不等宽的脉冲列。

② 在u_r负半周，当$u_r<u_c$的各区间，给 VT_2和 VT_3导通信号，而给 VT_1和 VT_4关断信号，输出负载电压$u_o=-U_d$。当$u_r>u_c$的各区间，给 VT_1和 VT_4导通信号，而给 VT_2与 VT_3关断信号，输出负载电压$u_o=U_d$。

双极性 PWM 控制的输出u_o波形如图 5-24 所示，它为两个方向变化等幅不等宽的脉冲列。这种控制方式特点是：a. 同一相上下两个桥臂晶体管的驱动信号极性恰好相反，处于互补工作方式。b. 电感性负载时，若 VT_1和 VT_4处于通态，给 VT_1和 VT_4以关断信号，则 VT_1和 VT_4立即关断，而给 VT_2和 VT_3以导通信号，由于电感性负载电流不能突变，电流减小产生的感应电动势使 VT_2和 VT_3不可能立即导通，而是二极管 VD_2和 VD_3导通续流，如果续流能维持到下一次 VT_1与 VT_4重新导通，负载电流方向始终没有改变，VT_2和 VT_3始终未导通。只有在负载电流较小而无法连续续流情况下，在负载电流下降至零，VD_2和 VD_3续流完毕，VT_2和 VT_3导通，负载电流才反向流过负载。但不论是 VD_2、VD_3导通还是 VT_2、VT_3 导通，u_o均为$-U_d$。从 VT_2、VT_3导通向 VT_1、VT_4切换情况也类似。

2. 三相桥式 PWM 变频电路的工作原理

电路如图 5-25 所示，本电路采用 GTR 作为电压型三相桥式逆变电路的自关断开关器件，负载为电感性。从电路结构上看，三相桥式 PWM 变频电路只能选用双极性控制方式，其工作原理如下。

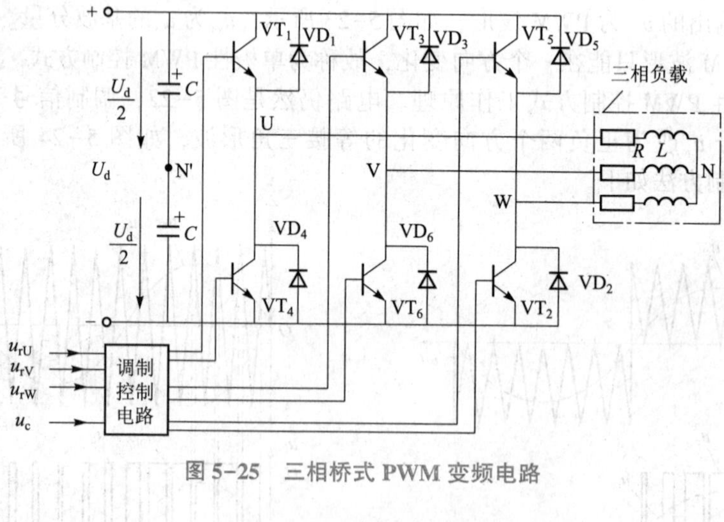

图 5-25　三相桥式 PWM 变频电路

三相调制信号u_{rU}、u_{rV}和u_{rW}为相位依次相差 120°的正弦波，而三相载波信号是共用一个正负方向变化的三角形波u_c，如图 5-26 所示。U、V 和 W 相自关断开关器件的控制方法相同，现以 U 相为例：在$u_{rU}>u_c$的各区间，给上桥臂电力晶体管 VT_1以导通驱动信号，给下桥臂 VT_4以关断信号，于是 U 相输出电压相对直流电源U_d中性点 N′为$u_{UN'}=U_d/2$。在$u_{rU}<u_c$的各区间，给 VT_1以关断信号，VT_4为导通信号，输出电压$u_{UN'}=-U_d/2$。图 5-26 所示的$u_{UN'}$波形就是三相桥式 PWM 逆变电路 U 相输出的波形（相对 N′点）。

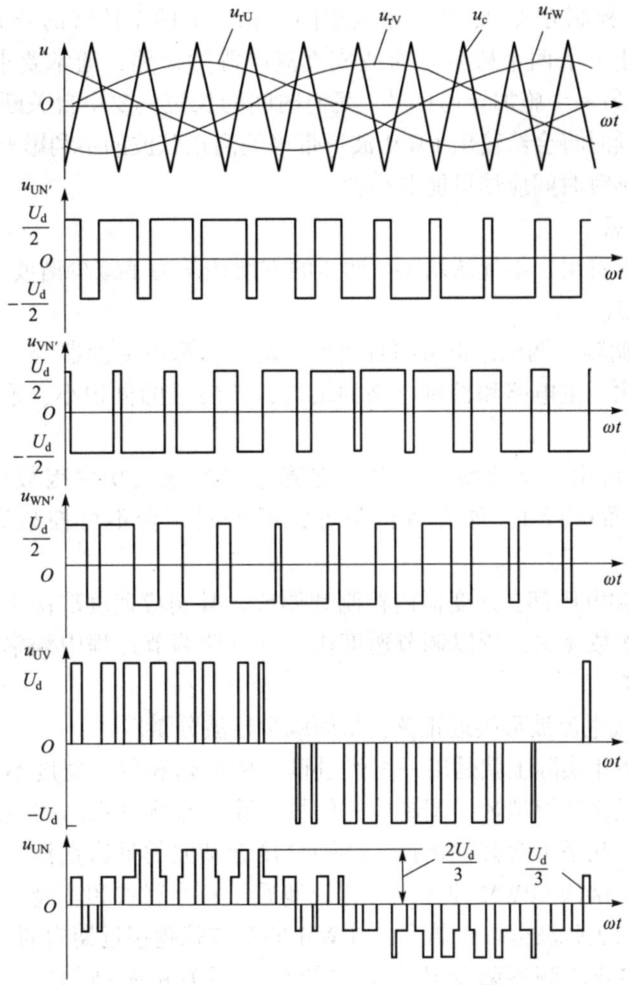

图 5-26 三相桥式 PWM 变频波形

在图 5-25 所示电路中，$VD_1 \sim VD_6$二极管是为电感性负载换流过程提供续流回路，其他两相的控制原理与 U 相相同。三相桥式 PWM 变频电路的三相输出的 PWM 波形分别为 $u_{UN'}$、$u_{VN'}$和$u_{WN'}$，如图 5-26 所示。U、V 和 W 三相之间的线电压 PWM 波形以及输出三相相对于负载中性点 N 的相电压 PWM 波形，可按下列计算式求得。

线电压为

$$\begin{cases} u_{UV} = u_{UN'} - u_{VN'} \\ u_{VW} = u_{VN'} - u_{WN'} \\ u_{WU} = u_{WN'} - u_{UN'} \end{cases}$$

相电压为

$$\begin{cases} u_{UN} = u_{UN'} - \frac{1}{3}\left(u_{UN'} + u_{VN'} + u_{WN'}\right) \\ u_{VN} = u_{VN'} - \frac{1}{3}\left(u_{UN'} + u_{VN'} + u_{WN'}\right) \\ u_{WN} = u_{WN'} - \frac{1}{3}\left(u_{UN'} + u_{VN'} + u_{WN'}\right) \end{cases}$$

在双极性 PWM 控制方式中，理论上要求同一相上下两个桥臂的开关管驱动信号相反，但实际上，为了防止上下两个桥臂直通造成直流电源的短路，通常要求先施加关断信号，经过 Δt 的延时才给另一个施加导通信号。延时时间的长短主要由自关断功率开关器件的关断时间决定。这个延时将会给输出 PWM 波形带来偏离正弦波的不利影响，所以在保证安全可靠换流前提下，延时时间应尽可能取小者。

3. PWM 的优点

由以上分析可以看出，不管从调频、调压的方便还是为了减少谐波等方面，PWM 逆变器都有着明显的优点。

（1）既可分别调频、调压，也可同时调频、调压，都由逆变器统一完成，仅有一个可控功率级，从而简化了主电路和控制电路的结构，使装置的体积小、重量轻、造价低、可靠性高。

（2）直流电压可由二极管整流获得，交流电网的输入功率因数与逆变器输出电压的大小和频率无关而接近 1；如有数台装置，可由同一台不可控整流器输出作直流公共母线供电。

（3）输出频率和电压都在逆变器内控制和调节，其响应速度取决于电子控制回路，而与直流回路的滤波参数无关，所以调节速度快，且可使调节过程中频率和电压相配合，以获得良好的动态性能。

（4）输出电压或电流波形接近正弦，从而减少谐波分量。

广义地讲，SPWM 实际上就是用一组经过调制的幅值相等、宽度不等的脉冲信号代替调制信号，用开关量代替模拟量。调制后的信号中除含有频率很高的载波频率及载波倍频附近的频率分量外，几乎不含其他谐波，特别是接近基波的低次谐波。因此，载波频率越高，谐波含量越少。这从 SPWM 原理也可直观地看出，当载波频率越高时，半周期内开关次数越多，把期望的正弦波分段也越多，SPWM 的基波就越接近期望的正弦波。

但是，PWM 的载波频率除受功率器件的允许开关频率制约外，PWM 的开关频率也不宜过高，这是因为开关器件工作频率提高，开关损耗和换流损耗会随之增加。另外，开关瞬间电压或电流的急剧变化形成很大的 du/dt 或 di/dt，会产生强电磁干扰；高 du/dt、di/dt 还会在线路和器件的分布电容和电感上引起冲击电流和尖峰电压，这些也会因频率提高而变得严重。

5.5.3 SPWM 控制电路

生成 PWM 控制脉冲的方法有很多，可以完全由模拟电路生成，或由专用集成芯片生成，也可以利用单片机完全通过软件编程实现。

1. 由模拟电路生成 PWM 脉冲的工作原理

本方法通常由正弦调制波和三角形载波比较产生，如图 5-27 所示，正弦波发生器和三角波发生器分别由模拟电路组成，在异步调制方式下，三角波的频率是固定的，而正弦波的频率和幅值随调制深度的增大而线性增大。这样，在比较器的输出端就很方便地得到所需要的 PWM 波。本方法原理简单且直观，但也带来以下一些缺点。故在微处理机控制时一般不用此方法。

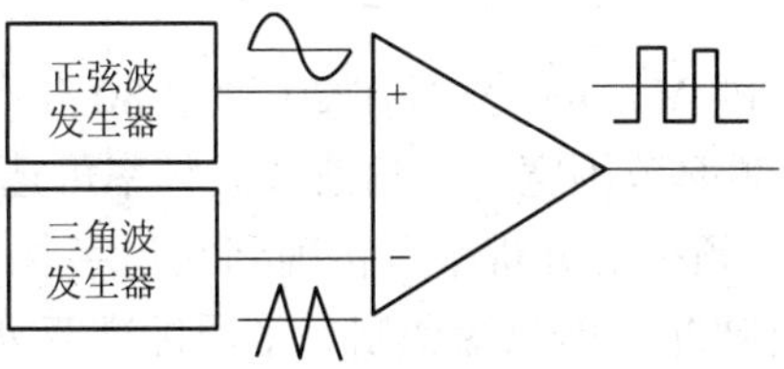

图 5-27　由模拟电路生成 PWM 脉冲

（1）正弦调制波和三角载波由硬件电路生成，硬件开销大、系统可靠性降低。

（2）由于是正弦波与三角载波比较，当控制电路的直流电源电压有波动或有噪声干扰时，都将引起 PWM 脉冲宽度的变化，从而影响到变频器输出频率和电压的稳定性。

（3）当输出频率低、调制深度很小时，信号噪声比相对增大，此时上述噪声干扰问题更加明显，输出频率精度越来越差。

（4）系统受温漂和时漂的影响大，造成用户使用时性能和出厂时的性能不一样。

（5）难以实现最优化 PWM 控制。因为最优化 PWM 的调制波都不是正弦波，用硬件手段生成这些调制波，硬件结构将变得更复杂。

2. 由专用集成芯片构成的三相 SPWM 控制电路

实际应用中，三相 SPWM 控制是由专用的 SPWM 大规模单片集成电路完成的。常用的专用集成芯片有 HEF4752、SLE4520、MA818（828/ 838）等。

HEF4752 由英国 Marllard 公司制造，输出的调制频率范围比较窄，为 1～200 Hz，开关频率也较低，一般不超过 2 kHz，两路六相 SPWM 波输出电路，既可用于强迫换流的三相晶闸管逆变器，也可用于由全控型开关器件构成的逆变器。对于后者，可输出三相对称 SPWM 波控制信号，在实际应用中开关频率在 1 kHz 以下，所以较适用于 BJT 或 GTO 为开关器件的逆变器，在早期的通用变频器中应用较为广泛，目前已不适应采用 IGBT 逆变器的通用变频器。HEF4752 产生的 SPWM 波信号，输出电压随输出频率呈线性变化，其产生波形的基本原理是从不对称规则采样 SPWM 方法发展而来的，SPWM 波形是一个等脉宽的矩形脉冲从两侧边缘各被一个可变的角度调制而成，即双缘调制。HEF4752 有 4 个时钟输入，编程非常简单，但是死区时间调整不灵活，只有一个封锁端，不能实现动静态封锁，也不能方便地实现各种保护功能。它的最大缺点是功能单一，无法实现较复杂的控制，并且控制功能无法随对象的不同而改变，因此限制了其使用范围。

SLE4520 是德国西门子公司生产的一种大规模全数字化 CMOS 集成电路。SLE4520 产生波形的基本原理是利用同步脉冲触发 3 个可预置数的 8 位减法计数器，预置数对应脉冲宽度，因此 SLE4520 调制方式为单缘调制，如果输出 SPWM 波，无论怎样选择采样点的个数和如何配置采样点的位置，均难以做到半个周期内前后 90°对称，这样谐波含量就比较大，但在低频时影响不大。理论上它的正弦波输出频率为 0～2.6 kHz，开关频率可达 23.4 kHz，与中央处理器及相应的软件配合后，就可以产生三相逆变器所需要的 6 路控制信号。由于软件编制的灵活性，几乎可以实现任意形状的载波曲线调制（正弦波、三角波等）和任意的相位关系，但是软件编程工作量较大，高频时容易造成软件上的延时。

MA818（828/ 838）是英国 Marconi 公司在 20 世纪 80 年代末推出的一种新型的三相 PWM 专用集成芯片，其工作频率范围宽，三角波载波频率可选，最高可达 24 kHz，输出调制频率最高可达 41 kHz，输出频率的分辨率可精确到几位字长。MA818 采用 SPWM 的规则采样法产生实际的 PWM 输出脉冲，属双缘调制。采用标准双列直插式 40 脚封装或 44 脚方形塑料封装。该芯片与 SLE4520 相似，是一种通用的可编程微机控制外围芯片，它必须和微处理器配合使用，其输出波形为纯正弦波。

SLE4520 是一个可编程器件，能把 3 个 8 位数字量同时转换为 3 路相应脉宽的矩形信号，与单片机及相应软件结合，能以很简单的方式产生三相逆变器所需的 6 路控制信号。其管脚排列如图 5-28 所示，SLE4520 为 28 端子双列直插式结构，各端子的名称及功能说明见表 5-2。

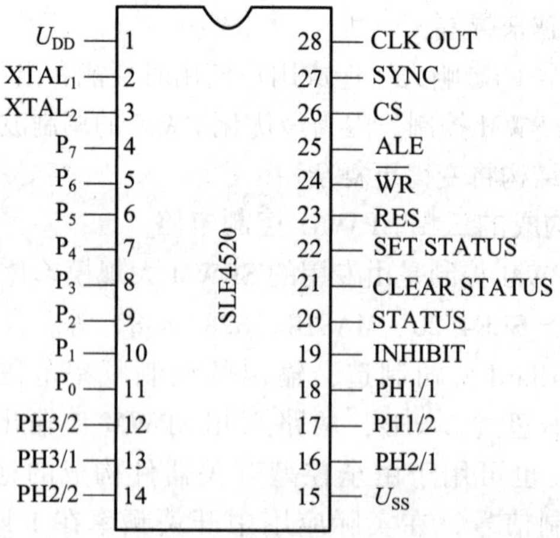

图 5-28　SLE4520 管脚排列

表 5-2　SLE4520 管脚名称与功能

端子	名称	功　能
1	电源正 U_{DD}	供电
15	电源负 U_{SS}	
2	$XTAL_1$	外接晶振，为 SLE4520 提供时钟信号（12 MHz）
3	$XTAL_2$	
28	CLKOUT	晶振频率输出，为单片机提供同步时钟信号，接单片机时钟信号输入端
4~11	P_7 ~ P_0	8 位数据输入端，与写信号配合将单片机输出指令或数据送入 SLE4520 内部的寄存器
24	$\overline{WR}$	写信号输入端，低电平有效，与单片机的读信号相连
25	ALE	地址锁存允许输出端，与写信号一起决定 SLE4520 内部的 3 个 8 位数据寄存器、与两个 4 位控制寄存器依据程序中设定的地址信号进行选择，接于单片机的 ALE 端
18	PH1/1	接功率开关器件 VT_1 的驱动电路输入

续表

端子	名称	功　能
17	PH1/2	接功率开关器件 VT_4 的驱动电路输入
16	PH2/1	接功率开关器件 VT_3 的驱动电路输入
14	PH2/2	接功率开关器件 VT_6 的驱动电路输入
13	PH3/1	接功率开关器件 VT_5 的驱动电路输入
12	PH3/2	接功率开关器件 VT_2 的驱动电路输入
20	STATUS	通断状态触发器输出端，标志 SLE4520 工作于输出状态还是封锁输出状态，常用于 SLE4520 工作状态显示
26	CS	选通输入端。高电平有效，接单片机系统的译码电路输出端
19	INHIBIT	封锁脉冲端，该端高电平时 SLE4520 的输出被封锁，应用于过载、短路等故障保护
21	CLEAR STATUS	通断状态触发器复位输入端
22	SET STATUS	通断状态触发器置位输入端
23	RES	复位端
27	SYNC	控制信号端

其工作原理为：当 STATUS 和 INHIBIT 信号无效时，在$\overline{WR}$信号为有效低电平时，单片机输出的地址数据经数据总线 $P_0 \sim P_7$ 写入 SLE4520 内部的地址译码寄存器。接着单片机输出对应 SPWM 脉冲宽度的数据给 U、V、W 相的 8 位数据寄存器，当 ALE 和$\overline{WR}$有效时，再使 U、V、W 相中的某个 8 位寄存器将对应 SPWM 脉宽数据装入对应的可预置计数器。根据用户给定的分频系数，时钟脉冲用可编程分频器分频后，作为可预置 8 位计数器的计数脉冲，在单片机控制信号 SYNC 的控制下，计数器进行递减计数，由零检测器控制计数值是否到零，并且输出对应于该相 8 位给定数据大小的 SPWM 脉宽信号。进而经互锁时间生成及输出寄存器，根据死区寄存器设置的互锁时间间隔后，输出该相主开关元件的 SPWM 脉冲控制信号。在实际应用的初始化设置中，INHIBIT 端应置高电平，使 6 路输出脉冲全被封锁（置 1），SLE4520 的 SPWM 信号有效电平为低电平，最大可提供 20 mA 的电流。

5.6　无源逆变电路的应用

5.6.1　工业感应加热

1. 感应加热的原理

（1）感应加热的基本原理。1831 年，英国物理学家法拉第发现了电磁感应现象，并且提出了相应的理论解释。其内容为：当电路围绕的区域内存在交变的磁场时，电路两端就会感应出电动势，如果闭合就会产生感应电流。电流的热效应可用来加热。

例如，图 5-29 中两个线圈相互耦合在一起，在第一线圈中突然接通直流电流（即将图中开关 S 突然合上）或突然切断电流（即将图中开关 S 突然打开），此时在第二线圈所接的电流表中可以看出有某一方向或反方向的摆动，这种现象称为电磁感应现象。第二线圈中的电流称为感应电流，第一线圈称为感应线圈。若第一线圈的开关 S 不断地接通和断开，则在第二线圈中也将不断地感应出电流。每秒内通断次数越多（即通断频率越高），则感应电流将会越大。若第一线圈中通以交流电流，则第二线圈中也感应出交流电流。不论第二线圈的匝数为多少，即使只有一匝也会感应出电流。如果第二线圈的直径略小于第一线圈的直径，并将它置于第一线圈之内，则这种电磁感应现象更为明显，因为这时两个线圈耦合得更为紧密。如果在一个钢管上绕了感应线圈，钢管可以看作有一匝直接短接的第二线圈。当感应线圈内通以交流电流时，在钢管中将感应出电流，从而产生交变的磁场，再利用交变磁场来产生涡流达到加热的效果。平常在 50 Hz 的交流电流下，这种感生电流不是很大，所产生的热量使钢管温度略有升高，不足以使钢管加热到热加工所需温度（常为 1 200℃左右）。如果增大电流和提高频率（相当于提高了开关 S 的通断频率）都可以增加发热效果，则钢管温度就会升高。控制感应线圈内电流的大小和频率，可以将钢管加热到所需温度进行各种热加工。所以感应电源通常需要输出高频大电流。

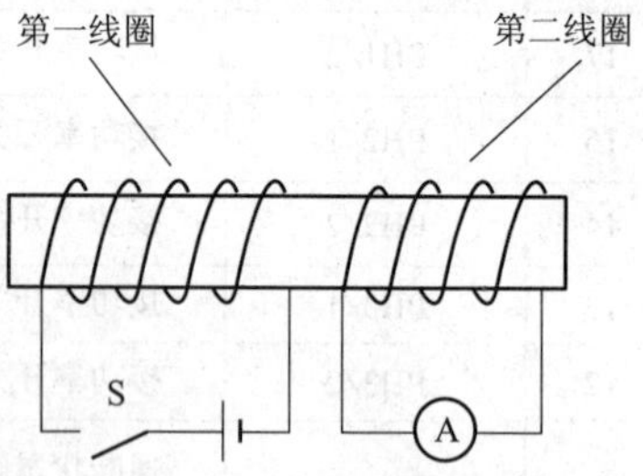

图 5-29　电磁感应

利用高频电源来加热通常有两种方法：电介质加热，利用高频电压（如微波炉加热等）；感应加热，利用高频电流（如密封包装等）。

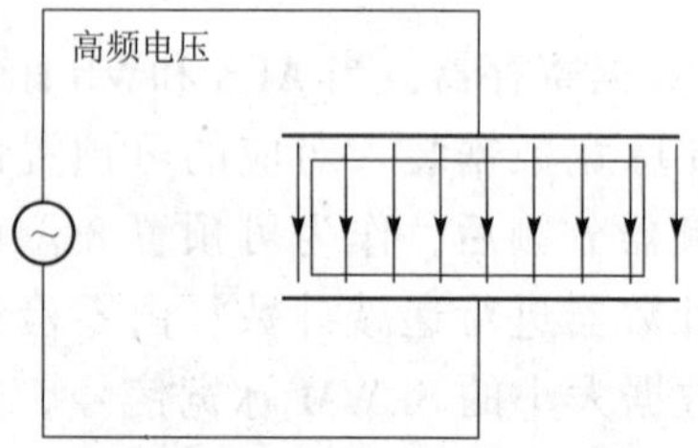

图 5-30　电介质加热示意图

① 电介质加热（Dielectric Heating）。电介质加热通常用来加热不导电材料，如木材、橡胶等。微波炉就是利用这个原理，如图 5-30 所示。

当高频电压加在两极板层上，就会在两极之间产生交变的电场。需要加热的介质处于交变的电场中，介质中的极性分子或者离子就会随着电场做同频的旋转或振动，从而产生热量，达到加热效果。

② 感应加热（Induction Heating）。感应加热原理为产生交变的电流，从而产生交变的磁场，再利用交变磁场来产生涡流达到加热的效果，如图 5-31 所示。

（2）感应加热发展历史。感应加热来源于法拉第发现的电磁感应现象，也就是交变的电流会在导体中产生感应电流，从而导致导体发热。长期以来，技术人员都对这一现象有较好了解，并且在各种场合尽量抑制这种发热现象来减小损耗。比较常见的如开关电源中的变压器设计，通常设计人员会用各种方法来减小涡流损耗提高效率。然而在 19 世纪末期，技术人员又发现这一现象的有利面，就是可以将之利用到加热场合，来取代一些传统的加热方法，因为感应加热有以下优点。

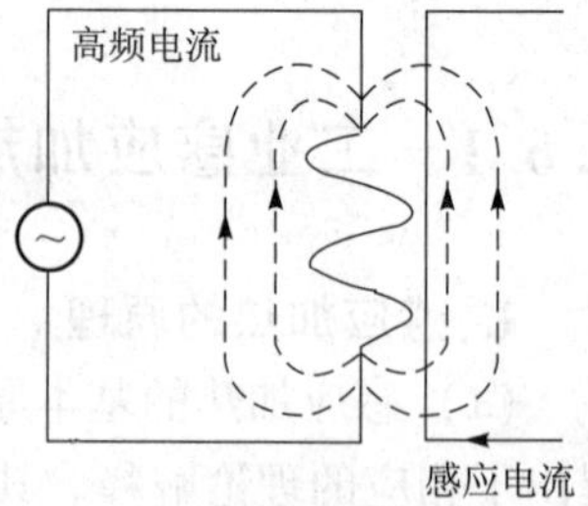

图 5-31　感应加热示意图

① 非接触式加热，热源和受热物件可以不直接接触。

② 加热效率高，速度快，可以减小表面氧化现象。

③ 容易控制温度，提高加工精度。

④ 可实现局部加热。

⑤ 可实现自动化控制。

⑥ 可减小占地面积、热辐射、噪声和灰尘。

2. 中频电源装置

中频电源装置是一种利用晶闸管元件把三相工频电流变换成某一频率中频电流的装置，主要是在感应熔炼和感应加热的领域中代替以前的中频发电机组。中频发电机组体积大，生产周期长，运行噪声大，而且它是输出一种固定频率的设备，运行时必须随时调整电容大小才能保持最大输出功率，这不但增加了不少中频接触器，而且操作起来也很烦琐。

晶闸管中频电源与这种中频机组相比，除具有体积小、重量轻、噪声小、投产快等明显优点外，最主要还有下列一些优点。

（1）降低电力消耗。中频发电机组效率低，一般为 80%～85%，而晶闸管中频装置的效率可达到 90%～95%，而且中频装置启动、停止方便，在生产过程中短暂的间隙都可以随时停机，从而使空载损耗减小到最低限度（这种短暂的间隙，机组是不能停下来的）。

（2）中频电源的输出装置的输出频率是随着负载参数的变化而变化的，所以保证装置始终运行在最佳状态，不必像机组那样频繁调节补偿电容。

3. 中频感应加热电源的用途

感应加热的最大特点是将工件直接加热，工人劳动条件好、工件加热速度快、温度容易控制等，因此应用非常广泛。主要用于淬火、透热、熔炼、各种热处理等方面。

（1）淬火。淬火热处理工艺在机械工业和国防工业中得到了广泛的应用。它是将工件加热到一定温度后再快速冷却下来，以此提高工件的硬度和耐磨性。图 5-32 所示为中频电源对螺丝刀口淬火。

（2）透热。在加热过程中使整个工件的内部和表面温度大致相等，叫做透热。透热主要用在锻造弯管等加工前的加热等。中频电源用于弯管的过程如图 5-33 所示。在钢管待弯部分套上感应圈，通入中频电流后，在套有感应圈的钢管上的带形区域内被中频电流加热，经过一定时间，温度升高到塑性状态，便可以进行弯制了。

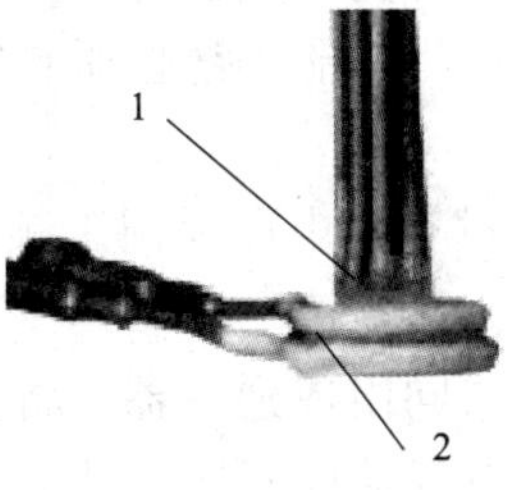

图 5-32　螺丝刀口淬火

1—螺丝刀口；2—感应线圈

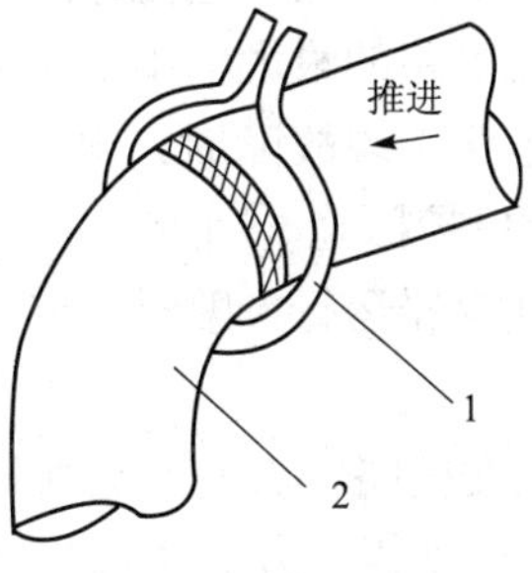

图 5-33　弯管的工作过程

1—感应线圈；2—钢管

（3）熔炼。中频电源在熔炼中的应用最早，图 5-34 所示为中频感应熔炼炉，线圈用铜管绕成，里面通水冷却。线圈中通过中频交流电流就可以使炉中的炉料加热、熔化，并将液态金属加热到所需温度。

（4）钎焊。钎焊是将钎焊料加热到熔化温度而使两个或几个零件连接在一起，通常的锡焊和铜焊都是钎焊。图 5-35 所示是铜洁具钎焊。主要应用于机械加工、采矿、钻探、木材加工等行业使用的硬质合金车刀、铣刀、刨刀、铰刀、锯片、锯齿的焊接，及金刚石锯片、刀具、磨具、钻具、刃具的焊接，其他金属材料的复合焊接，如眼镜部件、铜部件、不锈钢锅。

图 5-34　熔炼炉

1—感应线圈；2—金属溶液

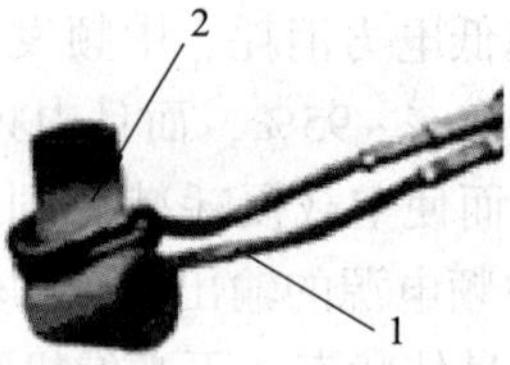

图 5-35　铜洁具钎焊

1—感应线圈；2—零件

4. 中频感应加热电源的组成

目前应用较多的中频感应加热电源主要由可控或不可控整流电路、滤波器、逆变器和一些控制保护电路组成。工作时，三相工频（50 Hz）交流电经整流器整成脉动直流，经过滤波器变成平滑的直流电送到逆变器。逆变器把直流电转变成频率较高的交流电流送给负载。其组成框图如图 5-36 所示。

（1）整流电路。中频感应加热电源装置的整流电路设计一般要满足以下要求。

① 整流电路的输出电压在一定的范围内可连续调节。

② 整流电路的输出电流连续，且电流脉动系数小于一定值。

③ 整流电路的最大输出电压能够自动限制在给定值，而不受负载阻抗的影响。

④ 当电路出现故障时，电路能自动停止直流功率输出，整流电路必须有完善的过电压、过电流保护措施。

⑤ 当逆变器运行失败时，能把储存在滤波器的能量通过整流电路返回工频电网，保护逆变器。

（2）逆变电路。由逆变晶闸管、感应线圈、补偿电容共同组成逆变器，将直流电变成中频交流电给负载。为了提高电路的功率因数，需要协调电容器向感应加热负载提供无功能量。根据电容器与感应线圈的连接方式可以把逆变器分为以下几种。

① 串联逆变器：电容器与感应线圈组成串联谐振电路。

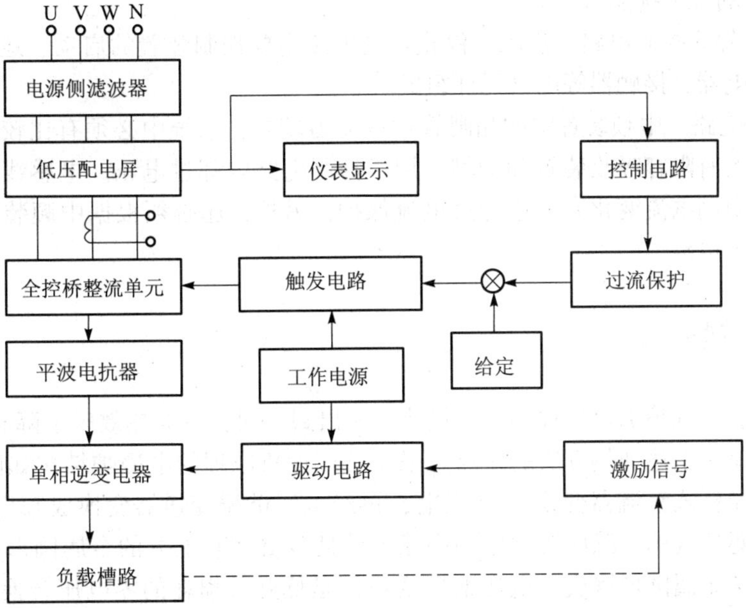

图 5-36　中频感应加热电源组成原理框图

② 并联逆变器：电容器与感应线圈组成并联谐振电路。

③ 串、并联逆变器：综合以上两种逆变器的特点。

(3) 平波电抗器。平波电抗器在电路中起到很重要的作用，可归纳为以下几点。

① 续流：保证逆变器可靠工作。

② 平波：使整流电路得到的直流电流比较平滑。

③ 电气隔离：它连接在整流和逆变电路之间，起到隔离作用。

④ 限制电路电流的上升率 di/dt 值，逆变失败时保护晶闸管。

(4) 控制电路。中频感应加热装置的控制电路比较复杂，可以包括整流触发电路、逆变触发电路、启动停止控制电路。

① 整流触发电路。整流触发电路主要是保证整流电路正常可靠工作，产生的触发脉冲必须达到以下要求。

a. 产生相位互差 60°的脉冲，依次触发整流桥的晶闸管。

b. 触发脉冲的频率必须与电源电压的频率一致。

c. 采用单脉冲时，脉冲的宽度应该在 90°~120°内。采用双脉冲时，脉冲的宽度为 25°~30°，脉冲的前沿相隔 60°。

d. 输出脉冲有足够的功率，一般为可靠触发功率的 3~5 倍。

e. 触发电路有足够的抗干扰能力。

f. 控制角能在 0°~170°内平滑移动。

② 逆变触发电路。加热装置对逆变触发电路的要求如下。

a. 具有自动跟踪能力。

b. 良好的对称性。

c. 有足够的脉冲宽度、触发功率，脉冲的前沿有一定的陡度。

d. 有足够的抗干扰能力。

③ 启动、停止控制电路。启动、停止控制电路主要控制装置的启动、运行、停止。一般由按钮、继电器、接触器等电气元件组成。

（5）保护电路。中频装置中的晶闸管过载能力较差，系统中必须有比较完善的保护措施，比较常用的有阻容吸收装置和硒堆，用于抑制电路内部过电压。电感线圈、快速熔断器等元件用于限制电流变化率、进行过电流保护。另外，还必须根据中频装置的特点设计安装相应的保护电路。

5.6.2 电磁炉

在电饭煲和煤气炉加热过程中，大量热量逸出到空间，造成热效率下降和能源的浪费。感应加热可以避免上述加热方法的缺点。采用感应加热原理的电磁炉结构如图 5-37 所示。220 V 交流电经桥式整流器变换为直流电，再经电压谐振变换器变换成频率为20~30 kHz 的交流电供给感应线圈。感应线圈中的高频电流使放置在它上方的金属圆形锅底感应出高频电流，并加热金属圆形锅底。电压谐振变换器是低开关损耗的零电压转换（ZVS）型变换器，由微处理器控制功率开关管的驱动信号，完成功率开关管的开关过程。电路结构如图 5-38 所示。

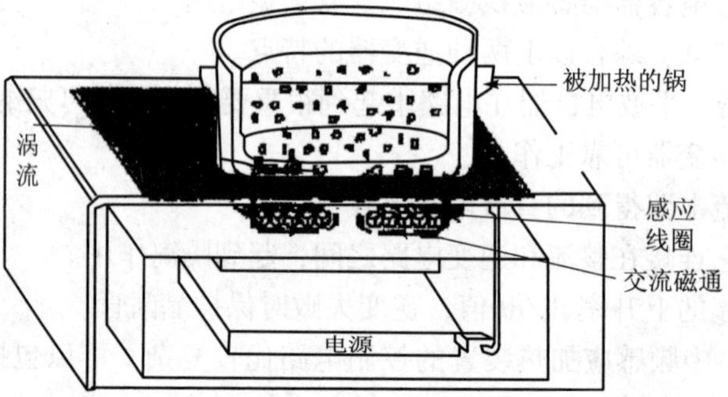

图 5-37　电磁炉结构

电磁炉的加热线圈盘与负载（锅具）可以看作一个空心变压器，次级负载具有等效的电感和电阻。将次级的负载电阻和电感折合到初级，可以得到图 5-39 所示的等效电路。其中，R_A 是次级电阻反射到初级的等效负载电阻，L_A 是次级电感反射到初级并与初级电感相叠加后的等效电感。

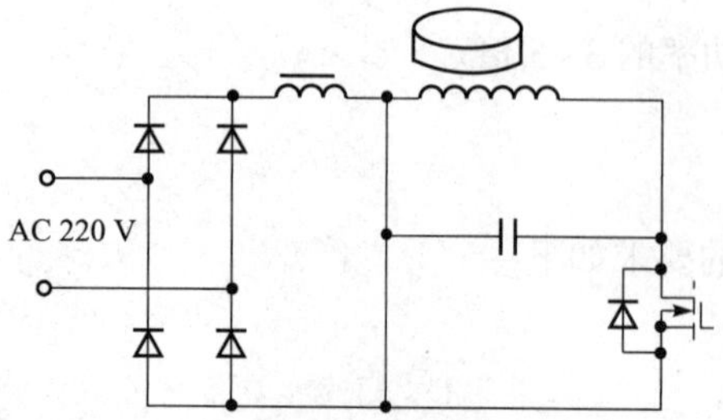

图 5-38　电磁炉的高频电源电路

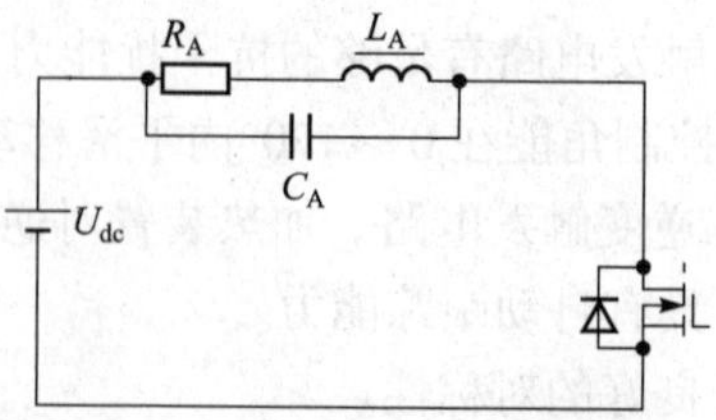

图 5-39　电磁炉的等效电路

图 5-40 所示为电磁炉主电路原理，220 V、50/60 Hz 的交流电经熔断器 FU_1，再通过由 R_{Z1}、CT_1 组成的滤波电路以及电流互感器至桥式整流器 BQ，产生脉动的直流电压，通过扼流线圈 L_1 提供给主回路使用。整流器 BQ 主要是进行 AC-DC 变换，其核心元件是整流桥堆。它将输入的 220 V 交流电变换成脉动直流电，然后经过 L 型滤波电路（由电感线圈 L_1 和电容 C_2）进行滤波，输出平滑的直流电。

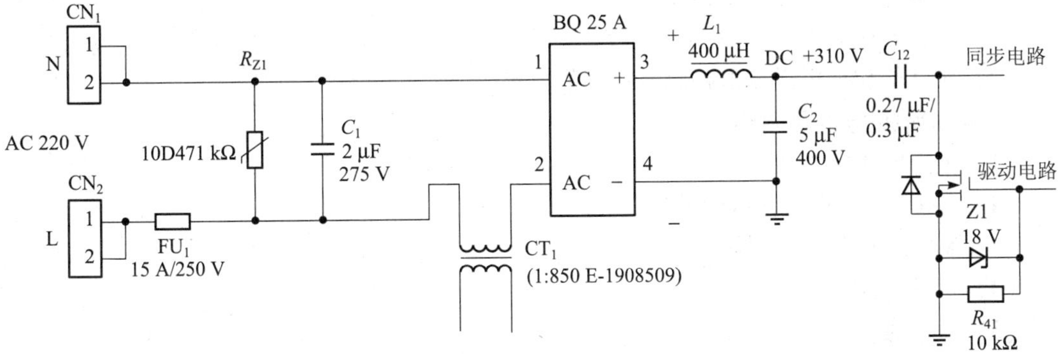

图 5-40　电磁炉主电路原理

拓展阅读

中国名片——高铁技术

改革开放以来，我国工业总产值不断提高，对交通运力提出很高要求，电力机车的速度提升迫在眉睫，然而交-直传动系统已经发展到极限了，电机体积大，特别是无法满足高速运行的需要（靠磁场削弱来提速是有极限的）。交-直-交传动系统调速方便，电机体积小，能够满足高速运行的需要，故而逐步取代交-直传动系统。

我国以和谐电 HXD 与和谐号动车组 CRH 为代表，这类机车的传动方式采用“交-直-交”传动。交-直-交传动电力机车的能量传递，首先从牵引网开始，经过受电弓到牵引变压器，经变压之后通入整流器，整流为直流之后，再通入逆变器进行逆变，最后通入牵引电机中。

中国铁道部将所有引进国外技术、联合设计生产的 CRH 动车组车辆均命名为“和谐号”。和谐号动车组通常用来指 2007 年 4 月 18 日起在中国铁路第六次大提速调图后开行的 CRH 动车组列车。CRH（China Railways High-speed）中文意为“中国高速铁路”，是中国铁路总公司对中国高速铁路系统建立的品牌名称。

和谐号动车组是我国铁路全面实施自主创新战略取得的重大成果，标志着我国铁路客运装备的技术水平达到了世界先进水平，中国也由此成为世界上少数几个能够自主研制 380 km/h动车组的国家。

实训　单相正弦波脉宽调制（SPWM）逆变电路（H桥型）

1. 实训目的

（1）了解电压型单相全桥逆变电路的工作原理。

（2）了解SPWM调频、调压的原理。

（3）研究单相全桥逆变电路触发控制的要求。

2. 实训所需挂件及附件

（1）电力电子实训台。

（2）XKDJ41单相电容运行异步电机。

（3）XKDJ10可调电阻器。

（4）双踪示波器（自备）。

（5）万用表（自备）。

3. 实训线路及原理

电压型单相全桥逆变电路原理如图5-41所示。

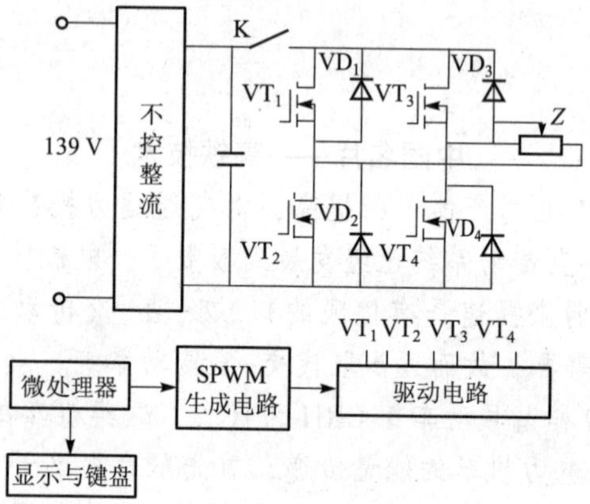

图5-41　电压型单相全桥逆变电路原理

采用智能IPM模块作为开关器件的单相桥式电压型逆变电路，设负载Z为感性负载。工作时，通过对$VT_1 \sim VT_4$管的合理通断切换，使逆变电路输出电压为交变电压，其中VT_1、VT_2的通断状态互补，VT_3、VT_4的通断状态互补。本实训采用双极性SPWM的调制，在正弦波u_r的正、负半周期内，u_r与三角波u_c的交点时刻控制各开关器件的通断。即当$u_r>u_c$时，给VT_1、VT_4以导通信号，给VT_2、VT_3以关断信号，此时如果负载电流$i_o>0$，则VT_1、VT_4导通。如果$i_o<0$，则VD_1、VD_4导通，但不管哪种情况，都是输出电压$U_O=U_d$。当$u_r<u_c$时，给VT_2、VT_3以导通信号，给VT_1、VT_4以关断信号，这时如果$i_o<0$，则VT_3、VT_4导通，如果$i_o>0$，则VD_2和VD_3导通，但不管哪种情况，都是$u_o=-U_d$。

4. 实训内容

（1）观测载波u_r与调制波u_c的波形。

（2）观测SPWM调制控制信号的波形。

（3）观测逆变电路输出电压的波形。

5. 实训方法

（1）开启电源，在面板的正弦波信号观测孔处用示波器观察正弦波信号。

（2）在面板的三角载波观测孔观测三角波信号。

（3）SPWM 调制信号观察，主电路不接电源，使直流母线不带电，测试各功率器件的控制信号 1、2、3、4。

（4）挂箱主电路 139 V 交流电需从电源控制屏交流输出部分接入，观测逆变电路输出电压波形，并与理论的波形相比较。

6. 注意事项

（1）双踪示波器有两个探头，可同时测量两路信号，但这两探头的地线都与示波器的外壳相连，所以两个探头的地线不能同时接在同一电路的不同电位的两个点上；否则这两点会通过示波器外壳发生电气短路。为了保证测量的顺利进行，可将其中一根探头的地线取下或外包绝缘，只使用其中一路的地线，这样从根本上解决了这个问题。当需要同时观察两个信号时，必须在被测电路上找到这两个信号的公共点，将探头的地线接于此处，探头分别接至被测信号，只有这样才能在示波器上同时观察到两个信号而不发生意外。

（2）观察上、下桥臂控制信号时必须断开直流母线电压。

7. 思考题

（1）测量逆变电路输出电压时为什么不能用数字万用表？

（2）电动机的电流波形是怎样的？为什么？

（3）此逆变电路输出能否直接接电容性负载？

习题和思考题

习题：无源逆变电路

5-1　换流方式有哪几种？各有什么特点？

5-2　什么是电压型和电流型逆变电路？各有什么特点？

5-3　电压型逆变电路中与全控型器件反相并联的二极管作用是什么？

5-4　试说明 PWM 控制的工作原理。

5-5　单极性和双极性 PWM 调制有什么区别？

5-6　如图 5-6 所示的逆变电路，如果负载 Z 为 R、L、C 串联，$R=10\ \Omega$，$L=31.8\ \text{mH}$，$C=159\ \mu\text{F}$，逆变器频率 $f=100\ \text{Hz}$，$U_d=110\ \text{V}$。求：

（1）输出电压基波分量及有效值；

（2）输出电流基波分量及有效值。

单元6

变频电路

学习目标：

（1）掌握变频电路工作原理。

（2）了解软开关技术。

（3）具有变频器基础知识。

（4）能使用变频器。

（5）具有交流电动机变频调速系统的装配与调试能力。

教学载体： 交流电动机变频调速系统。

6.1 变频电路的基本概念

在现代化生产中需要各种频率的交流电源，主要用途是：① 标准 50 Hz 电源，用于人造卫星、大型计算机等特殊要求的电源设备，对其频率、电压波形与幅值及电网干扰等参数均有很高的精度要求；② 不间断电源（UPS），平时电网对蓄电池充电，当电网发生故障停电时，将蓄电池的直流电逆变成 50 Hz 交流电，对设备作临时供电；③ 中频装置，广泛用于金属熔炼、感应加热及机械零件淬火；④ 变频调速，用三相变频器产生频率、电压可调的三相变频电源，对三相感应电动机和同步电动机进行变频调速。

随着电力电子技术的飞速发展，晶闸管静止变频技术已获得广泛应用。特别是功率晶体管（GTR）、可关断晶闸管（GTO）、功率场效应晶体管（MOSFET）及绝缘栅双极晶体管（IGBT）等全控型器件的应用，使变频装置的成本降低、体积减小、性能可靠性提高，加快了变频装置的开发与应用。

变频电路从变频过程分可分为两大类：① 交-交变频，它将 50 Hz 的交流直接变成其他频率（低于 50 Hz）的交流，称直接变频；② 交-直-交变频，将 50 Hz 交流先整流为直流，再由直流逆变为所需频率的交流。由直流逆变为交流的装置通常称为逆变器，这种逆变器与前面叙述的有源逆变不同，不是把逆变得到的交流电压返送电网，而是直接供给负载使用，因此也称无源逆变。

6.2　交-交变频电路

6.2.1　单相交-交变频电路

交-交变频装置的结构示意图如图 6-1 所示，它只用一个变换环节就可以把恒压恒频（CVCF）的交流电源变换成变压变频（VVVF）的交流电源，因此称为交-交变频装置。

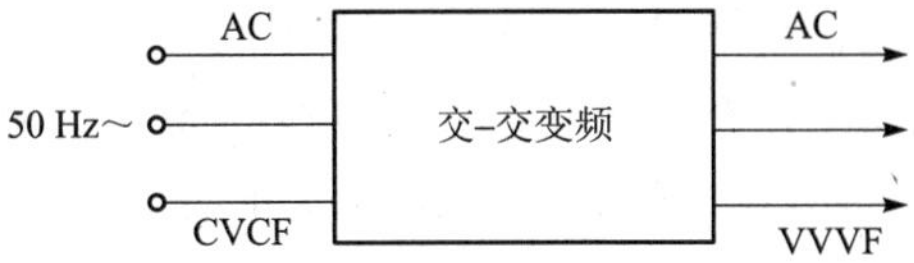

图 6-1　交-交变频装置的结构示意图

交-交变频装置输出的每一相都是一个两组晶闸管整流装置反并联的可逆线路，如图 6-2（a）所示。正、反两组按一定周期相互切换，在负载上就获得交变的输出电压 u_o。u_o的幅值决定于各组整流装置的控制角。u_o的频率取决于两组整流装置的切换频率。如果控制角 α 一直不变，则输出的平均电压是方波，如图 6-2（b）所示。要得到正弦波输出，就必须在每一组整流器导通期间不断改变其控制角。例如，在正组导通的半个周期中，使控制角 α 由 $\pi/2$（对应于平均电压 $u_0=0$），逐渐减小到 0（对应于平均电压 u_0最大），然后再逐渐增加到 $\pi/2$，也就是使 α 角在 $\pi/2\sim0\sim\pi/2$ 间变化，则整流的平均输出电压 u_0就由零变到最大值再变到零，呈正弦规律变化，如图 6-3 所示。图中，在 A 点 $\alpha=0$，平均整流电压最大，然后在 B、C、D、E 点 α 逐渐增大，平均电压减小，直到 F 点 $\alpha=\pi/2$，平均电压为 0。半周中平均输出电压为图中虚线所示的正弦波。对反组负半周的控制也是这样。

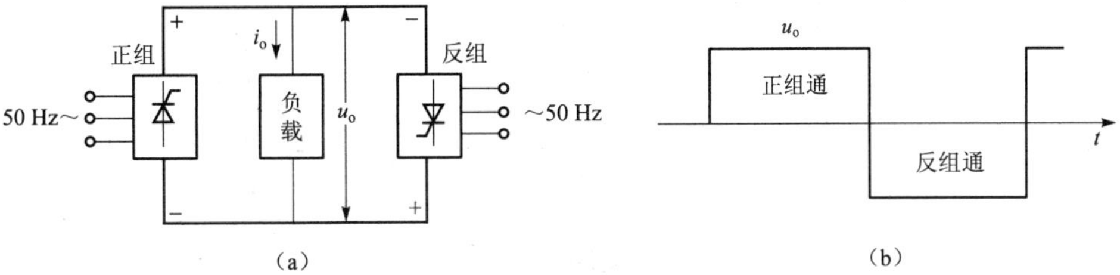

图 6-2　交-交变频装置——相电路及波形

（a）电路原理；（b）方波形平均输出电压波形

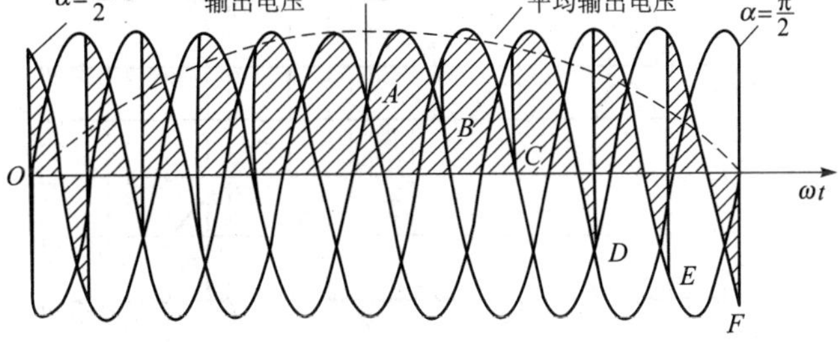

图 6-3　正弦波交-交变频装置的输出电压波形

在电感性负载下，假设可得到正弦的负载电压和电流波形 $u_o=f(\omega t)$ 和 $i_o=f(\omega t)$，如图6-4所示，这时电流滞后电压，意味着每一组变流器在它的输出电压改变极性之后必须继续导通，而变流器的通、断由电流方向决定，与输出电压极性无关。所以，i_o 正半波，正组工作；负半周，反组工作。由于 i_o 与 u_o 有相位差，它们的瞬时极性有时相同，有时相反。当 u_o、i_o 的极性相同时，瞬时功率为正，一组变流器工作在整流状态，功率从交流电网送入负载；反之，瞬时功率是负的，变流器工作在逆变状态，吸收电能，功率被送回电网。这里的"整流"和"逆变"有广泛的含义，交-交变频中每组变流器工作在整流状态还是逆变状态，由输出电压和输出电流是同向还是反向决定。

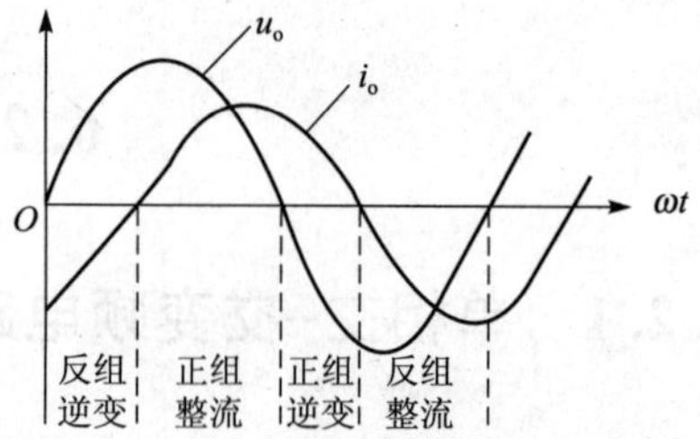

图6-4　交-交变频装置的输出波形

图6-5（a）所示是由变压器中间抽头的两组晶闸管单相全波电路反并联构成的单相交-交变频器。设负载为电阻型，令正组和反组变流器依次各导通5个电源半周期，其波形如图6-5（b）所示。可以看出，这时输出交流的频率为电网频率的1/5，波形为脉动方波，这就是方波形交-交变频器，含有大量低次谐波。各晶闸管流过的电流如图6-5（c）所示。

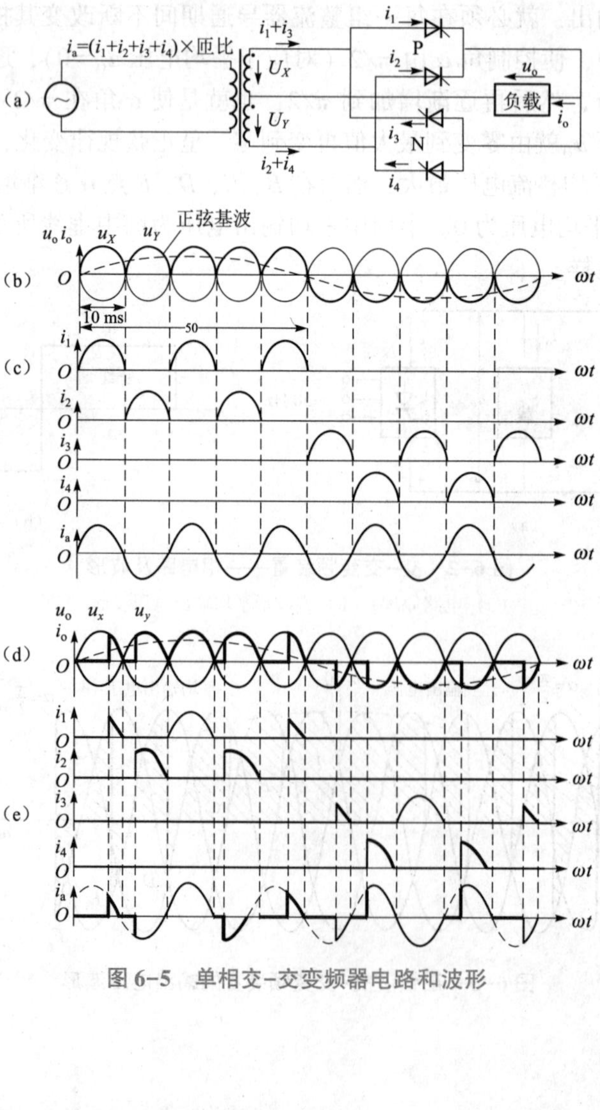

图6-5　单相交-交变频器电路和波形

如适当设计触发电路，使变流器晶闸管的导通有不同延迟角，让每电网半波的输出平均电压 U_d 按正弦规律变化，则可获得近似正弦的输出波形，如图 6-5（d）所示。图 6-5（e）所示是这时流过各器件和电网的电流波形。

交-交变频器中如果正、反两组同时导通，电流将不经过负载而通过两组晶闸管形成环流。为了避免这一情况，可以在两组之间接入限制环流的电抗器，或者合理安排触发电路，当一组有电流时，另一组不触发脉冲，使两组间歇工作。这类似于直流可逆系统中的有环流和无环流控制。

6.2.2　三相交-交变频电路

对于三相负载，其他两相也各用一套反并联的可逆线路，输出平均电压相位依次相差 120°。这样，如果每个整流器都用桥式电路，三相变频装置共用 3 套反并联线路，共需 36 个晶闸管元件（当每一桥臂只用一个元件时），如图 6-6 所示，若采用零式电路，也得要 18 个元件，如图 6-7 所示。

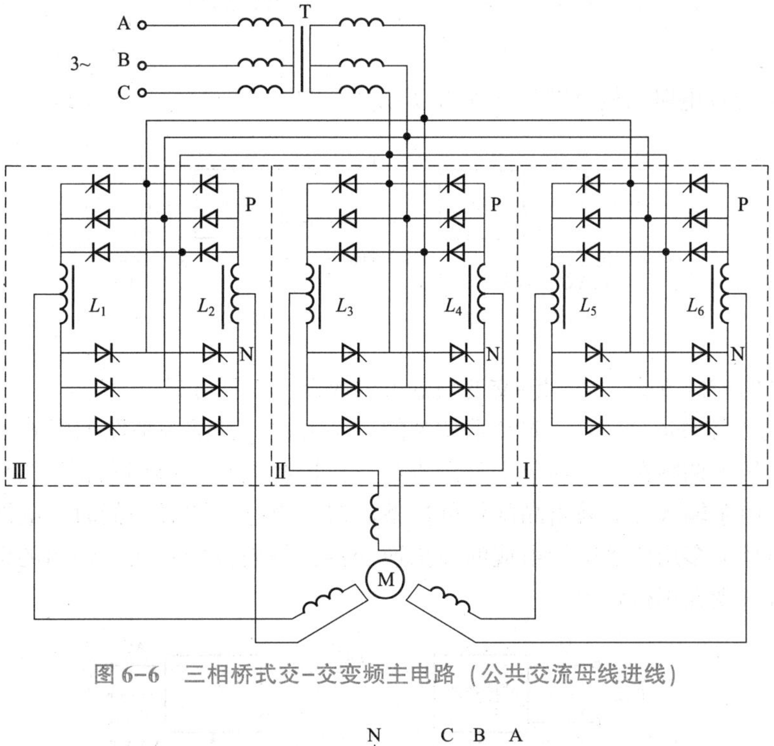

图 6-6　三相桥式交-交变频主电路（公共交流母线进线）

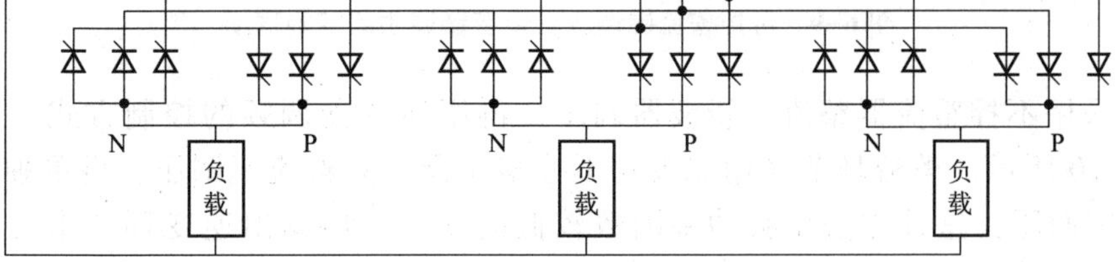

图 6-7　三相零式交-交变频主电路

因此，交-交变频装置虽然在结构上只有一个变换环节，省去中间直流环节，但所用元件数量更多，总设备相当庞大。不过这些设备都是直流调速系统中常用的可逆整流装置，在电源电压过零时自然换流，技术已很成熟，对元件没有什么特殊要求。此外，由图6-3可知，电压反向时最快也只能沿着电源电压的正弦波形变化，所以最高输出频率不超过电网频率的1/3~1/2（视整流相数而定）；否则输出波形畸变太大，会降低装置的效率和功率因数，将影响变频调速系统的正常工作。鉴于上述的元件数量多、输出频率低两方面原因，交-交变频一般只用于低转速、大容量的调速系统，如轧钢机、球磨机、水泥回转窑、矿山卷扬、船舶推进、风洞等。这类机械用交-交变频装置供电的低速电机直接传动，可以省去庞大的齿轮减速箱。而这种大容量的设备如果采用其他类型的变频装置，常需要晶闸管并联工作才能满足输出功率的要求，元件的数量也不会少，采用交-交变频时，容量分别由三相可逆整流装置承担，在每个整流桥臂中可能就无须并联元件了。

6.3　交-直-交变频电路

交-直-交变频电路结构框图如图6-8所示。

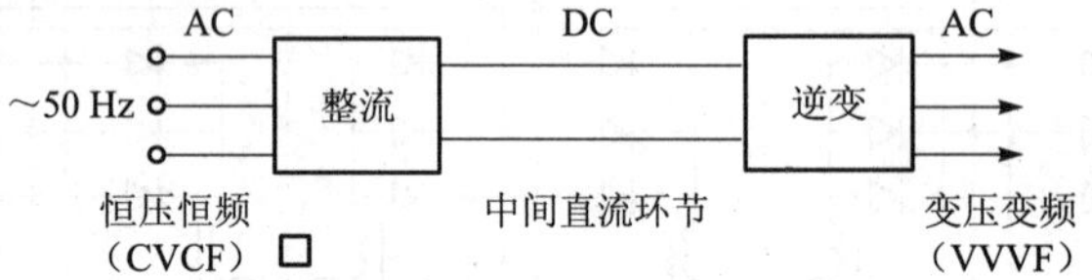

图6-8　交-直-交变频电路结构框图

按照不同的控制方式，交-直-交变频器可分成以下3种方式。

（1）采用可控整流器调压、逆变器调频的控制方式，其结构框图如图6-9所示。在这种装置中，调压和调频在两个环节上分别进行，在控制电路上协调配合，结构简单，控制方便。但是，由于输入环节采用晶闸管可控整流器，当电压调得较低时，电网端功率因数较低。而输出环节多用由晶闸管组成的多拍逆变器，每周换相6次，输出的谐波较大，因此这类控制方式现在用得较少。

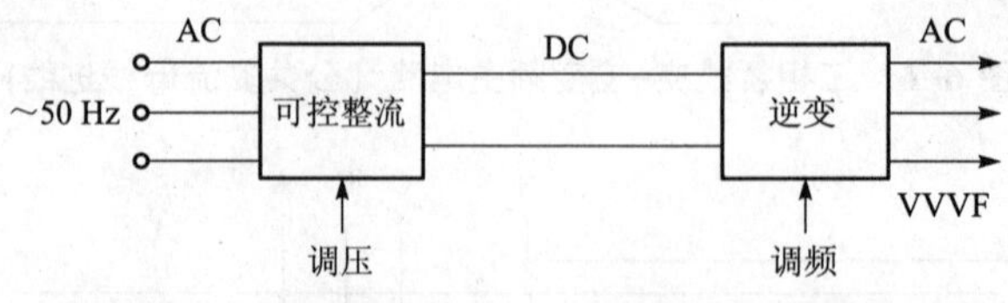

图6-9　可控整流器调压、逆变器调频的结构框图

（2）采用不控整流器整流、斩波器调压，再用逆变器调频的控制方式，其结构框图如图6-10所示。整流环节采用二极管不控整流器，只整流不调压，再单独设置斩波器，用脉宽调压，这种方法克服功率因数较低的缺点，但输出逆变环节未变，仍有谐波较大的缺点。

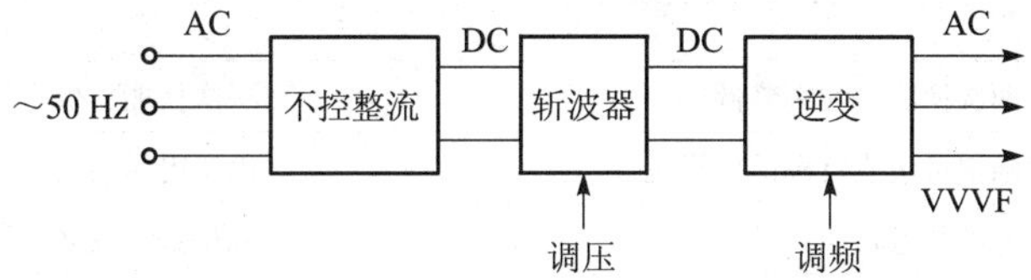

图 6-10 不控整流器整流、斩波器调压、逆变器调频的结构框图

（3）采用不控整流器整流、脉宽调制（PWM）逆变器同时调压调频的控制方式，其结构框图如图 6-11 所示。在这类装置中，用不控整流，则输入功率因数不变；用 PWM 逆变，则输出谐波可以减小。这样图 6-9 所示装置的两个缺点都消除了。PWM 逆变器需要全控型电力半导体器件，其输出谐波减少的程度取决于 PWM 的开关频率，而开关频率则受器件开关时间的限制。采用绝缘双极型晶体管 IGBT 时，开关频率可达 10 kHz 以上，输出波形已经非常逼近正弦波，因而又称为 SPWM 逆变器，成为当前最有发展前途的一种装置形式。

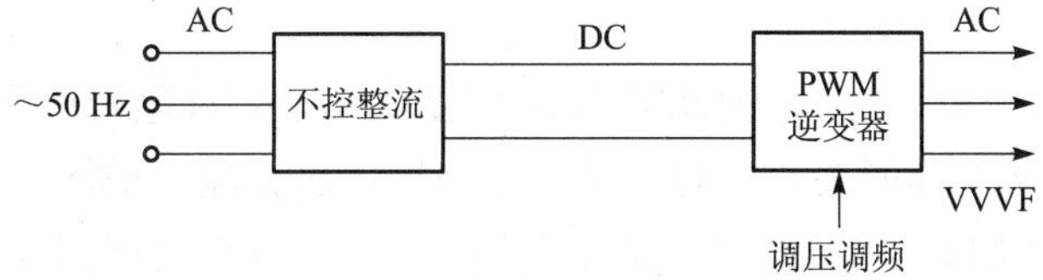

图 6-11 不控整流器整流、脉宽调制（PWM）逆变器同时调压调频的结构框图

在交-直-交变频器中，当中间直流环节采用大电容滤波时，直流电压波形比较平直，在理想情况下是一个内阻抗为零的恒压源，输出交流电压是矩形波或阶梯波，这类变频器叫做电压型变频器，见图 6-12（a）。当交-直-交变频器的中间直流环节采用大电感滤波时，直流电流波形比较平直，因而电源内阻抗很大，对负载来说基本上是一个电流源，输出交流电流是矩形波或阶梯波，这类变频器叫做电流型变频器，见图 6-12（b）。

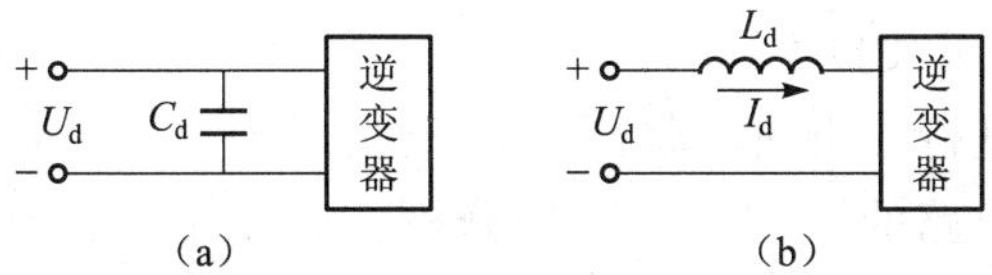

图 6-12 变频器结构框图

（a）电压型变频器；（b）电流型变频器

在交-直-交变频器中的逆变器为无源逆变器，其内容在无源逆变电路中有详细介绍，在此不再赘述。

为了更清楚地表明交-直-交变频装置与交-交变频装置两类变频装置的特点，下面用表格的形式加以对比，如表 6-1 所示。

表 6-1　晶闸管交-直-交变频装置与交-交变频装置主要特点比较

类别 比较项目	交-直-交变频装置	交-交变频装置
换能形式	两次换能，效率略低	一次换能，效率较高
换流方式	强迫换流或负载谐振换流	电源电压换流
装置元件数量	元件数量较少	元件数量较多
调频范围	频率调节范围宽	一般情况下，输出最高频率为电网频率的1/3~1/2
电网功率因数	用可控整流调压时，功率因数在低压时较低；用斩波器或PWM方式调压时功率因数高	较低
适用场合	可用于各种电力拖动装置、稳频稳压电源和不间断电源	特别适用于低速大功率拖动

6.4　软开关技术

为了实现电力电子装置的小型化和高功率密度化，就要求电力电子器件的高频化。但在常用的PWM方式下提高开关频率的同时，开关损耗也会随之增加，电路效率严重下降，电磁干扰也增大了，所以简单的提高开关频率是不行的。针对这些问题出现了软开关技术，它利用以谐振为主的辅助换流手段，解决了电路中的开关损耗和开关噪声问题，使开关频率可以大幅度提高。

6.4.1　软开关的基本概念

1. 硬开关与软开关

从20世纪60年代开始得到发展和应用的PWM功率变换技术是一种硬开关技术。为了使开关电源在高频状态下也能高效率地运行，国内外电力电子界和电源技术界自70年代以来，不断研究开发高频软开关技术。

在对电力电子电路进行分析时，将开关理想化，认为开关状态的转换是在瞬间完成的，忽略了开关过程对电路的影响。这样的分析方法便于理解电路的工作原理，但实际电路中开关过程是客观存在的，开关不是理想器件，因此在开关过程中电压、电流均不为零，出现了重叠，产生了开通损耗和关断损耗，统称为开关损耗（Switching Loss）。开关频率越高，总的开关损耗越大，电路的效率就越低。开关损耗的存在限制了开关频率的提高，从而限制了变换器的小型化和轻量化。而且电压和电流的变化很快，波形出现了明显的过冲，这导致了开关噪声的产生。具有这样的开关过程的开关被称为硬开关，如图6-13所示。

传统PWM技术下的开关工作在硬开关状态，硬开关工作的四大缺陷阻碍了开关器件工作频率的提高，它存在以下问题。

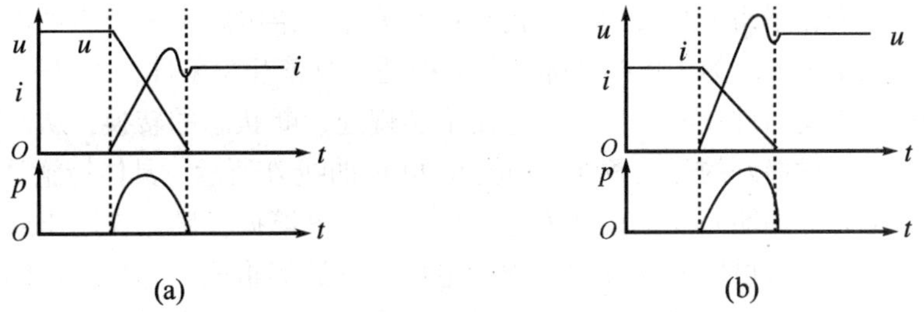

图 6-13　硬开关的开关过程

（a）硬开关开通过程；（b）硬开关关断过程

（1）开通和关断损耗大。在开通时，开关器件的电流上升和电压下降同时进行；关断时，电压上升和电流下降同时进行。电压、电流波形的交叠致使器件的开通损耗和关断损耗随开关频率的提高而增加。

（2）感性关断问题。电路中难免存在感性元件（引线电感、变压器漏感等寄生电感或实体电感），当开关器件关断时，由于通过该感性元件的 d*i*/d*t* 很大，从而产生大的电磁干扰（Electro-Magnetic Interference，EMI），而且产生的尖峰电压加在开关器件两端，易造成电压击穿。

（3）容性开通问题。当开关器件在很高的电压下开通时，储藏在开关器件结电容中的能量将全部耗散在该开关器件内，引起开关器件过热损坏。

（4）二极管反向恢复问题。二极管由导通变为截止时存在着反向恢复期，在此期间内，二极管仍处于导通状态，若立即开通与其串联的开关，容易造成直流电源瞬间短路，产生很大的冲击电流，轻则引起该开关和二极管损耗急剧增加，重则致其损坏。

器件开关过程的开关轨迹如图 6-14 所示，SOA 为器件的安全工作区，*A* 为硬开关方式的开关轨迹。由于开关过程中器件上作用的电压、电流均为方波，开关状态转换条件恶劣，开关轨迹接近 SOA 边沿，开关损耗和开关应力均很大。此时虽可在开关器件上增设吸收电路以改变开关轨迹及相应开关条件，但仅仅是使部分开关损耗从器件上转移至吸收电路中，并没有减少电路工作中的损耗总量。

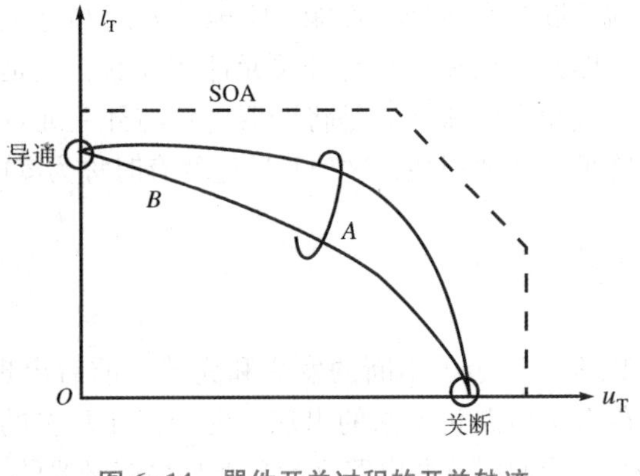

图 6-14　器件开关过程的开关轨迹

在硬开关过程中会产生较大的开关损耗和开关噪声。开关损耗随着开关频率的提高而增加，使电路效率下降，阻碍了开关频率的提高；开关噪声给电路带来严重的电磁干扰，影响周边电子设备的正常工作。为了大幅度降低开关损耗、改善开关条件，可以采用软开关方式，基本思想是创造条件使器件在零电压或零电流下实现通、断状态的转换，从而使开关损耗减少至最小，为器件提供最好的开关条件，如图 6-14 中曲线 *B* 所示。具体措施是在开关电路中增设小值电感、电容等储能元件，在开关过程前、后引入谐振，确保在电压或电流谐振过零时刻实现开通和关断。就可以消除开关过程中电压、电流的重叠，降低它们的变化率，从而大大减小甚至消除开关损耗和开关噪声，这样的电路称为软开关电路。软开关电路中典型的开关过程如图 6-15 所示。具有这样开关过程的开关称为软开关。

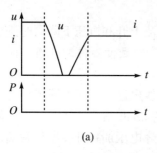

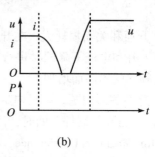

图 6-15　软开关的开关过程

（a）软开关开通过程；（b）软开关关断过程

2. 零电压开关与零电流开关

开关损耗包括开通损耗和关断损耗。利用软开关技术可以减小变换器的开通损耗和关断损耗。软开关有两种类型零电压开关和零电流开关。

零电压开关过程分为零电压开通和零电压关断。零电压开通是指在开关管开通前，使其电压下降到零，开通损耗基本减小到零。零电压关断是指在开关管关断时，使其电压保持在零，或者限制电压的上升率，从而减小电流与电压的交叠区，使关断损耗大大减小。

零电流开关过程分为零电流开通和零电流关断。零电流开通是指在开关管开通时，使其电流保持在零，或者限制电流的上升率，从而减小电流与电压的交叠区，开通损耗大大减小。零电流关断是指在开关管关断前，使其电流减小到零，关断损耗基本减小到零。

零电压开通和零电流关断具有较好的性能。零电压开通和零电流关断要靠电路中的谐振来实现。实现零电压关断是将谐振电容与开关元件相并联，能延缓开关关断后电压上升的速率，降低关断损耗；实现零电流开通是将谐振电感与开关元件相串联，能延缓开关开通后电流上升的速率，降低了开通损耗，这种开通过程有时称为零电流开通。

6.4.2　软开关电路的分类

软开关技术自问世以来，经历了不断的发展和完善，前后出现了许多种软开关电路，直到目前为止，新型的软开关电路仍不断的出现。由于存在众多的软开关电路，而且各自有不同的特点和应用场合，因此对这些电路进行分类是很有必要的。

根据电路中主要的开关元件是零电压开通还是零电流关断，可以将软开关电路分成零电压电路和零电流电路两大类。通常，一种软开关电路要么属于零电压电路，要么属于零电流电路。

根据软开关技术发展的历程可以将软开关电路分成准谐振电路、零开关 PWM 电路和零转换 PWM 电路。

1. 准谐振电路

这是最早出现的软开关电路，其中有些现在还在大量使用。准谐振电路可以分为以下几种。

（1）零电压开关准谐振电路（Zero - Voltage - Switching Quasi - Resonant Converter，ZVSQRC）。

（2）零电流开关准谐振电路（Zero - Current - Switching Quasi - Resonant Converter，ZCSQRC）。

（3）零电压开关多谐振电路（Zero - Voltage - Switching Multi - Resonant Converter，ZVSMRC）。

（4）谐波直流环节电路（Resonant DC Link）。

图 6-16 给出了以上 4 种软开关电路的基本开关单元。

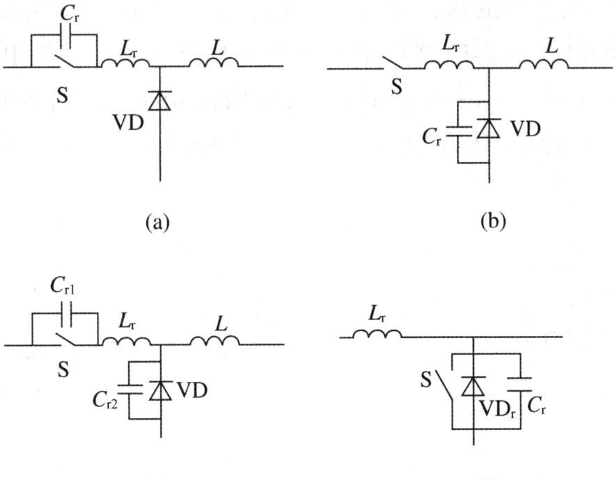

图 6-16　准谐振电路的基本开关单元

（a）零电压开关准谐振单元；（b）零电流开关准谐振单元；

（c）零电压开关多谐振单元；（d）单元谐振直流环节单元

准谐振电路中电压或电流的波形为正弦半波。电路的开关损耗和开关噪声都大大下降，但由于谐振电压峰值很高、谐振电流的有效值很大、谐振周期随输入电压、负载变化而改变，造成器件耐压要求必须提高、电路导通损耗加大。这种电路只能采用脉冲频率调制（PFM）方式来控制，而不能采用 PWM 方法来控制，变频的开关频率给电路设计带来困难。

2. 零开关 PWM 电路

零开关 PWM 电路引入了辅助开关来使谐振仅发生于开关过程前后。其电路的电压和电流基本上是方波，只是上升沿和下降沿较缓，开关承受的电压明显降低，电路可以采用开关频率固定的 PWM 控制方式。

零开关PWM电路可以分为零电压开关PWM电路（Zero-Voltage-Switching PWM Converter，ZVSPWM）和零电流开关PWM电路（Zero-Current-Switching PWM Converter，ZCSPWM）。这两种电路的基本开关单元如图6-17所示。

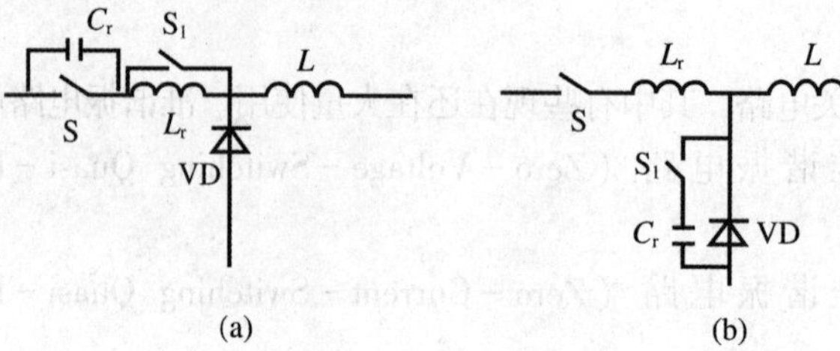

图6-17　零开关PWM电路的基本开关单元

（a）零电压开关PWM单元；（b）零电流开关PWM单元

3. 零转换PWM电路

零转换PWM电路采用谐振电路与主开关并联的方式，输入电压和负载电流对电路谐振过程的影响很小，电路在很宽的输入电压范围内，从零负载到满载都能工作在软开关状态，电路中无功功率交换的减小使得电路效率得到进一步提高。零转换PWM电路可以分为零电压转换PWM电路（Zero-Voltage-Transition PWM Converter，ZVTPWM）和零电流转换PWM电路（Zero-Current-Transition PWM Converter，ZCTPWM）。这两种电路的基本开关单元如图6-18所示。

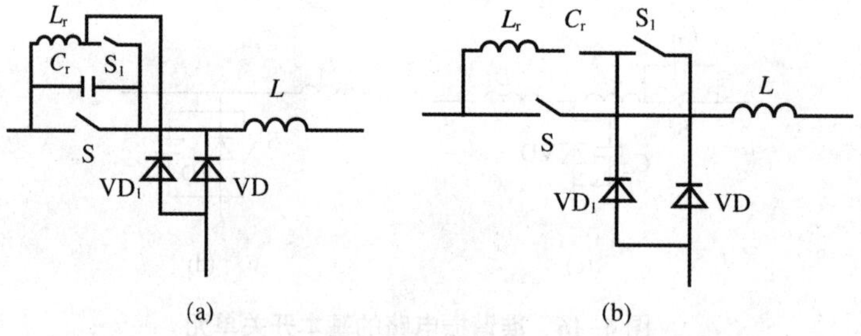

图6-18　零转换PWM电路的基本开关单元

（a）零电压转换PWM单元；（b）零电流转换PWM单元

6.4.3　软开关技术的实现

软开关中使电压或电流为零，目前均用储能元件*LC*构成谐振电路来实现，即利用*LC*的谐振作用，形成正弦波电流或正弦波电压，在电流为零或电压为零时，导通或关断开关，进行能量切换，从而消除开关过程中的电压与电流的交叉重叠，所以软开关技术也称为谐振开关（Resonant Switch，RS）技术。

运用软开关技术构成的软开关电路类型较多，本节仅对零电压开关准谐振电路典型的软开关电路进行详细的分析。

零电压开关准谐振电路是一种较为早期的软开关电路，但由于结构简单，所以目前仍然在一些电源装置中应用。在此以降压型零电压开关准谐振电路为例分析其工作原理，电路图、波形图及等效电路图如图 6-19 所示。图中 S 为功率开关元件，L_r、C_r 为谐振电感和电容。假定 L 和 C 无穷大，则 L 和 C 可以等效为电流源和电压源。零电压开关准谐振电路的工作过程可分为 4 个阶段。

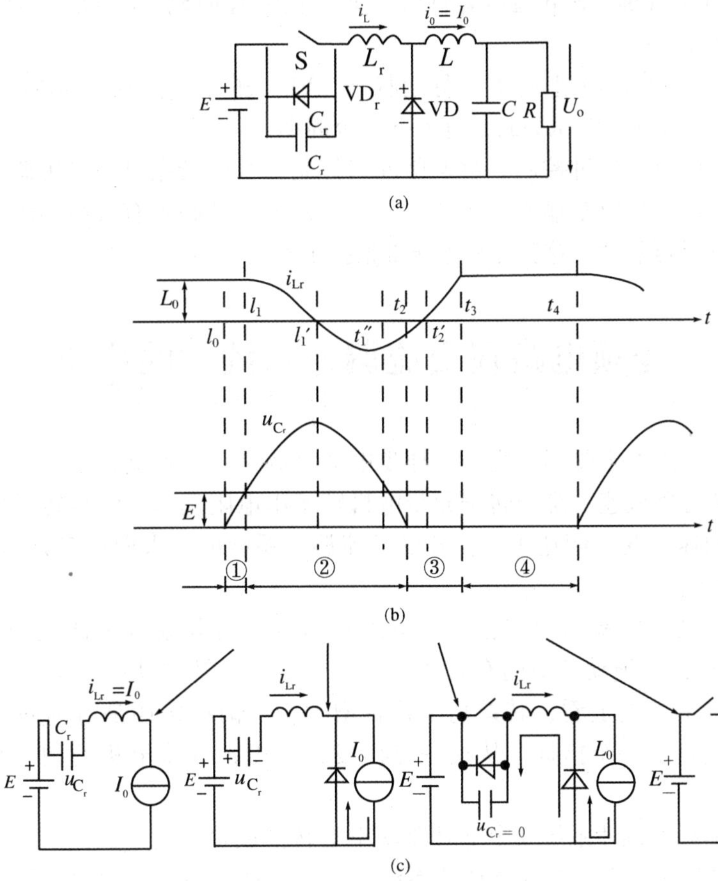

图 6-19　降压型零电压开关准谐振电路

（a）电路图；（b）波形图；（c）等效电路图

（1）$t_0 \sim t_1$ 时段。

$t<t_0$ 时开关 S 导通，二极管 VD 阻断，$u_{Cr}=0$。

$t=t_0$ 时开关 S 关断，与其并联的电容 C_r 使 S 关断后电压上升减缓，使 S 零电压关断，关断损耗减小。S 关断后，VD 尚未导通。电感 L_r 和 L 向 C_r 以恒电流 $i_L=I_0$ 充电，u_{Cr}线性上升，同时 VD 两端电压 u_{VD}逐渐下降，直到 t_1 时刻，$u_{Cr}=$E，$u_{VD}=0$，VD 导通。

（2）$t_1 \sim t_2$ 时段。

$t=t_1$ 时，$u_{Cr}>E$，二极管 VD 承受正向电压导通，电感 L 通过 VD 续流，使 C_r、L_r 构成串联而产生谐振。

其中，$t=t_1'$时，i_{Lr}下降到零，u_{Cr}达到谐振峰值。

$t_1' \sim t_1''$ 期间，C_r 向 L_r 放电。$t=t_1''$ 时，$u_{Cr}=E$，i_{Lr}达到反向谐振峰值。

$t_1'' \sim t_2$ 期间，L_r 向 C_r 反向充电，u_{Cr}继续下降，$t=t_2$ 时，$u_{Cr}=0$。

（3）$t_2 \sim t_3$ 时段。

$t=t_2$ 时，$u_{Cr}=0$ 使 VD_r 导通，其导通压降使承受开关 S 近似为零的反相电压而暂时不能导通。u_{Cr}被限幅，i_{Lr}线性衰减。当 t_2' 时刻，$i_{Lr}=0$，VD_r 截止，此时开关 S 就可以在零电压、零电流条件下导通。S 导通后 i_{Lr}线性上升，直到 t_3 时刻，$i_{Lr}=I_0$，VD 关断。

（4）$t_3 \sim t_4$ 时段。

$i_{Lr}=I_0$ 后，负载电流全部流过 S，S 为导通状态，VD 关断，$u_{Cr}=0$，再次为 S 关断准备了零电压条件，t_4 时刻 VD 零电压关断，进入下一个周期。

第四个阶段的时间可以通过控制 S 触发脉冲来控制，所以谐振电路采用调频控制。从图中可以看出，谐振电压峰值是输入电压的 2 倍，使开关元件必须有较高的耐压值，增加了电路的成本，降低了可靠性，这就是零电压准谐振电路的缺点。

6.5　变频电路在交流调速系统中的应用

交流调速是变频应用的主要形式之一。异步电动机调速系统种类很多，常见的有降电压调速、电磁转差离合器调速、绕线转子异步电机转子串电阻调速、绕线转子异步电机串级调速、变极对数调速、变频调速等。在开发交流调速系统时，人们从多方面进行探索，其种类繁多是很自然的。

按照交流异步电动机的基本原理，从定子传递到转子的电磁功率 P_m可分为两部分：一部分 $P_2=(1-s)P_m$，是拖动负载的有效功率；另一部分是转差功率 $P_s=sP_m$与转差率 s 成正比。从能量转换的角度上看，转差功率是否增大，是消耗掉还是得到回收，显然是评价调速系统效率高低的一个指标。从这一点出发，可以把异步电机的调速系统分成 3 大类。

（1）转差功率消耗型调速系统。全部转差功率都转换成热能的形式而消耗掉。上述的前 3 种调速方法都属于这一类。在 3 类调速系统中，这类调速系统的效率最低，而且它是以增加转差功率的消耗来换取转速的降低（恒转矩负载时），越向下调速效率越低。可是这类系统结构最简单，所以还有一定的应用场合。

（2）转差功率回馈型调速系统。转差功率的一部分消耗掉，大部分则通过变流装置回馈电网或者转化为机械能予以利用，转速越低时回收的功率也越多，上述串级调速属于这一类。这类调速系统的效率显然比降压调速要高，但增设的交流装置总要多消耗一部分功率，因此还不及电磁转差离合器调速。

（3）转差功率不变型调速系统。转差功率中转子铜损部分的消耗是不可避免的，但在这类系统中无论转速高低，转差功率的消耗基本不变，因此效率最高。上述的最后两种调速方法用于此类。其中变极对数只能用于有级调速，应用场合有限。

由交流电机的转速公式，即

$$n=\frac{60f}{p}(1-s)$$

可以看出，若均匀地改变定子频率f，则可以平滑地改变电机的转速。因此，在各种异步电机调速系统中，变频调速的性能最好，使得交流电机的调速性能可与直流电机相媲美，同时效率高，所以变频调速应用最广，可以构成高动态性能的交流调速系统，取代直流调速，最有发展前途，是交流调速的主要发展方向。

6.5.1　变频调速中的变频器

目前已被广泛应用在交流电动机变频调速中的变频器是交-直-交变频器，它是先将恒压恒频（Constant Voltage Constant Frequecy，CVCF）的交流电通过整流器变成直流电，再经过逆变器将直流电变换成可控交流电的间接型变频电路。

在交流电动机的变频调速控制中，为了保持额定磁通基本不变，在调节定子频率的同时必须改变定子的电压。因此，必须配备变压变频（Variable Voltage Variable Frequency，VVVF）装置，即变频器。

1. 变频器的基本结构

调速用变频器通常由主电路、控制电路和保护电路组成。其基本结构和各部分的基本功能如图 6-20 所示。

主电路由整流、中间环节、逆变电路及控制电路组成。整流部分：对外部的工频交流电源进行整流，给逆变电路和控制电路提供所需的直流电源。中间环节：对整流电路的输出进行平滑滤波，以保证逆变电路和控制电路能够获得质量较高的直流电源。逆变电路：将中间环节输出的直流电源转换为频率和电压都任意可调的交流电源。控制电路：包括主控制电路、信号检测电路、基极驱动电路、外部接口电路及保护电路，通过各种运行指令将检测电路得到的各种信号送至运算电路，使运算电路能够根据驱动要求为变频器主电路提供必要的驱动信号，并对变频器以及异步电动机提供必要的保护。

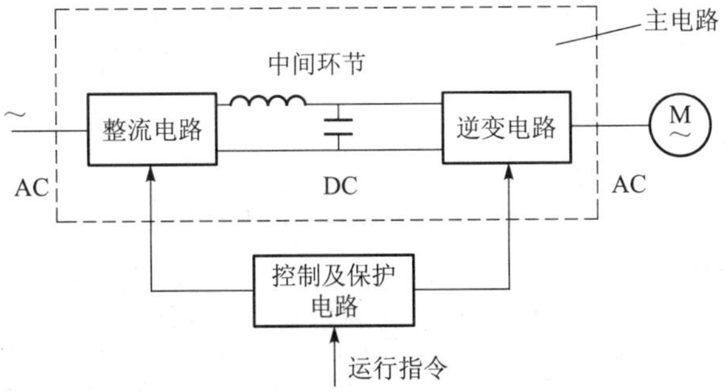

图 6-20　变频器基本结构

2. 变频器的控制方式

变频器的主电路基本上都是一样的（只是所用的开关器件有所不同），而控制方式却不一样，需要根据电动机的特性对供电电压、电流、频率进行适当的控制。

变频器具有调速功能，但采用不同的控制方式所得到的调速性能、特性及用途是不同的。控制方式大体可分为U/f控制方式、转差频率控制、矢量控制等。

（1）U/f控制。U/f控制是一种比较简单的控制方式。它的基本特点是对变频器的输出电压和频率同时进行控制，通过提高 U/f 比来补偿频率下调时引起的最大转矩下降而得到所需的转矩特性。采用 U/f 控制方式的变频器控制电路成本较低，多用于对精度要求不太高的通用变频器。

① U/f 的曲线种类。为了方便用户选择 U/f 比，变频器通常都是以 U/f 控制曲线的方式提供给用户，让用户选择，如图 6-21 所示。

a. 基本 U/f 控制曲线。基本 U/f 控制曲线表明没有补偿时定子电压和频率的关系，它是进行 U/f 控制时的基准线。在基本 U/f 控制曲线上，与额定输出电压对应的频率称为基本频率，用 f_b 表示。基本 U/f 控制曲线如图 6-22 所示。

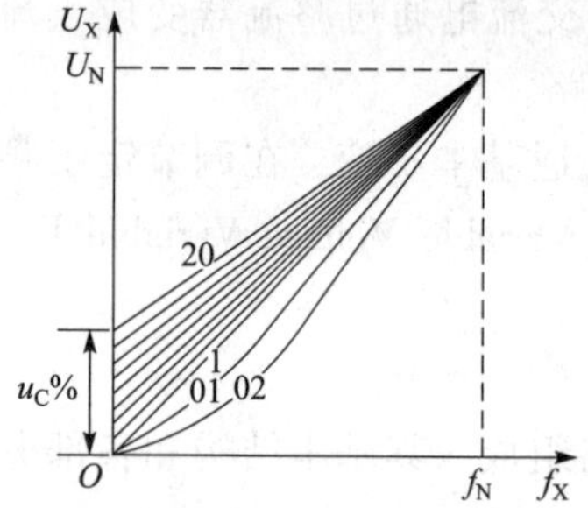

图 6-21　变频器的 U/f 控制曲线

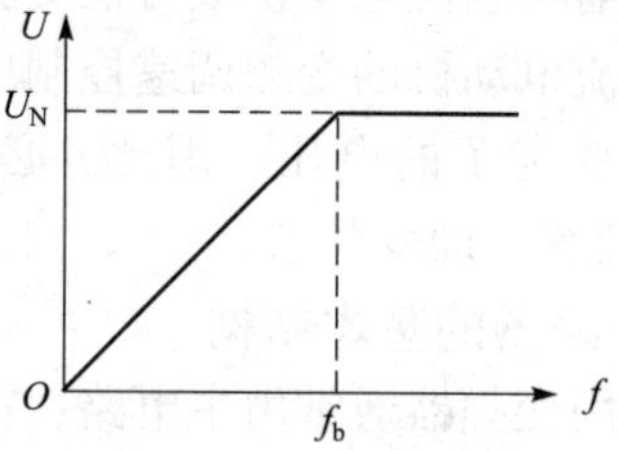

图 6-22　基本 U/f 控制曲线

b. 转矩补偿的 U/f 曲线。

特点：在 $f=0$ 时，不同的 U/f 曲线电压补偿值不同，如图 6-21 所示。

适用负载：经过补偿的 U/f 曲线适用于低速时需要较大转矩的负载，用户可根据低速时负载的大小来确定补偿程度，选择 U/f 线。

c. 负补偿的 U/f 曲线。

特点：低速时，U/f 线在基本 U/f 曲线的下方，如图 6-21 中的 01、02 线所示。

适用负载：主要适用于风机、泵类等的平方率负载。由于这种负载的阻转矩和转速的平方成正比，即低速时负载转矩很小，即使不补偿，电动机输出的电磁转矩都足以带动负载。

d. 分段补偿的 U/f 曲线。

特点：U/f 曲线由几段组成，每段的 U/f 值均由用户自行给定，如图 6-23 所示。

适用负载：负载转矩与转速大致成比例的负载。在低速时补偿少，在高速时补偿程度需要加大。

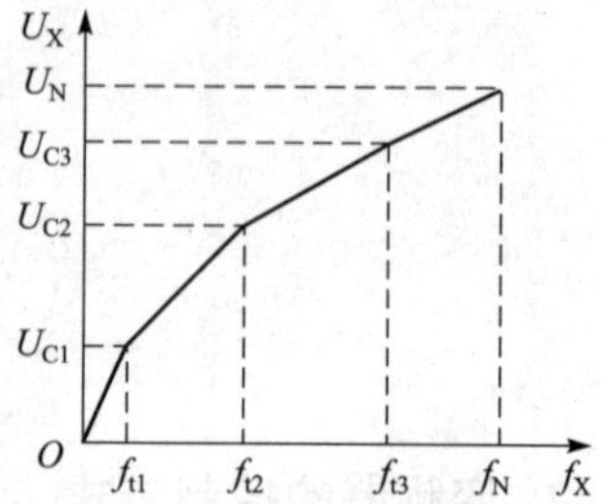

图 6-23　分段 U/f 比的补偿线

② 选择 U/f 曲线时常用的操作方法。上面讲解了各种 U/f 曲线的特点和适用条件，但是由于具体补偿量的计算非常复杂，因此在实际操作中，常用实验的方法来选择 U/f 曲线。具体操作步骤如下。

a. 将拖动系统连接好，带以最重的负载。

b. 根据所带负载的性质，选择一个较小的 U/f 曲线，在低速时观察电动机的运行情况，如果此时电动机的带负载能力达不到要求，需将 U/f 曲线提高一挡。依此类推，直到电动机在低速时的带负载能力达到拖动系统的要求。

c. 如果负载经常变化中选择的 U/f 曲线，还需要在轻载和空载状态下进行检验。方法是：将拖动系统带以最轻的负载或空载，在低速下运行，观察定子电流的大小，如果过大或者变频器跳闸，说明原来选择的 U/f 曲线过大，补偿过分，需要适当调低 U/f 曲线。

（2）转差频率控制。转差频率控制方式是对 U/f 控制的一种改进。在采用这种控制方式的变频器中，电动机的实际速度由安装在电动机上的速度传感器和变频器控制电路得到，而变频器的输出频率则由电动机的实际转速与所需转差频率的和自动设定，从而达到在进行调速控制的同时，控制电动机输出转矩的目的。

转差频率控制是利用了速度传感器的速度闭环控制，并可以在一定程度上对输出转矩进行控制，所以和 U/f 控制方式相比，在负载发生较大变化时，仍能达到较高的速度精度和较好的转矩特性。但是，由于采用这种控制方式时，需要在电动机上安装速度传感器，并需要根据电动机的特性调节转差，通常用于厂家指定的专用电动机，通用性较差。

（3）矢量控制。矢量控制是一种高性能的异步电动机控制方式，它是从直流电动机的调速方法得到启发，利用现代计算机技术解决了大量的计算问题，是异步电动机一种理想的调速方法。

矢量控制的基本思想是将异步电动机的定子电流在理论上分成两部分：产生磁场的电流分量（磁场电流）和与磁场相垂直产生转矩的电流分量（转矩电流），并分别加以控制。

由于在进行矢量控制时，需要准确地掌握异步电动机的有关参数，这种控制方式过去主要用于厂家指定的变频器专用电动机的控制。随着变频调速理论和技术的发展，以及现代控制理论在变频器中的成功应用，目前在新型矢量控制变频器中已经增加了自整定功能。带有这种功能的变频器，在驱动异步电动机进行正常运转之前，可以自动地对电动机的参数进行识别，并根据辨识结果调整控制算法中的有关参数，从而使得对普通异步电动机进行矢量控制也成为可能。

使用矢量控制的要求如下。

① 矢量控制的设定。目前大部分新型通用变频器都有了矢量控制功能，只需在矢量控制功能选择项中选择“用”或“不用”就可以了。在选择矢量控制后，还需要输入电动机的容量、极数、额定电压、额定频率等。

由于矢量控制是以电动机的基本运行数据为依据，因此电动机的运行数据就显得很重要，如果使用的电动机符合变频器的要求，且变频器容量和电动机容量相吻合，变频器就会自动搜寻电动机的参数；否则就需要重新选定。

② 矢量控制的要求。若选择矢量控制方式，要求：一台变频器只能带一台电动机；电动机的极数要按说明书的要求，一般以 4 极电动机为最佳；电动机容量与变频器容量相当，最多差一个等级；变频器与电动机间的连接不能过长，一般应在 30 m 以内，如果超过 30 m，需要在连接好电缆后进行离线自动调整，以重新测定电动机的相关参数。

③ 使用矢量控制的注意事项。在使用矢量控制时，可以选择是否需要速度反馈；频率显示以给定频率为好。

以上 3 种控制方式的特性比较见表 6-2。

表6-2　3种控制方式的特性比较

名称		*U/f*控制	转差频率控制	矢量控制
加、减速特性		急加、减速控制有限，四象限运转时在零速度附近有空载时间，过电流抑制能力小	急加、减速控制有限度（比*U/f*控制有所提高），四象限运转时通常在零速度附近有空载时间，过电流抑制能力中	急加、减速时的控制无限度，可以进行连续四象限运转，过电流抑制能力强
速度控制	范围	1∶10	1∶20	1∶100以上
	响应	—	5~10 rad/s	30~100 rad/s
	定常精度	根据负载条件转差频率发生变动	与速度检出精度、控制运算精度有关	模拟最大值的0.5% 数字最大值的0.05%
转矩控制		原理上不可能	除车辆调速等外，一般不适用	适用 可以控制静止转矩
通用性		基本上不需要因电动机特性差异进行调整	需要根据电动机特性给定转差频率	按电动机不同的特性需要给定磁场电流、转矩电流、转差频率等多个控制量
控制构成		最简单	较简单	稍复杂

（4）直接转矩控制。直接转矩控制是利用空间矢量坐标的概念，在定子坐标系下分析交流电动机的数学模型，控制电动机的磁链和转矩，通过检测定子电阻来达到观测定子磁链的目的，因此省去了矢量控制等复杂的变换计算，系统直观、简洁，计算速度和精度都比矢量控制方式有所提高。即使在开环状态下，也能输出100%的额定转矩，对于多拖动具有负荷平衡功能。

（5）最优控制。最优控制在实际中的应用根据要求的不同而有所不同，可以根据最优控制的理论对某一个控制要求进行个别参数的最优化。例如，在高压变频器的控制应用中，就成功地采用了时间分段控制和相位平移控制两种策略，以实现一定条件下的电压最优波形。

（6）其他非智能控制方式。在实际应用中，还有一些非智能控制方式在变频器的控制中得以实现，如自适应控制、滑模变结构控制、差频控制、环流控制和频率控制等。

6.5.2　SPWM交流电动机变频调速

SPWM变频调速装置的结构见图6-24，它由二极管整流电路、能耗制动电路、逆变电路和控制电路组成。逆变电路采用IGBT器件，为三相桥式SPWM逆变电路。

该装置采用能耗制动。R为外接能耗制动电阻，当电机正常工作时，电力晶体管VT截止，没有电流流过R。当快速停机或逆变器输出频率急剧降低时，电机将处于再生发电状态，向滤波电容C充电，直流电压U_d升高。当升高到最大允许电压U_{dmax}时，功率晶体管VT导通，接入电阻R，电机能耗制动，以防止电压过高危害逆变器的开关器件。

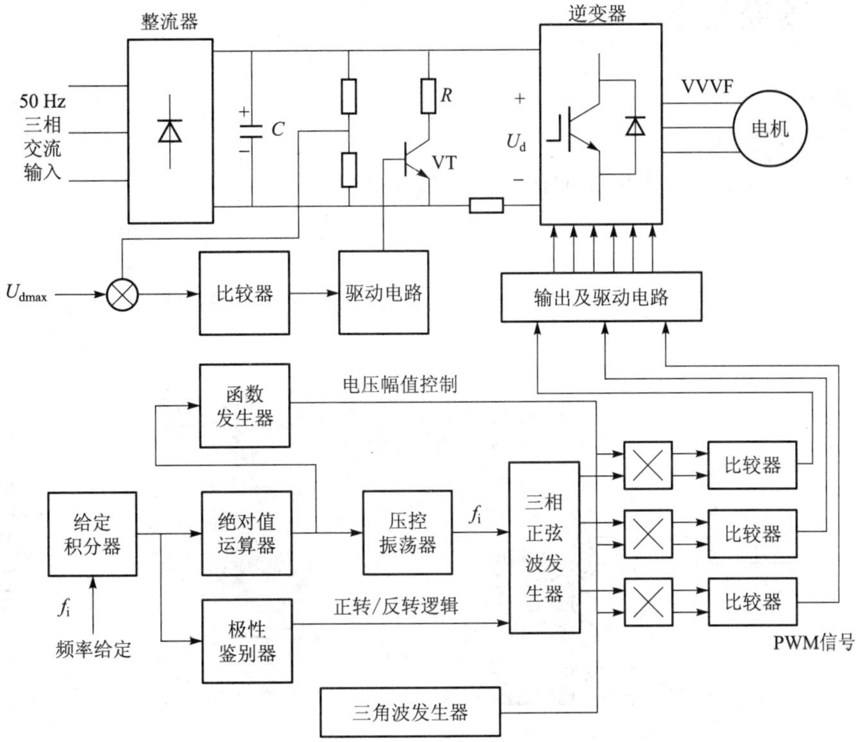

图 6-24　开环控制 SPWM 的变频调速系统结构简图

控制电路包括给定积分器、绝对值运算器、函数发生器、压控振荡器和三相正弦波发生器等。各部分的功能如下。

（1）给定积分器：限定输出频率的升降速度。输出信号的极性决定电机正、反转，输出信号的大小控制电机转速的高低；给定积分器的输出正弦指令信号与三角波比较后形成三相 PWM 控制信号，再经过输出电路和驱动电路，控制逆变器 IGBT 的通断，使逆变器输出所需频率、相序和大小的交流电压，从而控制交流电机的转速和转向；输出经极性鉴别器确定正、反转逻辑后，去控制三相标准正弦波的相序，从而决定输出正弦指令信号的相序。

（2）绝对值运算器：产生输出频率和电压的控制所需要的信号。

（3）函数发生器：实现低频电压补偿，保证整个调频范围内实现输出电压和频率的协调控制。

（4）压控振荡器：形成频率为f_i的脉冲信号。

（5）三相正弦波发生器：由压控振荡器的输出信号控制，产生频率相同的三相标准正弦波信号，该信号同函数发生器的输出相乘后形成逆变器输出指令信号。

风机、水泵、压缩机等泵类机械在国民经济各部门中占有重要地位，广泛用于冶金、化工、纺织、石油、煤炭、电力、轻工、建材和农业各生产部门，应用面广而量大，如炼钢厂、水泥厂、矿山、发电厂这些高耗能企业的发电机、风机和水泵正在着力采用交流变频调速装置来调节风量和流量并已取得明显的节能效果。

6.5.3 三菱变频器

1. 基本电路

（1）主电路接线端。

三菱 FR-A700 变频器主电路的接线端如图 6-25 所示。

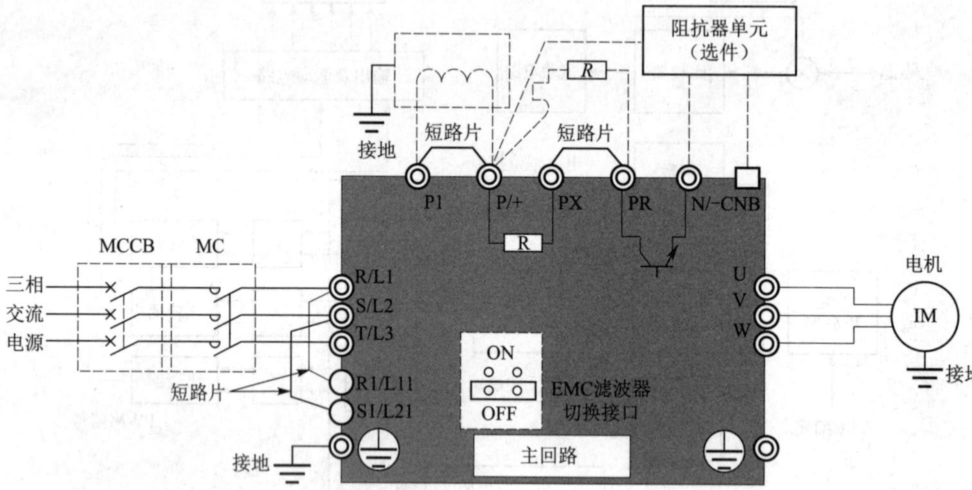

图 6-25 三菱 FR-A700 变频器主电路接线端

① 输入端。即交流电源输入，其标志为 R/L1、S/L2、T/L3，接工频电源。

② 输出端。即变频器输出，其标志为 U、V、W，接三相笼型电动机。

③ 直流电抗器接线端。将直流电抗器接至 P/+与 P1 之间可以改善功率因数。需接电抗器时应将短路片拆除。对于 55 kΩ 以下的产品应拆下端子 P/+、P1 间的短路片，连接上 DC 电抗器。

④ 制动电阻和制动单元接线端。出厂时 PR 与 PX 之间有一短路片相连，内置的制动器回路为有效。制动电阻器接至 P/+与 PR 之间，而 P/+与 N/-之间连接制动单元或高功率因数整流器。22 kΩ 以下的产品通过连接制动电阻，可以得到更大的再生制动力。

⑤ 控制回路用电源端。其标志为 R1/L11、S1/L21，与交流电源端子 R/L1、S/L2 相连。

⑥ 接地端。其标志为⏚，变频器外壳接地用。必须接大地。

主电路接线注意事项如下。

① 电源一定不能接到变频器输出端（U、V、W）上；否则将损坏变频器。

② 接线后，零碎线头必须清除干净，零碎线头可能造成设备运行时异常、失灵和故障，必须始终保持变频器清洁。在控制台上打孔时，需注意不要使碎片粉末等进入变频器中。

③ 为使电压下降到 2%以内，应用适当型号的电线接线。

④ 布线距离最长为 500 m。尤其长距离布线，由于布线寄生电容所产生的冲击电流，

可能会引起过电流保护误动作，输出侧连接的设备可能运行异常或发生故障。因此，最大布线距离长度必须符合规定（当变频器连接两台以上电动机时，总布线距离必须在要求范围以内）。

⑤ 在 P/+和 PR 端子间建议连接制定的制动电阻选件，端子间原来的短路片必须拆下。

⑥ 电磁波干扰，变频器输入输出（主回路）包含有谐波成分，可能干扰变频器附近的通信设备（如 AM 收音机）。因此，安装选件无线电噪声滤波器 FR-BIF（仅用于输入侧）或 FR-BSF0l 或 FR-BOF 线路噪声滤波器，使干扰降至最小。

⑦ 不要在变频器输出侧安装电力电容器、浪涌抑制器和无线电噪声滤波器（FR-BIF 选件），这将导致变频器故障或电容和浪涌抑制器的损坏。如上述任何一种设备已安装，应立即拆掉。

⑧ 运行后改变接线的操作，必须在电源切断 10 min 以上，用万用表检查电压后进行。断电后一段时间内，电容上仍然有危险的高压电。

（2）控制电路接线端。

三菱 FR-A700 变频器控制电路接线端如图 6-26 所示。

① 外接频率给定端。变频器为外接频率给定端提供+5 V 电源（正端为端子 10，负端为端子 5），信号输入端分别为端子 2（电压信号）、端子 4（电流信号）。输入分别直流 0~5 V或 0~10 V，4~20 mA时，在 5 V 、10 V、20 mA 时为最大输出频率，输入输出成比例变化。端子 1 为辅助频率设定端，输入直流 0~±5 或直流 0~±10 V 时，端子 2 或 4 的频率设定信号与这个信号相加。

② 输入控制端。

STF——正转控制端。STF 信号处于 ON 便正转，处于 OFF 便停止。

STR——反转控制端。STR 信号处于 ON 为逆转，处于 OFF 为停止。

注：STF、STR 信号同时处于 ON 时变成停止指令。

RH、RM、RL——多段速度选择端。通过三端状态的组合实现多挡转速控制。

JOG——点动模式选择/脉冲列输入端，JOG 信号为 ON 时选择点动运行，用启动信号（STF 和 STR）可以点动运行。也可作为脉冲列输入端子使用。

MRS——输出停止端。MRS 信号为 ON（20 ms 以上）时，变频器输出停止。用电磁制动停止电机时用于断开变频器的输出。

AU——端子 4 输入选择/PTC 输入端，只有把 AU 信号置为 ON 时端子 4 才能用（频率设定信号在直流 4~20 mA 可以操作）。AU 信号置为 ON 时端子 2（电压输入）的功能将无效。也可以作为 PTC 输入端子使用（保护电机的温度），用作 PTC 输入端子时要把 AU/PTC 切换开关切换到 PTC 侧。

RES——复位控制端，复位用于解除保护回路动作的保持状态。使端子 RES 信号处于 ON 在 0. 1 s 以上，然后断开。

③ 故障信号输出端。由端子 A1、B1、C1 和 A2、B2、C2 组成，为继电器输出，可接至交流 220 V 电路中。指示变频器因保护功能动作时输出停止的转换接点。故障时，B-C 间不导通（A-C 间导通）；正常时，B-C 间导通（A-C 间不导通）。

④ 运行状态信号输出端。FR-A700 系列变频器配置了一些可表示运行状态的信号输出端，为晶体管输出，只能接至 30 V 以下的直流电路中。运行状态信号有以下几种。

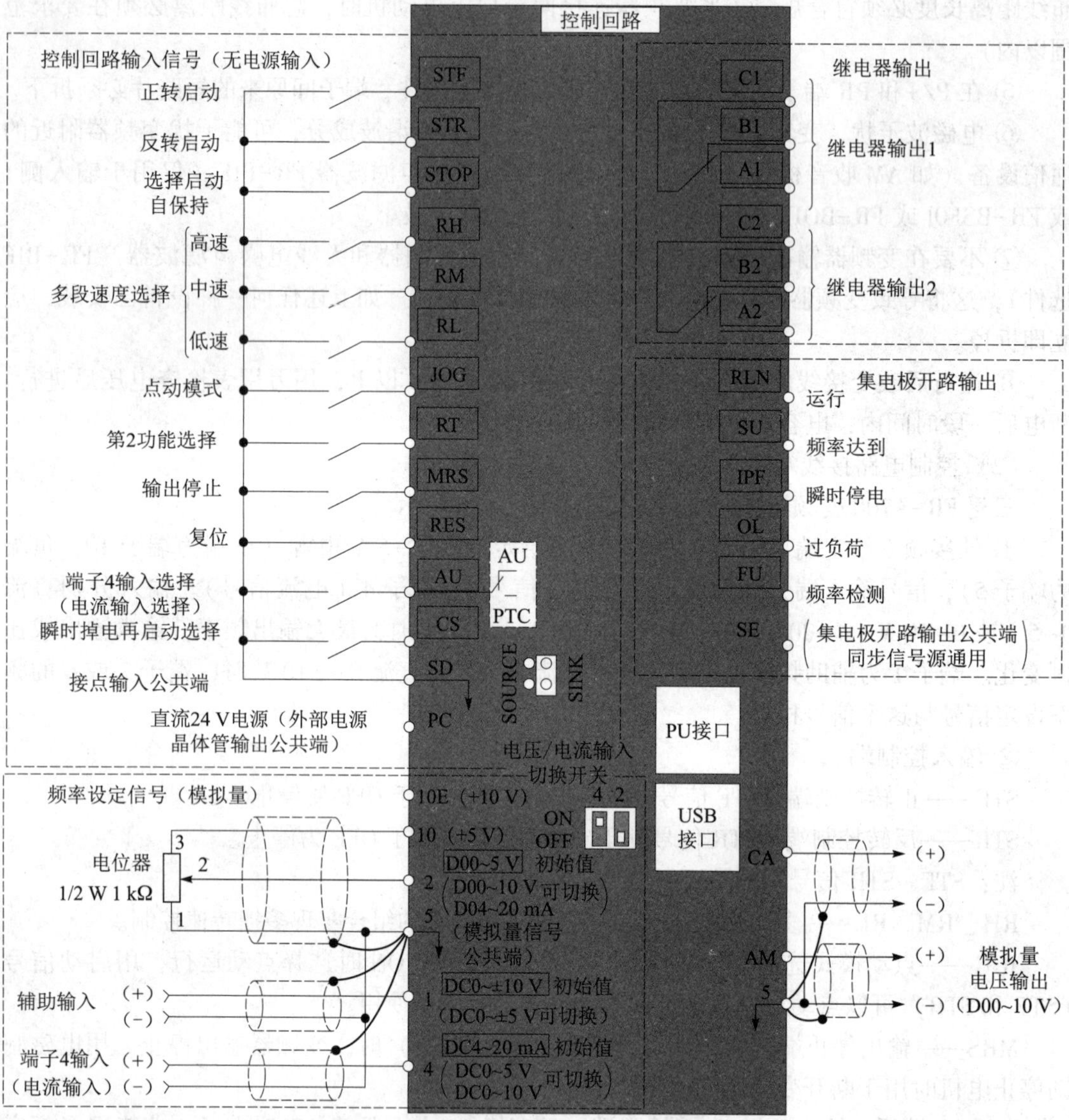

图6-26　三菱FR-A700变频器控制电路接线端

RUN——运行信号，变频器输出频率为启动频率（初始值0.5 Hz）以上时为低电平，正在停止或正在直流制动时为高电平。

SU——频率到达，输出频率达到设定频率的±10%（出厂值）时为低电平，正在加、减速或停止时为高电平。

OL——过负载报警，当失速保护功能动作时为低电平，失速保护解除时为高电平。

IPF——瞬时停电，电压不足保护动作时为低电平。

FU——频率检测信号，当变频器的输出频率为任意设定的检测频率以上时为低电平，未达到时为高电平。

⑤ 测量输出端。可以从多种监视项目中选一种作为输出。输出信号与监视项目的大小

成比例。

AM——模拟量输出，接至 0~10 V 电压表。

CA——模拟电流输出，输出信号直流 0~20 mA。

⑥ 通信 PU 接口。PU 接口用于连接操作面板 FR-DU07 以及 RS-485 通信。

控制回路端子接线注意事项如下。

① 端子 SD、SE 和 5 为 I/O 信号的公共端子，相互隔离，请不要将这些公共端子互相连接或接地。在布线时应避免端子 SD-5、端子 SE-5 互相连接的布线方式。

② 控制回路端子的接线应使用屏蔽线或双绞线，而且必须与主回路、强电回路（含 200 V 继电器控制回路）分开布线。

③ 由于控制回路的频率输入信号是微小电流，所以在接点输入的场合，为了防止接触不良，微小信号接点应使用两个并联的接点或使用双生接点。

④ 控制回路的输入端子（如 STF）不要接触强电。

⑤ 故障输出端子（A、B、C）上务必接上继电线圈或指示灯。

⑥ 连接控制电路端子的电线建议使用0.75 mm^2 尺寸的电线。使用 1.25 mm^2 以上尺寸电线的话，在配线数量多时或者由于配线方法不当，会发生表面护盖松动，操作面板接触不良的情况。

⑦ 接线长度不要超过 30 m。

2. 操作面板及键盘控制

（1）面板配置（FR-DU07）及键盘简介。

面板配置如图 6-27 所示。

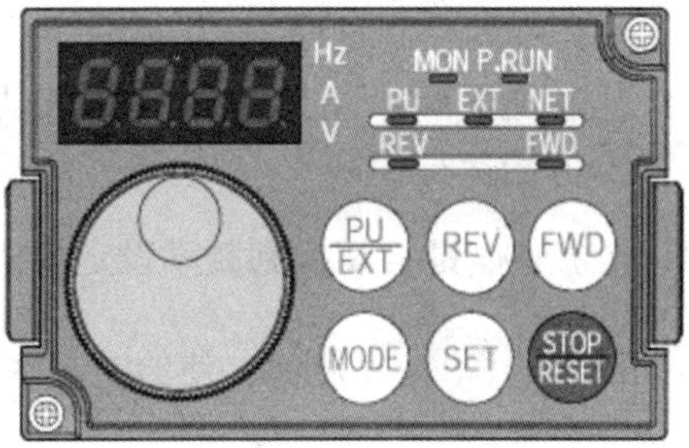

图 6-27 FR-DU07 操作面板图

① 显示。FR-A700 系列变频器 LED 显示屏可以显示给定频率、运行电流和电压等参数。显示屏旁有单位显示及状态显示。

单位显示：

Hz——显示频率时灯亮；

A——显示运行电流时灯亮；

V——显示运行电压时灯亮。

显示转动方向：

FWD——正转时灯亮；

REV——反转时灯亮。

注意：亮灯表示正在正转或反转。闪烁表示有正转或反转指令，但无频率指令的情况。

运行模式显示：

PU——PU 运行模式显示时灯亮；

EXT——外部运行模式显示时灯亮；

NET——网络运行模式显示时灯亮。

注意：组合模式 1、2 时 PU、EXT 同时灯亮。

监视器显示：

MON——监视模式状态显示时灯亮。

② 键盘。键盘各键的功能如下。

MODE键：用于选择运行模式或设定模式。

SET键：用于进行频率和参数的设定。在运行过程中按下，监视器将循环显示运行频率、输出电流、输出电压。

M旋钮：在设定模式中旋转M旋钮，则可连续设定参数。用于连续增加或降低运行频率。旋转M旋钮可改变频率。

FWD键：用于给出正转指令。

REV键：用于给出反转指令。

STOP/RESET键：用于停止运行变频器及当变频器保护功能动作使输出停止时复位变频器。

PU/EXT键：用于运行模式切换（PU运行模式与外部运行模式间的切换）。

（2）键盘控制过程。

① 接通电源。合上电源后，LED显示屏将显示“0.00”。

② 开始运行控制。

a. 按MODE键，切换到频率设定模式。

b. 旋转M旋钮，使给定频率调至所需数值。

c. 按SET键，写入给定频率。

d. 按FWD键或REV键，变频器的输出频率即按预置的升速时间开始上升到给定频率，电动机的运行方向由所按键决定。

③ 查看运行参数。

在运行状态下，可以通过按SET键更改LED显示屏的显示内容，以便查看在运行过程中变频器的输出电流或电压。

④ 停止。

按STOP/RESET键，输出频率按预置的降速时间下降至0 Hz。

3. 功能预置流程

基本操作如图6-28所示。

（1）运行模式切换。

图6-28上部所示为将外部运行模式切换到PU运行模式，并进行PU点动运行模式设置。显示屏显示为 JOG，表示PU点动运行模式。当运行模式为外部时不能进行点动设置。

（2）改变设定模式。

按MODE键改变设定模式。在监视模式、频率设定模式、参数设定模式、报警历史模式间依次转换，如图6-28所示。

注意：频率设定模式，仅在 PU 运行模式显示。

(3) 改变 Pr 参数设定（以调节参数 Pr. 79=2 为例），如图 6-28 所示。

(4) 改变频率设定（以设定频率 50Hz 为例），如图 6-28 所示。

(5) 报警历史，如图 6-28 所示。

(6) 参数清除或全部清除。

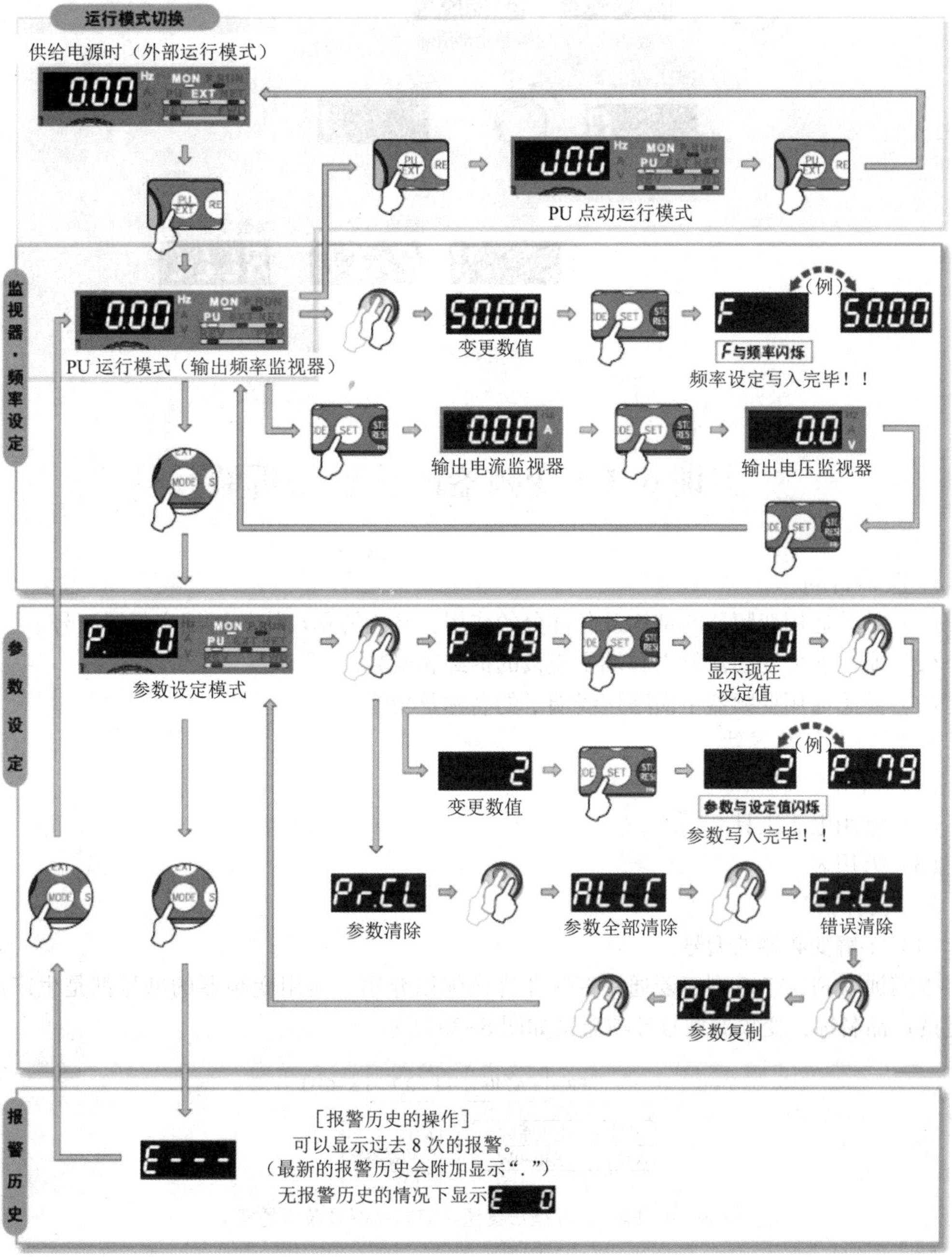

图 6-28　基本操作

在参数设定模式下旋转M 旋钮，找到Pr.CL（ALLC），依据图 6-29 所示步骤完成参数清除或全部清除。

注意：参数清除或全部清除，仅在 PU 运行模式下进行。

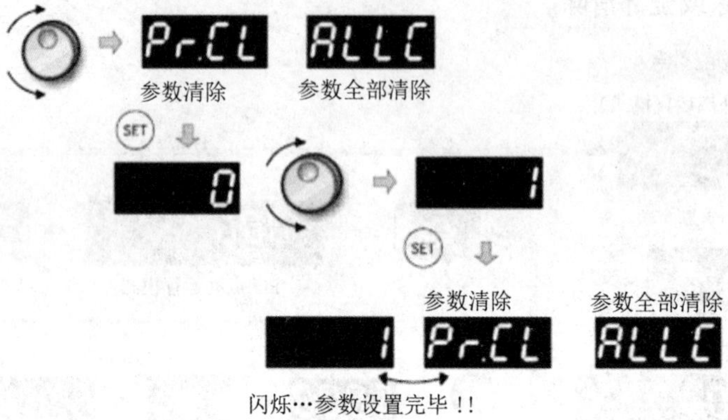

图 6-29　参数清除或全部清除步骤

实训 6.1　变频器的认识与拆装

1. 实训目的

（1）熟悉通用变频器的结构及各部分的作用，并能解释具体的通用变频器型号。

（2）掌握通用变频器外壳和端子盖板的拆卸和安装。

（3）熟悉通用变频器主回路接线端子的名称及功能。

2. 实训设备及器件

（1）通用变频器。

（2）常用电工工具。

（3）万用表。

3. 实训内容

（1）了解变频器的型号。

本实训以 FR-A700 型三菱通用变频器为例加以介绍。通用变频器的型号都是生产厂商自定的产品名称，变频器型号各项意义如图 6-30 所示。

图 6-30　FR-A700 型三菱通用变频器型号各项的意义

（2）熟悉通用变频器的结构。

① 通用变频器的外观结构如图 6-31 所示。

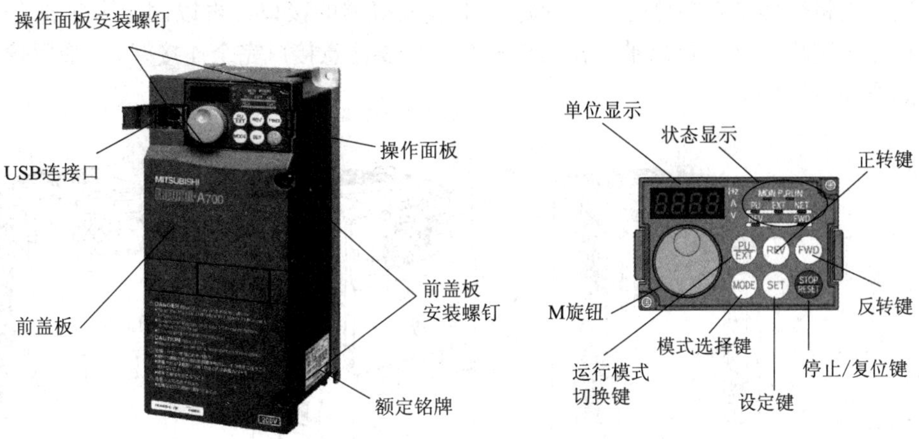

图 6-31　FR-A700 型三菱通用变频器结构和外观

② 变频器操作面板的拆卸。先松开操作面板的两处固定螺钉（螺钉不能卸下）。再按住操作面板左、右两侧的插销，把操作面板往前拉出后卸下，如图 6-32 所示。

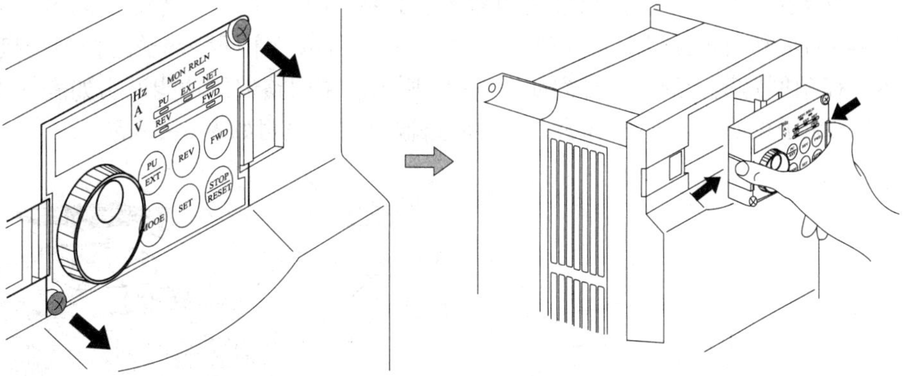

图 6-32　FR-A700 型三菱通用变频器操作面板的拆卸

③ 变频器的前盖板的拆卸与安装。拆卸时先旋松安装前盖板用的螺钉。再一边按住表面护盖上的安装卡爪，一边以左边的固定卡爪为支点向前拉并取下，如图 6-33 所示。

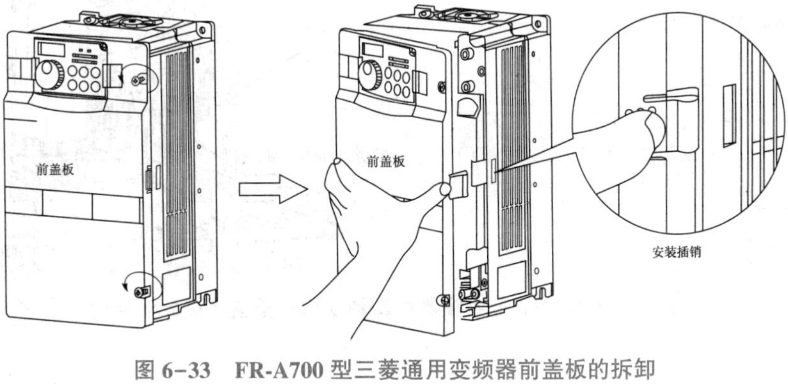

图 6-33　FR-A700 型三菱通用变频器前盖板的拆卸

安装时先将表面护盖左侧的两处固定卡爪插入机体的接口，再以固定卡爪部分为支点将表面护盖压进机体（也可以带操作面板安装，但要注意接口完全连接好）。最后拧紧安装螺钉，如图6-34所示。

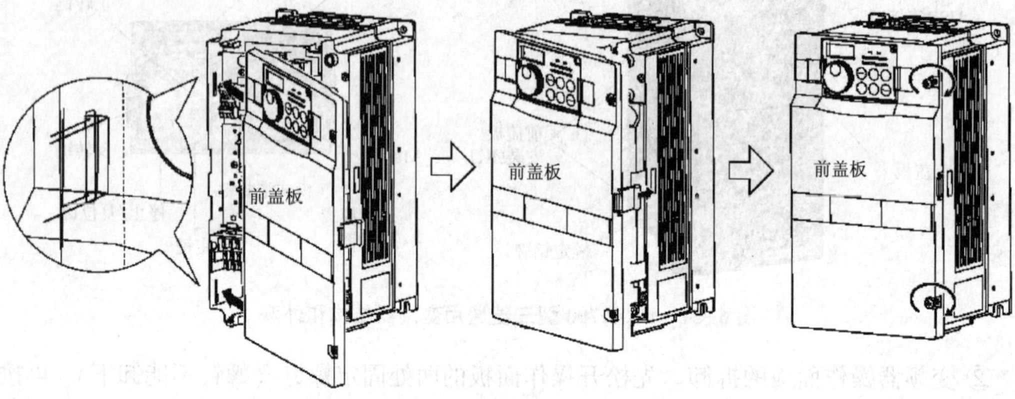

图6-34 FR-A700型三菱通用变频器前盖板的安装

（3）变频器接线端子。认真观察变频器的各接线端子，并了解各端子的名称和功能。变频器拆卸辅助板和前盖板以后，外观结构如图6-35所示。主回路端子的排列与接线如图6-36所示。控制回路端子的端子排列如图6-37所示。主回路端子功能说明如表6-3所示，控制回路输入端子说明如表6-4所示，控制回路输出端子说明如表6-5所示。

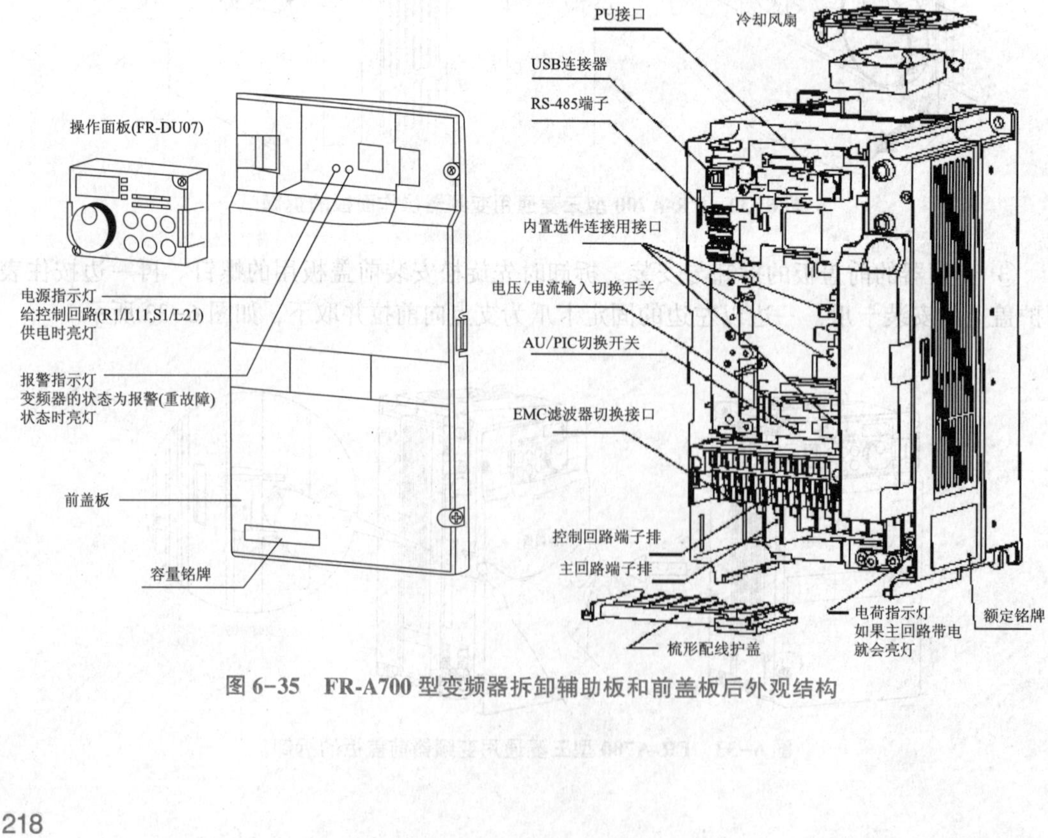

图6-35 FR-A700型变频器拆卸辅助板和前盖板后外观结构

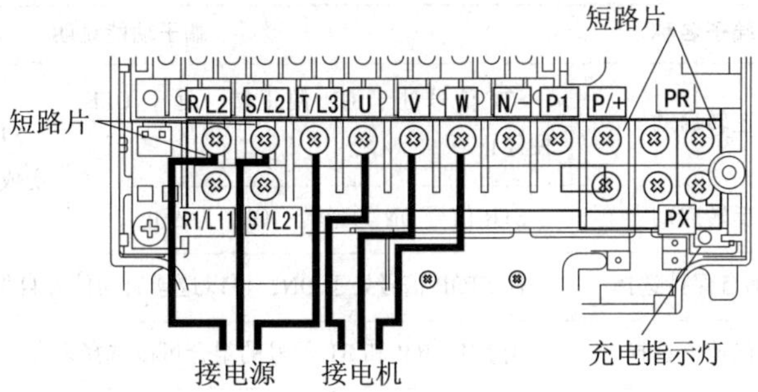

图 6-36　FR-A700 型主回路端子的端子排列与接线

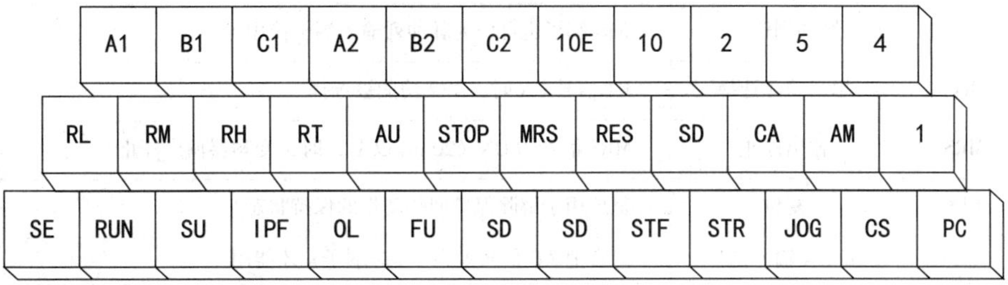

图 6-37　FR-A700 型控制回路端子的端子排列

表 6-3　主回路端子功能

端子记号	端子名称	端子功能说明
R/L1, S/L2, T/L3	交流电源输入	连接工频电源
U, V, W	变频器输出	接三相笼型电机
R1/L11, S1/L21	控制回路用电源	与交流电源端子 R/L1、S/L2 相连
P/+, PR	制动电阻器连接（22 kΩ 以下）	拆下端子 PR-PX 间的短路片（7.5 kΩ 以下），连接在端子 P/+-PR 间作为任选件的制动电阻器（FR-ABR）
P/+, N/-	连接制动单元	连接制动单元（FR-BU、BU、MT-BU5），共直流母线变流器（FR-CV）电源再生转换器（MT-RC）及高功率因数变流器（FR-HC、MT-HC）
P/+, P1	连接改善功率因数直流电抗器	对于 55 kΩ 以下的产品应拆下端子 P/+-P1 间的短路片，连接上直流电抗器
PR, PX	内置制动器回路连接	端子 PX-PR 间连接有短路片（初始状态）的状态下，内置的制动器回路为有效
⏚	接地	变频器外壳接地用。必须接大地

表 6-4　控制回路输入端子功能

<table>
<tr><th>种类</th><th>端子记号</th><th>端子名称</th><th colspan="2">端子功能说明</th></tr>
<tr><td rowspan="16">接点输入</td><td>STF</td><td>正转启动</td><td>STF 信号处于 ON 便正转，处于 OFF 便停止</td><td rowspan="2">STF、STR 信号同时 ON 时变成停止指令</td></tr>
<tr><td>STR</td><td>反转启动</td><td>STR 信号 ON 为逆转，OFF 为停止</td></tr>
<tr><td>STOP</td><td>启动自保持选择</td><td colspan="2">使 STOP 信号处于 ON，可以选择启动信号自保持</td></tr>
<tr><td>RH、RM、RL</td><td>多段速度选择</td><td colspan="2">用 RH、RM 和 RL 信号的组合可以选择多段速度</td></tr>
<tr><td rowspan="2">JOG</td><td>点动模式选择</td><td colspan="2">JOG 信号 ON 时选择点动运行（初期设定），用启动信号（STF 和 STR）可以点动运行</td></tr>
<tr><td>脉冲列输入</td><td colspan="2">JOG 端子也可作为脉冲列输入端子使用</td></tr>
<tr><td>RT</td><td>第 2 功能选择</td><td colspan="2">RT 信号 ON 时，第 2 功能被选择</td></tr>
<tr><td>MRS</td><td>输出停止</td><td colspan="2">MRS 信号为 ON（20 ms 以上）时，变频器输出停止</td></tr>
<tr><td>RES</td><td>复位</td><td colspan="2">复位用于解除保护回路动作的保持状态</td></tr>
<tr><td rowspan="2">AU</td><td>端子 4 输入选择</td><td colspan="2">只有把 AU 信号置为 ON 时端子 4 才能用</td></tr>
<tr><td>PTC 输入</td><td colspan="2">AU 端子也可以作为 PTC 输入端子使用（保护电机的温度）</td></tr>
<tr><td>CS</td><td>瞬停再启动选择</td><td colspan="2">CS 信号预先处于 ON，瞬时停电再恢复时变频器便可自动启动。但用这种运行必须设定有关参数，因为出厂设定为不能再启动</td></tr>
<tr><td>SD</td><td>公共输入端子（漏型）</td><td colspan="2">接点输入端子（漏型）的公共端子</td></tr>
<tr><td>PC</td><td>外部晶体管输出公共端，直流 24 V 电源接点输入公共端（源型）</td><td colspan="2">漏型时当连接晶体管输出（即电极开路输出）</td></tr>
<tr><td rowspan="7">频率设定</td><td>10E</td><td rowspan="2">频率设定（用电源）</td><td colspan="2" rowspan="2">按出厂状态连接频率设定电位器时，与端子 10 连接
当连接到 10E 时，应改变端子 2 的输入规格</td></tr>
<tr><td>10</td></tr>
<tr><td>2</td><td>频率设定（电压）</td><td colspan="2">输入 0~5 VDC（或 0~10 V、4~20 mA）时，在 5 V（10 V、20 mA）时为最大输出频率，输入与输出成比例变化</td></tr>
<tr><td>4</td><td>频率设定（电流）</td><td colspan="2">如果输入 4~20 mADC（或 0~5 V、0~10 V），当 20 mA 时为最大输出频率，输出频率与输入成正比</td></tr>
<tr><td>1</td><td>辅助频率设定</td><td colspan="2">输入 0~±5DC 或 DC 0~±10 V 时，端子 2 或 4 的频率设定信号与这个信号相加，用参数单元 Pr. 73 进行输入 0~±5 V DC 或 0~±10 VDC（出厂设定）的切换</td></tr>
<tr><td>5</td><td>频率设定公共端</td><td colspan="2">频率设定信号（端子 2、1 或 4）和模拟输出端子 CA、AM 的公共端子，请不要接大地</td></tr>
</table>

表 6-5　控制回路输出端子功能

<table>
<tr><th>种类</th><th>端子记号</th><th>端子名称</th><th colspan="2">端子功能说明</th></tr>
<tr><td>接点</td><td>A1、B1、C1</td><td>继电器输出 1
（异常输出）</td><td colspan="2">指示变频器因保护功能动作时输出停止的转换接点
故障时：B-C 间不导通（A-C 间导通）；正常时：B-C 间导通（A-C 间不导通）</td></tr>
<tr><td rowspan="6">集电极开路</td><td>RUN</td><td>变频器正在运行</td><td colspan="2">变频器输出频率为启动频率（初始值 0.5 Hz）以上时为低电平，正在停止或正在直流制动时为高电平</td></tr>
<tr><td>SU</td><td>频率到达</td><td>输出频率达到设定频率的±10%（出厂值）时为低电平，正在加/减速或停止时为高电平</td><td rowspan="4">报警代码（4 位）输出</td></tr>
<tr><td>OL</td><td>过负载报警</td><td>当失速保护功能动作时为低电平，失速保护解除时为高电平</td></tr>
<tr><td>IPF</td><td>瞬时停电</td><td>瞬时停电，电压不足保护动作时为低电平</td></tr>
<tr><td>FU</td><td>频率检测</td><td>输出频率为任意设定的检测频率以上时为低电平，未达到时为高电平</td></tr>
<tr><td>SE</td><td>集电极开路
输出公共端</td><td colspan="2">端子 RUN、SU、OL、IPF、FU 的公共端子</td></tr>
<tr><td>脉冲数</td><td>CA</td><td>模拟电流输出</td><td rowspan="2">可以从多种监视项目中选一种作为输出
输出信号与监视项目的大小成比例</td><td rowspan="2">输出项目：
输出频率
（出厂值设定）</td></tr>
<tr><td>模拟</td><td>AM</td><td>模拟信号输出</td></tr>
</table>

4. 实训总结与分析

（1）拆卸和安装变频器前盖板和辅助板时要注意不能损坏变频器。

（2）正确使用常用的电工工具。

（3）掌握通用变频器的基本结构及功用。

实训 6.2　三相异步电动机开环变频调速系统实训

1. 实训目的

（1）了解变频器控制面板的控制功能及调节方法。

（2）了解变频器的操作方法及显示特点。

（3）熟练掌握变频器运行方式的切换和参数的预置方法。

2. 实训设备及器件

（1）变频器（三相，容量大小与电机相匹配）：1 台。

（2）低压断路器：1 个。

（3）交流接触器（三相，线圈电压为 220 V，容量大小与电机相匹配）：1 个。

（4）三相异步电动机及测速器：1 套。

（5）热继电器（容量大小与电机相匹配）：1 个。

3. 实验内容

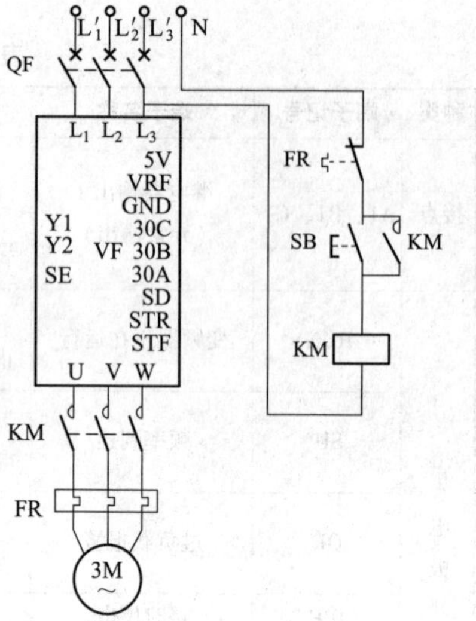

图 6-38　三相异步电动机开环变频调速系统

按图 6-38 所示接线，合上 QF，使变频器通电，完成以下内容。

（1）熟悉变频器的面板操作。

① 熟悉面板。仔细阅读变频器的面板介绍。掌握在监视模式下（MON 灯亮）显示 Hz、A、V 的方法以及变频器的运行方式、PU 运行（PU 灯亮）、外部运行（EXT 灯亮）、组合运行（PU、EXT 灯同时亮）之间的切换方法及 FWD 为电机正转（FWD 灯亮）、REV 为电机反转（REV 灯亮）。

② 全部清除操作。为了实验能顺利进行，在每次实验前要进行一次“全部清除”的操作，设置步骤如下。

a. 按动 MODE 键至参数给定模式，此时显示 P..。

b. 旋转 M 旋钮，使功能码为 ALLC。

c. 按下 SET 键，读出原数据。

d. 按动旋转 M 旋钮更改，使数据改为 1。

e. 按下 SET 键写入给定值。

说明：此时 ALLC 和 1 之间交替闪烁，说明参数清除成功。

按 SET 键再次显示设定值。

按 2 次 SET 键显示下一个参数。

f. 参数清除成功，即恢复出厂设置。

③ 参数预置。变频器在运行前，通常要根据负载和用户的要求，给变频器预置一些参数，如上/下限频率及加/减速时间等。

例如，将频率指令上限预置为 50 Hz。

查使用手册得：上限频率的功能码为 Pr. 1，设置步骤如下。

a. 按动 MODE 键至参数给定模式，此时显示 P..。

b. 旋转 M 旋钮，使功能码为 Pr. 1。

c. 按下 SET 键，读出原数据。

d. 旋转 M 旋钮，使数据改为 50. 00。

e. 按下 SET 键写入给定值，上限频率设置成功。

按以上方法，如果在显示器交替显示功能码 Pr. 1 和参数 50. 00 即表示参数预置成功（即已将上限频率指令预置为 50 Hz）；否则预置失败，须重新预置。参见使用手册查出下列有关的功能码，预置下列参数：

下限频率为 Pr. 2=5 Hz。

加速时间为 Pr. 7=10 s。

减速时间为 Pr. 8=10 s。

④ 给定频率的修改。

例如，将给定频率修改为 40 Hz。

a. 按动 MODE 键至频率设定模式，此时显示 0. 00。

b. 旋转 M 旋钮，使频率给定 40 Hz。

c. 按下 SET 键写入给定值，给定频率修改成功。

（2）变频器的运行。按下 SB 钮，KM 线圈得电，电动机可以得到变频器的输出电压。

① 试运行。变频器在正式投入运行前应试运行。试运行可选择运行频率为 25 Hz 点动运行，有 PU 和外部两种运行模式。此时电动机应旋转平稳，无不正常的振动和噪声，能够平滑地增速和减速。

PU 点动运行：

a. 按动 MODE 键至参数设定模式，此时显示 P.. 。

b. 旋转 M 旋钮，使功能码为 Pr. 15（点动频率的设置）。

c. 按 SET 键读出原数据，旋转 M 旋钮至 25. 00。（注意：Pr. 15“点动频率”的设定值一定要在 Pr. 13“启动频率”的设定值之上）。

d. 按 SET 键写入给定值。

e. 按动 2 次 SET 键显示下一个参数 Pr. 16（点动运行时的加/减速时间设定），也可以按动 MODE 键至参数设定模式，然后旋转 M 旋钮至功能码 Pr. 16。

f. 按动 SET 键读出原数据。

g. 旋转 M 旋钮，设定点动运行时的加、减速时间（时间设定值根据工业控制中实际需要设定；设定值偏大有利于电机的平稳启动和停止，便于观察，及时地发现存在的问题和不足）。

h. 按 SET 键写入给定值。

i. 按动 PU/EXT 键至 PU 点动运行模式，此时 PU 灯亮，显示“JOG”。

j. 按住 REV 或 FWD 键电动机旋转，松开则电机停转。PU 点动试运行成功。

② 变频器的 PU 运行。就是利用变频器的面板直接输入给定频率和启动信号。

a. 按 MODE 键设置为参数的设定模式 P.. 。

b. 旋转 M 旋钮预置基准频率 Pr. 3 为 50 Hz，按 SET 键确定。

c. 旋转 M 旋钮至 Pr. 79 设定值为 0，选择 PU、PU/外部切换模式。

d. 按 MODE 键返回频率设定或监控界面 0. 00，在 PU 模式下旋转 M 旋钮调节需要设定的频率，如 30 Hz，按下 SET 键写入给定值。

e. 按下 FWD（或 REV）键。电动机启动。用测速器测出相关数值，并将数值填入表 6-6 中。

f. 调节 M 旋钮，按表 6-6 中的值改变频率。测出各相应转速及电压值，并将结果填入表 6-6 中。

表 6-6　各相应转速及电压值

频率/Hz	50	40	30	20	10	5
转速/（$r \cdot min^{-1}$）						
输出电压/V						

4. 实训总结与分析

（1）记录操作面板的基本使用方法。

（2）记录变频器常用参数及设定值。

实训6.3　变频器的控制模式

1. 实训目的

（1）了解外部运行的方法，通过外部控制端子来控制电机的运转、调速。

（2）了解外部运行与PU运行的区别。

（3）掌握由控制端子和操作面板给出启动信号，来控制电机的运转和调速。

（4）通过组合运行模式的学习，举一反三掌握其他控制端子的作用。

2. 实训设备及器件

（1）变频器（三相，容量大小与电机相匹配）：1台。

（2）低压断路器：1个。

（3）交流接触器（三相，线圈电压为220 V，容量大小与电机相匹配）：1个。

（4）三相异步电动机及测速器：1套。

（5）热继电器（容量大小与电机相匹配）：1个。

3. 实验内容

外部运行：是指给定频率及启动信号都是通过变频器控制端子的外接线来完成，而不是用变频器的操作面板输入的。

组合运行：是指给定频率和启动信号分别由操作面板和外接线给出。其特征就是PU灯和EXT灯同时发亮，通过预置Pr. 79的值，可以选择组合运行模式，可分为组合运行模式1和组合运行模式2。

电位器外部接线图如图6-39所示。

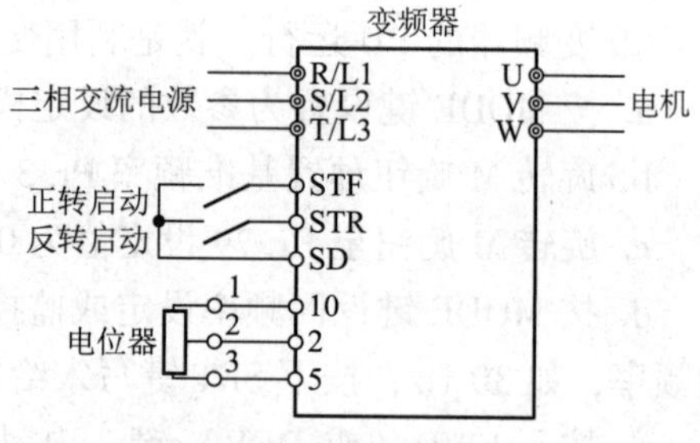

图6-39　电位器外部接线图

使变频器通电，完成以下操作。

（1）外部运行模式。

① 按动MODE键至参数设定模式，旋转M旋钮至Pr. 79。

② 按动SET键使参数设置为2，选择外部运行固定模式，EXT灯亮。

③ 将启动开关STF（或STR）处于ON，电机运转（如果STF和STR同时都处于ON，电动机将停止运转）。

④ 加速→恒速。将频率给定电位器慢慢旋大，显示频率数值从0慢慢增加至50 Hz。

⑤ 减速。将频率给定电位器慢慢旋小，显示频率数值回至0 Hz，电动机停止运行。

⑥ 反复重复③和④步。观察调节电位器的速度与加、减速时间有无关系。

⑦ 使变频器停止输出，只需将启动开关STF（或STR）置于OFF。

（2）组合运行模式1。

① 当组合运行Pr. 79=3时，选择组合运行模式1，其含义为：启动信号由外接线给定，给定频率由操作面板给出。

② 按动MODE键至参数设定模式，预置Pr. 79=3，PU、EXT同时灯亮。

③ 将启动开关 STF（或 STR）处于 ON，电机运转。
④ 给定频率由 M 旋钮来预置，预置值为 50 Hz。
⑤ 按表 6-7 给定的频率值来改变给定频率并且记录 U 的值填入表 6-7 中。

表 6-7　f、U 记录值

频率/Hz	50	40	30	20	10	5
输出电压/V						

⑥ 作出 U/f 曲线。
⑦ 比较此次的 U/f 与实训 2 中的 U/f 曲线的差别。
⑧ 拨动启动开关 STF（或 STR）至 OFF，电机停止运转。
（3）组合运行模式 2。
当 Pr. 79 = 4 时，选择组合运行模式 2，其含义为：启动信号由操作面板的 FWD（或 REV）给出，而给定频率由外接电位器给出。
① 预置 Pr. 79 = 4 时选择组合运行模式 2。
② 预置 Pr. 125 = 50（电位器旋至最大时，对应的给定频率为 50 Hz）。
③ 按动面板上的 FWD（或 REV），电机运转。
④ 加、减速：将电位器旋动从小→大，观察变频器的变化。
⑤ 将频率顺序调至 45 Hz、35 Hz、25 Hz、15 Hz、5 Hz，记录相对应的电压值。
⑥ 作出 U/f 曲线。
⑦ 按下 STOP/RESET 键，电机停止运转。
（4）各种运行模式的混合使用。
① 预置上限频率为 Pr. 1 = 30 Hz。
② 预置加、减速时间 Pr. 7 = 10 s、Pr. 8 = 10 s。
③ 分别用 PU、外部、组合等 3 种运行模式，使变频器运行在 30 Hz 的频率下。
④ 记录使用以上两种运行模式的操作步骤。

4. 实训总结与分析

（1）试总结 PU、外部、组合运行的共同点与不同点。
（2）分析本次测得的 U/f 曲线和实验 2 测得的 U/f 曲线的差别。
（3）如果 5 V 时的电位器最大频率为 50 Hz，如何修改电位器的最大值或最小值？如果 20 mA 时电位器最大频率为 50 Hz，如何修改电位器的最大值或最小值？

实训 6.4　变频器常用参数的功能验证

1. 实训目的

（1）验证各种常见的功能，掌握各种参数之间的配合和使用技巧。
（2）了解多功能端子的含义和使用。
（3）了解多挡转速的操作步骤，掌握多挡转速的控制方法。

2. 实训设备及器件

（1）变频器（三相，容量大小与电机相匹配）：1台。

（2）低压断路器：1个。

（3）交流接触器（三相，线圈电压为220 V，容量大小与电机相匹配）：1个。

（4）三相异步电动机及测速器：1套。

（5）热继电器（容量大小与电机相匹配）：1个。

3. 实验内容

（1）常见频率参数的功能验证。

① 启动频率。只有给定频率达到启动频率时，变频器才有输出电压。

预置启动频率为：Pr. 10 = 10 Hz。

在PU运行模式下分别预置给定频率为20 Hz和8 Hz。参考实训6.2中，PU运行的步骤。观察有何实验现象。

② 点动频率。出厂时点动频率的给定值是5 Hz，如果想改变此值可通过预置Pr. 15（点动频率）、Pr. 16（点动频率加，减速时间）两参数完成。如设置：

Pr. 15 = 20 Hz；Pr. 16 = 10 s

在PU运行模式下观察频率和电压值。（参考实训6.2中，PU点动运行的步骤）。

③ 跳跃频率。三菱变频器通过Pr. 31～Pr. 32、Pr. 33～Pr. 34、Pr. 35～Pr. 36给定了3个跳变区域，如果预置Pr. 31 = 15 Hz、Pr. 32 = 20 Hz，当给定频率在15～20 Hz时，变频器的输出频率固定在15 Hz运行，操作步骤如下。

a. 在PU运行模式下，按动MODE键至参数设定模式P。

b. 旋转M旋钮预置Pr. 31 = 15 Hz，Pr. 32 = 20 Hz。

c. 按动REV（或FWD）使电动机运行，按动MODE键显示变频器的输出频率。

e. 改变给定频率。观察显示频率的变化规律。

f. 预置Pr. 33 = 25 Hz、Pr. 34 = 30 Hz、Pr. 35 = 35 Hz、Pr. 36 = 40 Hz，按照b～f的步骤操作，观察频率的变化。

（2）多挡转速运行。

用参数预置多挡运行速度（Pr. 4～Pr. 6，Pr. 24～Pr. 27，Pr. 232～Pr. 239），用变频器控制端子进行切换。多挡速度控制只在外部运行模式或组合运行模式（Pr. 79 = 3或4）时有效。

三菱变频器可通过接通、关断控制端子RH、RM、RL、REX选择多段速度，各开关状态与各速度的关系如图6-40和图6-41（多挡转速控制图）所示。其中REX在三菱变频器的控制端子中并不存在，根据三菱多功能端子的选择方法，可用Pr. 178～Pr. 189来定义任一控制端子为REX。

① 多功能端子的定义。

由使用手册中可查得端子功能选择可知，如果将RT端子定义为REX端子，可设Pr. 183 = 8。

② 如果不使用REX，通过RH、RM、RL的通断最多可选择7段速度。

速度1：Pr. 4 = 50 Hz　　速度2：Pr. 5 = 30 Hz　　速度3：Pr. 6 = 10 Hz

速度4：Pr. 24 = 15 Hz　　速度5：Pr. 25 = 40 Hz　　速度6：Pr. 26 = 35 Hz

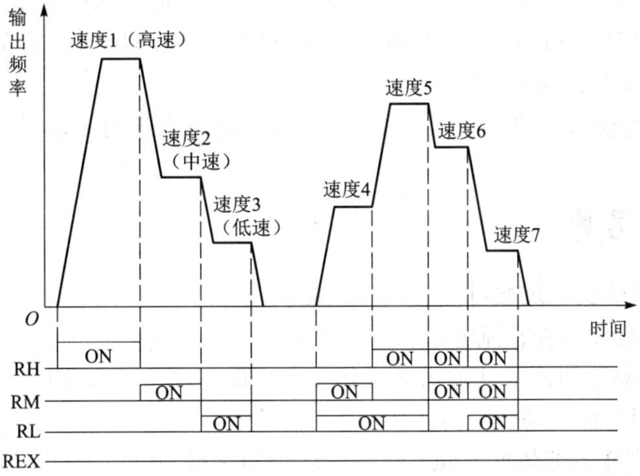

图 6-40　7 挡多挡转速控制

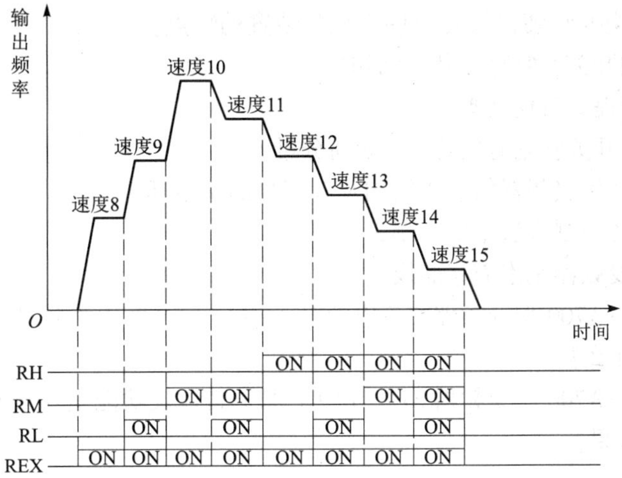

图 6-41　15 挡多挡转速控制

速度 7：Pr. 27 = 8 Hz

在外部运行模式或组合运行模式下，台上为 RH 开关，电动机按速度 1 运行。按图 6-40所示的曲线，同时合上 RH、RL 开关，电动机按速度 5 运行等。

③ 如果选用 REX，配合 RH、RM、RL 的通断，最多可选择 15 段速度。

a. 预置速度 8 ~ 15 的各段速度参数，设置 Pr. 232 ~ Pr. 239 的参数分别为 26、38、48、44、40、34、28、22、18。

b. 按图 6-41 所示的曲线合上相应的开关，则电机即可按相应的速度运行。

④ 变参数的运行。

a. 如果选择 JOG 端子作为 REX. 预置 Pr. 185 = 8，则重做上述实验。

b. 自行重新设置速度 1 ~ 15 的数值，则重做上述实验。

4. 实训总结与分析

(1) 如果给定频率的值小于启动频率，变频器如何输出？

（2）如果给定频率的值大于上限频率的值，变频器的输出频率为多少？

（3）Pr. 33 = 30 Hz、Pr. 34 = 35 Hz 和 Pr. 33 = 35 Hz、Pr. 34 = 30 Hz 这两种预置跳跃频率的方法，在运行结果上有何不同？

（4）在 PU 运行模式下预置给定频率为 50 Hz，此时再进行多段转速控制该如何操作？50 Hz 是否起作用？

习题和思考题

习题：变频电路

6-1　变频电路的变频过程可分为哪两大类？

6-2　交-交变频和可控整流电路有哪些异同？

6-3　交-交变频如何改变其输出电压和频率？最高输出频率受什么限制？交-交变频适用于什么场合？为什么？

6-4　交-直-交变频器依据不同的控制方法分为 3 种方式，简述这 3 种方式如何调压、调频？

6-5　交-直-交变频器依据中间环节的不同可以分为哪两类？

6-6　比较交-交变频装置与交-直-交变频装置的特点。

6-7　什么是硬开关？它存在什么问题？

6-8　开关频率提高有何利弊？

6-9　什么是软开关？它有何优点？如何分类？

6-10　简述调速用变频器的基本结构及各部分的基本功能。

6-11　变频器的控制方法主要有哪 3 种？

6-12　请绘制变频器基本 U/f 曲线。

6-13　三菱 FR-A700 型变频器交流电源输入端 R、S、T 与变频器输出端 U、V、W 的接线能否交换？为什么？

6-14　三菱 FR-A700 型变频器 STF 与 STR 端子名称及功能是什么？STF、STR 信号同时 ON 会产生什么效果？

单元 7

电力电子技术应用

学习目标：

了解电力电子技术在新能源汽车、半导体照明、光伏发电及风力发电等领域的应用。

随着电力电子技术的发展，电力电子装置应用领域不断扩大。前面各章都已介绍了一些应用及小型电力电子装置实例。本章再介绍一些电力电子技术在新兴领域中的应用。

7.1 混合动力电动汽车

7.1.1 混合动力电动汽车发展现状

当前世界汽车产业正处于技术革命和产业大调整的发展时期，安全、环保、节能和智能化成为汽车界共同关心的重大课题。为了使人类社会和汽车工业持续发展，世界各国尤其是发达国家和部分发展中国家都在研究各种新技术来改善汽车和环境的协调性。

电动汽车作为21世纪汽车工业改造和发展的主要方向，目前早已从实验室开发试验阶段走向大规模市场推广阶段。世界上许多知名汽车厂家也都推出了具有高科技水平的安全环保型概念车，目的是为了引领世界汽车技术的潮流。

混合动力电动汽车同时采用了电动机和发动机作为其动力装置，通过先进的控制系统使两种动力装置有机协调配合，实现最佳能量分配，达到低能耗、低污染和高度自动化的新型汽车。自1995年以来，世界各大汽车生产商已将研究的重点转向了混合动力电动汽车的研究和开发，日本、美国和德国的大型汽车公司均开发了包括轿车、面包车、货车在内的混合动力电动汽车。

以作为混合动力电动汽车研发前沿的丰田汽车公司为例，所开发的混合动力电动汽车已达到实用化水平，自1997年所推出的世界上第一款批量生产的混合动力电动汽车Prius开始，其后又在2002年推出了混合动力面包车，该车混合动力系统采用了首次批量生产的电动四轮驱动及四轮驱动力/制动力综合控制系统。2003年，丰田又推出了新一代Prius，也被称为“新时代丰田混合动力系统-THS Ⅱ”，图7-1所示为其节能效果可达到100 km油耗不足3 L。从2004年开始，丰田公司向欧洲市场推出了一款新的Lexus RX型豪华混合动力轿车。丰田公司分别在2009年和2015年推出第三代和第四代丰田Prius，最低百公里油耗2.2 L。

图 7-1　丰田新一代混合动力电动汽车 Prius THS Ⅱ

7.1.2　丰田的 Prius 系列的混合动力系统

丰田 Prius 系列混合动力系统采用的混联工作方式，也称串并联式，它可以最大限度地发挥串联式与并联式的各自优点。工作时，利用动力分配器分配发动机的动力：一方面直接驱动车轮；另一方面自主地控制发电。由于要利用电能驱动电动机，所以与并联式相比，电动机的使用比率增大了，如图 7-2 所示。

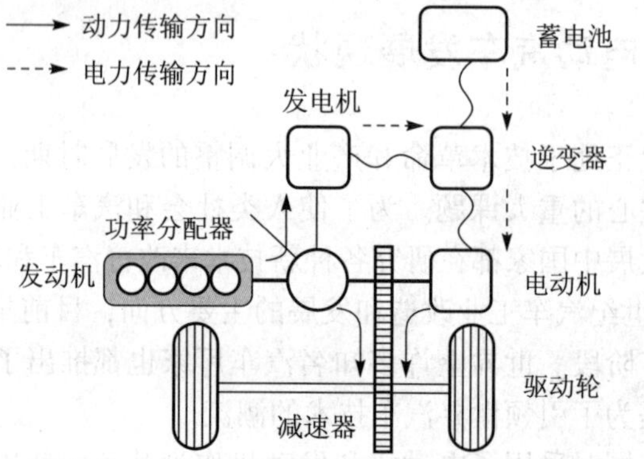

图 7-2　混联工作方式

7.1.3　电气系统结构及各部分电力电子装置

丰田新一代混合动力系统 THS Ⅱ 的整车电气驱动系统如图 7-3 所示。它主要由采用 AtkinSon 循环的高效发动机、永磁交流同步电动机、发电机、动力分配装置、高性能镍金属氢化物（NI-MH）电池、控制管理单元以及各相关逆变器和 DC-DC 变换器等部件组成。

高压电源电路、各种逆变器和 14 V 蓄电池用辅助 DC-DC 变换器组成了功率控制单元，该单元集成了 DSP 控制器、驱动和保护电路、直流稳压电容、半导体、绝缘体、传感器、液体冷却回路以及和汽车通信的 CAN 总线接口。

下面主要介绍功率控制单元的结构组成和主要作用。

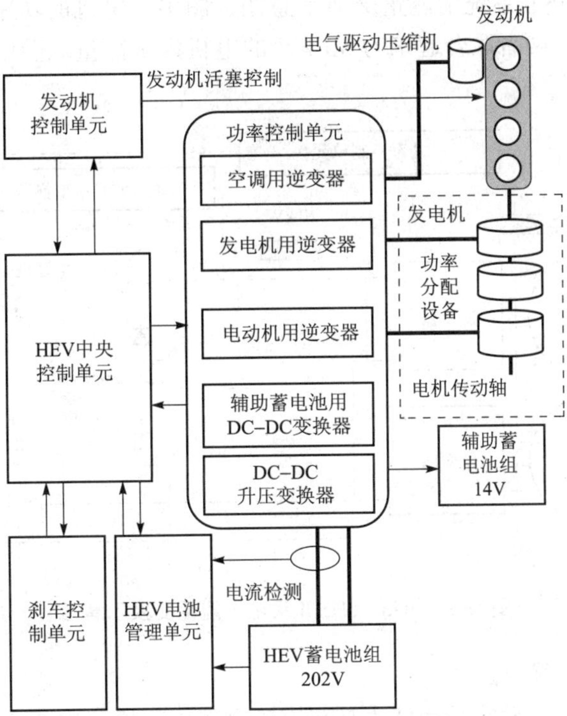

图 7–3　Prius THS Ⅱ 整车电气系统结构

1. 电动机/发电机用逆变器单元

在 Prius THS Ⅱ 主驱动系统中，电动机和发电机所用三相电压型逆变器（功率分别为 50 kW和 30 kW）被集成在一个模块上，逆变器的电气结构如图 7–4 所示，直流母线最大供电电压被设定为 500 V。功率器件选用带有反并联续流二极管的商用 IGBT（850 V/200 A），该功率等级的 IGBT 具有足以承受最大 500 V 反压的能力，以及其他诸如雪崩击穿、瞬时短路的能力。

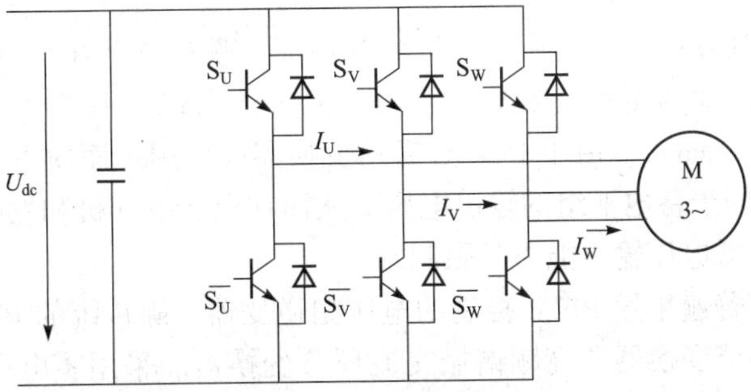

图 7–4　功率主回路示意图

电动机用逆变器的每个桥臂都是由并联有两个 IGBT 模块和二极管模块组成，而发电机用逆变器的每个桥臂只包含有一个 IGBT 模块和二极管模块。每个 IGBT 芯片的面积为 133 mm^2（13. 7 mm×9. 7 mm），并且发射极使用了 5 μm 厚的铝膜；而每个二极管芯片的面积为 90 mm^2（8. 2 mm×11 mm）。

图 7-5 所示为 THSⅡ系统中能量交换示意图，图中发电机的功率为 30 kW，蓄电池组的瞬时功率为 20 kW，两者联合起来为 50 kW 的电机提供能量。图中升压变换器的容量也被设计为 20 kW。

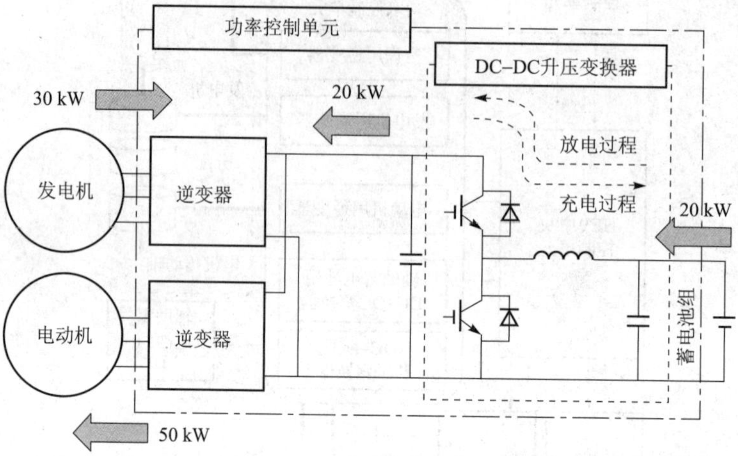

图 7-5　Prius THSⅡ系统中能量交换示意图

这种系统具有以下优点。

（1）由于电机的最大输出功率能力是与直流母线电压成正比的，因此与原 THS 系统相比，在不增加驱动电流的情况下，THSⅡ系统中电机在 500 V 供电时，其最大输出功率及转矩的输出能力是原 THS 系统的 2.5 倍。此外，相同体积的电机，还能够输出更高的功率。

（2）由于使用了直流母线供电电压可变系统，因此 THSⅡ可以根据电动机和发电机的实际需要，自由调节直流母线供电电压，从而选择最优的供电电压，达到减少逆变器开关损耗以及电动机铜损的节能目的。

（3）对于供电电压一定的蓄电池组来说，由于可以通过调整升压变压器的输出电压的方式，来满足电动机和发电机的实际需要，因此从某种程度上讲，可以减少蓄电池的使用数量，降低整车质量。

图 7-5 所示的 DC-DC 升压变换器，每个支路都并联有两个 IGBT 模块和续流二极管模块，其中每个 IGBT 芯片的面积为 225 mm^2（15 mm×15 mm），每个续流二极管芯片的面积为 117 mm^2（13 mm×9 mm）。由于 DC-DC 升压变换器的作用，而使主电容器上的系统电压（System Voltage）不同于蓄电池组的输出电压，从而在保证电动机和发电机高电压工作的同时，而不受蓄电池组低电压输出能力的限制。

目前，电动汽车普遍采用 PWM 控制的电压型逆变器。除传统的 PWM 控制技术外，最近出现了谐振直流环节变换器和高频谐振交流环节变换器。采用零电压或零电流开关技术的谐振式变换器具有开关损耗小、电磁干扰小、低噪声、高功率密度和高可靠性等优点，引起研究人员广泛的兴趣。

2. DC-DC 升压变换器单元

在 THS 中，蓄电池组通过逆变器直接与电机和发电机相连；而在 THSⅡ中，蓄电池组输出的电压首先通过 DC-DC 升压变换器进行升压操作，然后再与逆变器相连，因此逆变器的直流母线电压从原 THS 的 202 V 提升为现在的 500 V。

3. DC-DC 降压变换器单元

通常汽车中各种用电设备由 14 V 蓄电池组供电（额定电压为 12 V），Prius 也选用了 14 V蓄电池组作为诸如控制计算机、车灯、制动器等车载电气设备的供电电源，而对该蓄电池的充电工作则由直流 202 V 通过一个 DC-DC 降压变换器来完成，变换器的容量为 1.4 kW（100 A/14 V），功率器件选用压控型商用 MOSFET（500 V/20 A），每个 MOSFET 芯片的面积为 49 mm^2（7 mm×7 mm）。

7.1.4 混合动力电动汽车对电力电子技术的要求

受实际运用条件的限制，要求混合动力电动汽车用电力电子技术及装置时应具有成本低、体积小、比功率大、易于安装的特点。此外，下面的技术细节需进行重点考虑。

（1）电力电子装置密封问题。各种车用电力电子装置必须要进行有效的密封，以耐受温度和振动的影响，并能防止各种汽车液体的侵入。

（2）电磁兼容/电磁干扰（EMC/EMI）问题。混合动力电动汽车是一个相对狭小的空间，里面包含有各种控制芯片和弱电回路，因此在进行车载电力电子装置设计时，为了消除将来的事故隐患，必须要很好地研究并解决 EMC/EMI 问题。

（3）直流母线电压利用问题。混合动力电动汽车储能系统的电压是可变的，电压的大小取决于汽车实际负载的大小、运行工况（电动还是发电）以及电机是否弱磁运行等，典型的母线电压波动范围是标称值的-30%～+25%。因此，如何在汽车工况频繁变化的情况下，充分利用直流母线电压，成了控制策略设计者所需要解决的问题。

（4）电力电子装置控制问题。“高开关频率”和“高采样率”目前被普遍应用于混合动力电动汽车的电力电子装置和交流传动系统中，客观上“双高”需要高精度的编码器和解算器，因此这就意味着在电机中出现宽的温度梯度和饱和状态时，如何降低参数敏感度，以满足控制的要求。

随着电力电子技术、微电子技术和控制技术的发展，数字化交流驱动系统在商业化电动汽车中得到广泛应用；而开发研制采用交流电机驱动系统的混合动力电动汽车，已经成为汽车工业可持续发展的重要途径之一。

随着人类对生存环境要求的提高、合理利用能源意识的增强，作为一种污染小和高效率的现代化交通工具，混合动力电动汽车将得到全面的发展和应用。

7.1.5 充电设备

随着我国新能源汽车，特别是纯电动汽车的迅速发展，电动汽车充电站及其配套充电设备必将处于新能源交通领域的前沿位置。

1. 电动汽车充电机的分类

电动汽车充电机是一种专为电动汽车的车用电池充电的设备，按安装方式不同可分为车载式和非车载式两种，分别采用相应的充电方式完成对车载蓄电池的充电。车载充电机是指安装在电动汽车内部的充电机；非车载充电机是指安装在电动汽车外，与交流电网连接，并为电动汽车动力电池提供直流电能的充电机。充电站安装的非车载充电机还需具备计量计费功能。一般情况下，充电机应至少能为铅酸蓄电池、铁锂离子蓄电池、镍-氢蓄电池 3 种动力蓄电池中的一种进行充电。

电动车充电桩根据电流种类不同，可分为交流充电桩和直流充电桩两种。交流充电桩是安装在电动车外，与交流电网连接，为电动车车载充电机提供交流电源的供电装置，同时具备计量计费功能。直流充电桩是固定安装在电动车外、与交流电网连接，为电动车动力电池提供小功率直流电源的供电装置。直流充电桩具有充电机功能，可以实时监视并控制被充电蓄电池的状态，同时，直流充电桩可以对充电电量进行计量。

2. 我国市场上常见的电动车充电机

（1）变压器降压式硅整流充电机（图 7-6）。电动车所用大容量牵引型铅酸蓄电池，与其配套的充电机大多采用硅整流充电机。硅整流充电机体积大、质量重，变压整流效率低，不易做到精确的电压、电流控制，比较笨重、低效，且保护措施少，致使在使用中，当输入电压偏低时，蓄电池充电不足；当输入电压偏高时，会造成蓄电池过充电。在电动自行车上已不再使用此种充电机，但是，货运电动三轮车仍使用这种充电机。它的优点是输入电流大，故障率低，蓄电池充满电后自停，不易损坏蓄电池。

（2）开关电源式充电机（图 7-7）。

开关电源式充电机以现代高频开关电源结构为主体，内置微电脑智能控制，能够实现快速、均衡、涓流浮充充电，充电速度快、精确可靠。该类型充电机内部采用国际先进的智能三段式充电技术，功能齐全，具有电量足、不过充、不欠充、不失水、延长蓄电池寿命的优点。但是，开关电源式充电机成本高，工作电流大，容易出现故障。

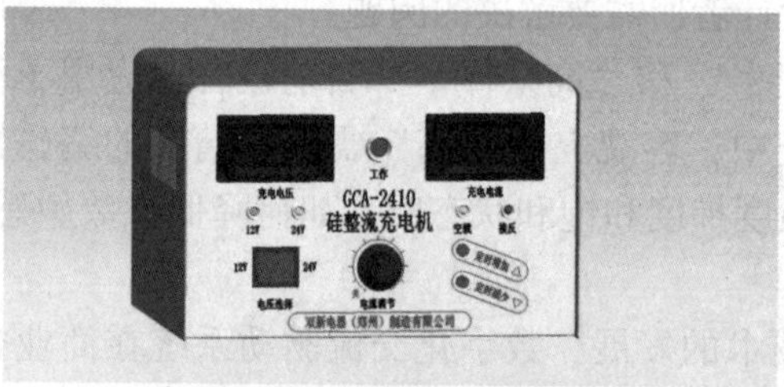

图 7-6　变压器降压式硅整流充电机

图 7-7　开关电源式充电机

（3）脉冲式充电机（图 7-8）。数控脉冲式充电机的独特之处是采用了微电脑芯片技术和交替正、负脉冲技术以及高频技术。采用微电脑芯片技术是为了及时采集蓄电池反馈的数据，并对数据进行分析，以进行充电状态的转换，保证了充电状态转换的准确性。采用正负脉冲技术是为了及时消除蓄电池的硫化及充电过程中的极化现象，通过停充和放电过程，让充电过程始终保持在较低极化状态下工作，因此，可以增大充电电流、缩短充电时间，通过及时消除极化，蓄电池在充电过程中的阻抗减小，蓄电池的充电接收能力大大增加，能保证蓄电池在较低的电压下充满电。采用高频技术是为了在充电和放电状态转换的瞬间产生快速的、陡峭的脉冲前后沿，极板上已经产生的硫酸铅结晶在陡峭的脉冲前后沿的冲击下，产生共振，使大的硫酸铅结晶变小，让极板活性物质得到及时恢复。因此，采用该模式进行充电能较好地解决充电过程中极板硫化和高电压电解水现象，也解决了蓄电池充电电流不能太大的局限，缩短了充电时间，有效延长了蓄电池使用寿命。脉冲式充电机不足之处是目前售价较高，因此还没有被大多数厂家采用。

图 7-8　脉冲式充电机

3. 充电站

（1）标准充电站的组成。一般而言，完整的电动车充电站包括直接充电设备、配电设备、管理辅助设备 3 个部分。充电机、电能监控系统、有源滤波装置、充电桩是充电站建设过程中用得最多且相对独立的电力设备，其中充电机、充电桩等直接充电设备是充电站的核心，一般占充电站成本的 50%左右。电动车充电站如图 7-9 所示。

图 7-9　电动车充电站

（2）充电站标准。与电动车充电设施相关的标准主要包括：充电接口及通信协议标准；充电站建设、运行标准；换电站建设标准；充电设施与电网协调方面的标准。

在国际市场，通用汽车、大众汽车、福特、戴姆勒、宝马、奥迪和保时捷等 7 家欧美汽车巨头已达成一致，同意在欧美共同建立电动车充电国际标准。

目前，我国新能源汽车已确定了以电动车为主攻方向，但是充电设施不统一，全国很多资源都出现了浪费现象。据悉，我国已在北京、上海等 25 个城市开展了电动车应用示范工作，出台了支持鼓励政策。2010 年 1 月，国家标准委员会发布了《电动车充电站的通用要求》。2015 年 12 月 28 日，国家质检总局、国家标准委联合国家能源局、工信部、科技部等部门，在北京发布新修订的电动汽车充电接口及通信协议 5 项国家标准，标准于 2016 年 1 月 1 日起实施。这 5 项标准为：《电动汽车传导充电系统第 1 部分：通用要求》（GB/T 18487. 1—

2015）、《电动汽车传导充电用连接装置第 1 部分：通用要求》（GB/T 20234. 1—2015）、《电动汽车传导充电用连接装置第 2 部分：交流充电接口》（GB/T 20234. 2—2015）、《电动汽车传导充电用连接装置第 3 部分：直流充电接口》（GB/T 20234. 3—2015）、《电动汽车非车载传导式充电机与电池管理系统之间的通信协议》（GB/T 27930—2015）。《电动汽车供电设备安全要求及试验规范》（GB/T 39752—2021）于 2021 年 3 月 9 日正式发布，于 2021 年 10 月 1 日实施。

（3）电动车快速充电站。电动车快速充电站是一种“加电”设备，是一种高效率的充电机，可以快速地给电动车等充电，国家电网建成的电动车充电桩即为快速充电站的一种，如图 7-10 所示。电动车快速充电站可以像汽车加油站一样，在沿街商店、超市、停车场、小区门卫、报刊亭旁等处设置。电动车快速充电站是一种类似于手机快速充电的设备，具有较好的去硫化效果，可对蓄电池首先激活，然后进行维护式快速充电，具有定时、充满自停、电脑语音、自动识别电压、自动识别极性、多重保护等功能，配套万能输出接口，可实现对所有电动车的快速充电。电动车快速充电站目前在市场上有投币式和刷卡式两种。

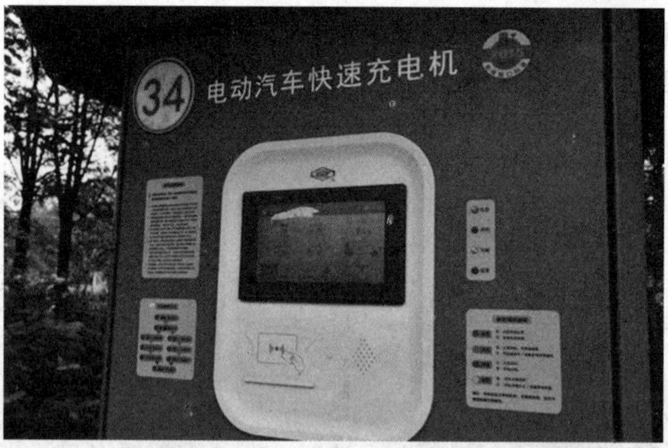

图 7-10　国家电网建成的电动车充电桩

公用超快充电站是纯电动车商业化的基础设施，只有将它完善到位，才能使其实现良好的商业化动作，反之则是它的短板，受其制约和影响，欧洲、美国电动车的商业实践充分说明了这点。另外，充电机与车载蓄电池的电缆插接器必须规范，形成蓄电池品种、电压分挡、功率大小等诸要素的一致；否则纯电动车与公用超快充电站无法对接。

7.2　半导体照明技术

随着经济的发展，LED（发光二极管）应用随需求而变得急剧增大，已经广泛地应用于电信、邮政、金融、交通等各个行业。

随着第三代半导体材料氮化镓的突破和蓝、绿、白光发光二极管的问世，继半导体技术引发微电子革命之后，又在孕育一场新的产业革命——照明革命，其标志是半导体灯将逐步替代白炽灯和荧光灯。半导体灯采用 LED 作为新光源，同样亮度下，耗电仅为普通白炽灯的 1/10，而寿命却可以延长 100 倍。由于半导体照明（也称固态照明）具有节能、长寿命、免维护、环保等优点，业内普遍认为，如同晶体管替代电子管一样，半导体灯替代传统的白炽灯和荧光灯也是大势所趋。目前，德国 Hella 公司利用白光 LED 开发了飞机阅读灯；澳大利亚首都堪培拉的一条街道已用了白光 LED 作路灯照明；我国的城市交通管理灯也正用白光 LED 取代早期的交通秩序指示灯。我国于 2003 年 6 月 17 日启动了“国家半导体照明工程”。科技部有关领导提出：要以 2008 年北京奥运会和 2010 年上海世博会为契机，推动半导体灯在城市景观照明中的应用。半导体照明包括普通照明和特种照明，考虑到性能价格比，宜先从特种照明做起。可以预见不久的将来，白光 LED 定会进入家庭取代现有的照明灯。

LED 光源与传统光源相比较，具有以下优点：超长寿命，可达几万小时，传统光源一般为几千小时；结构坚固，没有钨丝、玻壳等容易损坏的部件，具有极高的抗震性能；响应速度快，光通上升时间短；对点灯线路要求低，易实现调光和智能控制；耐开关冲击，适用于频繁开关场合；高效节能，现有光效已经超过白炽灯，理论光效可达 200 lm/W；不含汞、铅等有害物质，没有污染，绿色环保。

LED 的应用离不开它所需要的驱动控制电路，通过驱动电路来获得良好而平稳的电流，使 LED 显示更加均匀、漂亮，满足各种场合的应用要求。

LED 实际上是一个电流驱动的低电压单向导电器件，LED 驱动应具有直流控制、高效率、PWM 调光、过压保护、负载断开、小型尺寸及简便易用等特点。理想的 LED 驱动方式是采用恒压、恒流方式，但驱动器的成本会增加。其实每种驱动方式均有优、缺点，根据 LED 产品的要求、应用场合，合理选用 LED 驱动方式，设计驱动电源成为关键。以下介绍几种常用的 LED 驱动电路。

（1）电容降压电路。电容降压电路是一种常见的小电流电路，由于其具有体积小、成本低、电流相对恒定等优点，也常应用于 LED 驱动电路中。图 7-11 所示为采用电容降压的 LED 驱动电路，而大部分应用电路中没有连接压敏电阻或瞬变电压抑制二极管，因压敏电阻或瞬变电压抑制二极管能在电压突变瞬间（如雷电、大用电设备启动等）有效地将突变电流泄放，从而保护 LED 和其他晶体管。瞬变电压抑制器的响应时间一般为纳秒级。

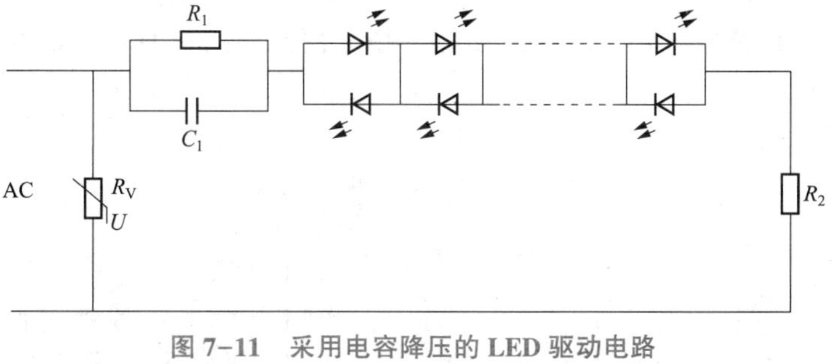

图 7-11　采用电容降压的 LED 驱动电路

在图 7-11 中，电容 C_1 的作用是降压和限流。电容的特性是通交流、隔直流。压敏电阻 R_V（或瞬变电压抑制二极管）的作用是将输入电源中瞬间的脉冲高压对地泄放掉，从而保护 LED 不被瞬间高压击穿。LED 串并联的数量视其正向导通电压及电流而定，在 220 V、50 Hz 的交流电路中，可以选择耐压为 400 V 以上的涤纶电容或纸介质电容。

（2）利用 PWM 控制的白光 LED 基本驱动电路。由开关变换器构成的 LED 基本驱动电路如图 7-12 所示，电路采用 PWM 信号控制白光 LED 的亮度。在图 7-12 中，如果对 EN

端子施加PWM控制信号，白光LED会以某种速度做ON/OFF模式运行，进而实现LED亮度的控制。此电路中VT_1的输出信号需经A/D转换器转换为数字信号，控制PWM电路。

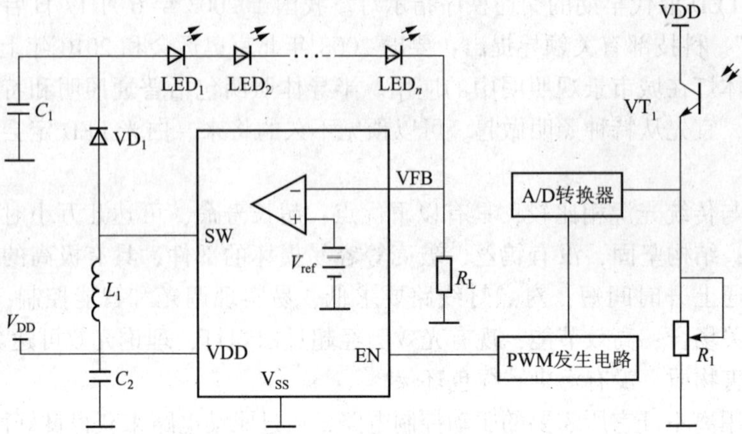

图7-12　利用PWM信号控制LED亮度的驱动电路

（3）电荷泵驱动LED的典型电路。CAT3604是一个工作在1×、1.5×分数模式下的电荷泵，可调节每只白光LED管脚（共4只LED管脚）的电流，使LED背光的亮度均匀。CAT3604工作在1 MHz的固定频率下，可使用低值的陶瓷电容。使能端EN可使CAT3604工作在静态电流“几乎为零”的掉电工作模式下。

CAT3604可驱动并联的白光LED，提供合适的匹配调节电流。外部电阻R_{SET}用于控制输出电流的电平，3~5.5 V的宽电源电压输入范围可支持高达30 mA的白光LED电流。

CAT3604适用于单节锂离子电池供电的便携式电子产品。CAT3604具有短路和过流限制保护特性。CAT3604实现白光LED亮度控制的方法有以下几种。

① 使用一个直流电压来设置RSET管脚的电流。

② 将PWM信号用作控制信号或在电阻R_{SET}两端并联一个电阻。

CAT3604的应用领域有PDA、便携式MP3播放器、彩色LCD和键盘背景光手机、手持式设备、数码相机。

CAT3604的典型应用电路如图7-13所示。

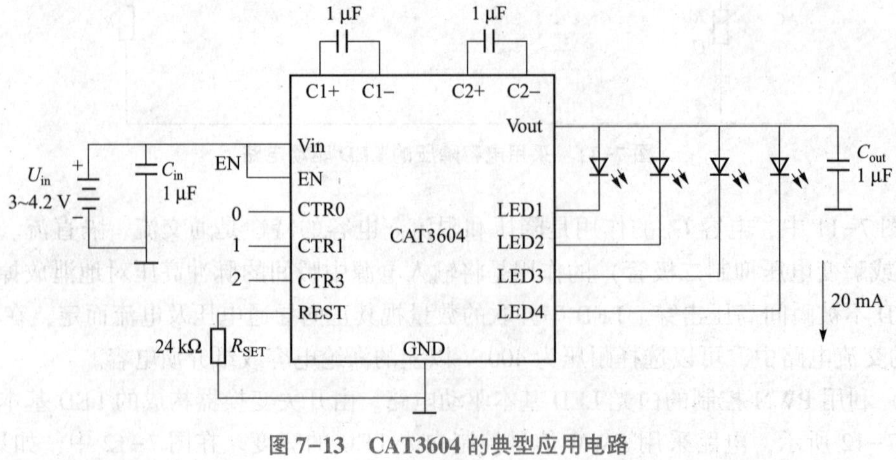

图7-13　CAT3604的典型应用电路

（4）开关式 DC/DC 变换器驱动 LED 的典型电路。NCP5009 是安森美公司（ON Semiconductor）在 2002 年 4 月推出的一种由升压式 DC/DC 变换器电路及电流调节电路等组成的自动调节亮度白光 LED 驱动器。它可用作彩色液晶显示器（LCD）的背光光源。

NCP5009 主要特点是：输入电压范围为 2.7~6.0 V，输出电压可达 15 V；静态电流的典型值为 3 μA；内部有开关电流检测电阻器（外部无须接电流检测电阻器）；LED 的电流可由外设电阻器设定；可方便地调节 LED 的亮度；外设一个光电三极管，可根据环境光线的亮暗自动调节 LED 的亮度；有高于 75%的转换效率；输出噪声低；所有引脚都有耐 2 kV 电压的防静电保护；采用 10 引脚贴片式封装；工作温度范围为-25~+85 ℃。

NCP5009 的典型应用电路如图 7-14 所示。该电路以升压式 DC-DC 变换器为基础，由外设电阻器 R_1 及微控制器来设定 LED 的电流，并有自动调节亮度电路。

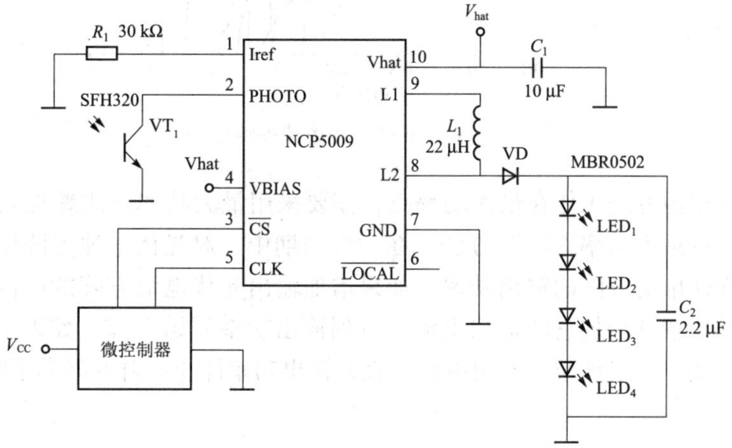

图 7-14　NCP5009 的典型应用电路

用于控制 LED 亮度的相关引脚的功能是：$\overline{CS}$、CLK 引脚与微控制器连接，由微控制器控制亮度等级信号 B_n（由内部移位寄存器产生，B_n=1~7，B_n 值越大，亮度越高）。Iref 引脚外接电阻器 R_1，R_1用来设定 LED 的电流。PHOTO 引脚外接光电三极管，用来检测环境光的亮暗及调节 LED 的电流。

7.3　太阳能光伏发电系统

7.3.1　光伏发电

光伏发电是一种具有 PN 结的半导体器件，在光照下能够发出直流电能。图 7-15 给出了光伏电池的伏安特性。在一定的光照和温度下，光伏电池的伏安特性可近似看作由两段构成，即恒电压段和恒电流段。光伏电池在伏-安特性中两段曲线交汇点上达到最大输出功率，称为最大功率点。为发挥光伏电池的能力，要求光伏电池工作在最大功率点。为获得需要的功率输出，通常将光伏电池串、并联起来，构成光伏电池方阵。光伏电池方阵可以输出较高的电压或电流。

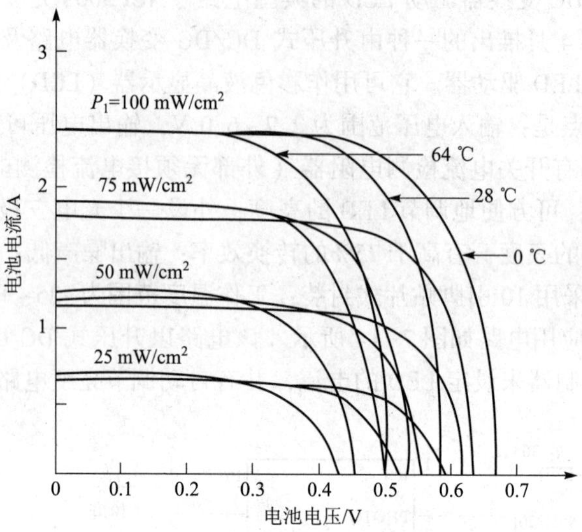

图 7-15　光伏电池的伏安特性

为了使光伏电池方阵工作在最大功率点，需要采用最大功率点跟踪控制（MPPT）。爬山法是一种典型的最大功率点跟踪方法。在一个周期中，对光伏电池方阵输出电流引入扰动，然后观测光伏电池方阵的输出功率。如果增加输出光伏电池方阵的电流能够使输出功率增加，则下一步继续增加它的输出电流，直到输出功率开始下降；如果增加输出电流使输出功率下降，则下一步该减小输出电流，直到输出功率停止上升并开始下降为止。

7.3.2　太阳能光伏发电系统

太阳能光伏发电系统结构如图 7-16 所示，该系统中的能量能进行双向传输。在有太阳能辐射时，由太阳能电池阵列向负载提供能量；当无太阳能辐射或太阳能电池阵列提供的能量不够时，由蓄电池向系统负载提供能量。

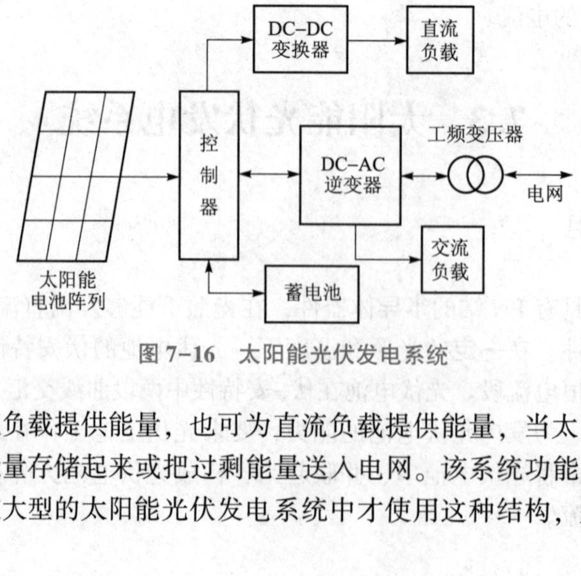

图 7-16　太阳能光伏发电系统

该系统可为交流负载提供能量，也可为直流负载提供能量，当太阳能电池阵列能量过剩时，可以将过剩能量存储起来或把过剩能量送入电网。该系统功能全面，但是系统过于复杂，成本高，仅在大型的太阳能光伏发电系统中才使用这种结构，并具有上述全面的功能；而一般使用的中、小型系统仅具有该系统的部分功能。

太阳能光伏发电系统按是否与电网连接，可分为独立光伏发电系统和并网光伏发电系统。

（1）独立光伏发电系统。独立光伏发电系统是指未与公共电网相连接的太阳能光伏发电系统，其输出功率提供给本地负载（交流负载或直流负载）的发电系统。其主要应用于远离公共电网的无电地区和一些特殊场所，如为公共电网难以覆盖的边远偏僻农村、海岛和牧区提供照明、看电视、听广播等基本生活用电，也可为通信中继站、气象台站和边防哨所等特殊处所提供电源。

图7-17所示为一种常用的太阳能独立光伏发电系统结构示意图，该系统由太阳能电池阵列、DC-DC变换器、蓄电池组、DC-AC逆变器和交-直流负载构成。DC-DC变换器将太阳能电池阵列转化的电能传送给蓄电池组存储起来，供日照不足时使用。蓄电池组的能量直接给直流负载供电或经DC-AC变换器给交流负载供电。该系统由于有蓄电池组，因而系统成本增加，但可在无日照或日照不足时为负载供电。

（2）并网光伏发电系统。与公共电网相连接的太阳能光伏发电系统称为并网光伏发电系统。并网光伏发电系统将太阳能电池阵列输出的直流电转化为与电网电压同幅、同频、同相的交流电，并实现与电网连接，向电网输送电能。它是太阳能光伏发电进入大规模商业化发电阶段、成为电力工业组成部分之一的发展方向，是当今世界太阳能光伏发电技术发展的主流趋势。

图7-18所示为一种常用的并网光伏发电系统结构示意图，该系统包括太阳能电池阵列、DC-DC变换器、DC-AC逆变器、交流负载、变压器，另外该系统可根据需要在DC-DC变换器输出端并联蓄电池组，以用于提高系统供电的可靠性，但系统成本将增加。在日照较强时，光伏发电系统首先满足交流负载用电，然后将多余的电能送入电网；当日照不足，太阳能电池阵列不能为负载提供足够电能时，可从电网索取电能为负载供电。如果系统并联有蓄电池组，也可由太阳能电池阵列和蓄电池组共同为负载供电。

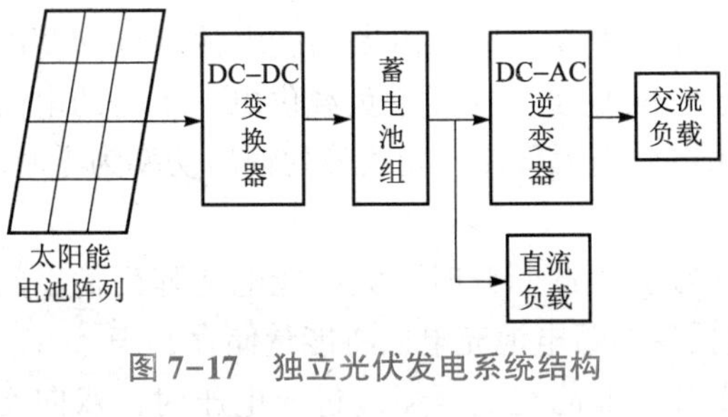

图7-17　独立光伏发电系统结构

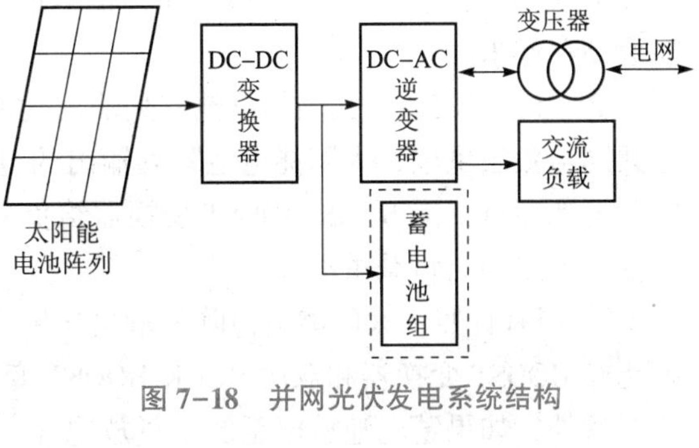

图7-18　并网光伏发电系统结构

在此以带双向变换器的太阳能独立光伏发电系统为例，简单介绍电力电子在太阳能独立光伏发电系统中的应用。带双向变换器的独立光伏发电系统结构框图如图7-19所示。如图7-20所示，该系统主要包括太阳能电池阵列、BOOST变换器（升压变换器）、负载、双向BUCK-BOOST变换器（升降压变换器）、蓄电池及控制电路几个部分。该系统运行原理如下。

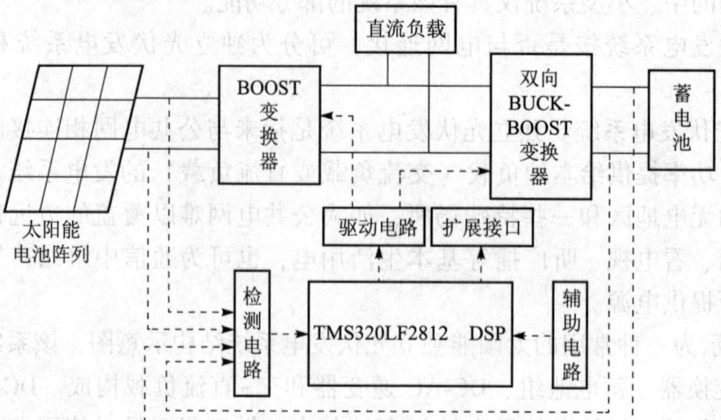

图 7–19　独立光伏发电系统结构框图

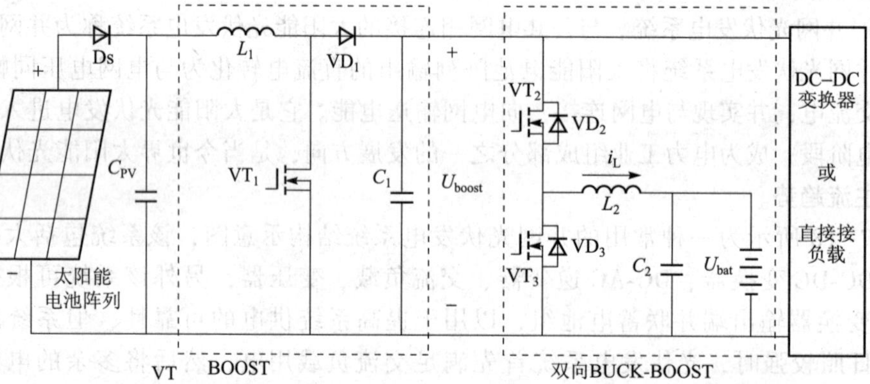

图 7–20　带双向变换器的独立光伏发电系统电路

① 当日照较强，太阳能电池阵列输出功率大于负载功率时，太阳能电池阵列输出的电能经 BOOST 变换器给负载供电，多余的电能通过双向 BUCK-BOOST 变换器传输给蓄电池将能量储存起来。

② 当日照较弱，太阳能电池阵列输出功率小于负载功率时，由太阳能电池阵列和蓄电池共同给负载供电，太阳能电池阵列输出的电能经 BOOST 变换器给负载供电，不足的电能由蓄电池通过双向 BUCK-BOOST 变换器给负载供电。当无日照，光伏阵列输出功率为零时，由蓄电池单独给负载供电。

③ 当有日照，太阳能电池阵列输出功率大于零且负载断开时，太阳能电池阵列输出的电能经 BOOST 变换器和双向 BUCK-BOOST 变换器后给蓄电池充电以将能量储存起来。

另外，如果蓄电池放电至低于过放电压，或者蓄电池充电至超过过充电压时，双向变换器将被强行控制关断，以保护蓄电池不被损坏，延长蓄电池的使用寿命。

独立光伏发电系统所有控制功能的实现均由控制电路完成，控制电路采用数字信号处理器 TMS320LF2812，由数字信号处理器 TMS320LF2812 采样所需要的电流、电压信号并对信号进行处理，输出 PWM 控制主电路功率开关管的通断。

太阳能电池阵列是整个系统能量的来源，本系统所使用的太阳能电池阵列由两块无锡尚德太阳能电力有限公司生产的 STP155S-24/Ab 型单晶硅太阳能电池并联而成。STP155S-24/Ab 型单晶硅太阳能电池组件参数如表 7-1 所示，太阳能电池阵列额定输出功率为 310 W。

表 7-1　STP155S-24/Ab 型单晶硅太阳能电池组件参数

最大工作电压 U_m	最大工作电流 I_m	短路电流 I_{SC}	开路电压 U_{OC}
34.4 V	4.51 A	4.9 A	43.2 V

7.4　风力发电系统

7.4.1　风能

风能是非常重要且储量巨大的能源，它安全、清洁、充裕，能提供源源不绝且稳定的能源。目前，利用风力发电已成为风能利用的主要形式。风能作为一种清洁的可再生能源，越来越受到世界各国的重视。其蕴藏量巨大，全球风能资源总量约为 2.74×10^9MW，其中可利用的风能为 2×10^7MW。中国风能储量很大、分布面广，仅陆地上的风能储量就有约 2.53×10^8 kW，开发利用潜力巨大。

随着全球经济的发展，风能市场也迅速发展起来。据全球风能协会统计，截至 2018 年末，全球风电装机总容量达到 591 GW，较 2017 年（540 GW）上涨 9.4%；2018 年全球风电新增装机量为 51.3 GW。全球风能理事会发布的行业报告显示，随着技术成本进一步下降和新兴市场推动增长，全球风电装机容量预计将在未来 5 年内增加 50%。

中国的并网风电发展迅速。2012 年中国并网风电装机突破 60 GW，成为世界第一风电大国。2015 年 2 月，并网风电装机容量突破 100 GW。“十三五”以来，我国风电有序平稳发展，技术持续进步，成本逐步降低。2018 年，中国新增并网风电装机 20.59 GW，累计并网装机容量达到 184 GW，占全部发电装机容量的 9.7%。2019 年一季度末，全国风电累计并网装机容量达到 189 GW，已达到“十三五”规划目标的 90%。

风力发电产业的这种增长不仅表现在风力发电量上，还体现在风力发电机体积的膨胀上。同时，技术上的突破已经使得风力发电机从一个以实用为主的设备发展成为一个集机械、电子和电气领域的专业技术于一体的高技术产品。

风力发电有 3 种运行方式：一是独立运行方式，通常是一台小型风力发电机向一户或几户提供电力，它用蓄电池蓄能，以保证无风时的用电；二是风力发电与其他发电方式（如柴油机发电）相结合，向一个单位或一个村庄或一个海岛供电；三是风力发电并入常规电网运行，向大电网提供电力，常常是一处风电场安装几十台甚至几百台风力发电机，这是风力发电的主要发展方向。

7.4.2　风力发电系统

1. 风力发电系统的基本组成

风力发电系统的基本组成如图 7-21 所示。齿轮箱可以将很低的风轮转速（600 kW 的风机通常为 27 r/min）变为很高的发电机转速（通常为 1500 r/min）。同时也使得发电机易于控制，实现稳定的频率和电压输出。偏航系统可以使风轮扫掠面积总是垂直于主风向。要知道，600 kW 的风机机舱总重逾 20 t，使这样一个系统随时对准主风向也有相当的技术难度。

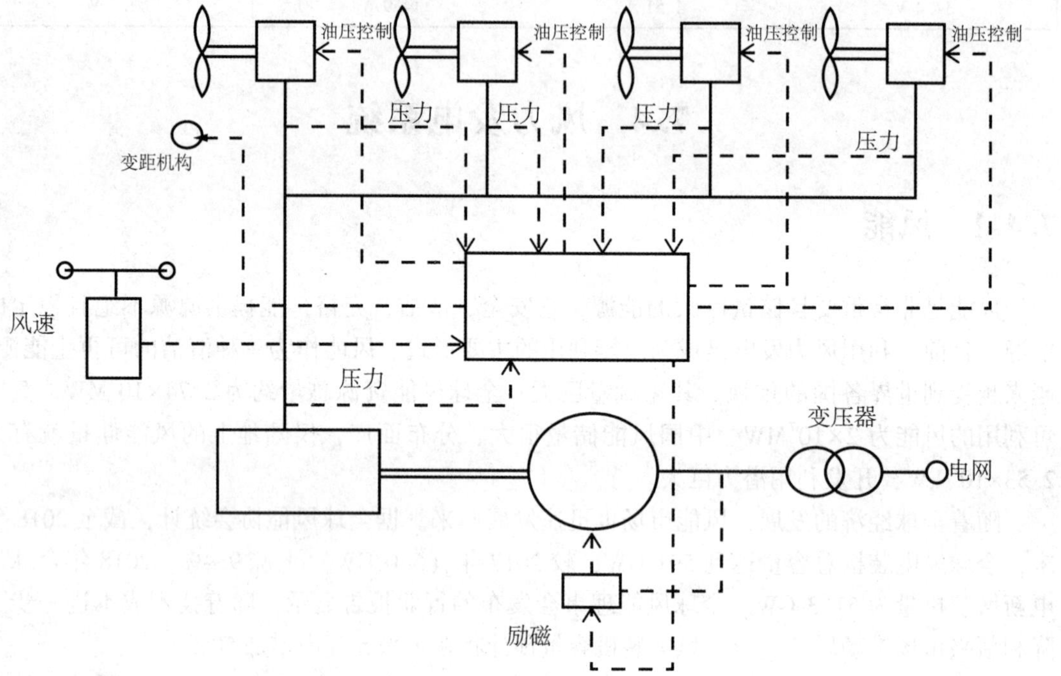

图 7-21　风力发电系统的基本组成

风机是有许多转动部件的。机舱在水平面旋转，随时跟风。风轮沿水平轴旋转，以便产生动力。在变桨矩风机，组成风轮的叶片要围绕根部的中心轴旋转，以便适应不同的风况。在停机时，叶片尖部要甩出，以便形成阻尼。液压系统就是用于调节叶片桨矩、阻尼、停机、刹车等状态下使用。

控制系统是现代风力发电机的神经中枢。现代风机是无人值守的。就 600 kW 风机而言，一般在 4 m/s 左右的风速自动启动，在 14 m/s 左右发出额定功率。然后，随着风速的增加，一直控制在额定功率附近发电，直到风速达到 25 m/s 时自动停机。现代风机的存活风速为 60~70 m/s，也就是说在这么大的风速下风机也不会被吹坏。要知道，通常所说的 12 级飓风，其风速范围也仅为 32.7~36.9 m/s。风机的控制系统，要在这样恶劣的条件下，根据风速、风向对系统加以控制，在稳定的电压和频率下运行，自动地并网和脱网。并监视齿轮箱、发电机的运行温度，液压系统的油压，对出现的任何异常进行报警，必要时自动停机。

2. 恒速、变速以及变速直接驱动发电机

恒速、变速以及变速直接驱动发电机的结构示意图如图 7-22 所示。

恒速、变速以及变速直接驱动发电机的比较如表 7-2 所示。

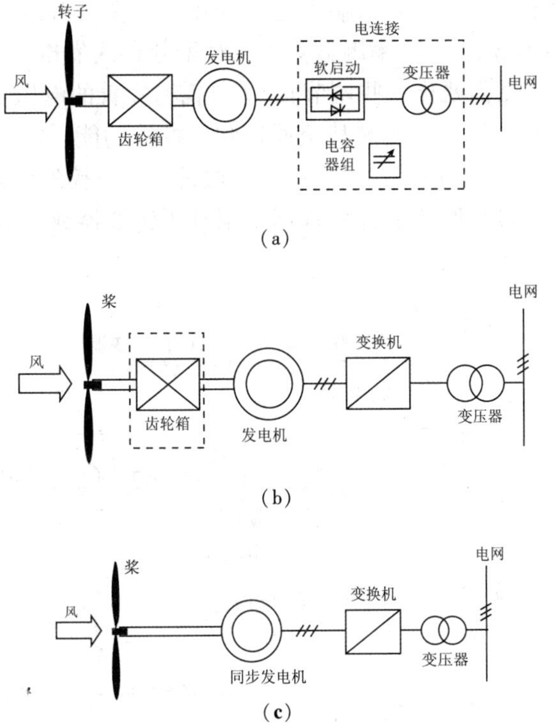

图 7-22 发电机

(a) 恒速发电机；(b) 变速发电机；(c) 变速直接驱动发电机

表 7-2 恒速、变速及变速直接驱动发电机的比较

类型	优点	缺点	当前主要设备厂商
恒速 W3C-As IM	① 简单可靠的方案（压接封装晶闸管），经过长期的实践检验 ② 在额定工作范围内效率高	控制简单，受现今风力发电机体积所限其性能已接近极限	NEG Micon，Vestas，Bonus，Nordex，Ecotecnia
变速双馈 IM	① 仅作用于功率变换器中全部转换能量的一部分 ② 可控性相对较好（使用 IGBT） ③ 上述两个方面都使得该方案效率高（大于 99%） ④ 发电机的体积能够和半导体体积相匹配	① 属于精密而易受外部因素影响的设备 ② 两个功率变换器独立工作，但相互影响（通过共直流母线） ③ 高端发电机及今后的发展将需要换流器并联工作 ④ E-On 的要求很难实现	General Electric Wind，Nordex，Dewind，Nordex，DeWind，NEG Micon，RePower，Vestas
变速直接 驱动发电机	① 功率变换器的设计和运行简单 ② 良好的控制性能（使用 IGBTs） ③ 换流器（更加敏感）能够放置在塔的底部	① 功率变换器可按发电机功率来设计 ② 由于功率变换器中 BOOST 电路和通过换流器来变换全部功率，其效率在 96%~98%范围内	Enercon，Lagerwey

3. 电力功率变流器

风机系统中的逆变器，技术上要求输入电压变化范围宽（如6：1）、输出供电质量高（如电流总谐波失真THD<5%）、功率因数为1（对于分布式发电，功率因数不需要调节，但对于大型风机，功率因数需要作一些调节），另外需有完善的电压、频率、温度、电流和防孤岛运行等保护功能以及显示、监测甚至通信和遥控等功能。常见的小型变流器（也包括一些大型变流器）的拓扑结构如图7-23所示，通常为不可控的桥式整流器加逆变器，或为一个背靠背的整流器，最小型的运行系统都是用升压斩波器或者是其他升压变流器经一个降压逆变器后对电网进行供电。

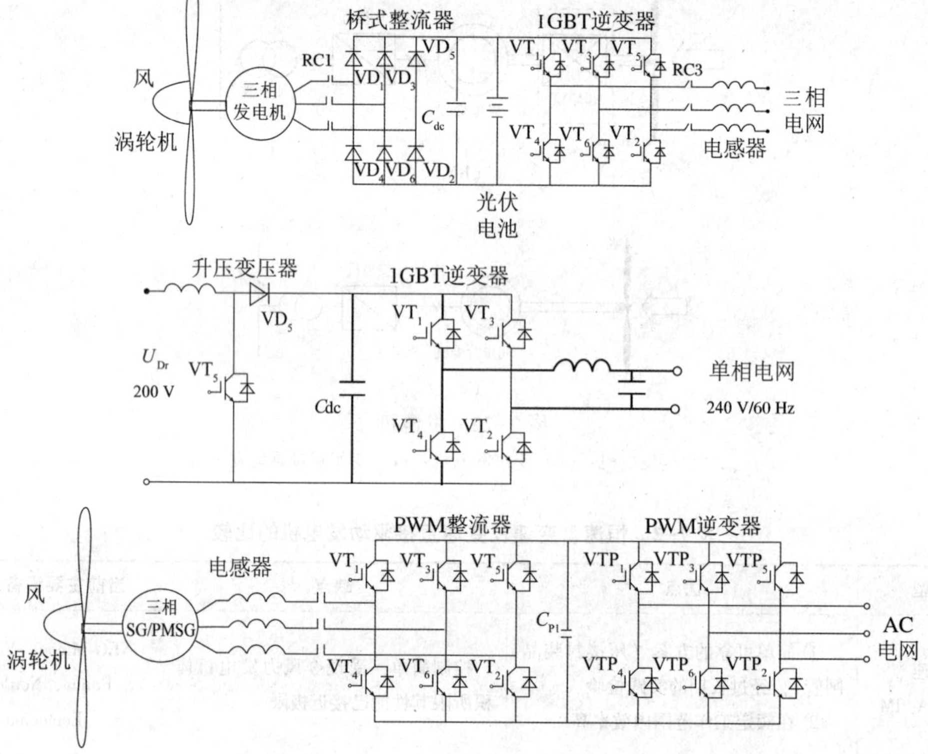

图7-23　常见小型风机变流器结构

在绿色能源的发电过程中，就变流器本身拓扑结构而言，可进行各种研究和商品化工作。这里介绍一下常见逆变器的拓扑结构。

图7-24（a）所示为两级逆变器，一边用于控制直流电压，另一边用于控制电网。两级逆变器所用的器件较多，虽然它的控制范围较宽，但对于小型发电系统或光伏逆变器系统来说，成本相对过高。我们对变流器的拓扑结构进行简化，图7-24（b）所示的2个拓扑结构，由两级变成单级，开关器件减少为只有6个或4个。

4. 风力发电系统的核心技术

在风力发电系统中两个主要部件是风力机和发电机。风力机向着变桨距调节技术发展、发电机向着变速恒频发电技术发展，这是风力发电技术发展的趋势，也是当今风力发电的核心技术。

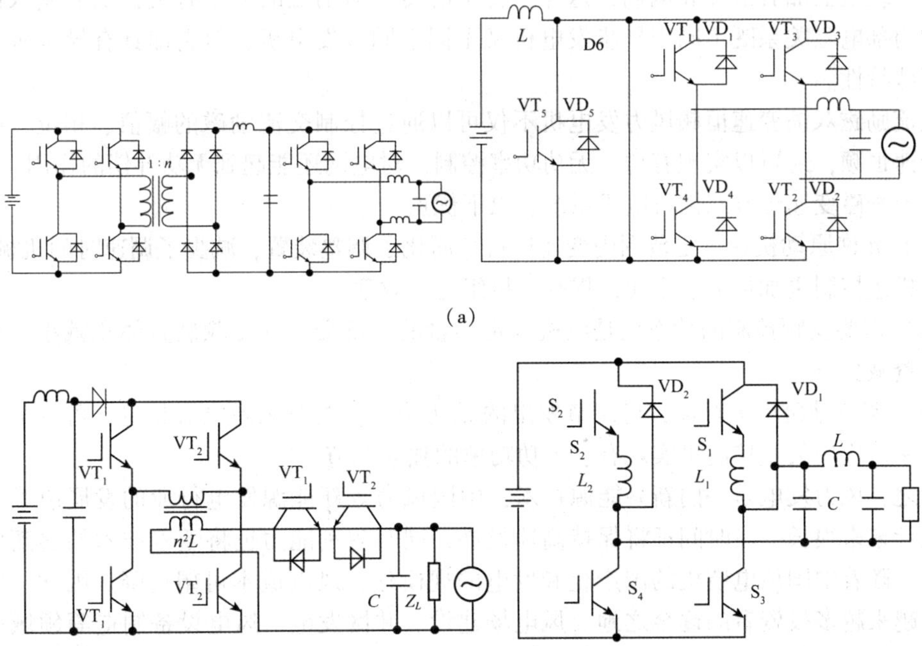

（b）

图 7-24　两级和单级升压逆变器结构

（a）两级逆变器；（b）单级逆变器

电力电子技术如 IGBT 技术的进步为人们开发新型的风力发电机提供了可能。

1）风力机的变桨距调节

风力机通过叶轮捕获风能，将风能转换为作用在轮毂上的机械转矩。

变距调节方式是通过改变叶片迎风面与纵向旋转轴的夹角，从而影响叶片的受力和阻力，限制大风时风机输出功率的增加，保持输出功率恒定。采用变距调节方式，风机功率输出曲线平滑。在额定风速以下时，控制器将叶片攻角置于零度附近，不做变化，近似等同于定桨距调节。在额定风速以上时，变桨距控制结构发生作用，调节叶片攻角，将输出功率控制在额定值附近。变桨距风力机的启动速度较定桨距风力机低，停机时传递冲击应力相对缓和。正常工作时，主要是采用功率控制，在实际应用中，功率与风速的立方成正比。较小的风速变化会造成较大的风能变化。

由于变桨距调节风力机受到的冲击较之其他风力机要小得多，可减少材料使用率，降低整体重量。且变距调节型风力机在低风速时，可使桨叶保持良好的攻角，比失速调节型风力机有更好的能量输出，因此比较适合于平均风速较低的地区安装。

变距调节的另一个优点是，当风速达到一定值时，失速型风力机必须停机，而变距型风力机可以逐步变化到一个桨叶无负载的全翼展开模式位置，避免停机，增加风力机发电量。

变距调节的缺点是对阵风反应要求灵敏。失速调节型风机由于风的振动引起的功率脉动比较小，而变距调节型风力机则比较大，尤其对于采用变距方式的恒速风力发电机，这种情况更加明显，这样不要求风机的变距系统对阵风的响应速度要足够快，才可以减轻此现象。

2）变速恒频风力发电机

变速恒频风力发电机常采用交流励磁双馈型发电机，它的结构类似绕线型感应电机，只是转子绕组上加有滑环和电刷，这样，转子的转速与励磁的频率有关，从而使双馈型发电机的内部电磁关系既不同于异步发电机又不同于同步发电机，但它却具有异步机和同步机的某些特性。

交流励磁双馈变速恒频风力发电机不仅可以通过控制交流励磁的幅值、相位、频率来实现变速恒频，还可以实现有功、无功功率控制，对电网还能起到无功补偿的作用。

交流励磁变速恒频双馈发电机系统有以下优点。

（1）允许原动机在一定范围内变速运行，简化了调整装置，减少了调速时的机械应力。同时使机组控制更加灵活、方便，提高了机组运行效率。

（2）需要变频控制的功率仅是电机额定容量的一部分，使变频装置体积减小、成本降低、投资减少。

（3）调节励磁电流幅值，可调节发出的无功功率；调节励磁电流相位，可调节发出的有功功率。应用矢量控制可实现有、无功功率的独立调节。

总之，风力发电是一门新兴能源技术，中国风力等新能源发电行业的发展前景十分广阔，预计未来很长一段时间都将保持高速发展，同时盈利能力也将随着技术的逐渐成熟稳步提升。随着中国风电装机的国产化和发电的规模化，风电成本可望再降。因此，风电开始成为越来越多投资者的逐金之地。风电场建设、并网发电、风电设备制造等领域成为投资热点，市场前景看好。

实训　HK-008C 型开关电源安装、调试及故障分析处理

1. 实训目的

（1）熟悉开关电源的工作原理及电路中各元件的作用。

（2）掌握开关电源的安装、调试步骤及方法。

（3）对开关电源中故障原因能加以分析，并能排除故障。

（4）熟悉示波器的使用方法。

2. 实训设备

（1）开关电源电路底板：1 块。

（2）开关电源电路元件：1 套。

（3）万用表：1 块。

（4）示波器：1 台。

（5）烙铁：1 只。

3. 实训线路与原理

HK-008C 型开关电源实训线路如图 7-25 所示。

交流 220 V 电源经 VD_1 整流、C_1 滤波后得到约为 300 V 的直流电压，使 VT_2 导通（R_1 提供基极偏压），变压器 T 初级绕组 N_1 中有电流流通，反馈绕组 N_2 感应上正下负的互感电压，此电压经 VD_3、C_4、R_4、R_2 加到 VT_2 的基极，使 VT_2 导通增强，形成正反馈，使 VT_2 迅速达到饱和。饱和后，N_1 中的电流不再增加，N_2 中互感电压消失，磁能继续释放，保持平顶阶段，一定时间后，VT_2 退出饱和，N_1 电流减小，N_2 感应下正上负的互感电压，此电压仍经

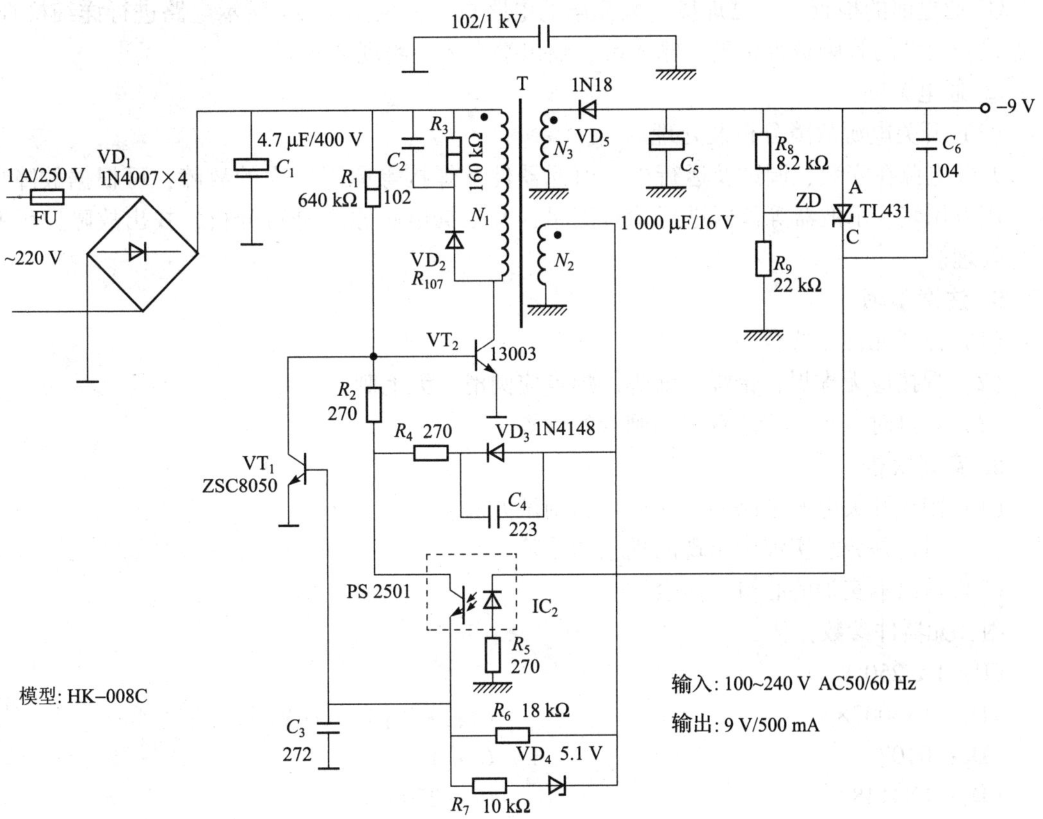

图 7-25　HK-008C 型开关电源实训线路

C_4、R_4、R_2加到 VT_2基极，使 VT_2导通进一步减弱，这又是一个正反馈，使 VT_2迅速截止，同时 C_4充左正右负的电压；N_3中感应下正上负的互感电压，经 VD_5整流、C_5滤波输出约−9 V 的直流电压。N_1中的磁能经 VD_2、R_3、C_2释放，N_2中磁能释放及 C_4的放电维持一段时间停止。而后又重复上述过程。

IC_1与 IC_2配合完成稳压作用，当电压增大时，IC_1的 A、C 间电流增大，使 IC_2中光敏二极管、光敏三极管导通增强，VT_1导通增强，使 VT_2导通减弱，提前进入截止状态；反之亦然。D_4起过压保护作用。

4. 实训步骤

（1）开关电源的安装。

① 元件布置图和布线图。根据图 7-21 所示电路画出元件布置图和布线图。

② 元器件选择与测试。根据图 7-21 所示电路图选择元器件并进行测量。

③ 焊接前准备工作。将元器件按布置图在电路底板焊接位置上做引线成形。弯脚时，切忌从元件根部直接弯曲，应将根部留有 5~10 mm 长度以免断裂。引线端在去除氧化层后涂上助焊剂，上锡备用。

④ 元器件焊接安装。根据电路布置图和布线图将元器件进行焊接安装。焊接应无虚焊、错焊、漏焊，焊点应圆滑、无毛刺。焊接时应重点注意双向晶闸管元件的管脚。

（2）开关电源的调试。

① 通电前的检查。对已焊接安装完毕的电路板，根据图 7-21 所示电路进行详细检查。重点检查元件的管脚是否正确。输入端、输出端有无短路现象。

② 通电调试。

（3）开关电源故障分析及处理。

开关电源在安装、调试及运行中，由元器件及焊接等原因产生的故障，可根据故障现象、用万用表、示波器等仪器进行检查测量，并根据电路原理进行分析，找出故障原因并进行处理。

5. 注意事项

（1）注意元件布置合理。

（2）焊接应无虚焊、错焊、漏焊，焊点应圆滑、无毛刺。

（3）焊接时应重点注意双向晶闸管的管脚。

6. 实训报告

（1）阐述开关电源电路的工作原理和调试方法。

（2）讨论并分析实训中出现的现象和故障。

（3）写出本实训的心得与体会。

附：元器件参数：

FU：1A/250 V

VD_1：1N4007×4

VD_2：R107

VD_3：1N4148

VD_4：5. 1 V/0. 5 W（稳压管 RD5. 1E-T8）

VD_5：1N18

VT_1：ZSC8050

VT_2：13003

IC_2：PS2501

R_2：270 Ω（1/4 W）

R_4：207 Ω（1/4 W）

R_6：18 kΩ（1/4 W）

R_8：8. 2 kΩ（1/4 W）

C_1：4. 7 μF/400 V

C_2：1000 pF

C_3：2700 pF

C_4：0. 022 μF

C_5：1000 μF/16 V

C_6：0. 1 μF

ZD：TL431

R_1：640 kΩ/1 W

R_3：160 kΩ/1 W

R_5：270 Ω（1/4 W）

R_7：10 kΩ（1/4 W）

R_9：22 kΩ（1/4 W）

T：市场采购成品或自制

自制参数：

磁芯截面	初级匝数 N_1	次级匝数 N_2/线径	次级匝数 N_3/线径
5×5 mm～7×7 mm	330 匝/0. 14 mm	14 匝/0. 14 mm	25 匝/0. 21～0. 31 mm

试题库：

试题 1　试题 2　试题 3　试题 4　试题 5

参 考 文 献

[1] 王兆安，刘进军．电力电子技术 [M]．5 版．北京：机械工业出版社，2009.
[2] 莫正康．半导体变流技术 [M]．3 版．北京：机械工业出版社，2000.
[3] 冷增祥，徐以荣．电力电子技术基础 [M]．3 版．南京：东南大学出版社，2012.
[4] 温淑玲，高燕．电力电子技术 [M]．合肥：安徽科学技术出版社，2007.
[5] 王锁庭，许素玲．电力电子技术与实训 [M]．北京：北京师范大学出版社，2008.
[6] 徐德鸿，马皓，汪槱生．电力电子技术 [M]．北京：科学出版社，2006.
[7] 徐丽娟．电力电子技术 [M]．3 版．北京：人民邮电出版社，2019.
[8] 郑宏婕．电力电子技术与应用 [M]．福州：福建科学技术出版社，2005.
[9] 杨威，张金栋．电力电子技术 [M]．重庆：重庆大学出版社，1995.
[10] 丁道宏．电力电子技术 [M]．2 版．北京：航空工业出版社，1999.
[11] 浣喜明，姚为正．电力电子技术 [M]．北京：高等教育出版社，2004.
[12] 郭世明，黄念慈．电力电子技术 [M]．成都：西南交通大学出版社，2002.
[13] 刘峰，孙艳萍．电力电子技术 [M]．大连：大连理工大学出版社，2006.
[14] 孔凡才，陈渝光．自动控制原理与系统 [M]．第 4 版．北京：机械工业出版社，2018.
[15] 阮毅，陈伯时．电力拖动自动控制系统——运动控制系统 [M]．4 版．北京：机械工业出版社，2017.
[16] 张立伟，胡广艳，游小杰，等．混合动力电动汽车中电力电子技术应用综述[J]．电力电子，2006（2）．
[17] 周志敏，周纪海，纪爱华．LED 驱动电路设计与应用 [M]．北京：人民邮电出版社，2006.
[18] 王长贵，王斯成．太阳能光伏发电实用技术 [M]．北京：化学工业出版社，2005.
[19] 李良仁．变频调速技术与应用 [M]．3 版．北京：电子工业出版社，2015.
[20] 吴兴敏，张博，王彦光．电动汽车构造、原理与检修 [M]．北京：北京理工大学出版社，2015.